高等学校“十三五”规划教材

# 三维互联结构碳化硅金属复合材料

喻 亮　姜艳丽　著

北 京
冶 金 工 业 出 版 社
2020

## 内 容 提 要

本书主要介绍了摩擦学基本知识，有限元法模拟滑动摩擦磨损的基本原理，$SiC_{3D}$/M（M=Fe，Cu，Al）复合材料设计原理、制备工艺、显微结构、力学性能、摩擦性能及磨损行为，并通过实验验证材料作为新型制动材料的可行性；通过有限元模拟，验证此类材料作为高速重载制动材料用于城际列车、地铁及高铁紧急制动的可行性。

本书可供高等学校材料、冶金类专业本科生或研究生使用，也可供从事材料、冶金工作的工程技术人员和研究人员参考。

**图书在版编目(CIP)数据**

三维互联结构碳化硅金属复合材料/喻亮，姜艳丽著. —北京：冶金工业出版社，2019.6（2020.10 重印）
高等学校“十三五”规划教材
ISBN 978-7-5024-8112-4

Ⅰ.①三… Ⅱ.①喻… ②姜… Ⅲ.①碳化硅陶瓷—金属复合材料—高等学校—教材 Ⅳ.①TG147

中国版本图书馆 CIP 数据核字（2019）第 107751 号

出 版 人　苏长永
地　　址　北京市东城区嵩祝院北巷 39 号　邮编　100009　电话　(010)64027926
网　　址　www.cnmip.com.cn　电子信箱　yjcbs@cnmip.com.cn
责任编辑　杨盈园　美术编辑　彭子赫　版式设计　禹　蕊
责任校对　郑　娟　责任印制　李玉山
ISBN 978-7-5024-8112-4
冶金工业出版社出版发行；各地新华书店经销；北京建宏印刷有限公司印刷
2019 年 6 月第 1 版，2020 年 10 月第 2 次印刷
787mm×1092mm　1/16；18 印张；432 千字；273 页
**49.00** 元
**冶金工业出版社　投稿电话　(010)64027932　投稿信箱　tougao@cnmip.com.cn**
**冶金工业出版社营销中心　电话　(010)64044283　传真　(010)64027893**
**冶金工业出版社天猫旗舰店　yjgycbs.tmall.com**

# 前　言

SiC 陶瓷骨架增强金属复合材料（$SiC_{3D}$/M）是目前复合材料研究领域中非常热门的材料之一。SiC 陶瓷和金属形成双联通显微结构，在三维方向上既能发挥金属的高韧性、高强度，又能发挥出 SiC 陶瓷的高硬度、高耐磨性和高耐热性等优点，使得该材料具有轻质，高硬度、高耐磨性、高阻尼性和良好的摩擦磨损性能。本书介绍了摩擦学基本知识，$SiC_{3D}$/M 复合材料设计原理、制备工艺、显微结构、力学性能及摩擦性能。其中金属基体分别是铝，钢铁，铜合金（M=Al，Fe，Cu）。从 $SiC_{3D}$/M 材料的显微结构出发，介绍了材料的成分、加工工艺、显微结构与性能之间的关系。通过实验验证了此种材料作为新型制动材料的可行性。利用有限元验证此类材料作为高速重载制动材料的可行性，为实现新型金属基复合材料开发奠定理论与实验基础。

本书重在理论联系实际，列举了大量最新实例和计算方法，有利于读者融会贯通；各部分内容相对独立又互相联系，便于教师在教学中根据需要选用。课时安排可以根据专业选择，建议授课理论课时为 60 学时。本书可作为高等学校材料、冶金类专业本科生使用，也可作为研究生的参考教材及从事材料、冶金工作技术人员的参考书。

本书编写分工为：喻亮编写了第 1~8 章和第 11 章，茹红强编写了第 9~10 章，姜艳丽编写了第 12~14 章。刘江涛、魏文韬、曲翔宇、徐永先、康晓安、何福明、武艳君、闫海乐、农晓东、里景阳等为本书提供了重要数据。桂林理工大学、东北大学、浙江天乐新材料科技有限公司等单位的领导、专家、学者对本书的编纂和出版给予大力支持，在此一并表示感谢！

书中参考和引用了温诗铸、黄平、郑庆林等教授专家的有关资料，参考和引用了中国有色金属工业协会、摩擦协会等出版的刊物、论文集相关资料，参考了国内外公开发表的有关论文、专利等资料，作者对这些文献的作者及其所在单位表示衷心感谢。

由于作者水平所限，书中若有不妥之处，敬请读者批评指正。

作　者

2019 年 1 月 5 日

目　录


1　摩擦材料 …… 1

1.1　摩擦材料发展 …… 1

1.2　金属基复合材料 …… 2

1.2.1　金属-陶瓷复合材料 …… 3

1.2.2　网络陶瓷/金属复合材料 …… 11

1.3　金属-陶瓷界面研究 …… 12

1.3.1　SiC/Fe 界面 …… 13

1.3.2　SiC/Cu 界面 …… 14

1.3.3　SiC/Al 界面 …… 14

1.4　摩擦性能研究 …… 15

1.4.1　摩擦与磨损 …… 15

1.4.2　$SiC_{3D}$/金属复合材料摩擦行为 …… 15

2　固体摩擦理论及摩擦控制 …… 17

2.1　概述 …… 17

2.2　摩擦基本特性 …… 17

2.2.1　静止接触时间的影响 …… 18

2.2.2　跃动现象 …… 18

2.2.3　预位移问题 …… 19

2.3　经典摩擦理论 …… 20

2.3.1　机械啮合理论 …… 20

2.3.2　分子吸附理论 …… 20

2.3.3　黏着摩擦理论 …… 21

2.3.4　修正黏着理论 …… 22

2.3.5　犁沟效应 …… 24

2.4　摩擦二项式定律 …… 25

2.5　滑动摩擦的影响因素 …… 26

2.5.1　摩擦副材料影响 …… 26

2.5.2　温度影响 …… 27

2.5.3　环境介质影响 …… 28

2.5.4　法向载荷影响 …… 28

2.5.5　滑动速度影响 …… 28

2.5.6　表面粗糙度影响……29
2.6　滑动摩擦的其他问题……29
2.6.1　特殊工况摩擦……29
2.6.2　摩擦振动……30
2.6.3　摩擦控制……31

**3　磨损特征与机理……34**

3.1　磨损的分类……34
3.1.1　磨损分类……34
3.1.2　磨损过程……35
3.1.3　磨损转化……36
3.2　磨粒磨损……36
3.2.1　磨粒磨损的种类……37
3.2.2　影响磨粒磨损因素……37
3.2.3　磨粒磨损机理……39
3.3　黏着磨损……41
3.3.1　黏着磨损种类……41
3.3.2　影响黏着磨损的因素……41
3.3.3　黏着磨损机理……43
3.4　疲劳磨损……45
3.4.1　表面疲劳磨损的种类……45
3.4.2　影响疲劳磨损的因素……46
3.4.3　接触疲劳强度准则与疲劳寿命……49
3.5　腐蚀磨损……53
3.5.1　氧化磨损……53
3.5.2　特殊介质腐蚀磨损……53
3.5.3　微动磨损……53
3.5.4　气蚀……54
3.6　摩擦的表面温度……56

**4　摩擦体系的热传导……58**

4.1　热传导基本理论……58
4.1.1　传热方程……58
4.1.2　摩擦过程的温度分析……59
4.2　传热本构关系……61
4.3　移动热源传热……62
4.3.1　数理模型……62
4.3.2　结果及讨论……63

**5　摩擦体系的材料黏滞性**……………………………………………… 66

5.1　摩擦过程金属材料的塑性流变…………………………………… 66

5.1.1　滚动摩擦过程的塑性变形……………………………………… 67

5.1.2　微动磨损过程的塑性变形……………………………………… 67

5.1.3　滑动摩擦过程的塑性变形……………………………………… 69

5.1.4　冲击摩擦过程的塑性变形……………………………………… 70

5.2　材料塑性流变的分析及机制……………………………………… 70

5.2.1　理想均质材料的塑性变形……………………………………… 70

5.2.2　材料的塑性变形机制及其定量表示…………………………… 71

5.3　摩擦过程材料的相变……………………………………………… 73

5.3.1　摩擦学“白层”……………………………………………… 73

5.3.2　伪弹性-可逆马氏体相变……………………………………… 74

5.4　摩擦过程材料的力学性能………………………………………… 75

5.4.1　材料的残余应力………………………………………………… 75

5.4.2　显微硬度………………………………………………………… 76

5.5　材料的内耗………………………………………………………… 76

5.6　摩擦条件下材料的本构关系……………………………………… 78

5.6.1　摩擦过程材料响应的特点……………………………………… 78

5.6.2　材料本构关系的基本形式及主要因素………………………… 78

5.7　材料微结构变化的热力学表述…………………………………… 80

**6　摩擦体系的化学反应**……………………………………………… 81

6.1　热化学反应热力学基础…………………………………………… 81

6.1.1　化学反应的热力学量变………………………………………… 81

6.1.2　化学反应热力学………………………………………………… 82

6.2　摩擦化学反应的特点……………………………………………… 82

6.3　摩擦作用下固体的结构和物理变化……………………………… 83

6.3.1　摩擦带电过程…………………………………………………… 83

6.3.2　摩擦诱导的发射………………………………………………… 84

6.3.3　摩擦对吸附的影响……………………………………………… 86

6.3.4　摩擦等离子体…………………………………………………… 86

6.3.5　冲击变形………………………………………………………… 86

6.3.6　断裂……………………………………………………………… 87

6.4　摩擦化学反应动力学……………………………………………… 87

6.4.1　应力活化作用…………………………………………………… 87

6.4.2　温度的影响……………………………………………………… 88

6.4.3　压力的影响……………………………………………………… 88

6.5　摩擦氧化反应……………………………………………………… 89

6.5.1 氧化反应在摩擦中的作用 …… 89
6.5.2 摩擦化学反应中的扩散 …… 90
6.5.3 摩擦氧化磨损模型 …… 91
6.5.4 摩擦氧化物润滑技术 …… 91

**7 摩擦扩散过程** …… 93

7.1 扩散基本理论 …… 93
7.1.1 宏观扩散定律 …… 93
7.1.2 广义扩散力作用下的扩散方程式 …… 94
7.2 扩散机理 …… 96
7.2.1 空位扩散机制 …… 96
7.2.2 间隙扩散机制 …… 96
7.2.3 换位扩散机制 …… 97
7.2.4 表面扩散机制 …… 98
7.3 扩散的统计热力学 …… 98
7.3.1 扩散的微观动力学和热力学 …… 98
7.3.2 表面缺陷和表面扩散 …… 99
7.4 短路扩散 …… 100
7.4.1 表面扩散 …… 101
7.4.2 晶界扩散 …… 101
7.4.3 表面、晶界和晶格扩散激活能和扩散系数的对比 …… 102
7.5 塑性变形时金属的扩散 …… 103

**8 有限元法模拟滑动摩擦磨损** …… 104

8.1 热分析基础知识 …… 104
8.1.1 传热学经典理论 …… 104
8.1.2 三种基本传热方式 …… 104
8.1.3 热分析材料的基本属性 …… 105
8.2 边界条件与初始条件 …… 106
8.2.1 三类边界条件 …… 106
8.2.2 初始条件 …… 106
8.2.3 边界换热系数 …… 106
8.3 热分析 …… 107
8.3.1 有限元热分析基本原理 …… 107
8.3.2 瞬态热分析的应用 …… 108
8.3.3 瞬态热分析基本步骤 …… 108
8.3.4 非线性热分析 …… 109
8.3.5 热应力的计算 …… 109
8.4 复合材料制动盘盘面温升 …… 110

8.4.1　制动盘盘面传热分析 …… 110
8.4.2　制动盘热应力场计算及分析 …… 112
8.4.3　制动盘盘面对流 …… 113
8.4.4　制动盘散热筋内部流场仿真步骤 …… 114

**9　$SiC_{3D}$/钢复合材料 …… 116**

9.1　SiC/Fe 复合材料固相界面 …… 116
9.2　$SiC_{3D}$/Fe 复合材料 …… 117
9.2.1　SiC 骨架物相和显微结构 …… 117
9.2.2　$SiC_{3D}$/Fe 复合材料 …… 122
9.2.3　基体显微结构 …… 123
9.3　$SiC_{3D}$/Fe-20Cr 复合材料界面显微结构 …… 124
9.3.1　$SiC_{3D}$/Fe-20Cr 复合材料界面的显微结构 …… 126
9.3.2　$SiC_{3D}$/Fe-20Cr 复合材料界面力学性能 …… 133
9.4　$SiC_{3D}$/Fe-20Cr 界面形成机理 …… 133
9.4.1　Fe-Si 二元相图及 Fe 的硅化物 …… 133
9.4.2　SiC/金属界面反应特征 …… 135
9.4.3　$SiC_{3D}$/Fe-20Cr 界面反应热力学 …… 135
9.4.4　$SiC_{3D}$/Fe-20Cr 界面反应模型 …… 136
9.5　$SiC_{3D}$/Fe-20Cr 复合材料摩擦性能 …… 139
9.5.1　Fe-20Cr 相组成对摩擦性能影响 …… 139
9.5.2　制动曲线 …… 142
9.5.3　磨损量 …… 144
9.6　制动实验后动片物相和显微结构 …… 144
9.6.1　制动后动片物相 …… 144
9.6.2　制动后动片基体 …… 145
9.6.3　制动后动片界面物相 …… 145
9.6.4　实验后动片界面显微 …… 146
9.6.5　界面对摩擦性能的影响 …… 149
9.6.6　磨损表面形貌分析 …… 150
9.7　本章小结 …… 152

**10　$SiC_{3D}$/Cu 复合材料 …… 153**

10.1　$SiC_{3D}$/Cu 复合材料制备 …… 153
10.2　$SiC_{3D}$/Cu 复合材料的力学性能 …… 154
10.2.1　力学性能测试样制备及方法 …… 154
10.2.2　抗弯强度试验结果及分析 …… 154
10.2.3　抗压强度试验结果及分析 …… 154
10.2.4　拉伸试验结果及分析 …… 155

10.3 $SiC_{3D}$/Cu 复合材料显微组织 …… 156
10.3.1 SiC 骨架物相分析 …… 156
10.3.2 Cu 合金显微结构 …… 156
10.3.3 $SiC_{3D}$/Cu 物相分析 …… 156
10.3.4 $SiC_{3D}$/Cu 界面研究 …… 158
10.4 热处理对 $SiC_{3D}$/Cu 复合材料的影响 …… 164
10.4.1 热处理对 Cu 合金基体组织形貌的影响 …… 164
10.4.2 热处理对复合材料物相的影响 …… 165
10.4.3 热处理对界面区的影响 …… 166
10.4.4 计算原子扩散系数 …… 167
10.5 界面形成机理 …… 170
10.5.1 Cu-C 及 Cu-Si 二元相图 …… 170
10.5.2 SiC 与金属反应的基本特征 …… 172
10.5.3 $SiC_{3D}$/Cu 复合材料界面形成机理 …… 172
10.6 $SiC_{3D}$/Cu 复合材料的摩擦性能 …… 174
10.6.1 汽车实际制动条件 …… 175
10.6.2 试验参数 …… 175
10.6.3 试验机模拟制动条件 …… 176
10.7 试验结果及分析 …… 177
10.7.1 扭矩-时间曲线 …… 177
10.7.2 不同压力下平均摩擦系数与转速曲线 …… 179
10.7.3 不同压力下制动时间、制动加速度、制动距离与转速曲线 …… 180
10.7.4 磨损量 …… 181
10.8 摩擦磨损机理 …… 182
10.9 本章小结 …… 183

**11 $SiC_{3D}$/Al 合金复合材料的显微结构及性能 …… 184**

11.1 基体铝合金的抗拉强度 …… 184
11.1.1 不同低压铸造温度下铝合金的室温抗拉强度 …… 184
11.1.2 T6 热处理后铝合金基体在不同环境温度下抗拉强度 …… 186
11.2 复合材料在不同环境温度抗拉性能 …… 189
11.3 基体与复合材料在不同环境的伸长率 …… 190
11.4 690℃铸造态基体铝合金室温压缩实验 …… 191
11.5 700℃铸造态基体铝合金室温压缩实验 …… 191
11.6 复合材料热膨胀系数 …… 192
11.7 复合材料的热疲劳性能 …… 192
11.8 复合材料的界面 …… 196
11.8.1 铝基体金相 …… 196
11.8.2 $SiC_{3D}$/Al 合金复合材料的 EDS 分析 …… 197

11.8.3　$SiC_{3D}$/Al 合金复合材料的 SEM 分析 …… 198
11.9　$SiC_{3D}$/Al 复合材料摩擦性能 …… 201
11.10　$SiC_{3D}$/Al 制动盘材料与 $SiC_{3D}$/Cu 摩擦片试验 …… 205
11.10.1　摩擦系数 …… 205
11.10.2　扭矩分析 …… 209
11.10.3　制动压力对摩擦表面温度影响 …… 215
11.10.4　制动距离 …… 219
11.10.5　摩擦磨损机理 …… 220
11.11　$SiC_{3D}$/Al 制动盘材料与现役粉末冶金高铁摩擦片试验 …… 223
11.11.1　试验确定 …… 223
11.11.2　粉末冶金摩擦片磨损 …… 224
11.11.3　扭矩变化 …… 225
11.11.4　摩擦温度变化 …… 226
11.11.5　摩擦系数随制动初速度和制动压力变化 …… 227
11.11.6　制动盘摩擦表面温升随制动初速度变化 …… 227
11.11.7　制动距离随制动初速度变化 …… 227
11.11.8　不同的摩擦面积随制动压力变化 …… 228
11.11.9　摩擦机理 …… 228
11.12　本章小结 …… 230

**12　SiC 网络陶瓷结构增强 Fe 的摩擦行为 …… 232**

12.1　引言 …… 232
12.2　模拟计算工况 …… 232
12.3　有限元分析模型 …… 232
12.4　不同 SiC 网络结构对复合材料摩擦行为影响模拟结果 …… 232
12.5　不同体积分数 SiC 对 $SiC_{3D}$/Fe、$SiC_{3D}$/Cu 摩擦环性能影响 …… 236
12.5.1　模拟计算的工况 …… 236
12.5.2　模拟数据和讨论 …… 236

**13　$SiC_{3D}$/Fe 盘与 $SiC_{3D}$/Cu 粉闸组成的摩擦副摩擦模拟 …… 242**

13.1　$SiC_{3D}$/Fe 盘制动盘以及 $SiC_{3D}$/Cu 粉闸结构 …… 242
13.2　$SiC_{3D}$/Fe 盘制动盘以及 $SiC_{3D}$/Cu 粉闸闸片采用的材料的计算参数 …… 243
13.3　紧急制动条件 …… 243
13.4　载荷 …… 243
13.5　制动盘的计算与分析 …… 244
13.5.1　制动盘的碳化硅骨架摆放位置（一） …… 244
13.5.2　制动盘的碳化硅骨架摆放位置（二） …… 251
13.6　闸片的计算分析 …… 253
13.6.1　闸片温度场 …… 253

13.6.2 闸片热应力 …… 253
13.6.3 闸片的碳化硅骨架摆放位置 …… 255
13.6.4 闸片的摩擦系数 …… 256

**14 $SiC_{3D}$/Fe 盘与 $SiC_{3D}$/Cu 铸闸闸片组成的摩擦副摩擦行为模拟** …… 258

14.1 制动盘的计算与分析 …… 258
14.1.1 制动盘的碳化硅摆放位置（一） …… 258
14.1.2 制动盘的碳化硅摆放位置（二） …… 262
14.2 闸片的计算分析 …… 263
14.2.1 闸片温度场 …… 263
14.2.2 闸片热应力 …… 264
14.2.3 闸片的碳化硅骨架摆放位置 …… 264
14.2.4 闸片的摩擦系数 …… 265
14.3 SiC 厚度为 5mm 的 $SiC_{3D}$/Fe 盘与 $SiC_{3D}$/Cu 铸闸组成的摩擦副摩擦行为模拟 …… 266

**参考文献** …… 269

# 1 摩擦材料

## 1.1 摩擦材料发展

材料是人类赖以生存和发展的物质基础，人类的进步以材料的发展为标志。从石器时代、青铜器时代到钢铁时代、信息时代，每一种重要材料的发展都会使人类支配和改造自然的能力提高到一个新水平。自20世纪中叶以来，在新技术革命冲击下，人类进入了一个以陶瓷材料、高分子材料、复合材料、纳米材料为象征的“材料革命”时代。近几十年来新材料发展迅猛，新种类以每年50%的速度增长，形成了金属、聚合物、陶瓷和复合材料四足鼎立的局面。新材料推进了新兴产业发展，对于传统工业技术进步和产业结构调整贡献巨大。我国对新材料特别是对摩擦材料的研发非常重视，投入了大量人力、物力和财力。摩擦材料是广泛用于各种交通工具（如汽车、火车、飞机、舰船等）和各种机器设备的制动器、离合器及摩擦传动装置中的制动材料。在制动装置中，利用摩擦材料的摩擦性能将转动的动能转化为热能及其他形式的能量，使传动装置制动。

制动材料的发展经历了以下几个阶段。人们最早使用的摩擦材料是石棉材料，由于石棉纤维耐热性好、摩擦系数高、易于和基体材料亲和、成型加工方便、价格低廉，在20世纪20~80年代在全球范围内广泛使用。但是在1972年国际肿瘤医学讨论会上确认石棉材料具有致癌性，对人体危害较大，在各国尤其是发达国家开始遭到禁用。此外，石棉材料的导热和耐热性较差，在摩擦过程中会失去结晶水，出现明显热衰退而造成摩擦性能不稳定、工作层/摩擦层材料变质、磨损加剧等危险因素，随着社会的发展及人们安全意识的提高，石棉摩擦材料的使用越来越少。当石棉摩擦材料遭到禁用后，科研人员开始研发非石棉的有机摩擦材料和半金属摩擦材料。在非石棉有机摩擦材料中主要有玻璃纤维摩擦材料和芳纶纤维摩擦材料。玻璃纤维摩擦材料具有良好的摩擦性能，但是有硬度高、性脆、混合中容易折断而失去增强效果、表面光滑、不易与基体结合、组分不均匀等缺点。芳纶纤维摩擦材料耐磨性和耐热性都很好，高负荷和高速度下可保持稳定的摩擦系数，但芳纶纤维价格较高，芳纶与摩擦材料的填料的混合需要特殊工艺，加工制备比较困难。而半金属摩擦材料则是以钢纤维或金属粉来代替石棉纤维作为增强材料的。20世纪70年代，美国Bendix公司首先开展盘式制动器用半金属摩擦材料的研究，半金属摩擦材料具有热稳定性好、耐磨损、摩擦系数稳定、制动效率高等优点，适用于尺寸较小的盘式制动器。但是半金属摩擦材料的缺点主要表现为在低速和刚开始制动时会产生低频噪声，极易被氧化，锈蚀后会与对偶材料黏结，使磨损加剧；热导率高，使自身材料与钢基板（钢背）间黏结剂分解，出现剥离；摩擦热引起制动器密封圈软化和制动液“气阻现象”，造成制动失灵。由于非石棉有机摩擦材料和半金属摩擦材料本身存在缺陷，随着车辆速度的提高，人们需要更耐高温和耐磨的摩擦材料，于是逐渐将眼光转向了粉末冶金摩擦材料。

粉末冶金摩擦材料是20世纪出现的较为高级的制动材料，是科技进步及人们对摩擦材料使用温度及性能要求的不断提高的研究成果。粉末冶金摩擦材料也称烧结金属摩擦材料，是以金属粉末为基体，加入一些摩擦组元和润滑组元，用粉末冶金的方法制备而成。它的开发最早始于20世纪的30~40年代，Wellman以青铜作为摩擦材料基体，以Fe和$SiO_2$为增强体，以石墨和铅为润滑组元，在钟罩炉内加压烧结而成。经过半个多世纪的发展，粉末冶金摩擦材料有了很大的改进，目前的粉末冶金摩擦材料主要分为铁基和铜基两类。粉末冶金烧结摩擦材料在高温、高负荷和各种工况条件下均表现出良好的摩擦稳定性、耐磨性和高制动效率，广泛应用于飞机、船舶、工程机械、重型车辆等各个领域，基本满足了国内外主机配置和引进设备摩擦片的备件供应和使用要求，是现代摩擦材料中应用量最大、应用范围最广的材料。粉末冶金摩擦材料的发展方向是进一步提高在高温高压下的摩擦磨损性能以及降低生产成本。

制动材料的一次新变革是C/C复合材料的出现。从20世纪的90年代开始，C/C复合材料被大量应用于飞机的制动系统，能同时完成摩擦副的三项功能，即提高摩擦、传递机械载荷、吸收动能。C/C复合材料是一种使用C纤维增强、以碳为基体的新型结构材料。它具有密度小、耐高温、比强度大、耐热冲击、耐腐蚀、吸振性好以及合适的摩擦系数和摩擦性能等优点，是一种综合性能优异的高温摩擦材料。制动效率约为烧结金属材料的2.5倍，高温强度约为烧结金属材料的2倍；质量减轻约为烧结金属材料的40%；使用寿命约为烧结金属材料的2倍，能在严酷的环境下维持性质的稳定，成为飞机制动盘的首选材料。C/C复合材料还有一个非常重要的特性就是其力学性能与热物理性能随温度提高而提高，这是烧结金属材料所不具备的。尽管C/C复合材料具有非常优异的性能，但是价格过于昂贵，对氧化的敏感性使得它的应用受到了很大限制。虽然可以采用涂层技术如SiC涂层等来防止C/C复合材料的氧化，但能长期稳定的起到保护效果的涂层还很少见，涂层成本也很高。因此C/C复合材料在短期内很难推广到除宇航、航空业以外的民用产业中。C/C复合材料现在的发展方向仍然是提高抗氧化性和降低成本。

总的来说，现已开发使用的摩擦材料都存在着各自缺陷与不足，而应用较广性能较好的摩擦材料仍然是粉末冶金摩擦材料和C/C摩擦材料。当今设备的大型化、重载化及高速化发展趋势对摩擦材料的性能及使用环境都有了更严格、更苛刻的要求。此外，在保持材料摩擦性能不降低的前提下，如何提高摩擦材料的使用寿命、降低其生产成本也是摩擦材料行业广泛关注的问题。

因此，摩擦材料的研究沿着这两个大方向发展，一是现有摩擦材料性能的改进，二是新型摩擦材料的开发，而本书所描述的金属-陶瓷复合材料就是一种新型的摩擦材料。

## 1.2　金属基复合材料

金属基复合材料的研究始于1924年Schmit关于$Al_2O_3/Al$粉末烧结的探索，并于20世纪60年代发展成为复合材料的一个新分支。目前金属基复合材料的基体材料主要为铝、镁、铜、铁、高温合金、金属间化合物及难熔金属等金属材料。根据不同的增强体，可分为纤维增强、晶须增强和颗粒增强复合材料。最初研究的金属基复合材料是纤维增强复合材料，它具有高强度、高模量、良好的延展性及化学稳定性好等优点。从20世纪60年代起就在火箭、导弹、飞机等重要承力部件获得了实际应用。但是连续纤维复合材料轴向

(平行纤维方向)和横向(垂直纤维方向)性能相差悬殊,各向异性明显,制备成本高,工艺难度大,限制了它的发展和使用。后来人们采用晶须及颗粒增强相作为添加剂来提高复合材料的性能。晶须是指无缺陷的微细针状晶体,具有一定的长径比,晶须晶体内部缺陷较少,作为塑料、金属和陶瓷等物质的改型添加剂,显示出极佳的物理化学性能和机械性能。颗粒增强复合材料中增强相为细小的颗粒状,弥散分布在基体中,解决了纤维增强材料各向异性的缺点,但是却存在着增强体分布不均匀、增强体容易团聚以及难以制备高体积分数增强相等缺点。金属基复合材料的基体是合金,合金既含有不同化学性质的组成元素和不同的物相,又有较高的熔化温度,故制备此类材料需要在接近或超过金属基体熔点的高温下进行。

金属基复合材料的凝固过程由于增强体的存在而变得复杂。温度场和浓度场、晶体生长的热力学和动力学过程都会发生变化,这些变化均将对金属基复合材料的性能产生明显的影响。通过对颗粒增强金属基复合材料进行分析,研究人员发现在凝固过程中,由于颗粒与基体的凝固界面的相互作用随着凝固速度的改变出现了不同的行为,即存在着一个临界速度作为两种行为的分界线。凝固速度较小时复合材料中的颗粒会被液固界面推移,而凝固速度较大时颗粒则被液固界面所捕获,使复合材料中颗粒均匀分布,所以对金属基复合材料凝固过程的研究越来越得到重视。

金属基复合材料以其优良的综合力学性能(高比强度、高比模量、高比硬度、高韧性和冲击性能、耐磨性)和物理性能(低热膨胀性能、良好导电性、导热性、表面耐久性等),在航天、汽车、电子等领域有广阔的应用前景,成为当前先进材料研究中一个比较活跃的领域。

### 1.2.1 金属-陶瓷复合材料

金属-陶瓷(cermet)是由陶瓷和黏接金属组成的非均质的复合材料。陶瓷主要是$Al_2O_3$、$ZrO_2$、SiC等耐高温氧化物或它们的固溶体,黏接金属主要是铬、钼、钨、钛等高熔点金属。将陶瓷和黏接金属研磨/球磨混合均匀并成形后在不活泼气氛中烧结就可制得金属-陶瓷。金属-陶瓷兼有金属和陶瓷的优点,密度小、硬度高、耐磨、导热性好,不会因骤冷或骤热而脆裂。另外在金属表面覆盖一层气密性好、熔点高、传热性能很差的陶瓷涂层能防止金属或合金在高温下被氧化或腐蚀。

#### 1.2.1.1 起源和定义

1914年,德国人洛曼等首次将80%~95%的难熔化合物与金属粉体混合制得了烧结金属-陶瓷。1917年,美国人利布曼等用氧化物、钨、铁、碳等成分制造了高硬表面的拉丝模。1923年,德国人施勒特尔首次制成了性能良好的烧结WC-Co硬质合金。20世纪40年代后期,美国的布莱克本等研制成功了Cr-$Al_2O_3$金属-陶瓷。中国于1958年开始研制高温金属-陶瓷材料。此后,金属-陶瓷成为国际材料学界最感兴趣的研究领域之一。

最初,金属-陶瓷有很多名称,如“cerametalllic”“ceramul”及“cermet”等,后来人们都比较认可“cermet”,这是陶瓷(ceramic)和金属(metal)两词词头的组合。作为先进材料,随着人们对金属-陶瓷认识的不断深入,其定义也在不断的丰富和发展。目前,已有的金属-陶瓷的定义有多种,较有代表性的主要有如下两种:美国材料与试验学会(American Society for Testing and Materials, ASTM)的C-21委员会(Task Group Bon

Cermets of ASTM Committee C-21）曾建议用下面的定义："一种由金属或合金同一种或几种陶瓷相所组成的非均质的复合材料。"随后，ASTM的金属陶瓷研究委员会进一步将金属-陶瓷定义明确为："一种由金属或合金同一种或几种陶瓷相所组成的非均质的复合材料，其中后者约占15%~85%的体积分数；同时在制备温度下，金属相与陶瓷相间的溶解度极小。"这一定义很明显地把那些通过在晶界面上沉淀一种"硬质相"、"陶瓷相"或"非金属相"来强化的合金从金属-陶瓷中取消掉了，即把部分弥散强化材料、沉淀硬化材料、烧结铝等排除在金属陶瓷之外。我国的国标 GB 3500—1983 对金属-陶瓷的定义基本上与第一个定义相同，为"由至少一种金属相和至少一种通常为陶瓷性质的非金属相组成的烧结材料。"按照这一定义，弥散强化材料、烧结摩擦材料、硬质合金以及含石墨或氧化物、碳化物的电触头材料都属于金属-陶瓷。

1.2.1.2 分类及用途

按陶瓷基体的不同，金属-陶瓷复合材料一般可划分为氧化物基金属-陶瓷、碳化物基金属-陶瓷、氮化物基金属-陶瓷以及硼化物基金属-陶瓷等。金属-陶瓷广泛用于制作工件的耐磨、耐蚀、耐高温表层，应用于火箭、导弹、超音速飞机的外壳，燃烧室的火焰喷口等处。金属-陶瓷之所以得到广泛应用，与它兼具金属和陶瓷的优点密切相关。金属及其合金的热震稳定性好、延展性好，但在高温下易氧化和蠕变；陶瓷则脆性大，热震稳定性差，但硬度高，高温性能好，耐腐蚀性强。金属-陶瓷就是把二者结合成一体，使之具有高硬度、高强度、耐腐蚀、耐磨损、耐高温和热膨胀系数小等优点。

1.2.1.3 复合原理

陶瓷-金属复合材料的物理化学问题是研制多组分材料中的最关键的问题，它对材料组分的选择、工艺过程的控制以及材料的最终性能起决定性的作用。相界面的润湿性、化学反应以及组分的溶解对相界面的结合有着重要的影响。相界面的物理和化学相容性决定了金属-陶瓷复合材料在广泛温度范围内的工作性能。

陶瓷-金属复合材料组成的选择原则：陶瓷和金属相的选择有着苛刻的限制，陶瓷相通常是由高熔点的化合物组成：氧化物 $Al_2O_3$、$ZrO_2$、MgO；碳化物 TiC、SiC、WC；硼化物 $TiB_2$、$VB_2$、$ZrB_2$、$CrB_2$；氮化物 AlN、BN、$Si_3N_4$、TiN、ZrN、NbN。作为金属相的原料为纯金属及其合金粉体，如 Al、Cu、Ni、Fe 以及 Ti 等。而硅化物的熔点虽高，但易与金属反应，所以在金属-陶瓷的配方中很少采用。金属-陶瓷的性能一方面与金属组分和陶瓷组分的性质和浓度有关，另一方面受显微结构的影响很大。Read 等人的研究表明：比较理想的金属-陶瓷的显微结构是金属相形成连续的薄膜，将细而均匀分布的陶瓷颗粒包裹住。在这种结构中，细而分散的脆性陶瓷承受的机械应力与热应力可通过呈连续分布的金属相来分散；而金属相则由于呈薄膜状均匀分布在陶瓷颗粒之间而获得强化，从而使整体材料的高温强度、抗冲击韧性、抗热震性能都得到改进。

为了使金属-陶瓷复合材料同时具有金属和陶瓷的优良特性，达到理想的显微结构，就得注意以下三个主要原则：

（1）金属对陶瓷的润湿性要好。金属与陶瓷颗粒间的润湿能力是衡量金属-陶瓷显微结构与性能优劣的主要条件。润湿性越强，则金属形成连续相的可能性越大，而陶瓷颗粒聚集成大颗粒的趋向性就越小，陶瓷的性能就越好。简单地说就是液态的金属相在固态的陶瓷相的表面要能充分展开。液态金属对固态陶瓷的润湿程度可用如图 1-1 所示的润湿角

$\theta$的大小来表示。当$\theta=180°$时，完全不润湿；当$\theta=0$时，则完全润湿；对于其他值，润湿性则介于两者之间。对陶瓷相被熔融金属润湿时各润湿角与各界面张力的关系，由图1-1可得：

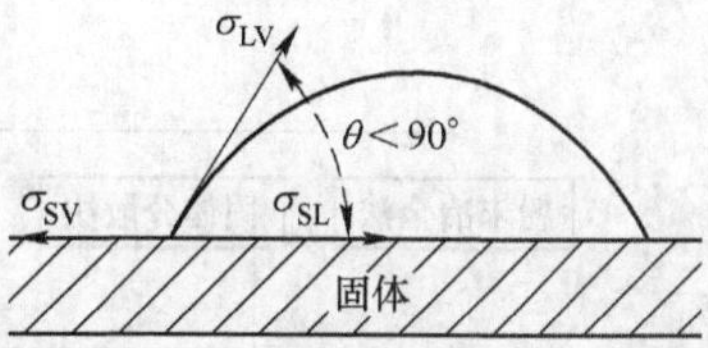

图1-1 金属液相与陶瓷相的润湿情况

$$\sigma_{SV} = \sigma_{SL} + \sigma_2 \cos\theta \tag{1-1}$$

式中，$\sigma_{SV}$，$\sigma_{SL}$和$\sigma_{LV}$分别为固-气界面、固-液界面和液-气界面的表面张力。

降低液相的表面张力$\sigma_{LV}$是改善液相对固相润湿性的常用方法，因为这个方法在实际应用中容易实现，只需在液相中添加某种适当的添加剂。固相中少量的杂质或固相表面少量气体的吸附常会降低$\sigma_{SV}$，使润湿性变坏。降低固液界面能$\sigma_{SL}$可改善润湿性，在液固界面发生的优先吸附和固液界面所产生的扩散过程是改变$\sigma_{SL}$的另一重要机理。Livery与Murry的研究表明，纯铜在1100℃时，在碳化锆上的接触角约135°（不润湿），而在铜中添加少量镍，会使接触角变小到54°（润湿）。又例如在Fe中添加Ti，在Ni中添加Cr与Ti，液相本身的表面张力并不发生变化，但降低了液相与$Al_2O_3$间的界面能，而使润湿性得到改善。

（2）金属与陶瓷之间应有一定的溶解度，但无剧烈的化学反应。金属和陶瓷之间有一定的溶解度和一定的反应有助于黏结相和非金属相之间的牢固结合。这一点被认为是WC-Co合金中获得高强度的机理。研究人员对金属-碳化物系统的研究表明，要获得一种满意的金属和陶瓷之间黏结，所必须的条件之一是在烧结温度下，固相在黏结剂中要有一定的溶解度。为了获得一定程度的互溶或单相溶解，添加另一组元或控制工艺也是方法之一。例如$Cr-Al_2O_3$体系，如果在烧结时适当控制氧化气氛，使金属铬表面生成一层$Cr_2O_3$，这层$Cr_2O_3$和$Al_2O_3$异晶同构，极易形成固溶体而产生牢固结合。但是，如果反应剧烈则金属相不以纯金属状态存在，而成为化合物，从而金属-陶瓷可成为数种化合物的聚合体。这样无法利用金属改善陶瓷抵抗机械冲击和热震动。此外，如果反应剧烈则陶瓷成为其中一个组分溶解于金属中，但溶解作用过大或出现低熔点，则又将降低金属-陶瓷的高温强度。

（3）金属和陶瓷的线膨胀系数应尽可能接近。对于一种单一材料来说，线膨胀系数越小抗热震性越好，但对于金属-陶瓷来说，除考虑单个组元的膨胀系数之外，还要考虑组元材料之间膨胀系数的差别。如果差别太大，复合材料在急冷急热的使用条件下会产生巨大热应力，使得材料产生裂纹或断裂。例如，TiC-Ni金属-陶瓷中，TiC的线膨胀系数为$7.61\times10^{-6}K^{-1}$，而镍的线膨胀系数约为$17.7\times10^{-6}K^{-1}$，二者相差一倍多。在烧结加热和冷却过程中，金属镍的张应力高达700MPa，远超过一般金属镍所能承受的张应力，从而使其抗机械震动与热震动的能力显著降低而极易开裂。

#### 1.2.1.4 制备工艺

A 烧结前期复合材料坯体试样的制备工艺

高性能的金属-陶瓷复合材料的前期坯体的制备方法和工艺至关重要。金属基复合材料发展至今，人们对其前期坯体试样的制备已进行了大量的研究工作，摸索出多种制备方法，金属基复合材料的制备方法如图1-2所示。

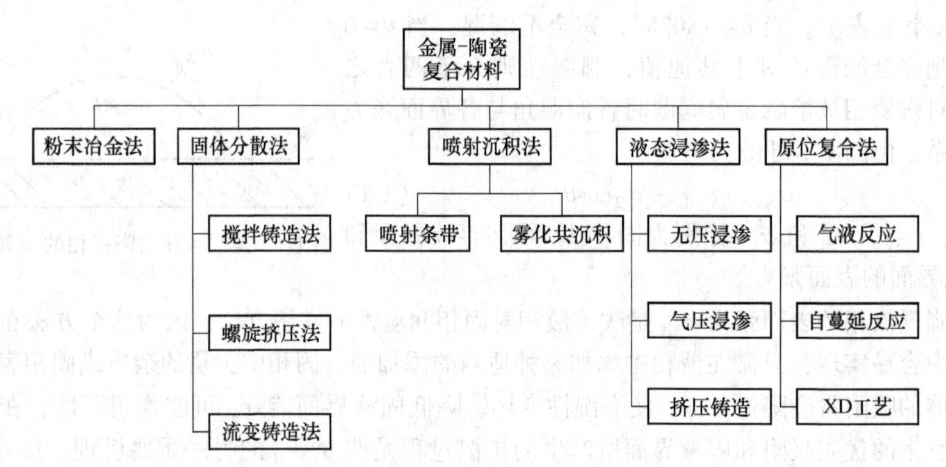


图 1-2　金属基复合材料的制备方法

a　搅拌铸造法

搅拌铸造法（Stirring Casting）是将增强体加入到基体金属液中，通过高速旋转的搅拌器使液相和固相混合均匀，然后浇入铸型中。这种方法的关键是增强体必需均匀分布在基体中，并且基体和增强相之间有良好的界面结合。搅拌铸造法的优点是成本低、可一次形成复杂的工件、所需设备相对简单、能够批量生产。但是，存在搅拌过程中陶瓷颗粒偏聚、陶瓷颗粒在液体中分布不均匀以及界面反应等问题。

b　挤压铸造法

挤压铸造法（Squeezing Casting）是很成熟的制备金属基复合材料的方法。该法首先是将增强体做成预制块，放入模具，再浇入基体合金熔液，随后加压，使基体熔液渗入预制块中成锭。挤压铸造法的优点是生产周期短，易于大批量生产，可以制备和最终形状相同或相似的产品，液态金属浸渗的时间短，冷却速度快，可以降低乃至消除颗粒界面反应，增强相的体积分数可调范围大。但是，挤压铸造法不易制备形状复杂的制件。

c　熔体浸渗法

熔体浸渗法（Melt Infiltration）是将金属或合金熔体在一定的温度和气氛条件下，自发渗入具有一定形状的增强颗粒预制块体中（美国俄亥俄州利用此复合方法制备出防弹盔甲）。熔体浸渗有两种：一种是压力浸渗；另一种是无压浸渗。压力浸渗就是靠机械装置或者惰性气体提供压力，将金属熔体浸渍渗透进增强颗粒的预制块中，可制备体积分数为 50%的金属基复合材料。无压浸渗就是不需要任何压力，只要在大气气氛或保护气氛下，通过助渗剂使合金液体渗入到增强粒子的间隙之中，形成复合材料。熔体浸渗法可以制出体积分数大的复合材料，但也存在颗粒分布不均匀、预制块变形、晶粒尺寸粗大和界面反应等问题。

d　粉末冶金法

粉末冶金法（Powder Metallurgy）又称固态金属扩散技术。此法先把基体粉末和增强相粉末混合，然后进行球磨，之后在不同的工艺条件下干燥并烧结混合粉末。粉末冶金法有三个步骤：粉末混合、压实和烧结。这三个步骤对最终制备的复合材料微观组织和力学性能都有直接的影响。粉末冶金法也存在一些问题，如：成本高，一般需要二次成型，工艺程序复杂，制备周期长，粉末在球磨的过程中形状受到限制等。

e 喷射沉积法

喷射沉积法（Spray Deposition）的工艺过程为：采用流化床获得增强颗粒与惰性气体的混合二相流体，然后通过一定的导管引入雾化室，并以一定的速度和喷射角度喷入雾化基体合金液滴的流束中，与合金液同时沉积获得。该方法工艺周期短，成型速度快（每分钟沉积6~10kg，并可生产数百千克的复合材料）。但也存在着设备昂贵、孔隙率高、原材料损失大等问题。喷射沉积技术制取金属基复合材料时，由于金属熔滴和陶瓷增强相颗粒接触的时间极短，可有效地控制界面化学反应。喷射沉积法应用范围广，几乎适用任何基体和陶瓷颗粒增强相。

B 复合材料坯体的烧结工艺

金属基复合材料的烧结对材料最终的性能有很大的影响，因此在制备过程中，不仅要考虑不同烧结方法的优缺点，还要严格控制工艺参数。除传统的烧结方法外，目前常采用的烧结工艺有热压烧结、无压烧结、反应烧结、超高压烧结、化学蒸镀烧结、连续热压烧结、真空烧结、电火花烧结、爆炸烧结、高频和超高频电场烧结、通电烧结。当前较重要的工艺有以下几种。

a 火花等离子体烧结

火花等离子体烧结（Spark Plasma Sintering）是利用等离子体所特有的高温、高焓，快速烧成陶瓷的一种新工艺，火花等离子体烧结原理如图1-3所示。等离子体烧结的优点是。(1) 可烧制难烧结的材料。等离子体可快速地获得2000℃以上的超高温，因而可以烧制用一般方法难以烧结的物质，包括复相陶瓷的反应烧结。(2) 烧结时间短。陶瓷坯体通过表面与高温高焓等离子体的热交换，可获得极高的升温速度。(3) 烧结体纯度高、致密度高、晶粒度小，性能优越。由于烧结时间短，烧结过程中不会混入杂质，可以阻止异常晶粒长大，因而得到的陶瓷晶粒度小而均匀，其力学性能也很高。(4) 可以连续烧结长形的陶瓷制品，如管、棒等。(5) 装置相对较简单，能量利用率高，运行费用比热压和热等静压低，而且容易实现烧结工艺的一体化和自动化。等离子体烧结的缺点是：(1) 由于加热速度快，坯体容易产生开裂。(2) 随着温度的增高，物质的挥发加剧。(3) 技术与理论都未成熟。现在利用等离子体的超高温烧结陶瓷，虽在技术和理论上还没有成熟到可以商业性生产的程度，但它必将成为一项有实际意义和广阔应用前景的陶瓷烧结新工艺。

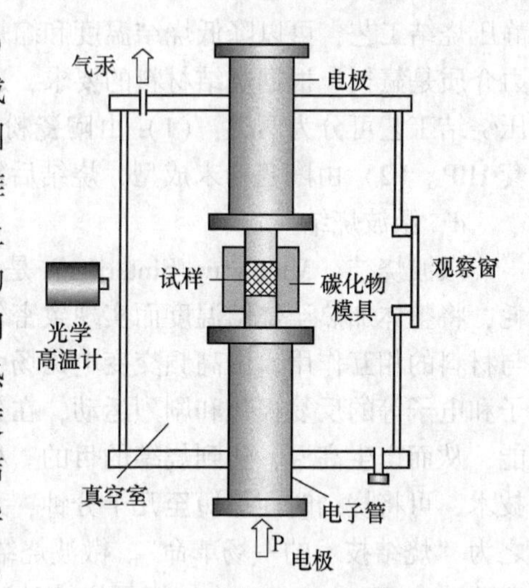

图1-3 火花等离子体烧结原理

b 自蔓延高温合成技术

自蔓延高温合成技术（Self-propagating High Temperature Synthesis）是一种利用反应物之间高化学反应热的自加热和自传导，来合成材料的一种新技术。即利用外部热源，将原料预先压制成一定密度的坯件，进行局部或整体加热，当温度达到点燃温度时，撤掉外部热源，利用原料颗粒发生的固体与固体反应，或者固体与气体反应放出的大量反应热

(如铝热反应) 使反应继续进行，所有原料反应结束后生成所需材料。从其技术特点和技术初始过程来看，此法主要是化学燃烧过程，自蔓延高温合成技术原理如图 1-4 所示。此工艺最大的优点是节能，不需要高温设备，反应温度可达 2500℃ 以上，反应速度快，方法简便，经济等。与传统方法相比，自蔓延高温合成技术获得的零件，有好的颗粒单晶性、高的纯度和高的结构稳定性。这一技术可用来制造硬质合金制品，如轧辊、拉丝模、压模、切板等。该技术的缺点是反应速度快，较难控制。

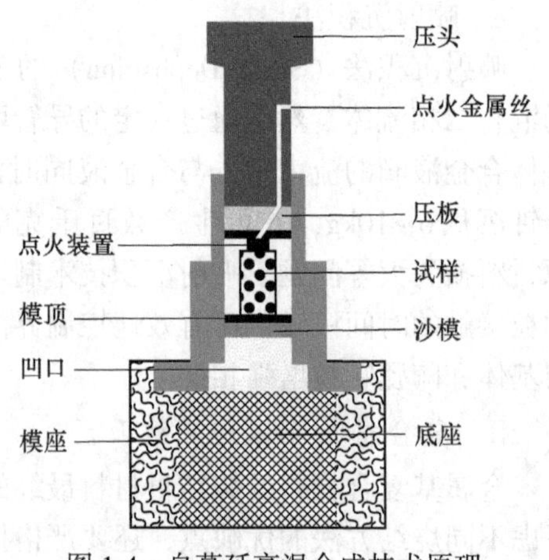


图 1-4 自蔓延高温合成技术原理

c 热等静压烧结

热等静压烧结（Hot Isostatic Pressure）是使陶瓷粉料或素坯在加热过程中经受各向均衡的气体压力，在高温高压共同作用下，将材料致密化的烧结工艺，简称 HIP。与传统的陶瓷无压烧结和陶瓷热压烧结相比，采用热等静压烧结工艺，可以降低烧结温度和缩短烧结时间。在热等静压烧结过程中，最常用的压力介质是氩气。根据烧结材料的要求，还可选用氮气、氧气、氢气、甲烷等气体。热等静压烧结工艺可分为两类：(1) 由陶瓷粉末成型封装或直接封装后经热等静压烧结，即包套 HIP。(2) 由陶瓷粉末成型，烧结后经热等静压再处理，即无包套 HIP。

d 微波烧结

微波烧结（Microwave Sintering）是利用陶瓷及其复合材料在微波电磁场中的介电损耗，将整体加热至烧结温度而实现致密化的快速烧结工艺。微波烧结的本质是微波电磁场与材料的相互作用，由高频交变电磁场引起陶瓷材料内部的自由束缚电荷，如偶极子、离子和电子等的反复极化和剧烈运动，在分子间产生碰撞、摩擦和内耗，将微波能转变成热能，从而产生高温，达到烧结的目的。相比于传统技术的烧结时间，它作为一种快速烧结技术，可将烧结时间缩短至几十分钟，乃至几十秒，这突破了传统烧结概念，被材料界称之为“烧结技术的一场革命”。微波烧结具有以下优点：(1) 极快的加热和烧结速度。一般可达 500℃/min，大大缩短了烧结时间。(2) 降低烧结温度。可以在低于常规烧结温度几百摄氏度的情况下，烧结出与常规方法同样密度的制品。(3) 改进材料的显微结构和宏观性能。由于烧结速度快、时间短，从而避免了陶瓷材料烧结过程中晶粒的异常长大，有希望获得具有高强度、高韧性的超细晶粒的结构。(4) 经济简便地获得 2000℃ 以上的超高温。(5) 高效节能。节能效率为 50%左右。这是因为微波直接为材料吸收转化成热能，烧结时间特别短。(6) 无热惯性。便于实现烧结的瞬时升、降温的自动控制。

e 通电烧结

对于某些金属基陶瓷颗粒增强复合材料，金属基体与陶瓷颗粒的熔点、热膨胀系数和电阻率相差很大，如 $B_4C/Cu$ 复合材料，$B_4C$ 的熔点是 2723K，热膨胀系数是 $4.5\times10^{-6}K^{-1}$，电阻率为 $106\times10^{-8}\Omega\cdot m$，而 Cu 的熔点是 1356K，热膨胀系数是 $17\times10^{-6}K^{-1}$，电阻率为 $1.78\times10^{-8}\Omega\cdot m$，采用传统的方法不能得到理想的结果，因而就出现了通电烧结（Current Sintering）的方法。通电烧结可以有效地对试样进行加热，促进界面反应的进行。

它的原理是在试样接通电源的过程中，由于金属基体（如 Cu）和陶瓷颗粒（$B_4C$）的电阻率相差巨大，当它们组成复合梯度材料时，电阻率将沿铜侧到 $B_4C$ 侧逐渐增大，有强电流通过时，其发热功率及温度沿着金属层、金属基陶瓷弥散梯度层、渗流层、陶瓷基金属弥散梯度层和陶瓷层逐渐增大，梯度层相对于金属端的过余温度（$T_{等级}-T_{金属}$）大致与梯度层的厚度及电流密度的二次方成正比。控制梯度材料的电阻分布及调节烧结电流，可以实现高熔点差梯度复合材料的烧结。为了减少梯度材料的成分扩散，必须缩短烧结时间，所以在烧结时施加了超高压力。通电烧结装置如图 1-5 所示。烧结装置主要由碳化钨硬质合金压头、高压模具、辅助电源和液压系统组成。在烧结 $B_4C$/Cu 梯度复合材料生坯时，生坯侧面用叶石蜡包覆，叶石蜡充当烧结过程的绝缘、隔热和传压介质。烧结时电流沿压头、增压片及密封片方向流通。

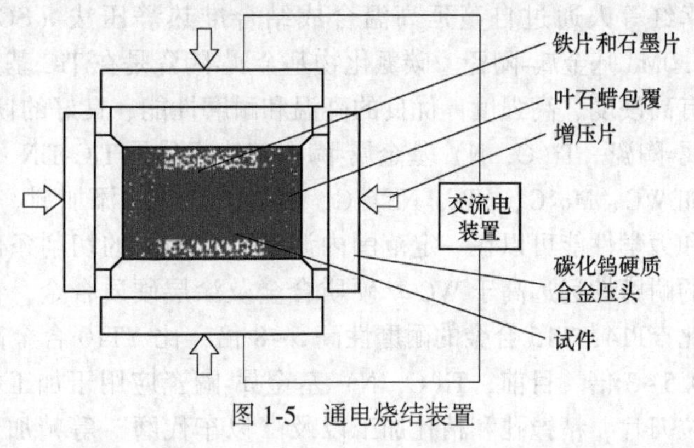

图 1-5 通电烧结装置

1.2.1.5 常见金属-陶瓷

A 氧化物基金属-陶瓷

对氧化物基金属-陶瓷研究最成功的是 $Al_2O_3$-Cr 系金属-陶瓷。$Al_2O_3$ 陶瓷力学强度高，并且抗弯强度和抗拉强度随 Cr 含量增加而增加。采用 Cr-Mo 合金为黏结金属的 $Al_2O_3$-系金属-陶瓷可在许多高温条件下应用。例如作为喷气火焰控制器、导弹喷管衬套、熔融金属流量控制针、T 形浇口、炉管、火焰防护杆以及热电偶保护套管和机械密封环等。$Al_2O_3$-Fe 系金属-陶瓷硬度高、耐磨、耐腐蚀、热稳定性好，广泛用作机械密封环、农用潜水泵机械密封环，以及在高温、导热、导电场合下应用的高温零件部件，使用寿命长，而且不会因瞬时启动产生的巨大热应力而破碎。$ZrO_2$ 基金属-陶瓷可以制成有用的耐火材料。用 5%~10%（原子分数）Ti 黏结的 $ZrO_2$ 基金属-陶瓷，适于作为制备稀有金属和活性金属的坩埚材料。用粒径为 2~3μm 的稳定化 $ZrO_2$ 粉与金属 W 粉混合，经成形并在 1000℃的真空中预烧，最后在氢气保护下 1780℃烧结，可制备火箭喷嘴材料。这种材料具有良好的耐磨、耐高温、抗氧化和耐冲击等性能。用 W 作黏结金属的 BeO 基金属-陶瓷具有良好的抗热震性和较高的软化温度，常用来制作坩埚。由 W 或 Mo 作黏结金属的 $ThO_2$ 基金属-陶瓷常用于制作电子工业制品。由 Al、不锈钢或 W 黏结的可裂变 $UO_2$ 组成的金属-陶瓷可以较好的抑制裂变产物，而且导热性好，可用作核反应堆堆芯的燃料元件。

B 碳化物基金属-陶瓷

在碳化物基金属-陶瓷中，关于 TiC 基金属-陶瓷的研究相当成熟，应用也很广。TiC 基金属-陶瓷轴的金属相主要有 Ni、Ni-Mo、Ni-Mo-Al、Ni-Cr、Ni-Co-Cr 等。TiC-Co、TiC-Ni、TiC-Cr 等金属-陶瓷可做成高温轴承、切削刀具、量具、规块等。TiC 基陶瓷的熔点（3250℃）高于 WC（2630℃）、耐磨性好、密度只有碳的 1/3，抗氧化性远优于 WC，可用来替代目前广泛使用在切削刀具工业中的WC-Co基硬质合金而大大降低加工成本，因而引起了人们的极大兴趣。TiC基金属-陶瓷的研究取得了较大的进展，如奥地利Metallwek Plansee公司生产的WZ系列、英国Hard Metal Tools公司生产的R系列、美国Kennameal公司生产的K系列和美国Firth Sterling公司生产的FS系列都是成功的例子。张幸红等人通过自蔓延高温合成结合准热静压法（SGS/PHIP）制备了致密TiC-16.8Ni-4.0Mo基金属-陶瓷。碳氮化物基金属-陶瓷是在TiC基金属-陶瓷基础上发展起来的一种具有高硬度、高强度、优良的高温和耐磨性能、良好的韧性以及密度小、导热率高的新型金属-陶瓷。Ti(C，N）基金属-陶瓷基体成分是TiC-TiN，以Co-Ni为黏结剂，以其他碳化物如WC、$Mo_2C$、(Ta，Nb）C、CrC、VC等为添加剂。Ti(C，N）基金属-陶瓷的物理性能和力学性能可以在一定范围内调整。在相同的切削条件下，Ti(C，N）基金属-陶瓷刀具的耐磨性远远高于WC基硬质合金及涂层硬质合金。在高速下，Ti(C，N）基金属-陶瓷比YT14，T15合金的耐磨性高5~8倍，比YT10合金高0.3~1.3倍，比涂层硬质合金高0.5~3倍。目前，Ti(C，N）基金属-陶瓷应用于加工领域已成现实，用于各种微型可转位刀片，精镗孔和精孔加工以及“以车代磨”等精加工领域。而且由于Ti(C，N）基金属-陶瓷有低密度、低摩擦系数、高耐磨性、良好的耐酸碱腐蚀性能和稳定的高温性能，还可用于制作各类发动机的高温部件，如小轴瓦、叶轮根部法兰、阀门、阀座、推杆、摇臂、偏心轮轴、热喷嘴以及活塞环等；石化工业中各种密封环和阀门；各种量具，如滑规、塞规、环规。$Cr_3C_2$基金属-陶瓷以$Cr_3C_2$为主要组分。用Ni、Ni-Cr或Ni-W作黏结金属的金属-陶瓷具有密度低、耐磨、耐腐蚀性好、热膨胀系数低、高温抗氧化性好等一系列优良的性能，从而在工具和化学工业中得到了应用。可以用作海洋捕鱼杆导圈、抗热盐水腐蚀与磨损的轴承与密封材料、千分尺接头和其他测量工具、黄铜挤压模具、高温轴承、油井阀门的阀球等。这种材料的硬度约为HRA88，密度约为7.0g/cm$^3$，抗弯强度约为780MPa，在982℃热暴露5h之后，表面仅稍微变暗。其他碳化物，如ZrC、HfC、TaC、NbC等，都可以用延性金属作黏结剂而制成金属-陶瓷，但由于这些碳化物的耐高温氧化性差，而且非常脆，所以未能得到真正的应用。除了上面提到的碳化物外，目前发现还有$B_4C$和SiC等碳化物可用做碳化物基金属-陶瓷中的硬质相。例如，$B_4C$-不锈钢、$B_4C$-Al金属-陶瓷可做成原子反应堆控制棒；SiC-Si-$UO_2$金属-陶瓷可做成核燃料器件等。

C　硼化物基金属-陶瓷

20世纪80年代末开始系统研究硼化物的性能，研究表明，金属硼化物具有高的导热率和高温稳定性。硼化物基金属-陶瓷用于需要非常耐热和耐蚀的条件下，如在与活性热气体和熔融金属接触的场合。$TiB_2$基金属-陶瓷由于$TiB_2$陶瓷具有某些独特的物理化学性能，例如：高温硬度极高、密度和电阻率低、弹性模量高、热传导性好。目前在$TiB_2$基金属-陶瓷中，研究较多的是$TiB_2$-Fe，$TiB_2$-FeMo，$TiB_2$-Fe-Cr-Ni等系。$TiB_2$-FeMo基金属-陶瓷与其他金属-陶瓷相比，具有良好的耐磨性，因此可用作切削工具、凿岩工具和耐磨零件。但由于这类材料强度较低、脆性较大，不适于在冲击载荷下使用。用质量分数0.02%~0.05%的B黏结$ZrB_2$的金属-陶瓷可以在极高温度下使用，包括燃烧室、火箭发动机和喷气动机的反应系统。这种金属-陶瓷可应用于处理熔融金属的系统，如在压铸机上压铸液态合金所用泵的叶轮和轴承、雾化金属粉末用的喷嘴以及与熔融活性金属或金属蒸气接触的炉子零部件。多元硼化物基金属-陶瓷具有优异性能，这种材料在日本已经用于制作冲压易拉罐的模具、铜的热挤压模、钢丝冷热拉模、锅炉热交换器的保护零件、汽车气门热锻模等。用0.10%（质量分数）的Cr-Mo合金黏结的CrB基金属-陶瓷，具有良好的断裂强度和足够高的抗机械振动性，可制造蒸气和燃气涡轮叶片、喷气动机的排气喷口和排气管。

D 其他金属-陶瓷

含石墨结构碳的金属-陶瓷可制造电触头，用于电动机和发动机的金属电刷（金属相为铜或青铜），较低摩擦速度和低接触压力下的滑动触头（金属相为银），还广泛用来制造制动器衬面和离合器衬片。此外，这种在金属基体内加入从粗的碎片到细的粉末状金刚石组成的金属陶瓷，可作为耐磨工具。

### 1.2.2 网络陶瓷/金属复合材料

人们对于网络交叉复合材料（Interpenetrating phase composites，IPC），又称为双连续结构（Co-continuous Composites）的研究始于陶瓷基和聚合物基复合材料。在20世纪80年代末期才开始对金属基网络交叉复合材料进行研究。网络交叉复合材料中基体与增强相在整个材料中形成各自的三维空间连续网络结构并且互相缠绕在一起，使每一种组成相的特性能够被保留。例如，陶瓷相用来提高耐磨性或断裂强度，金属相用来提高导电性或塑性。与传统的复合材料相比，它们具有更高的机械强度和韧性，显示出三维网络交叉结构的优势。三维网络陶瓷增强金属基复合材料具有各向同性，独特的增强结构大幅提高了金属基复合材料的高温性能和摩擦性能。人们对作为增强相的多孔预制件的制备工艺进行了研究，多孔预制件的制备工艺见表1-1。

**表1-1 多孔预制件的制备工艺**

| 工艺名称 | 工艺介绍 | 特点 |
|---|---|---|
| 烧结法 | 先粉体（颗粒）成型，然后烧结 | 成本低，孔隙尺寸不易控制 |
| 烧蚀法 | 聚合物内浇注陶瓷，氧化加热烧蚀 | 适用于批量生产，浸渍金属时易坍塌 |
| 陶瓷发泡法 | 陶瓷加入发泡剂，然后加热挥发 | 现已基本不用 |
| 腐蚀法 | 先Spinodal分解，然后腐蚀 | 适用于制备小孔径材料 |
| 溶胶-凝胶法 | 进行溶胶-凝胶化学处理 | 孔径分布窄，气孔率大 |
| 生物遗态法 | 木或竹浸渍树脂碳化 | 孔隙遗传生物微观结构 |
| 模板法 | 以聚氨酯泡沫为模板，陶瓷浆料挂浆，烘干，烧结 | 适用于批量生产，骨架强度高 |

制备网络交叉复合材料的主要有以下几种方法：

(1) 原位法。复合材料组成相的一部分或全部在浸渍过程中由液态金属与增强相发生化学反应生成，特点是反应生成相与复合材料其余相之间具有良好的相容性，界面性质稳定。

(2) 挤压铸造法。将液态金属强行压入预制件中的一种方法，制作工艺简单，适合批量生产。

(3) 浸渍法。包括无压浸自法和真空压力浸渍法。无压浸渍法由 Lanxide 公司开发，特点是浸渍过程中不需要外加压力，在预制件孔隙毛细管力作用下，熔融金属自发浸入预制件中，这种方法受到合金成分、浸渍温度、浸渍时间、大气成分的影响。真空压力浸渍法是采用高压惰性气体将液体金属压入抽成真空的预制件中，在内外压力差的作用下凝固生成复合材料。这种方法制备的复合材料结构细致，适合批量生产。

SiC 具有密度高、强度高、弹性模量高、耐磨及耐腐蚀等优点，是较为理想的增强材料。近年来用 SiC 增强金属的方法引起了越来越多的关注，其中 SiC 骨架增强金属基复合材料成为目前摩擦材料研究的热点。$SiC_{3D}$/金属基复合材料是将 $SiC_{3D}$ 骨架作为增强相，金属作为基体相的复合材料。SiC 增强相与金属基体相互交错，相互支撑，既保持了 SiC 陶瓷的高硬度、高耐磨、高耐热性，又保持了金属材料的高强度和高韧性，具有优异的摩擦磨损性能。

目前 $SiC_{3D}$/金属复合材料的基体材料主要为铝，铜，钢这三种金属，界面问题仍然是这类材料研究的重点和难点。对于 $SiC_{3D}$/金属基复合材料，国内外的研究较少。这类复合材料虽然与颗粒增强铝基复合材料在宏观结构上有着很大的区别，但是两者的界面反应过程存在着一定的相似性，也就是说 $SiC_{3D}$/金属基复合材料界面反应的研究有章可循，可深入研究。在本书中我们重点对 $SiC_{3D}$/M(M=Al，Cu，Fe) 复合材料进行详细研究，探讨界面化学反应、显微结构、元素扩散等宏观/微观行为和摩擦学行为。

## 1.3 金属-陶瓷界面研究

金属-陶瓷界面可以分为四种类型：

(1) 无反应且无渗透界面。陶瓷与金属在界面处截然分开，彼此相互黏结或不黏结。

(2) 渗透界面。该界面主要是在高压、高温条件下由金属向陶瓷中渗透形成的，通常是复杂和非平面的。

(3) 反应界面。发生界面反应时在界面区形成这种界面，通常由互扩散带或化合物构成。绝大多数界面不处于热力学平衡状态，存在着化学势梯度。

(4) 扩散界面。界面区的组成、结构明显不同于基体和增强体，受到金属基体成分、增强体类型、复合工艺参数等多种因素的影响。在金属基复合材料界面区，出现材料物理性质（如弹性模量、热膨胀系数、热导率、热力学参数）和化学性质等的不连续性，使得增强体与基体金属形成了热力学不平衡体系。界面的结构和性能对金属基复合材料中应力和应变分布、导热、导电、膨胀性能、载荷传递、断裂过程起着决定性作用。针对不同金属基复合材料，深入研究界面微细结构、界面反应规律、界面微结构及性能对复合材料各种性能的影响，界面结构和性能的优化与控制途径，是金属基复合材料发展中的重要内容。

为了防止界面反应产生的脆性产物在受力时萌生裂纹源，研究人员提出对增强体表面作涂层处理。涂层既改善了界面润湿性，又起到反应阻挡层的作用，其中复合梯度涂层综合作用最佳，但是这种方法工艺复杂，难以大量应用。因为界面有双重作用，一方面传递应力，使增强体承担了主要载荷；另一方面又以界面脱黏和增强体的拔出致使裂纹偏移和吸收能量。所以界面结合力大小也对复合材料的性能产生很大影响，实验证明确实存在最佳结合界面状态。

然而，由于界面的复杂性，到目前为止也还未探索到满意的测量界面结合力的方法。尽管目前研究人员提出单丝拔出法、显微单丝顶出法以及利用力学试验机测定短梁上支点弯曲来计算层间剪切强度，但其数据也有近数量级的差别，只能作相对比较之用。另外，金属基复合材料存在界面残余应力，其对复合材料性能也有影响。目前能用 X 射线衍射的 $\sin^2\varphi$ 法测定界面残余应力，但该方法仅能测出界面两侧一定厚度范围内的平均残余应力而并非真正的界面残余应力。金属基复合材料的磨损特性、增强相颗粒在复合材料磨损过程中的微观力学行为、界面在磨损过程中的显微结构变化都还未有一个明确的理论，以上这些问题均有待材料科学工作者解决。

### 1.3.1 SiC/Fe 界面

SiC/Fe 复合材料是现代复合材料的一种重要研究对象。由于 SiC 与 Fe 是化学键本质不同的两类材料，两者的复合存在相当大的困难。但是由于钢铁材料的高塑性、高熔点及良好的韧性，与 SiC 结合而成的复合材料必然会拥有优质的高耐磨性而极具吸引力，因此研究人员对这类材料进行研究。最初人们采用粉末冶金法、离心铸造法、喷射沉积法等方法制备 SiC 颗粒增强钢铁复合材料，后来则采用钢铁熔体浸渗 SiC 多孔陶瓷的熔渗法。一般而言，SiC/钢铁复合材料的制备温度都要在 1000℃以上，而 SiC 在高温下易于分解，会与钢铁基体发生剧烈的界面反应，生成 Fe-Si 脆性化合物，形成强界面结合，从而影响力的有效传递，降低材料的性能，界面反应见式（1-2）。

$$SiC(s) + Fe(s) \xlongequal{\quad} Fe_3Si(s) + C_{Gr} \tag{1-2}$$

杨光义等人用 $Fe_xSi_y$ 熔体自发（无压）浸渗 SiC 粉体预制件制备出理论密度 96.5% 的 SiC/钢铁复合材料，并对复合材料的相组成、显微结构和力学性能进行了研究。研究表明 $Fe_xSi_y$ 熔体跟固态 SiC 之间有很好的润湿性，能自发渗入 SiC 粉体预制件的孔径中，形成 SiC 颗粒增强金属基复合材料。周永欣等人研究表明，SiC 粒子在钢熔液中会分解，分解反应见式（1-3）。

$$SiC \longrightarrow Si + C \tag{1-3}$$

分解反应使钢基体中存在一定量的珠光体和大量石墨，钢基体和石墨构成了 SiC 粒子复合层与钢的界面过渡区。有两个途径形成珠光体：

（1）通过 SiC 分解的 C 的扩散生成高碳的渗碳体和低碳的铁素体。

（2）晶体点阵的重构。SiC 的分解使钢基体中局部满足渗碳体析出的条件，面心立方的奥氏体经过共析反应生成铁素体和渗碳体。石墨的出现主要是由钢液中 SiC 分解后的 Si 直接融入钢液中，以及碳在钢液中溶解速度低造成的。

东北大学茹红强、喻亮、曲翔宇等人首次对 $SiC_{3D}$/Fe-20Cr 复合材料界面进行了研究。表明：

（1）SiC/Fe-20Cr 复合材料界面反应区主要由 SRZ、MRZ 和 C-PFZ 三个区域构成。其中 SRZ 区与 SiC 相临，主要由石墨、$Fe_3Si$ 基体构成；C-PFZ 区与 20Cr 基体相临，主要由 α-Fe(Si) 构成。

（2）MRZ 区介于 SRZ 区和 C-PFZ 区之间，主要由 Fe(Si) 基体、$(Cr, Fe)_7C_3$ 型化合物、片状石墨和球状石墨和 $Fe_3C$ 构成。在界面反应过程中，SiC 分解产生的 C、Si 原子和钢中金属原子的反应具有选择性。因为 C-Cr 的亲和性大，C 原子总是优先向富 Cr 的合金一侧扩散，并有选择地与 Cr 反应形成 $M_7C_3$ 型化合物，构成 MRZ 区。而绝大多数的 Si 原子则与合金中的 Fe 原子反应形成 $Fe_3Si$，构成 SRZ 区。在反应区中，C 原子的扩散速率大于 Si 原子。$SiC_{3D}$/20Cr 界面发生固相反应受 Fe 在反应区中的扩散所控制。在短时间的液相反应中形成的石墨、$Fe_3Si$ 以及 Cr 的碳化物都能有效地阻止 Fe 扩散，降低反应速率，达到控制界面发生固相反应的目的。

(3) 界面的反应以液相反应为主。由于生成物的阻挡，固相反应很难进行。固相扩散对界面产物的均匀化和有序化起到了很大的作用。

由于在 $SiC_{3D}$陶瓷增强钢铁复合材料中，增强相与基体相以连续相的形式存在，两相之间的接触面积很大，界面反应对综合性能的损害大，人们采用在 SiC 表面增加涂层等技术来降低界面反应，取得了初步成就。因此如何有效地控制 SiC 和钢的界面反应仍然是此类材料研究的重点和难点。

### 1.3.2 SiC/Cu 界面

铜具有高电导率、热导率以及高塑性等性能，成为工程领域和超大规模集成技术中广泛应用的材料。但是铜强度低，耐磨性不高，高温条件下易氧化等固有缺点严重限制了它的应用。因此人们采用在铜表面渗层技术来弥补以上不足，其中渗硅是常见的方法。于是人们开始研究了 Si 和 Cu 的界面反应。A. Saniurio 等人利用液态床（FBR）在铜表面化学气相沉积（CVD）硅获得了铜硅化合物的渗层。A. L. Cabrera 等人采用硅烷-氢混合气体对铜表面进行渗硅的方法获得了铜硅化合物渗层。浙江大学沈复初等人采用气体化学热处理的方法，利用硅烷/氢混合气体对铜进行表面改性，分析了含硅层表面的显微结构，证明了铜表面生成了 $Cu_5Si$ 和 $Cu_{15}Si_4$，在靠近铜基体的小区域内，硅原子的浓度梯度大，形成铜硅固溶体。中科院金属研究所邢宏伟、张劲松等人利用挤压铸造法制备了 $SiC_{3D}$/Cu 复合材料，研究了 SiC 骨架对基体凝固显微组织的影响。东北大学曹宁华等人研究了 Cu-Sn-M（M=Ti、Zr、V、Cr）三元合金与烧结 SiC 及单晶 SiC 间的界面反应，证明了 $Cu_{85}Sn_{10}Ti_5$合金在两种 SiC 片上形成利于润湿的前驱膜。前驱膜的主要元素为 Ti、Si、Cu，其上覆盖 Cu-Sn 层。在单晶 SiC 上，从 SiC 到基体方向，薄膜颜色逐渐加深，膜中 Si 含量逐渐降低而 Ti 含量逐渐增加。

总的说来，目前国内外对于 SiC/Cu 界面的研究还不够深入，主要集中在铜表面改性的渗硅层上，然而在 SiC/Cu 金属基复合材料的制备过程中不可避免的高温条件下，必然与普通的渗层氛围有很大差别，界面反应也会有所不同，因此对于 SiC/Cu 界面的研究也就显得格外重要。

### 1.3.3 SiC/Al 界面

SiC/Al 基复合材料是应用比较广泛的金属基复合材料之一。SiC/Al 复合材料具有高比强度、高比刚度、低膨胀系数及良好的导热导电性，最突出的特点便是具有良好的抗磨损性能，广泛应用于转动轴承、制动系统、发动机活塞、控制杆等耐磨损零部件上，成为当前金属基复合材料的主要发展方向之一。在 SiC/Al 基复合材料制备过程中，Al 基体与 SiC 之间可能发生界面反应，这将影响复合材料的微观结构和结合状态，最终对复合材料的宏观物理性能产生很大影响。可能发生的界面反应及反应过程中自由焓变与温度的关系见表1-2。

表1-2 SiC/Al复合材料可能的界面反应及热力学数据

| 编号 | 化学反应方程式 | 反应过程自由焓变 $\Delta G^{\ominus}$/J · mol$^{-1}$ |
|---|---|---|
| 1 | $SiO_2$ (s) +2Mg (l) →2MgO (s) +Si (l) | −26570.4+35.42$T$ |
| 2 | $3SiO_2$ (s) +4Al (l) →$2Al_2O_3$ (s) +3Si (l) | −19292.24+83.903$T$ |
| 3 | $2SiO_2$ (s) +2Al (l) +Mg (l) →$MgAl_2O_4$ (s) +2Si (l) | 558519.12+56.689$T$ |
| 4 | 4Al (l) +3SiC (s) →$Al_4C_3$ (s) +3Si (l) | 103900−16.48$T$ |
| 5 | SiC (s) →Si (l) +C (s) | 123470−37.57$T$ |
| 6 | $Al_4C_3$ (s) →4Al (l) +3C (s) | 266520−92.3$T$ |
| 7 | Si (s) →Si (l) | 50630−30.08$T$ |

国内外的研究主要集中在SiC颗粒增强Al基的$SiC_P$/Al复合材料上，液相法制备$SiC_P$/Al复合材料的界面反应过程可分为如下步骤：

(1) SiC在Al熔液的作用下溶解。

(2) Si和C的原子从SiC表面向Al熔液中扩散。

(3) Si和C在浓度及温度合适的条件下在SiC/Al熔液界面发生化学反应，形成界面反应产物。

## 1.4 摩擦性能研究

### 1.4.1 摩擦与磨损

摩擦是各种机械运动副相对运动时在互相作用表面产生的一种不可避免的物理现象。在大多数情况下摩擦是有害的，会造成能量损耗和机械零件磨损，因此应尽量减小摩擦以满足工程、经济、环保的要求。但在某些情况下，摩擦是有益的，比如利用摩擦传动来实现某些工程上的要求，制动装置则是利用材料的摩擦性能来实现机器的运动/停止以及速度/方向的改变。摩擦副表面层材料不断损失的现象称为磨损，它是摩擦的必然结果。磨损对材料而言是有害的，它将引起运动副零件尺寸及形状的变化，导致零件损坏和机器失效。减小磨损，提高材料的耐磨性在工业生产中具有重要的意义。摩擦与磨损虽然发生在同处，然而这两种现象之间并不存在简单关系。磨损相对于摩擦来说，是更为复杂的一种行为机理，目前人们还未彻底认清磨损的机理。

### 1.4.2 $SiC_{3D}$/金属复合材料摩擦行为

摩擦材料在制动过程中要将大量的动能在短时间内转换为热能，还要承受制动压力、剪切力等各种外力的作用。为了保证制动过程的稳定性和安全性，摩擦材料应满足以下几个基本要求：(1) 足够高的摩擦系数和摩擦稳定性；(2) 热稳定性高；(3) 良好的抗黏结性能；(4) 高耐磨性能；(5) 良好的磨合性能；(6) 良好的热物理性能；(7) 足够高的力学强度；(8) 摩擦材料工作时啮合与滑动平稳，没有啸叫声，周期性过载后可迅速恢复稳定工作状态。

SiC/金属基复合材料具有良好的摩擦磨损性能，因此广泛应用于各种摩擦磨损器件上。但是已有的晶须增强和颗粒增强 SiC/金属基复合材料，其在磨损过程中，SiC 增强相容易从基体中拔出、脱落，磨屑形成硬磨粒，降低材料的耐磨性。高温时，对于铝基和铜基复合材料，SiC 颗粒增强相还会由于基体软化而随基体流失，失去增强效应，使耐磨性严重下降。而 $SiC_{3D}$/复合材料由于 SiC 独特的三维网状结构和高的体积分数以及复合材料制备工艺的不同，使其在摩擦磨损过程中表现出了优异的摩擦磨损性能。

东北大学茹红强、喻亮、曲翔宇等人以 SiC/Fe-40Cr 为动片，SiC/Cu 为静片进行惯性台制动模拟试验，研究了法向载荷、摩擦时间和 PV 值对该材料摩擦因数影响及摩擦次数对静片磨损量的影响，观察了复合材料显微结构及磨损表面形貌，分析了材料摩擦性能和磨损机理，证明了摩擦副的摩擦因数在 0.33~0.35 之间，磨损机理以磨粒磨损和黏着磨损为主，材料表面摩擦形成硬度较高的机械混合层是材料耐磨性能优良的主要原因。此外，他们还以 SiC/Fe-20Cr 为动片，SiC/Cu 为静片进行了惯性实验台的制动试验，试验表明此类材料在制动初期摩擦系数平稳增加，制动 10s 后力矩曲线出现平台。在不同的制动压力及制动次数下，摩擦系数稳定在 0.3 左右。摩擦实验后 $SiC_{3D}$/Fe-20Cr 界面发生了明显变化，$Fe_3Si$ 的含量增加，$M_7C_3$ 型碳化物大部分转变为 $M_{23}C_6$ 型碳化物，只有少量 $M_7C_3$ 型碳化物残留。谢素箐等人对体积分数分别为 10%、20%、30% 的 $SiC_{3D}$/Al(LF3) 复合材料干摩擦性能进行了研究，表明复合材料的干摩擦磨损性能远优于基体合金(LF3)，摩擦系数和磨损率随增强体体积分数的增加而下降。摩擦系数在滑行过程中比基体合金更稳定。随着温度的升高，复合材料保持较稳定的摩擦系数和磨损率，而且温度越高，复合材料耐磨性提高越明显，因为具有良好高温性能的 $SiC_{3D}$ 陶瓷在磨损表面形成微凸体起到承载作用，抑制了铝合金基体的塑性变形和高温软化，在磨损表面保持一层连续的氧化膜。张劲松、谢素箐等人还对 $SiC_{3D}$ 陶瓷增强铜基复合材料的干摩擦性能进行了研究。研究表明复合材料的耐磨性远优于铜合金，随着 $SiC_{3D}$ 体积分数、温度及载荷的增加，复合材料的抗磨损性能明显提高。在很宽的温度范围内，摩擦系数的稳定性均优于铜合金。此类复合材料作为传动及制动用摩擦材料具有明显的优越性。作者将 SiC 制成 $SiC_{3D}$ 陶瓷，再采用真空-气压熔铸的方法将 Fe、Cu、Al 等金属熔液合金引入到 $SiC_{3D}$ 陶瓷骨架中，制备出了 SiC 体积分数为 30%~60%的 $SiC_{3D}$/金属复合材料，研究其摩擦性能和磨损机制。对该材料的研究可以为工业化生产和在高速重载紧急制动条件下的应用提供理论依据。

# 2 固体摩擦理论及摩擦控制

## 2.1 概述

两个物体相对运动时，接触界面上存在的切向阻抗现象称为（外）摩擦。同一物体（如流体或变形中的固体）各部分间相对运动时分子间的阻抗现象称为内摩擦。这里只讨论外摩擦。两个相互接触的物体在外力作用下发生相对运动（或具有相对运动趋势）时，在接触面间产生切向运动阻力，这阻力称为摩擦力，这种现象称作摩擦。物体运动时的受力情况如图 2-1 所示，在外力 $P$ 的作用下，物体沿接触表面滑动（或具有滑动趋势）时，存在于界面上的切向阻力 $F$ 就称作摩擦力。摩擦副因结构不同和运动方式各异，摩擦可按以下分类：

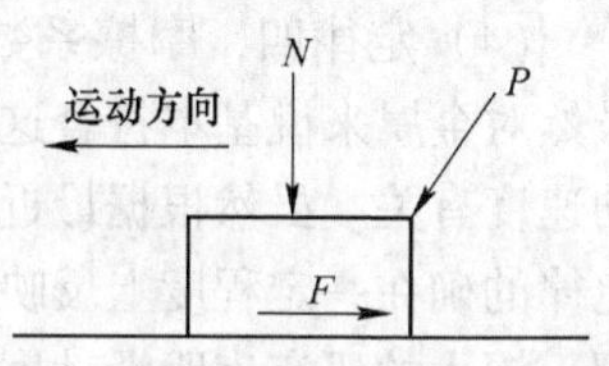

图 2-1 物体摩擦时的受力情况

（1）按摩擦副运动形式分类。

1）滑动摩擦：当接触面相对滑动（或具有相对滑动趋势）时；

2）滚动摩擦：物体在力矩的作用下沿接触表面滚动时。

（2）按摩擦副运动状态分类。

1）静摩擦：物体受力后对另一物体具有相对运动趋势，处于静止临界状态时；

2）动摩擦：物体受力后，越过静止临界状态而沿另一物体表面发生相对运动时。

（3）按表面的润滑情况分类。

1）干摩擦：物体的接触表面上无任何润滑剂存在时；

2）边界摩擦：两物体表面被一种具有润滑性能的边界膜分开时；

3）流体摩擦：两物体表面被润滑剂膜完全隔开时（摩擦发生在界面间的润滑剂膜内，即流体的内摩擦）；

4）混合摩擦（半干摩擦和半流体摩擦）：半干摩擦是指在摩擦表面上同时存在着干摩擦和边界摩擦；半流体摩擦是指在摩擦表面上同时存在着流体摩擦和边界摩擦。

实际工程表面在摩擦过程中，可能出现一部分被流体膜分隔开，一部分覆有边界膜甚至同时伴有材料直接接触的混合摩擦。为了要搞清摩擦的起因及影响摩擦的因素，以达到有效地控制摩擦，通常从干摩擦着手分析。严格地讲，干摩擦是指两个纯净表面（除了材料本身以外，表面上不存在任何润滑剂膜、吸附膜、反应膜和污染膜等）的摩擦。但在大气环境中很难得到纯净表面，所以人们通常把“大气环境条件下的无润滑摩擦”也称为干摩擦。

## 2.2 摩擦基本特性

一般认为达·芬奇（Leonado da Vinci，1452~1519 年）第一个提出了摩擦基本概念。在他的启发下，法国科学家 Amontons 进行实验并建立了摩擦定律。随后，Coulomb 在进一步试验的基础上，发展了 Amontons 的工作。由这些初期研究得出了 4 个经典摩擦定律如下：

（1）定律一，摩擦力与载荷成正比。除了在重载荷下实际接触面积接近表观面积以外，第一定律是正确的。它的一般形式为

$$F = fN \tag{2-1}$$

式中，$F$ 为摩擦力；$f$ 为摩擦系数；$N$ 为正压力。

式（2-1）通常称为库仑定律，可认为它是摩擦系数的定义。

（2）定律二，摩擦系数与表观接触面积无关。第二定律一般仅对具有屈服极限的材料（如金属）是满足的，但不适用于弹性及粘弹性材料。

（3）定律三，静摩擦系数大于动摩擦系数。这一定律不适用于黏弹性材料，尽管关于黏弹性材料究竟是否具有静摩擦系数还没有定论。

（4）定律四，摩擦系数与滑动速度无关。严格地说，第四定律不适用于任何材料，虽然对金属来说基本符合这一规律，而对黏弹性显著的弹性体来说，摩擦系数则明显与滑动速度有关。虽然根据最近的研究发现大多数经典摩擦定律并不完全正确，但是经典摩擦定律的确在一定程度上反映了滑动摩擦的机理，因此在许多工程实际问题中依然近似地引用。深入的研究表明滑动摩擦还具有以下主要特性。

### 2.2.1　静止接触时间的影响

使摩擦副开始滑动所需要的切向力称为静摩擦力，而维持滑动持续进行所需要的切向力则是动摩擦力。通常工程材料的动摩擦力小于静摩擦力，黏弹性材料的动摩擦力有时高于静摩擦力。观察发现：静摩擦系数受到静止接触时间长短的影响。静摩擦系数与接触时间的关系如图 2-2 所示，接触时间增加将使静摩擦系数增大，对于塑性材料这一影响更为显著。由于摩擦表面在法向载荷作用下，粗糙峰彼此嵌入并产生很高的接触应力和塑性变形，使实际接触面积增加。随着静止接触时间延长，相互嵌入和塑性变形程度都加强，所以静摩擦系数增加。

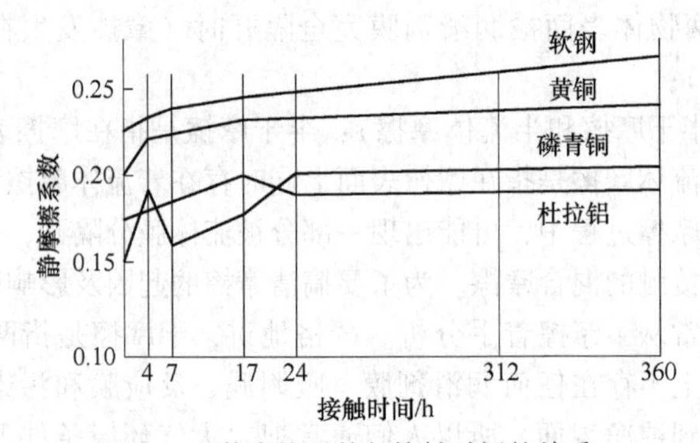


图 2-2　静摩擦系数与接触时间的关系

### 2.2.2　跃动现象

精细的实验研究证明：干摩擦运动并非连续平稳的滑动，而是一物体相对另一物体断续的滑动，称为跃动现象。当摩擦表面是弹性固定时，跃动现象更为显著。跃动现象是干

摩擦状态区别于良好润滑状态的特征。Bowden 等人提出的摩擦黏着理论说明了跃动现象的机理，可是黏着理论不能解释非金属材料的断续滑动现象。有人用静电力作用所引起的摩擦力变化来说明跃动现象，但没有得到满意的结果。有关跃动现象比较满意的解释有两个：一是跃动是摩擦力随滑动速度的增加而减小造成的；另一是跃动是摩擦力随接触时间延长而增加的结果。实际上这两种影响都是产生跃动现象的原因：在高速滑动条件下，前者的作用为主；而滑动速度较低时，后者是决定性的因素。滑动摩擦的跃动现象对机器工作的平稳性产生不利的影响。例如闭合摩擦离合器时的颤动、车辆在制动过程中的尖叫、刀具切削金属时的振动以及滑动导轨在缓慢移动时的爬行现象等，都与摩擦跃动现象有关。因此，提高摩擦过程的平稳性是减少振动噪声的重要途径。

### 2.2.3 预位移问题

在施加外力使静止的物体开始滑动的过程中，当切向力小于静摩擦力的极限值时，物体产生一极小的预位移而达到新的静止位置。预位移的大小随切向力的增大而增大，物体开始稳定滑动时的最大预位移称为极限位移。对应极限位移的切向力就是最大静摩擦力。几种金属材料的预位移曲线如图 2-3 所示。由图可知：仅在起始阶段预位移才与切向力成正比，随着趋近于极限位移，预位移增长速度不断加大，当达到极限位移后，摩擦系数将不再增加。预位移具有弹性，即切向力消除后物体沿反方向移动，试图回复到原来位置，但保留一定残余位移量。切向力越大，残余位移量也越大。弹性预位移如图 2-4 所示，当施加切力时，物体沿 OLP 曲线到达 $P$ 点，其预位移量为 $OQ$。当切向力消除时，物体沿 $PmS$ 曲线移动到 $S$ 点，出现残余位移量 $OS$。如果对物体重新施加原来的切向力，则物体将沿 $SnP$ 移到 $P$ 点。

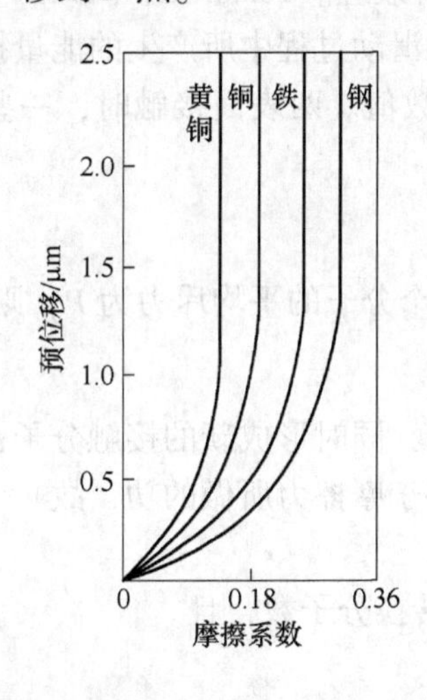


图 2-3 几种金属材料的预位移曲线

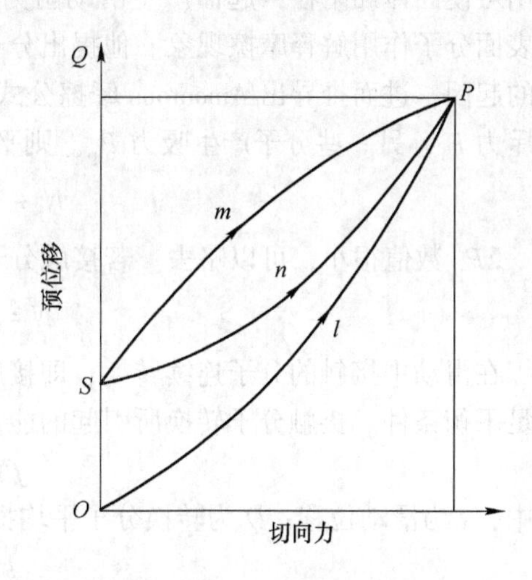


图 2-4 弹性预位移

预位移问题对于机械零件设计十分重要。各种摩擦传动以及车轮与轨道之间的牵引能力都是基于相互紧压表面在产生预位移条件下的摩擦力作用。预位移状态下的摩擦力对于制动装置的可靠性也具有重要意义。

## 2.3　经典摩擦理论

摩擦是两个接触表面相互作用引起的滑动阻力和能量损耗。摩擦现象涉及的因素很多，因而提出了各种不同的摩擦理论。

### 2.3.1　机械啮合理论

早期的理论认为摩擦起源于表面粗糙度，滑动摩擦中能量损耗于粗糙峰的相互啮合、碰撞以及弹塑性变形，特别是硬粗糙峰嵌入软表面后在滑动中形成的犁沟效应。Amontons（1699 年）提出的最简单的摩擦模型如图 2-5 所示。

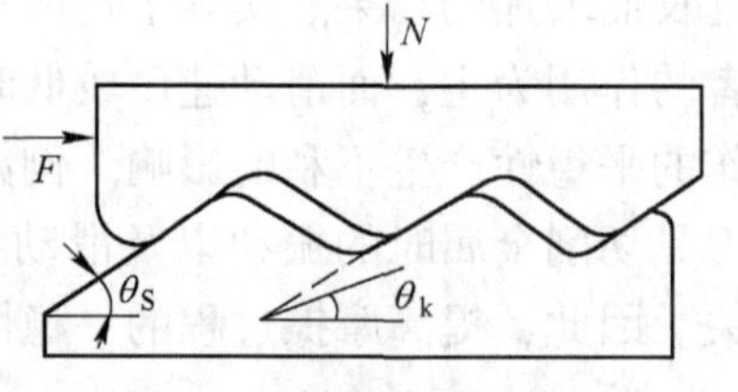

图 2-5　机械啮合理论模型

摩擦力为

$$F = \Sigma\Delta F = \tan\varphi\Sigma\Delta N = fN \tag{2-2}$$

摩擦系数 $f = \tan\phi$ 是由表面状况确定的常数，见式（2-2）。在一般条件下，减小表面粗糙度可以降低摩擦系数。但是超精加工表面的摩擦系数反而剧增。另外，当表面吸附一层极性分子后，其厚度不及抛光粗糙高度的十分之一，却能极大地减小摩擦力。这些都说明机械啮合作用并非产生摩擦力的唯一因素。

### 2.3.2　分子吸附理论

随后，人们用接触表面上分子间作用力来解释滑动摩擦。由于分子的活动性和分子力作用可使固体黏附在一起而产生滑动阻力，这称为黏着效应。Tomlinson（1929 年）最先用表面分子作用解释摩擦现象。他提出分子间电荷力在滑动过程中所产生的能量损耗是摩擦的起因，进而推导出 Amontons 摩擦公式中的摩擦系数值。两表面接触时，一些分子产生斥力 $P_i$，另一些分子产生吸力 $P_p$。则平衡条件为

$$N + \Sigma P_p = \Sigma P_i \tag{2-3}$$

$\Sigma P_p$ 数值很小，可以略去。若接触分子数为 $n$，每个分子的平均斥力为 $P$，则得

$$N = \Sigma P_i = nP \tag{2-4}$$

在滑动中接触的分子连续转换，即接触的分子分离，同时形成新的接触分子，而始终满足平衡条件。接触分子转换所引起的能量损耗应当等于摩擦力所做的功，故

$$fNx = kQ \tag{2-5}$$

式中，$x$ 为滑动位移；$Q$ 为转换分子平均损耗功；$k$ 为转换分子数，且

$$k = qnxl \tag{2-6}$$

其中，$l$ 为分子间的距离；$q$ 为考虑分子排列与滑动方向不平行的系数。

将以上各式联立可以推出摩擦系数为

$$f = qQPl \tag{2-7}$$

应当指出，Tomlinson 明确地指出分子作用对于摩擦力的影响，但他提出的公式并不能解释摩擦现象。摩擦表面分子吸力的大小随分子间距离减小而剧增，通常分子吸力与距离的 7 次方成反比。因而接触表面分子作用力产生的滑动阻力随着实际接触面积的增加而

增大，而与法向载荷的大小无关。根据分子作用理论应得出这样的结论，即表面越粗糙实际接触面积越小，因而摩擦系数应越小。显然，这种分析除重载荷条件外是不符合实际情况的。

如上所述，经典的摩擦理论无论是机械的或分子的摩擦理论都很不完善，它们得出的摩擦系数与粗糙度的关系都是片面的。在20世纪30年代末期，人们从机械-分子联合作用的观点出发，较完整地发展了固体摩擦理论。在英国和前苏联相继建立了两个学派，前者以粘着理论为中心，后者以摩擦二项式为特征。这些理论奠定了现代固体摩擦的理论基础。

### 2.3.3 黏着摩擦理论

Bowden 和 Tabor 经过系统的实验研究，建立了较完整的黏着摩擦理论，对于摩擦磨损研究具有重要的意义。Bowden 等人（1945年）提出的简单黏着理论可以归纳为以下的基本要点：

（1）摩擦表面处于塑性接触状态。由于实际接触面积只占表观接触面积的很小部分，在载荷作用下接触峰点处的应力达到受压的屈服极限 $\sigma_s$ 而产生塑性变形。此后，接触点的应力不再改变，只能依靠扩大接触面积来承受继续增加的载荷。表面接触点的受力情况如图2-6所示。由于接触点的应力值为摩擦副中软材料的屈服极限 $\sigma_s$，而实际接触面积为 $A$，则

$$N = A\sigma_s \tag{2-8}$$

$$A = N/\sigma_s \tag{2-9}$$

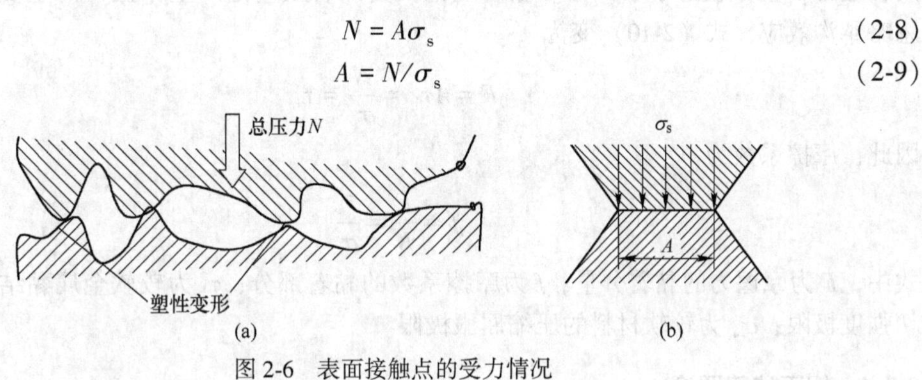


图2-6 表面接触点的受力情况

（a）微凸体的接触；（b）接触点（放大）的受力

（2）滑动摩擦是黏着与滑动交替发生的跃动过程。由于接触点的金属处于塑性流动状态，在摩擦中接触点还可能产生瞬时高温，因而使两金属产生黏着，黏着结点具有很强的黏着力。随后在摩擦力作用下，黏着结点被剪切而产生滑动。这样滑动摩擦就是黏着结点的形成和剪切交替发生的过程。钢对钢滑动摩擦中摩擦系数的测量值如图2-7所示。图中摩擦系数的变化说明滑动摩擦的跃动过程。实验还证明：当滑动速度增加时，黏着时间和摩擦系数的变化幅度都将减小，因而摩擦系数值和滑动过程趋于平稳。

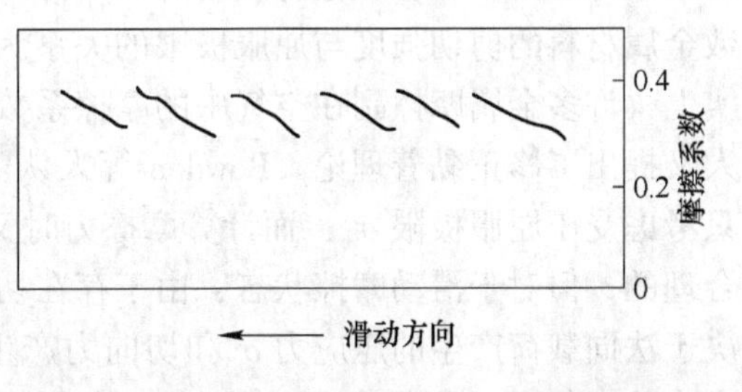


图2-7 钢对钢滑动摩擦中摩擦系数的测量值

（3）摩擦力是黏着效应和犁沟效应产生阻力的总和。图 2-8 是由黏着效应和犁沟效应组成的摩擦力模型如图 2-8 所示。摩擦副中硬表面的粗糙峰在法向载荷作用下嵌入软表面中，并假设粗糙峰的形状为半圆柱体。这样，接触面积由两部分组成：一为圆柱面，它是发生黏着效应的面积，滑动时发生剪切。另一为端面，这是犁沟效应作用的面积，滑动时硬峰推挤软材料。所以摩擦力 $F$ 的组成为

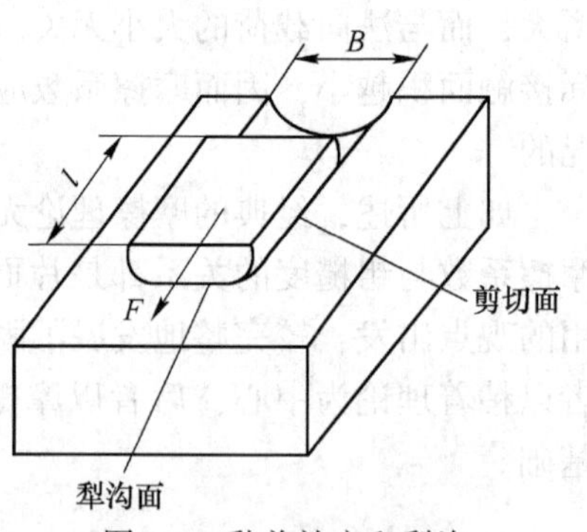

图 2-8 黏着效应和犁沟效应组成的摩擦力模型

$$F = T + P_{e} = A\tau_{b} + Sp_{e} \tag{2-10}$$

式中，$T$ 为剪切力，$T=A\tau_{b}$；$P_{e}$为犁沟力，$P_{e}=Sp_{e}$；$A$ 为黏着面积即实际接触面积；$\tau_{b}$为黏着结点的剪切强度；$S$ 为犁沟面积；$p_{e}$为单位面积的犁沟力。

实验证明：$\tau_{b}$的数值与滑动速度和润滑状态有关，并且十分接近摩擦副中软材料的剪切强度极限。这表明黏着结点的剪切通常发生在软材料内部，造成磨损中的材料迁移现象。$p_{e}$的数值决定于软材料性质而与润滑状态无关。通常 $p_{e}$值与软材料的屈服极限成正比，而硬峰嵌入深度又随软材料的屈服极限的增加而减小。对于球体嵌入平面，可推导出犁沟力与软材料屈服极限的平方根成反比，即软材料越硬，犁沟力越小。对于金属摩擦副，通常 $p_{e}$的数值远小于 $T$ 值。黏着理论认为黏着效应是产生摩擦力的主要原因。如果忽略犁沟效应，式（2-10）变为

$$F = A\tau_{b} = \frac{N}{\sigma_{s}} = \tau_{b} \tag{2-11}$$

因此，摩擦系数为

$$f = \frac{F}{N} = \frac{\tau_{b}}{\sigma_{s}} \tag{2-12}$$

式中，$F$ 为摩擦力的黏着分量；$f$ 为摩擦系数的黏着部分；$\tau_{b}$为较软金属黏结点部分的剪切强度极限；$\sigma_{s}$ 为较软材料的压缩屈服极限。

### 2.3.4 修正黏着理论

从以上简单黏着理论的式（2-11）得出的摩擦系数与实测结果并不相符合。例如大多数金属材料的剪切强度与屈服极限的关系为 $\tau_{b}=0.2\sigma_{s}$，于是计算的摩擦系数 $\mu=0.2$。事实上，许多金属摩擦副在空气中的摩擦系数可达0.5，在真空中则更高。为此，Bowden 等人又提出了修正黏着理论。Bowden 等人认为：在简单黏着理论中，分析实际接触面积时只考虑受压屈服极限 $\sigma_{s}$，而计算摩擦力时又只考虑剪切强度极限 $\tau_{b}$，这对静摩擦状态是合理的。但对于滑动摩擦状态，由于存在切向力，实际接触面积和接触点的变形条件都取决于法向载荷产生的压应力 $\sigma$ 和切向力产生的切应力 $\tau$ 的联合作用。因为接触峰点处的应力状态复杂，不易求得三维解，于是根据强度理论的一般规律，假设当量应力的形式为：

$$\sigma^{2} + \alpha\tau^{2} = k^{2} \tag{2-13}$$

式中，$\alpha$ 为待定常数，$\alpha>1$；$k$ 为当量应力。

$\alpha$ 和 $k$ 的数值可以根据极端情况来确定。一种极端情况是 $\tau=0$，即静摩擦状态。此时接触点的应力为 $\sigma_s$，所以 $\sigma_s^2=k^2$，式（2-13）可写成

$$\sigma^2+\alpha\tau^2=\sigma_s^2 \tag{2-14}$$

即

$$\left(\frac{N}{A}\right)^2+\alpha\left(\frac{F}{A}\right)^2=\sigma_s^2 \quad 或 \quad A^2=\left(\frac{N}{\sigma_s}\right)^2+\alpha\left(\frac{F}{\sigma_s}\right)^2 \tag{2-15}$$

另一种极端情况是使切向力 $F$ 不断增大，由式（2-14）可知实际接触面积 $A$ 也相应增加。这样，相对于 $F/A$ 而言，$N/A$ 的数值甚小而可忽略。则由式（2-13）得

$$\alpha\tau_b^2=\sigma_s^2 \quad 或 \quad \alpha=\frac{\sigma_s^2}{\tau_b^2} \tag{2-16}$$

大多数金属材料满足 $\tau_b=0.2\sigma_s$，由式（2-16）可求得 $\alpha=25$。实验证明 $\alpha<25$，Bowden 等人取 $\alpha=9$。

由式（2-15）可知，$N/\sigma_s$ 表示法向载荷，$N$ 在静摩擦状态下的接触面积，而 $\alpha(F/\sigma_s)^2$ 反映切向力即摩擦力 $F$ 引起的接触面积增加。因此修正黏着理论推导的接触面积显著增加，所以得到比简单黏着理论大得多的摩擦系数值，也更接近于实际。由于在空气中金属表面自然生成的氧化膜或其他污染膜使摩擦系数显著降低，有时为了降低摩擦系数，常在硬金属表面上覆盖一层薄的软材料表面膜。这些现象可以应用修正黏着理论加以解释。具有软材料表面膜的摩擦副滑动时，黏着点的剪切发生在膜内，其剪切强度较低。又由于表面膜很薄，实际接触面积则由硬基体材料的受压屈服极限来决定，实际接触面积又不大，所以薄而软的表面膜可以降低摩擦系数。

设表面膜的剪切强度极限为 $\tau_f$，且 $\tau_f=c\tau_b$，系数 $c$ 小于 1；$\tau_b$ 是基体材料的剪切强度极限。由式（2-14）得摩擦副开始滑动的条件为

$$\sigma^2+\alpha\tau_f^2=\sigma_s^2 \tag{2-17}$$

再根据式（2-16）求得

$$\sigma_s^2=\alpha\tau_b^2=\alpha\frac{\tau_f^2}{c^2} \tag{2-18}$$

进而求得摩擦系数

$$f=\frac{\tau_f}{\sigma}=\frac{c}{\alpha(1-c^2)^{\frac{1}{2}}} \tag{2-19}$$

不同 $\alpha$ 值的 $f$-$c$ 曲线如图 2-9 所示。当 $c$ 趋近于 1 时，$f$ 值趋近于∞，这说明纯净金属表面在真空中产生极高的摩擦系数。而当 $c$ 不断减小时，$f$ 值迅速下降，这表明软材料表面膜的减摩作用。当 $c$ 值很小时，式（2-19）变为

$$f=\frac{\tau_f}{\sigma_s} \tag{2-20}$$

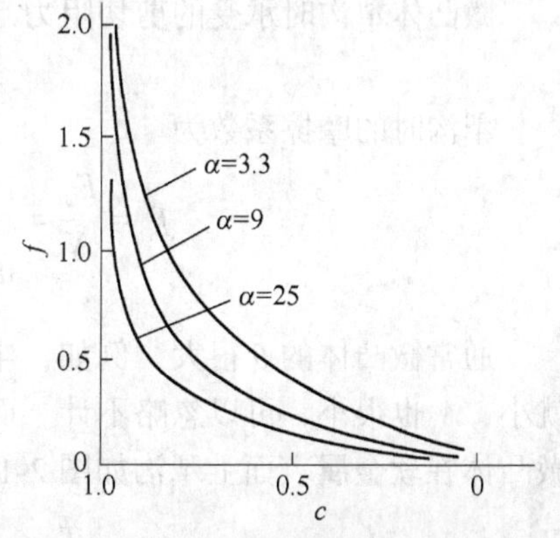

图 2-9 不同 $\alpha$ 值的 $f$-$c$ 曲线

经过修正，黏着摩擦理论的主要论点是：

（1）真实接触面积 $A$ 取决于法向载荷与切向力（摩擦力）共同作用。

（2）当两个金属表面在大气环境条件下相接触时，被剪切强度极限为 $\tau_f$ 的表面膜所隔开。

（3）摩擦力的黏着分量，就是指剪断分隔这些接点处的表面膜需要的力。如果在高真空中接触，分隔膜可能不存在，这时就沿较软金属的表层剪断软表面上一部分材料，并将其转移到硬表面上。当表面有氧化膜或吸附膜覆盖时，有些膜破裂处发生金属间的焊接，这时界面的剪切强度可能介于金属的与表面膜的剪切强度之间。具体数值视残留表面膜的面积与金属接触面积的比例而定。这种论点能很好地解释金属摩擦副在大气中干摩擦时的实际情况。

### 2.3.5　犁沟效应

摩擦的犁沟分量是由于硬金属峰顶刺进软金属时，软金属发生塑性流动，被挖出一条沟槽所需克服的阻力。在黏着项较小（例如表面上有良好的润滑膜覆盖，界面的剪切强度很低）时，犁沟分量就成了摩擦力的主要成分，硬质微凸体在软表面上犁沟如图 2-10 所示。

假设硬金属表面微凸体为一些半角为 $\theta$ 的相同的锥形峰顶组成如图 2-10 所示。摩擦时只有锥形峰顶的前沿面与软金属接触。承受法向载荷的有效面积即为接触面的垂直投影面积（为半圆形）

$$A_h = n\frac{\pi r^2}{2} \tag{2-21}$$

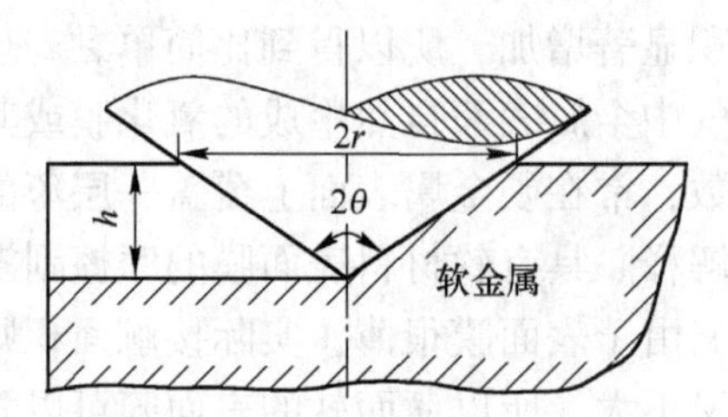


图 2-10　硬质微凸体在软表面上犁沟

式中，$n$ 为微凸体峰顶数；$r$ 为接触投影面积的半径。

微凸体承受的法向载荷为

$$N = A_h\sigma_s = n\frac{\pi}{2}r^2\sigma_s \tag{2-22}$$

微凸体水平方向接触面积的投影为三角形

$$A_v = nhr \tag{2-23}$$

式中，$h$ 为犁沟深度。

微凸体犁沟时承受的剪切阻力

$$F_v = A_v\sigma_s = nhr\sigma_s \tag{2-24}$$

犁沟时的摩擦系数为

$$f_v = \frac{F_v}{N} = \frac{nhr \cdot \sigma_s}{n\dfrac{\pi}{2}r^2 \cdot \sigma_s} = \frac{2}{\pi} \cdot \frac{h}{r} = \frac{2}{\pi}\cot\theta \tag{2-25}$$

通常微凸体的 $\theta$ 很大，例如，半球形，则摩擦系数的犁沟项 $f_v$ 就很小。因为 $\theta$ 大，$h$ 就小，$A_v$ 也很小，可以忽略不计。而当锥形微凸体的 $\theta$ 较小时，犁沟就不能不计了。球状微凸体在软金属表面上犁沟如图 2-11 所示，微凸体为球状时，则得

$$f_v = \frac{F_v}{N} = \frac{A_v \cdot \sigma_s}{A_h \cdot \sigma_s} = \frac{4R^2}{\pi d^2}(2\theta - \sin 2\theta) \tag{2-26}$$

式中，$R$ 为微凸体半径；$d$ 为微凸体与表面接触面积的直径。

横卧圆柱状微凸体在软金属表面上犁沟如图 2-12 所示，微凸体为平卧的圆柱体时，则得

$$f_{\mathrm{v}} = \frac{A_{\mathrm{v}}}{A_{\mathrm{h}}} = \left[\frac{1}{2\left(\frac{R}{h}\right) - 1}\right]^{\frac{1}{2}} \tag{2-27}$$

式中，$R$ 为圆柱形微凸体直径；$h$ 为微凸体压入深度。

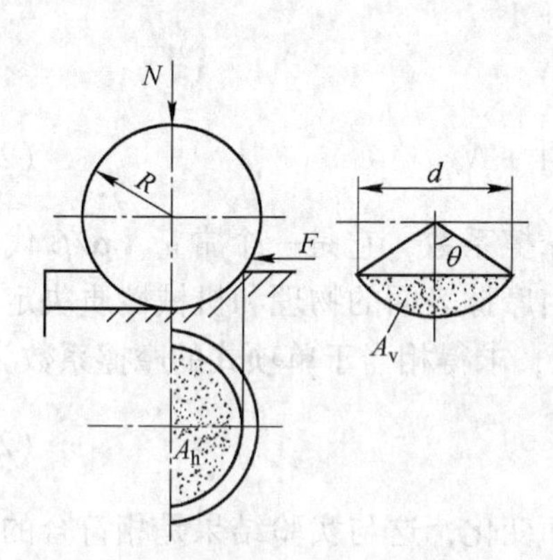


图 2-11 球状微凸体在软金属表面上犁沟

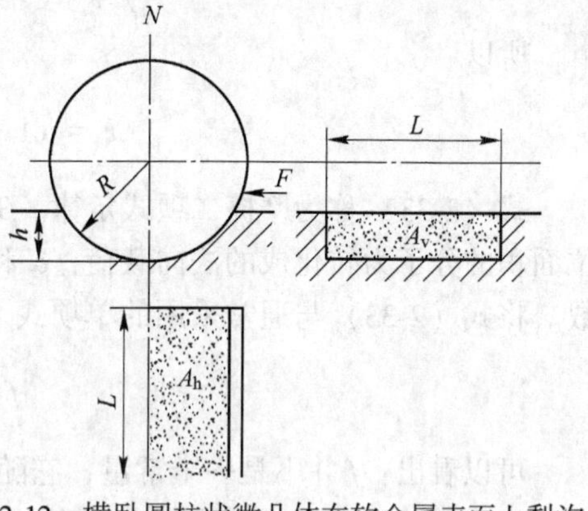

图 2-12 横卧圆柱状微凸体在软金属表面上犁沟

这些推导都未考虑软金属材料在硬质微凸体前沿的堆积，犁沟时的金属堆积如图 2-13 所示。

同时，假设材料是各向同性的。这与实际有差别，因此还需根据实际的犁沟分量作一定的修正。在有犁沟效应的时候，总摩擦力包括对金属的剪切项和犁沟项，表达式为：

$$F = F_{\mathrm{b}} + F_{\mathrm{v}} = Ac\tau_{\mathrm{b}} + A_{\mathrm{v}}\sigma_{\mathrm{s}} \tag{2-28}$$

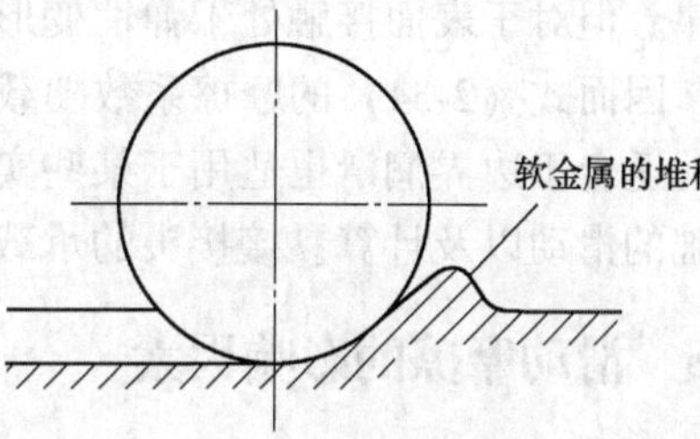

软金属的堆积

图 2-13 犁沟时的金属堆积

## 2.4 摩擦二项式定律

苏联学者 Крагельский 等人认为滑动摩擦是克服表面粗糙峰的机械啮合和分子吸引力的过程，因而摩擦力就是机械作用和分子作用阻力的总和，即

$$F = \tau_0 S_0 + \tau_{\mathrm{m}} S_{\mathrm{m}} \tag{2-29}$$

式中，$S_0$ 和 $S_{\mathrm{m}}$ 分别分子作用和机械作用的面积；$\tau_0$ 和 $\tau_{\mathrm{m}}$ 分别为单位面积上分子作用和机械作用产生的摩擦力。

根据他们的研究，提出

$$\tau_{\mathrm{m}} = A_{\mathrm{m}} + B_{\mathrm{m}} p^{a} \tag{2-30}$$

式中，$p$ 为单位面积上的法向载荷；$A_{\mathrm{m}}$ 为机械作用的切向阻力；$B_{\mathrm{m}}$ 为法向载荷的影响系数；$a$ 为指数，其值不大于 1 但趋于 1。

$$\tau_0 = A_0 + B_0 p^{b} \tag{2-31}$$

式中，$A_0$ 为分子作用的切向阻力，与表面清洁程度有关；$B_0$ 为粗糙度影响系数；$b$ 为趋近于 1 的指数。

于是

$$F = S_0(A_0 + B_0 p^b) + S_m(A_m + B_m p^a)$$

若令 $S_m = \gamma S_0$，$\gamma$ 为比例常数。已知实际接触面积 $A = S_0 + S_m$，法向载荷 $N = pA$，则

$$F = \frac{N}{\gamma + 1}(\gamma B_m + B_0) + \frac{A}{\gamma + 1}(\gamma A_m + A_0) \tag{2-32}$$

令

$$\frac{\gamma B_m + B_0}{\gamma + 1} = \beta, \qquad \frac{\gamma A_m + A_0}{\gamma + 1} = \alpha$$

所以

$$F = \alpha A + \beta N = \beta \frac{\alpha}{\beta} A + N \tag{2-33}$$

式（2-33）称为摩擦二项式定律。$\beta$ 为实际的摩擦系数，它是一个常量。$\alpha/\beta$ 代表单位面积的分子力转化成的法向载荷，$\alpha$ 和 $\beta$ 分别为由摩擦表面的物理和机械性质决定的系数。将式（2-33）与通常采用的单项式（2-1）对照，求得相当于单项式的摩擦系数为

$$f = \alpha \frac{A}{N} + \beta \tag{2-34}$$

可以看出：$f$ 并不是一个常量，它随 $A/N$ 比值而变化，这与实验结果是相符合的。实验指出：对于塑性材料组成的摩擦副，表面处于塑性接触状态，实际接触面积 $A$ 与法向载荷 $N$ 成线性关系，因而式（2-34）中的摩擦系数 $f$ 与载荷大小无关，而符合 Amontons 定律。但对于表面接触处于弹性变形状态的摩擦副，实际接触面积与法向载荷的 2/3 成正比，因而式（2-34）的摩擦系数随载荷的增加而减小。摩擦二项式定律经实验证实相当满意地适合于边界润滑也适用于某些实际接触面积较大的干摩擦问题，例如决定堤坝与岩面基础的滑动以及计算黏接接头的承载能力等。

## 2.5 滑动摩擦的影响因素

影响摩擦的因素很多，不仅取决于摩擦副的材料性质，还与摩擦副所处的环境（力学环境、热学环境、化学环境）、材料表面的状况（几何形貌、表面处理）和工况条件有关。因此材料的摩擦系数不是一个固定的常数，不是用公式计算一下就可以得到的。

### 2.5.1 摩擦副材料影响

摩擦副材料对滑动摩擦的影响如下：

（1）金属的整体机械性质。如剪切强度、屈服极限、硬度、弹性模量等，都直接影响摩擦力的黏着项和犁沟项。

（2）金属的表面性质。表面往往不同于整体，而表面对摩擦的影响更为直接和明显。如表面切削加工引起的加工硬化；表层晶体应变而发生再结晶，使晶粒细化引起表层硬化。

（3）晶态材料的晶格排列。在不同晶体结构单晶的不同晶面上，由于原子密度不同，其黏着强度也不同。如面心立方晶系的 Cu 的（111）面，密排六方晶系的 Co 的（001）面，原子密度高、表面能低、不易黏着。不同的单晶摩擦副，摩擦系数变化很大。几种单

晶金属在配对滑动时的摩擦系数见表 2-1。

**表 2-1 几种单晶金属在配对滑动时的摩擦系数**

| 摩擦副材料的接触滑动晶面和方向 | 结晶结构 | 滑动摩擦系数 |
| --- | --- | --- |
| Cu(111)/Cu(111) | 面心立方/面心立方 | 21.0 |
| Cu(111)[110]/Ni(111)[110] | 面心立方/面心立方 | 4.0 |
| Cu(111)[110]/Co(0001)[1120] | 面心立方/密排六方 | 2.0 |
| Cu(111)[110]/W(110)[111] | 面心立方/体心立方 | 1.4 |

注：( ) 表示晶面；[ ] 表示方向。

由表可见，不同结构材料配对的摩擦副比相同材料或相同结构配对的摩擦系数低得多。

(4) 金属摩擦副之间的互溶性。互不相溶金属组成的摩擦副的黏着摩擦和黏着磨损都比较低。

(5) 合金元素的作用。实际上摩擦副的零件都是合金材料。由于合金成分可能产生某种偏聚，使表面上的黏着发生变化，以致影响摩擦的大小。如 Cu-Sn 合金中，Sn 的偏聚使摩擦降低；Fe-Al 合金中，Al 的偏聚使摩擦增高，但如在氧化条件下，由于 Al 容易生成氧化膜又能使摩擦降低。

(6) 材料表面的化学活性。化学活性影响其表面氧化膜的生成速度。

(7) 材料的熔点。通常低熔点材料易引起表层熔融而降低摩擦。

(8) 金属的延展性。延展性较差的金属，在切向力作用下，容易被剪断，而不是继续发生塑性流动，所以摩擦力也较小。

### 2.5.2 温度影响

摩擦面上引起温升的因素有两个：

(1) 外界温度的升高。

(2) 摩擦过程中接触点处材料的变形和剪断产生大量的摩擦热。

界面温度升高，由于摩擦副表面的热性能（导热率、线膨胀系数）导致材料机械性能的改变。热膨胀时摩擦副零件间隙变化而使摩擦磨损加剧。对于熔点低的金属，当摩擦热引起的温升达到金属熔点后，温度就不再升高，此时摩擦系数也不再升高，几种软金属对钢滑动时的情况如图 2-14 所示。而对于一些熔点极高的硬质化合物，一般高温下滑动时，表面不会发生咬粘。直到某一很高的温度时，摩擦系数才会明显增大。这是由于材料在高温下软化而使延展性增加，同时，界面上扩散剧增而使黏着增强，几种碳化物在高温下的摩擦系数如图 2-15 所示。这种材料适合做切削刀具。在有润滑状态下的摩擦热会使润滑剂黏度发生变化，容易使油膜厚度变小，导致润滑失效。在边界润滑状态下，摩擦热会导致一些吸附膜的解吸，氧化速率增快。

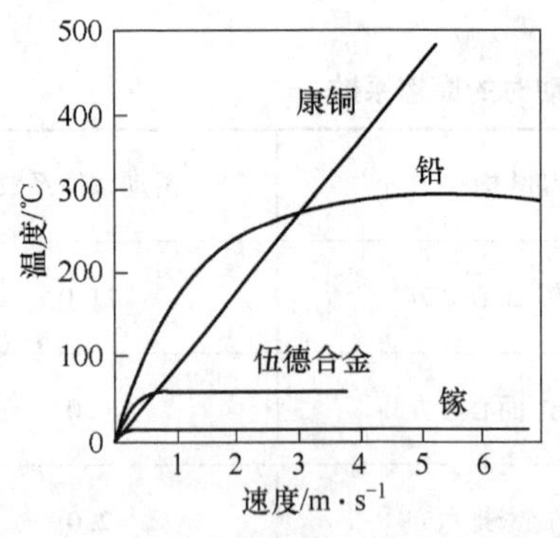


图 2-14　几种软金属对钢滑动时的情况

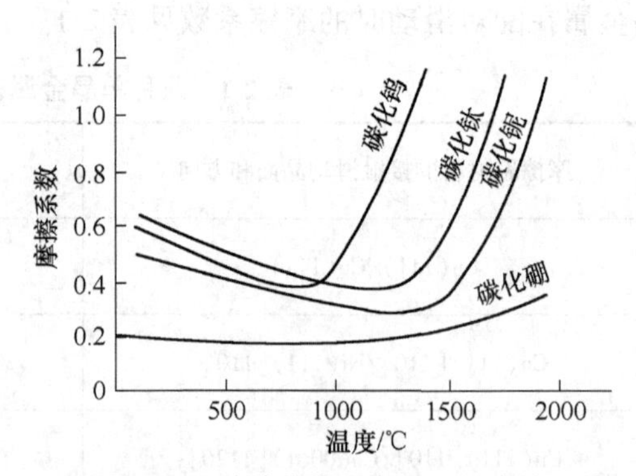


图 2-15　几种碳化物在高温下的摩擦系数

### 2.5.3　环境介质影响

2.5.3.1　周围气氛

一般来说，周围是活性气氛时，易于在金属面上形成吸附或氧化膜。而在惰性气氛或真空中，则不易生成边界膜，摩擦系数通常较高。

2.5.3.2　周围的液体介质

油性介质可使摩擦降低，含硫、磷、氯添加剂的油料，一方面可以生成反应膜降低摩擦，另一方面又可能成为腐蚀剂。液体燃料或氧化剂等介质要视具体成分而定。

2.5.3.3　辐射环境及离子环境

辐射粒子会破坏有机润滑剂，而离子环境可对金属进行表面改性。

### 2.5.4　法向载荷影响

通常认为摩擦力随法向载荷的增加而增大，但是摩擦系数却不一定随法向载荷的增加而增大。一般地说，金属材料摩擦副在大气中干摩擦时，轻载下，摩擦系数随载荷的增加而增大，因为载荷增大将氧化膜挤破，导致金属直接接触。不少的实验也证明，金属在滑动中，摩擦系数随载荷的增加而减小。这是因为真实接触面积的增大不如载荷增加得快。因此载荷的影响需要根据研究对象的实际工况来分析。

### 2.5.5　滑动速度影响

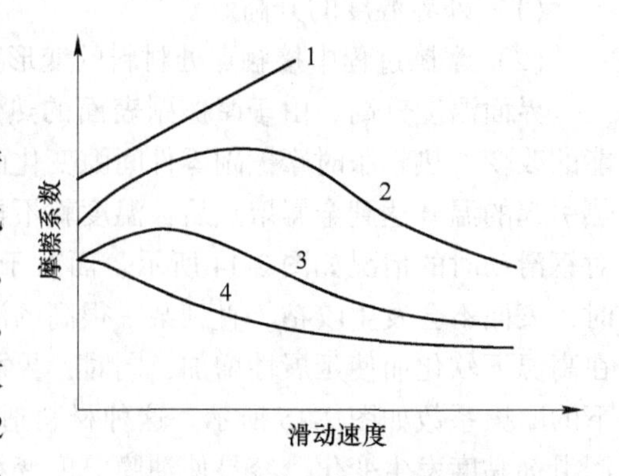


图 2-16　滑动速度与摩擦系数
1—极小的载荷；2，3—中等的载荷；4—极大的载荷

当滑动速度不引起表面层性质发生变化时，摩擦系数几乎与滑动速度无关。然而在一般情况下，滑动速度将引起表面层发热、变形、化学变化和磨损等，从而显著地影响摩擦系数。Крагельский 等人的实验结果如图 2-16 所示。对于一般弹塑性接触状态的摩擦副，摩擦系数随滑动速度增加而越过一极大值，如图中曲线 2 和曲线 3，并且随着表面刚度或者载荷增加，极大值的位置向坐标原点移动。当载荷极小时，

摩擦系数随滑动速度的变化曲线只有上升部分，而在极大的载荷条件下，曲线却只有下降部分，如图中曲线1和曲线4所示。

归纳实验结果，滑动速度对摩擦系数的影响可以采用下列关系式

$$f=(a+bU)e^{-cU}+d \tag{2-35}$$

式中，$U$为滑动速度；$a$，$b$，$c$和$d$为由材料性质和载荷决定的常数，见表2-2。

表2-2 $a$，$b$，$c$和$d$的数值

| 摩擦副 | 单位面积载荷/N·mm$^{-2}$ | $a$ | $b$ | $c$ | $d$ |
|---|---|---|---|---|---|
| 铸铁-钢 | 1.9 | 0.006 | 0.114 | 0.94 | 0.226 |
| | 22 | 0.004 | 0.110 | 0.97 | 0.216 |
| 铸铁-铸铁 | 8.3 | 0.022 | 0.054 | 0.55 | 0.125 |
| | 30.3 | 0.022 | 0.074 | 0.59 | 0.110 |

滑动速度影响摩擦力主要取决于温度状况。滑动速度引起的发热和温度变化，改变了表面层的性质以及摩擦过程中表面的相互作用和破坏条件，因而摩擦系数必将随之变化。而对于在很宽的温度范围内机械性质保持不变的材料（例如石墨），摩擦系数几乎不受滑动速度影响。为了全面描述摩擦过程中表面温度的状况，通常采用表面瞬现温度、表面平均温度、体积平均温度、温度梯度、热量分布函数等参数来进行研究。总的说来，摩擦热对摩擦性能的影响表现在两方面：一是发生润滑状态转化，如从油膜润滑转化为边界润滑甚至干摩擦；另一是引起摩擦过程表面层组织的变化，即摩擦表面与周围介质的作用改变，如表面原子或分子间的扩散、吸附或解附、表层结构变化和相变等。温度对于摩擦系数的影响与表面层的变化密切相关。大多数实验结果表明：随着温度的升高，摩擦系数增加，而当表面温度很高使材料软化时，摩擦系数将降低。

### 2.5.6 表面粗糙度影响

根据机械啮合理论，表面越粗摩擦越大；而根据分子黏着观点，表面间达到分子能作用的距离内，摩擦系数会增大。因此表面粗糙度有一个最佳值，表面粗糙度对摩擦系数的影响如图2-17所示。而此最佳值一般是通过磨合，使磨损和摩擦达到一个低而稳定的值。

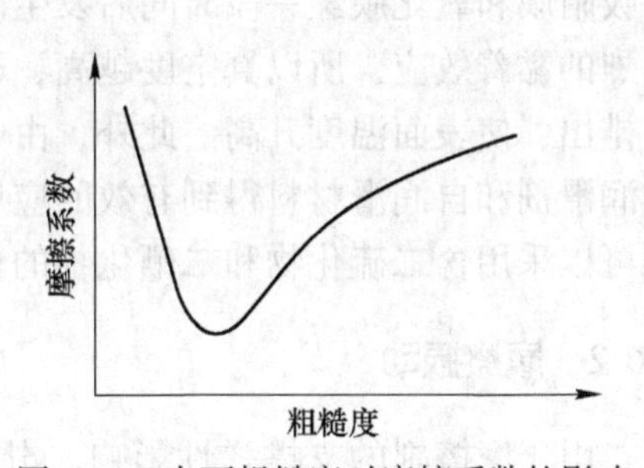


图2-17 表面粗糙度对摩擦系数的影响

## 2.6 滑动摩擦的其他问题

### 2.6.1 特殊工况摩擦

现代机械装备中许多摩擦副处于高速、高温、低温、真空等特殊工况下工作，它们的摩擦特性不同于一般工况下的摩擦。

2.6.1.1 高速摩擦

在航空、化工和透平机械中，摩擦表面的相对滑动速度常超过50m/s，甚至达到

600m/s 以上。此时接触表面产生大量的摩擦热，而又因滑动速度高，接触点的持续接触时间短，瞬时间产生的大量摩擦热来不及向内部扩散。因此摩擦热集中在表面很薄的区间，使表面温度高，温度梯度大而容易发生胶合。高速摩擦的表面温度可达到材料的熔点，有时在接触区产生很薄的熔化层。熔化金属液起着滑润剂的作用而形成液体润滑膜，使摩擦系数随着速度的增加而降低，高速摩擦的摩擦系数见表 2-3。

**表 2-3　高速摩擦的摩擦系数**

| 材　料 | 铜 | | | 铁 | | 3 号钢 | | |
|---|---|---|---|---|---|---|---|---|
| 滑动速度/$m \cdot s^{-1}$ | 135 | 250 | 350 | 140 | 330 | 150 | 250 | 350 |
| 摩擦系数 | 0.056 | 0.040 | 0.035 | 0.063 | 0.027 | 0.052 | 0.024 | 0.023 |

注：对偶件为含碳量 0.7% 的钢环，硬度 HB250；单位面积载荷为 8MPa。

#### 2.6.1.2　高温摩擦

高温摩擦出现在各种发动机、原子反应堆和宇航设备中。用作高温条件下工作的摩擦材料为难熔金属化合物或陶瓷，例如钢、钛、钨金属化合物和碳化硅陶瓷等。研究表明：高温摩擦时，各种材料的摩擦系数随温度的变化趋势相同，即随着温度的增加，摩擦系数先缓慢降低，然后迅速升高。在这个过程中摩擦系数出现一个最小值。对于通常的高温摩擦材料，最小的摩擦系数出现在 600~700℃。

#### 2.6.1.3　低温摩擦

在低温下或者各种冷却介质中工作的摩擦副，其环境温度常在 0℃ 以下。此时摩擦热的影响甚小，而摩擦材料的冷脆性和显微结构对摩擦影响较大。低温摩擦材料主要的有铝、镍、铅、铜、锌、钛等合金，以及石墨、氟塑料等。

#### 2.6.1.4　真空摩擦

在宇航和真空环境中工作的摩擦副具有许多特点。如：由于周围介质稀薄，摩擦表面的吸附膜和氧化膜经一段时间后发生破裂，而且难以再生，这就造成金属直接接触，产生强烈的黏着效应，所以真空度越高，摩擦系数越大。在真空中无对流散热现象，摩擦热难以排出，使表面温度升高。此外，由于真空中的蒸发作用，使得液体润滑剂失效，因而固体润滑剂和自润滑材料得到有效的应用。为了在摩擦表面上生成稳定的保护膜，真空摩擦副可以采用含二硫化物和二硒化物的自润滑材料以及锡、银、镉、金、铅等金属涂层。

### 2.6.2　摩擦振动

由于摩擦副的支撑弹性影响，滑动摩擦过程常出现摩擦振动。发生宏观的摩擦振动的先决条件是存在下降的摩擦系数速度特性曲线，下降的摩擦系数与速度曲线如图 2-18 所示。

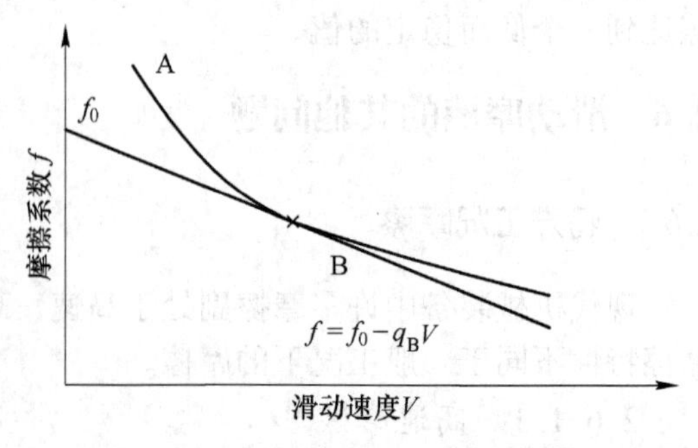

图 2-18　下降的摩擦系数与速度曲线

摩擦过程的宏观振动可以通过实验来分析。如图 2-19 所示，一个质量为 $W$ 的滑块在一粗糙的水平基面上滑动。

将滑块的支撑等效为受到固定在支座上

的弹簧 $k$ 和黏滞阻尼器 $\eta$ 的约束。如果基面向右的运动速度是 $V_B$，则滑块对基面的相对速度是沿 $X$ 的负方向，即在某一瞬时，滑块以相对速度 $V$ 向左运动，设相当于图 2-18 中的 $B$ 点，此时的滑动摩擦系数可表示

$$f = f_0 - q_B V \tag{2-36}$$

式中，$q_B$为 $B$ 点位置的摩擦系数与速度曲线的斜率；$f_0$ 是一常数。

图 2-19（b）表示了作用于滑块上的瞬时的力，由此可以写出以下的方程式

$$\frac{N}{g}\ddot{x} + \eta\dot{x} + kx = fN \tag{2-37}$$

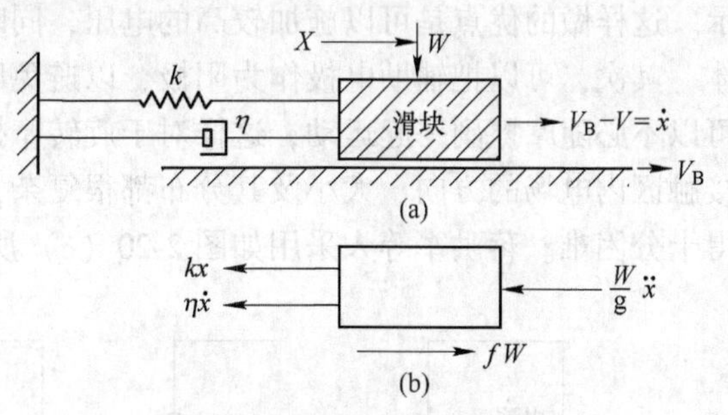


图 2-19 摩擦振动物理模型

（a）滑块在水平基面滑动；（b）滑块瞬时受力

将 $f$ 值代入式（10－21），并令 $V = V_B - x$，则

$$\ddot{x} + K_3\dot{x} + K_4 x = K_5 \tag{2-38}$$

式中，$K_3 = -\left[q_B - \dfrac{\eta}{N}\right]g$；$K_4 = \dfrac{kg}{N}$；$K_5 = (f_0 - q_B V_B)\,g$。

对于这一运动，可以认为 $q_B$是常数。假定摩擦曲线的斜率 $q_B$满足关系：$q_B > \dfrac{\eta}{N}$。则可以证明式（2-38）中的负阻尼系数 $K_3$ 将给出一以指数形式增加的振动振幅。这种自激振动，在机械工程中有许多实例。例如发生在机车的驱动轮上的噪声，又如粉笔在黑板上的尖啸声。

式（2-38）的解是正弦形式的。而负阻尼系数给系统提供能量是产生振动现象的最重要原因。假如考虑到速度减少时摩擦系数与速度曲线的斜率增加，如图 2-18 所示的 $A$ 点斜率 $q_A$，则 $K_3$ 甚至会变成更大的负值，这会使振动的振幅出现急剧的增加。铁道车辆铸铁刹车块与车轮的摩擦振动就是一个典型的例子。在较高的滑动速度下，斜率实际上为零，所以，刹车开始时较平滑。但是，因为随着速度的减小，铸铁的摩擦系数与速度曲线的斜率迅速增加，所以在车辆接近停止时，振动会变得极为剧烈。如果采用摩擦系数随速度的变化比铸铁的小得多的非金属刹车块，振动的剧烈程度会大大降低，在所有的速度段引起一些较小的振动。

### 2.6.3 摩擦控制

有效地实时控制摩擦是工程技术界追求和向往的目标。长期以来人们主要通过选择润滑剂和摩擦副材料来减小或增大摩擦系数，并取得了一定进展。由于摩擦系数依赖于载荷、速度、温度等因素，人们就无法精确地预测摩擦系数随着运行工况和运行时间的变化。因此，要准确调整摩擦系数十分困难。这里对近年发展起来的电控摩擦技术作简要介绍。电控摩擦是通过施加外部电压来改变某些材料摩擦特性的一种方法。

外部电压的施加方式是实现电控摩擦的重要手段，目前实验了三种方式，即：

（1）直接的方法是将摩擦副作为两电极分别连结在电源的两端，如图 2-20（a）所示。但这种方法有很大的局限性，它要求摩擦副必须是由导体（如金属）构成，同时，因为接触电阻很小，所以除非使用大电流，一般所能施加的电压较低，对金属摩擦副来说

只有毫伏量级，因此所能产生的电控摩擦效果也不显著。

（2）镀膜方法是在其中一个摩擦副表面生成一层绝缘涂层，如图 2-20（b）所示。此方法要保证涂层在摩擦过程中不发生击穿和磨损也是困难的。如果用导体做摩擦副的一方，用半导体或导电硅橡胶作为摩擦副的另一方，可以使所施加的电压达到伏的量级。

（3）不直接用摩擦副作为电极，而是在接触区附近引入辅助电极，如图 2-20（c）所示。这样做的优点是可以施加较高的电压，同时摩擦副的一方既可以是导体也可以是绝缘体。其次，可以把辅助电极作为阳极，以避免摩擦副遭受电化学腐蚀。另外，该辅助电极可以不必随摩擦副一起运动，这样对于旋转摩擦副来说施加电压也十分方便。其缺点是在接触区内电场的方向、大小及其分布都很复杂，使分析外加电压与摩擦系数之间的关系变得十分困难。蒋洪军等人采用如图 2-20（c）所示的方式对电控摩擦进行了研究。

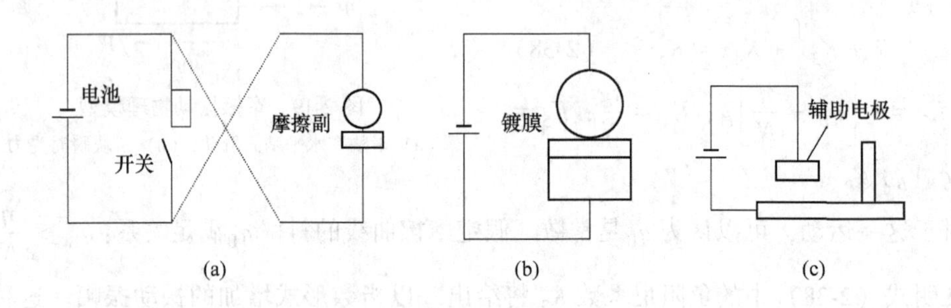


图 2-20　外部电压的施加方式

（a）摩擦副作为两电极；（b）摩擦副表面镀膜；（c）引入辅助电极

实验采用了两类电控摩擦的润滑材料：一类是以润滑油为介质在其中添加一些二硫化钼微粉、巴基球、金刚石粉或油性添加剂；另一类是以去离子水为介质在其中添加硬脂酸锌，硬脂酸锌与水的质量比为 1∶99。由于硬脂酸锌不溶于水，还需要添加微量表面活性剂使其在水中达到均匀分散。在实验中润滑剂是充满在试样池内以保证与阳极和阴极都相通。实验是在销盘实验机上进行的，摩擦副材料为工程陶瓷与黄铜。工程陶瓷中 $\alpha\text{-}Al_2O_3$ 质量分数为 99.7%，MgO 质量分数为 0.25%，其余为杂质。陶瓷试样烧结成 16mm×8mm 圆柱，端面经磨削，粗糙度为 $Ra=0.4\mu m$。黄铜块试样的牌号为 H68，尺寸为 60mm×20mm×12mm，表面粗糙度 $Ra=1.6\mu m$。可以得到以下一些结论：

（1）在外加电压为 0 时，摩擦系数约为 0.2。

（2）无论加上正或负电压后，摩擦系数都有明显的增加。

（3）电压去除后，摩擦系数不断回复到原值。

（4）当摩擦系数基本上与电压同步变化，电压线性增加，摩擦系数基本上是跟随线性增加。

（5）载荷对摩擦系数的变化影响不大。

利用电压控制摩擦系数变化目标是通过控制电压的变化产生按给定曲线（这里是正弦曲线）变化的摩擦系数。实验仍然是按如图 2-20（c）所示的施加电压方式进行的，实验条件与前述相同。首先，将理论摩擦系数的中值设定为 0.3，令其以 0.1 为幅值，以 60min 为周期按正弦变化。然后，将理论摩擦系数曲线的一个周期分解为 12 步，每步步长为5min。取每一段的摩擦系数理论值作为该段时间的目标值，通过前面的实验结果确定要达到该目标值所需的电压。结果表明电控摩擦系数能够较好地按预设的曲线变化。

应当指出：电控摩擦技术尚处在实验室研究阶段，达到工程应用还需要解决许多实际问题。但是随着研究的深入，控制摩擦系数按一定规律变化是可能实现的。

# 3 磨损特征与机理

磨损是相互接触的物体在相对运动中表层材料不断损伤的过程，它是伴随摩擦而产生的必然结果。磨损问题引起人们极大的重视，这是由于磨损所造成的损失十分惊人。根据统计，机械零件的失效主要有磨损、断裂和腐蚀三种方式，而磨损失效占60%~80%。因而研究磨损机理和提高耐磨性的措施，将有效地节约材料和能源，提高机械装备的使用性能和寿命，减少维修费用，这对于国民经济具有重大的意义。由于科学技术的迅速发展，20世纪30年代以后，磨损问题已成为保证机械装备正常工作的薄弱环节。特别是在高速、重载、精密和特殊工况下工作的机械，对磨损研究提出了迫切的要求。同时，60年代以来其他科学技术（例如材料科学、表面物理与化学、表面测试技术等）的发展，也促进了对磨损机理进行更深入的研究。研究磨损的目的在于通过对各种磨损现象的考察和特征分析，找出它们的变化规律和影响因素，从而寻求控制磨损和提高耐磨性的措施。一般说来，磨损研究的主要内容有：

（1）主要磨损类型的发生条件、特征和变化规律。

（2）影响磨损的因素，包括摩擦副材料、表面形态、润滑状况、环境条件，以及滑动速度、载荷、工作温度等工况参数。

（3）磨损的物理模型与磨损计算。

（4）提高耐磨性的措施。

（5）磨损研究的测试技术与实验分析方法。

## 3.1 磨损的分类

将实际存在的各式各样的磨损现象归纳为几个基本类型。磨损分类方法表达了人们对磨损机理的认识，不同的学者提出了不同的分类观点，至今还没有普遍公认的统一的磨损分类方法。

### 3.1.1 磨损分类

早期人们根据摩擦表面的作用将磨损分为以下三大类：

（1）机械类。由摩擦过程中表面的机械作用产生的磨损，包括磨粒磨损、表面塑性变形、脆性剥落等。其中磨粒磨损是最普遍的机械磨损形式。

（2）分子-机械类。由于分子力作用形成表面黏着结点，再经机械作用使黏着结点剪切所产生的磨损，即黏着磨损。

（3）腐蚀-机械类。这类磨损是由介质的化学作用引起表面腐蚀，而摩擦中的机械作用加速腐蚀过程。它包括氧化磨损和化学腐蚀磨损。显然，上述分类虽然在一定程度上阐明了各类磨损产生的原因，但却过于笼统。

### 3.1.2 磨损过程

Крагельский（1962 年）提出了较全面的磨损分类方法。他将磨损划分为三个过程，根据每一过程的分类来说明相互关系，磨损分类如图 3-1 所示。磨损现象的三个过程依次为：

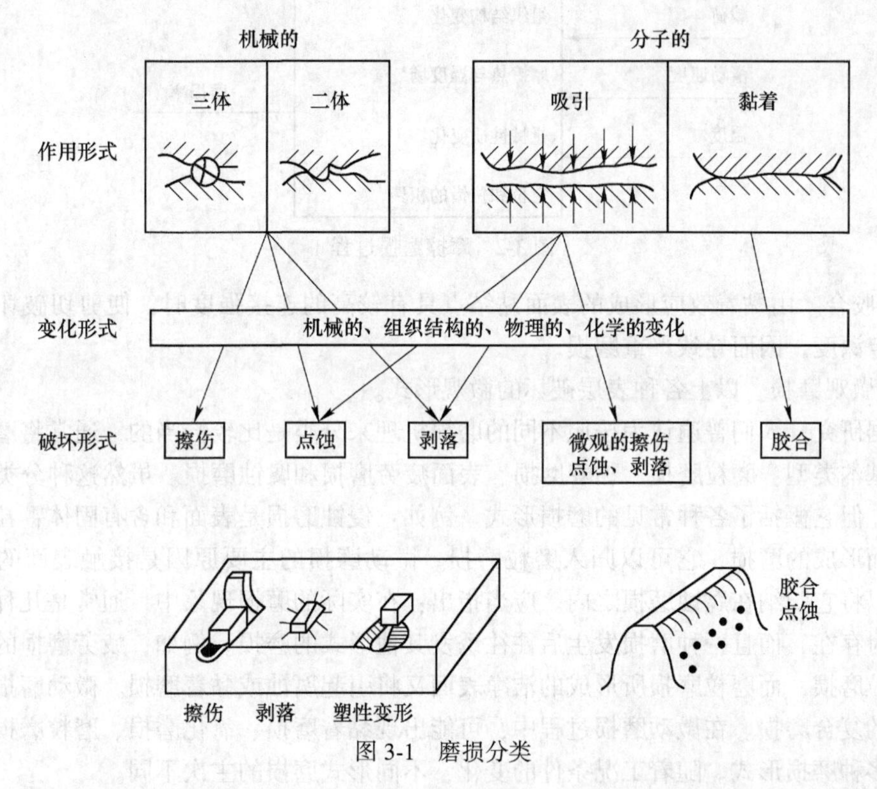


图 3-1 磨损分类

（1）表面的相互作用。两个摩擦表面的相互作用可以是机械的或分子的两类。机械作用包括弹性变形、塑性变形和犁沟效应。它可以是由两个表面的粗糙峰直接啮合引起的，也可以是三体摩擦中夹在两表面间的外界磨粒造成的。而表面分子作用包括相互吸引和黏着效应两种，前者作用力小而后者的作用力较大。

（2）表面层的变化。图 3-2 说明在摩擦磨损过程中各种因素的相互关系及其复杂性。在摩擦表面的相互作用下，表面层将发生机械性质、组织结构、物理和化学变化，这是由于表面变形、摩擦温度和环境介质等因素的影响所造成的。表面层的塑性变形使金属冷作硬化而变脆。如果表面经受反复的弹性变形，则将产生疲劳破坏。摩擦热引起的表面接触高温可以使表层金属退火软化，接触以后的急剧冷却将导致再结晶或固溶体分解。外界环境的影响主要是介质在表层中的扩散，包括氧化和其他化学腐蚀作用，因而改变了金属表面层的组织结构。

（3）表面层的破坏形式。图 3-1 提出的磨损形式有：

1）擦伤。由于犁沟作用在摩擦表面产生沿摩擦方向的沟痕和磨粒。

2）点蚀。在接触应力反复作用下，使金属疲劳破坏而形成的表面凹坑。

3）剥落。金属表面由于变形强化而变脆，在载荷作用下产生微裂纹随后剥落。

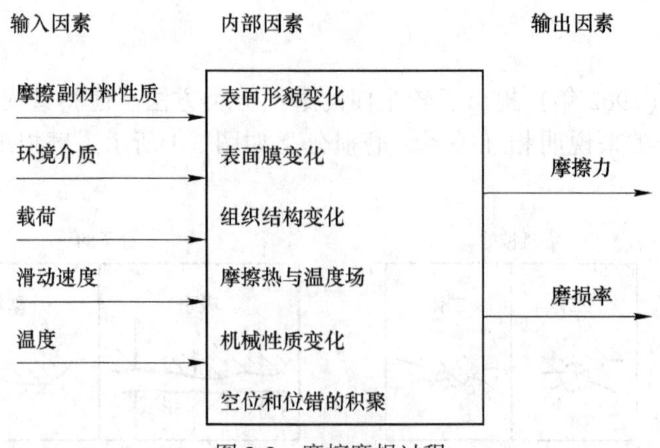


图 3-2　摩擦磨损过程

4）胶合。由黏着效应形成的表面黏结点具有较高的连接强度时，使剪切破坏发生在层内一定深度，因而导致严重磨损。

5）微观磨损。以上各种表层破坏的微观形式。

根据研究，人们普遍认为按照不同的磨损机理来分类是比较恰当的，通常将磨损划分为 4 个基本类型：磨粒磨损、黏着磨损、表面疲劳磨损和腐蚀磨损。虽然这种分类还不十分完善，但它概括了各种常见的磨损形式。例如：侵蚀磨损是表面和含有固体颗粒的液体相摩擦而形成的磨损，它可以归入磨粒磨损。微动磨损的主要原因是接触表面的氧化作用，可以将它归纳在腐蚀磨损之内。应当指出：在实际的磨损现象中，通常是几种形式的磨损同时存在，而且一种磨损发生后往往诱发其他形式的磨损。例如，疲劳磨损的磨屑会导致磨粒磨损，而磨粒磨损所形成的洁净表面又将引起腐蚀或黏着磨损。微动磨损就是一种典型的复合磨损。在微动磨损过程中，可能出现黏着磨损、氧化磨损、磨粒磨损和疲劳磨损等多种磨损形式。随着工况条件的变化，不同形式磨损的主次不同。

### 3.1.3　磨损转化

磨损形式还随工况条件的变化而转化，磨损形式的转化如图 3-3 所示。图 3-3（a）所示为在载荷一定时改变滑动速度得到的钢对钢磨损量的变化和磨损形式的转化。当滑动速度很低时，摩擦是在表面氧化膜之间进行，所以产生的磨损为氧化磨损，磨损量较小。随着滑动速度增加，磨屑增大，表面出现金属光泽且变得粗糙，此时已转化为黏着磨损，磨损量也增大。当滑动速度再增高，由于温度升高，表面重新生成氧化膜，又转化为氧化磨损，磨损量又变小。若滑动速度继续增加，再次转化为黏着磨损，磨损剧烈而导致失效。

图 3-3（b）所示为滑动速度保持一定而改变载荷所得到的钢对钢磨损实验结果。载荷较小将产生氧化磨损，磨屑主要是 $Fe_2O_3$。当载荷达到 $W_0$ 后，磨屑是 FeO、$Fe_2O_3$ 和 $Fe_3O_4$的混合物。载荷超过 $W_0$ 以后，便转入危害性的黏着磨损。

## 3.2　磨粒磨损

外界硬颗粒或者对磨表面上的硬突起物或粗糙峰在摩擦过程中引起表面材料脱落的现象，称为磨粒磨损。例如掘土机铲齿、犁耙、球磨机衬板等的磨损都是典型的磨粒磨损。

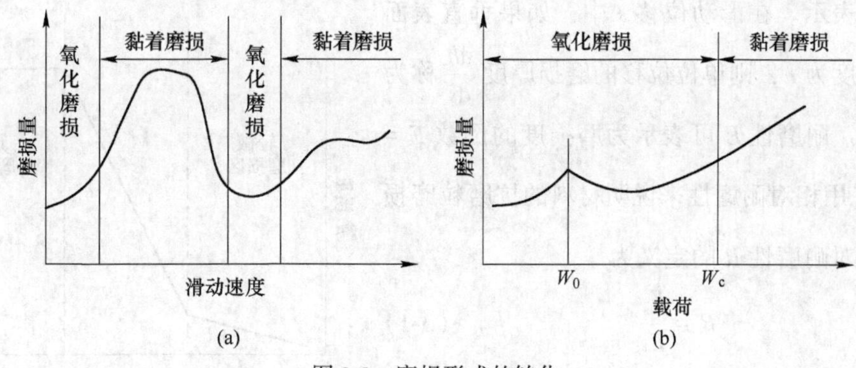


图 3-3 磨损形式的转化

(a) 载荷恒定；(b) 速度恒定

机床导轨面由于切屑的存在也会引起磨粒磨损。水轮机叶片和船舶螺旋桨等与含泥沙的水之间的侵蚀磨损也属于磨粒磨损。

### 3.2.1 磨粒磨损的种类

磨粒磨损有以下三种形式：

(1) 磨粒沿一个固体表面相对运动产生的磨损称为二体磨粒磨损。当磨粒运动方向与固体表面接近平行时，磨粒与表面接触处的应力较低，固体表面产生擦伤或微小的犁沟痕迹。如果磨粒运动方向与固体表面接近垂直时，常称为冲击磨损。此时，磨粒与表面产生高应力碰撞，在表面上磨出较深的沟槽，并有大颗粒材料从表面脱落。冲击磨损量与冲击能量有关。

(2) 在一对摩擦副中，硬表面的粗糙峰对软表面起着磨粒作用，这也是一种二体磨损，它通常是低应力磨粒磨损。

(3) 外界磨粒移动于两摩擦表面之间，类似于研磨作用，称为三体磨粒磨损。通常三体磨损的磨粒与金属表面产生极高的接触应力，往往超过磨粒的压溃强度。这种压应力使韧性金属的摩擦表面产生塑性变形或疲劳，而脆性金属表面则发生脆裂或剥落。磨粒磨损是最普遍的磨损形式。据统计，在生产中因磨粒磨损所造成的损失占整个磨损损失的一半左右，因而研究磨粒磨损有着重要的意义。一般说来，磨粒磨损的机理是磨粒的犁沟作用，即微观切削过程。显然，磨粒的硬度和载荷以及滑动速度起着重要的作用。

### 3.2.2 影响磨粒磨损因素

在实验室中研究磨粒磨损通常是将试件材料在磨料纸上相互摩擦。虽然略去了冲击、腐蚀和温度等因素的影响，使实验室中得到的数据与实际存在差别，但它反映了磨粒磨损的基本现象和规律，所得的结论仍十分有用。首先，磨料硬度 $H_0$ 与试件材料硬度 $H$ 之间的相对值影响磨粒磨损的，相对硬度的影响特性如图 3-4 所示。

当磨料硬度低于试件材料硬度，即 $H_0<(0.7\sim1)H$ 不产生磨粒磨损或产生轻微磨损。而当磨料硬度超过材料硬度以后，磨损量随磨料硬度而增加。如果磨料硬度更高将产生严重磨损，但磨损量不再随磨料硬度变化。由此可见：为了防止磨粒磨损，材料硬度应高于磨料硬度，通常认为 $H\geqslant1.3H_0$ 时只发生轻微的磨粒磨损。磨损量可以用体积或厚度

的变化来表示。在滑动位移 $s$ 中，如果垂直表面的磨损厚度为 $h$，则单位位移的磨损厚度 $\frac{dh}{ds}$ 称为线磨损度。耐磨性 $E$ 可表示为磨损度的倒数 $E=\frac{ds}{dh}$ 通常采用相对耐磨性来说明材料的抗磨粒磨损能力，相对耐磨性 $R$ 的定义为

$$R=\frac{E_s}{E_f} \tag{3-1}$$

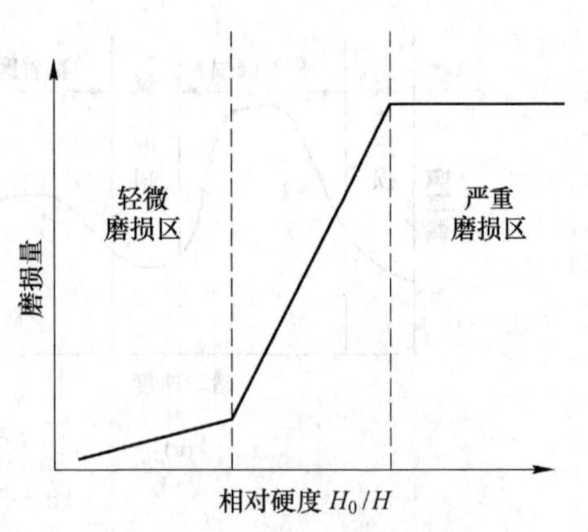


图 3-4　相对硬度的影响特性

式中，$E_s$ 为试件材料的耐磨性；$E_f$ 为基准耐磨性，它是以硬度为 $H_0=22457\text{MPa}$ 的刚玉为磨料时，含锑的铅锡合金材料的耐磨性。

Хрушов 等人对磨粒磨损进行了系统的研究，指出硬度是表征材料抗磨粒磨损性能的主要参数，并得出以下结论：

(1) 对于纯金属和各种成分未经热处理的钢材，耐磨性与材料硬度成正比关系，如图 3-5 所示。通常认为退火状态钢的硬度与含碳量成正比，由此可知：钢在磨粒磨损下的耐磨性与含碳量按线性关系增加。图 3-5 中的直线可用下式表示

$$R=13.74\times10^{-2}H \tag{3-2}$$

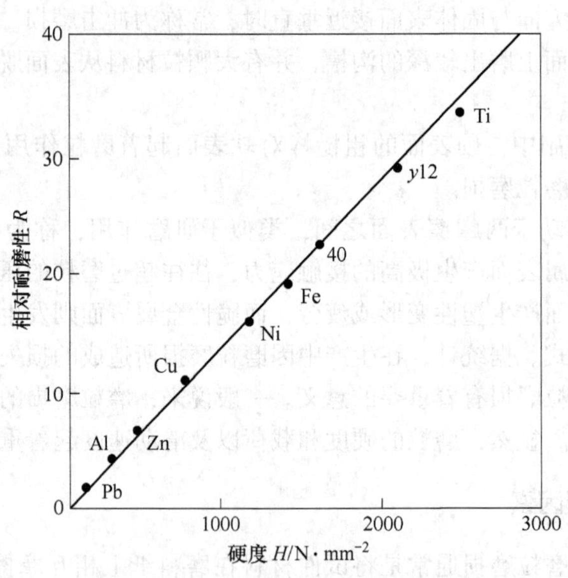


图 3-5　相对耐磨性与材料硬度的关系

(2) 热处理对耐磨性的影响如图 3-6 所示，用热处理方法提高钢的硬度也可使它的耐磨性沿直线缓慢增加，但变化的斜率降低。图中每条直线代表一种钢材，含碳量越高，直线的斜率越大，而交点表示该钢材未经热处理时的耐磨性。热处理对钢材耐磨性影响可以表示为

$$E=E_p+C(H-H_p) \tag{3-3}$$

式中，$H_p$ 和 $E_p$ 为退火状态下钢材的硬度和耐磨性；$H$ 和 $E$ 是热处理后的硬度和耐磨性；

$C$ 为热处理效应系数，其值随含碳量的增加而增加。

(3) 通过塑性变形使钢材冷作硬化能够提高钢的硬度，但不能改善抗磨粒磨损的能力。Хрушов 等人对以上实验结果的分析认为：磨粒磨损的耐磨性与冷作硬化的硬度无关是因为磨粒磨损中的犁沟作用本身就是强烈的冷作硬化过程。磨损中的硬化程度要比原始硬化大得多，而金属耐磨性实际上取决于材料在最大硬化状态下的性质，所以原始的冷作硬化对磨粒磨损无影响。此外，用热处理方法提高材料硬度一部分是因冷作硬化得来的，这部分硬度的提高对改善耐磨性作用不大，因此用热处理提高耐磨性的效果不很显著。

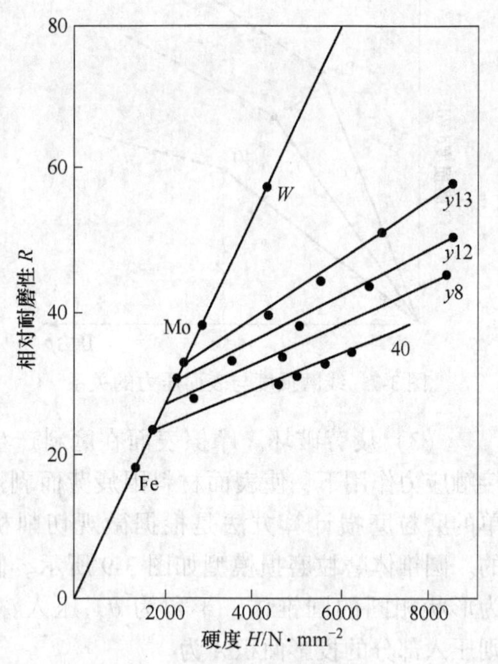


图 3-6 热处理对耐磨性的影响

综上所述，提高钢材硬度的方法有改善合金成分、热处理或冷作硬化三种。而材料抗磨粒磨损的能力与硬化方法有关，所以必须根据各种提高硬度的方法来考虑耐磨性与硬度的关系。应当指出：当金属硬度大于磨料硬度时也会被磨损，这是由于磨料压入金属的能力不仅取决于相对硬度，同时与磨粒的形状有关。例如固体平面可以被材料相同而具有球形、尖锥形或其他尖刃形的颗粒压入形成压痕。所以讨论磨粒磨损性能时，除相对硬度之外，还应考虑以下因素的影响：

(1) 磨粒磨损与磨料的硬度、强度、形状、尖锐程度和颗粒大小等因素有关。磨损量与材料的颗粒大小成正比，但颗粒大到一定值以后，磨粒磨损量不再与颗粒大小有关。

(2) 载荷显著地影响各种材料的磨粒磨损。线磨损度与表面压力的关系如图 3-7 所示，图 3-7 说明线磨损度与表面压力成正比。当压力达到转折值 $p_c$ 时，线磨损度随压力的增加变得平缓，这是由于磨粒磨损形式转变的结果。各种材料的转折压力值不同。

(3) 重复摩擦次数与线磨损的关系如图 3-8 所示。在磨损开始时期，由于磨合作用使线磨损度随摩擦次数而下降，同时表面粗糙度得到改善，随后磨损趋于平缓。

(4) 如果滑动速度不大，不至于使金属发生退火回火效应时，线磨损度将与滑动速度无关。

### 3.2.3 磨粒磨损机理

主要有三种磨粒磨损机理，即：

(1) 微观切削。法向载荷将磨料压入摩擦表面，而滑动时的摩擦力通过磨料的犁沟作用使表面剪切、犁皱和切削，产生槽状磨痕。

(2) 挤压剥落。磨料在载荷作用下压入摩擦表面而产生压痕，将塑性材料的表面挤压出层状或鳞片状的剥落碎屑。

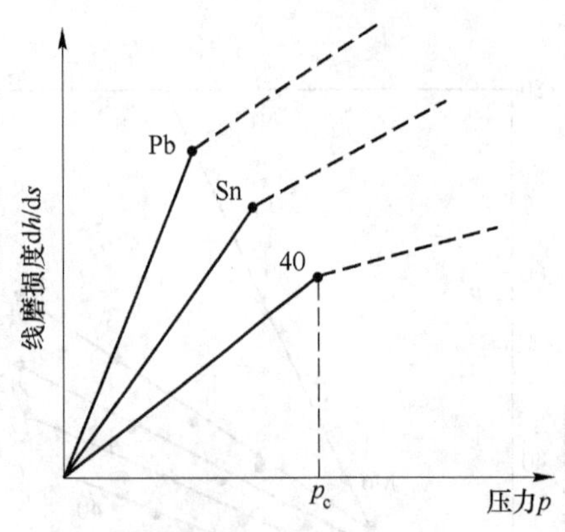

图 3-7 线磨损度与表面压力的关系

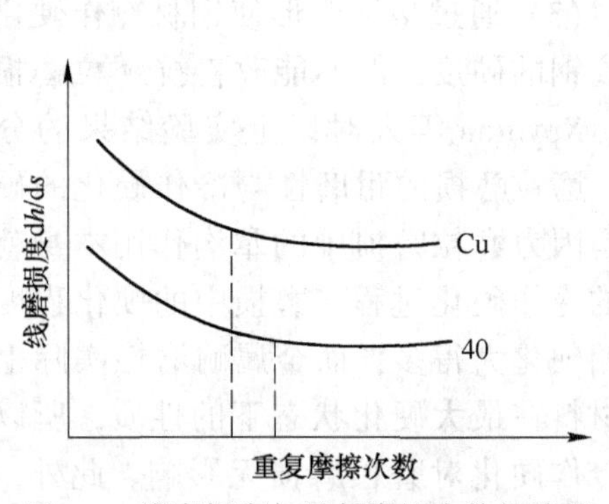

图 3-8 线磨损度与重复摩擦次数的关系

(3) 疲劳破坏。摩擦表面在磨料产生的循环接触应力作用下，使表面材料因疲劳而剥落。最简单的磨粒磨损计算方法是根据微观切削机理得出的。圆锥体磨粒磨损模型如图 3-9 所示。假设磨粒为形状相同的圆锥体，半角为 $\theta$，压入深度为 $h$，则压入部分的投影面积 $A$ 为

$$A = \pi h^2 \tan^2\theta \tag{3-4}$$

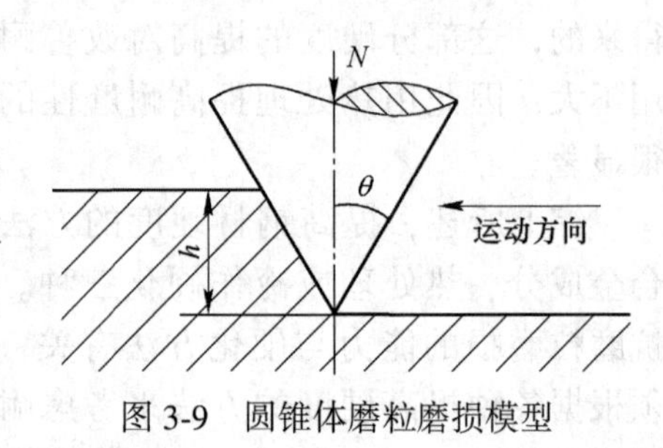

图 3-9 圆锥体磨粒磨损模型

如果被磨材料的受压屈服极限为 $\sigma_s$，每个磨粒承受的载荷为 $N$，则

$$N = \sigma_s A = \sigma_s \pi h^2 \tan^2\theta \tag{3-5}$$

当圆锥体滑动距离为 $s$ 时，被磨材料移去的体积为

$$V = sh^2 \tan\theta \tag{3-6}$$

若定义单位位移产生的磨损体积为体积磨损度 $\dfrac{\mathrm{d}V}{\mathrm{d}s}$，则磨粒磨损的体积磨损度为

$$\frac{\mathrm{d}V}{\mathrm{d}s} = h^2 \tan\theta = \frac{N}{\sigma_s \pi \tan\theta} \tag{3-7}$$

由于受压屈服极限 $\sigma_s$ 与硬度 $H$ 有关，故

$$\frac{\mathrm{d}V}{\mathrm{d}s} = k_a \frac{N}{H} \tag{3-8}$$

式中，$k_a$ 为磨粒磨损常数，根据磨粒硬度、形状和起切削作用的磨粒数量等因素决定。

应当指出，上述分析忽略了许多实际因素，例如磨粒的分布情况、材料弹性变形和滑动前方材料堆积产生的接触面积变化等，因此式（3-8）近似地适用于二体磨粒磨损。在三体磨损中，一部分磨粒的运动是沿表面滚动，它们不产生切削作用，因而式（3-8）中的 $k_a$ 值应当降低。

总之，为了提高磨粒磨损的耐磨性，必须减少微观切削作用。例如：降低磨粒对表面的作用力并使载荷均匀分布；提高材料表面硬度；降低表面粗糙度；增加润滑膜厚度；以及采用防尘或过滤装置保证摩擦表面清洁等。

## 3.3 黏着磨损

当摩擦副表面相对滑动时，由于黏着效应所形成的黏着结点发生剪切断裂，被剪切的材料或脱落成磨屑，或由一个表面迁移到另一个表面，此类磨损统称为黏着磨损。根据黏结点的强度和破坏位置不同，黏着磨损有几种不同的形式，从轻微磨损到破坏性严重的胶合磨损。它们的磨损形式、摩擦系数和磨损度虽然不同，但共同的特征是出现材料迁移，以及沿滑动方向形成程度不同的划痕。

### 3.3.1 黏着磨损种类

按照磨损的严重程度，黏着磨损可分为：

（1）轻微黏着磨损。当黏结点的强度低于摩擦副两金属的强度时，剪切发生在结合面上。此时虽然摩擦系增大，但是磨损却很小，材料迁移也不显著。通常在金属表面具有氧化膜、硫化膜或其他涂层时发生此种黏着磨损。

（2）一般黏着磨损。黏结点的强度高于摩擦副中较软金属的剪切强度时，破坏将发生在离结合面不远处软金属表层内，因而软金属黏附在硬金属表面上。这种磨损的摩擦系数与轻微磨损差不多，但磨损程度加剧。

（3）擦伤磨损。当黏结强度高于两金属材料强度时，剪切破坏主要发生在软金属表层内，有时也发生在硬金属表层内。迁移到硬金属上的黏着物又使软表面出现划痕，所以擦伤主要发生在软金属表面。

（4）胶合磨损。如果黏结点强度比两金属的剪切强度高得多，而且黏结点面积较大时，剪切破坏发生在一个或两个金属表层深的地方。此时，两表面都出现严重磨损，甚至使摩擦副之间咬死而不能相对滑动。高速重载摩擦副中，由于接触峰点的塑性变形大和表面温度高，使黏着结点的强度和面积增大，通常产生胶合磨损。相同金属材料组成的摩擦副中，因为黏着结点附近的材料塑性变形和冷作硬化程度相同，剪切破坏发生在很深的表层，胶合磨损更为剧烈。

### 3.3.2 影响黏着磨损的因素

除润滑条件和摩擦副材料性能之外，影响黏着磨损的主要因素是载荷和表面温度。然而，关于载荷或温度谁是决定性的因素迄今尚未取得统一认识。

#### 3.3.2.1 表面载荷

苏联学者 Виноградова 系统地研究了载荷对胶合磨损的影响，认为当表面压力达到一定的临界值，并经过一段时间后才会发生胶合。因此，载荷是胶合磨损的决定性因素。几种材料的临界压力值见表 3-1。

**表 3-1 胶合磨损的临界载荷**

| 摩擦副材料 | 临界载荷/$N \cdot mm^{-2}$ | 胶合发生时间/min |
| --- | --- | --- |
| 3 号钢-青铜 | 170 | 1.5 |
| 3 号钢-GCr15 钢 | 180 | 2.0 |
| 3 号钢-铸铁 | 467 | 0.5 |

观察各种材料的试件在四球机实验中磨痕直径的变化，也表明当载荷达到一定值时，磨痕直径骤然增大，这个载荷称为胶合载荷。实验还证明：如果将试件浸入油中加热，当载荷低于临界值而使油温升高，并不能发生胶合。这说明温度升高不会产生胶合。然而，载荷引起表面弹塑性变形必然伴随高温的出现。而且根据实验发现各种材料的临界载荷值随滑动速度增加而降低。这说明温度对胶合的发生起着重要作用。

3.3.2.2　*表面温度*

摩擦过程中产生的热量使表面温度升高，在表面接触点附近形成半球形的等温面，在表层内一定深度处各接触点的等温面将汇合成共同的等温面，表层内的等温线如图 3-10 所示。温度沿表面深度方向的分布如图 3-11 所示。摩擦热产生于最外层的变形区，因此表面温度 $\theta_s$ 最高，又因热传导作用造成变形区非常大的温度梯度。变形区以内为基体温度 $\theta_v$，变化平缓。

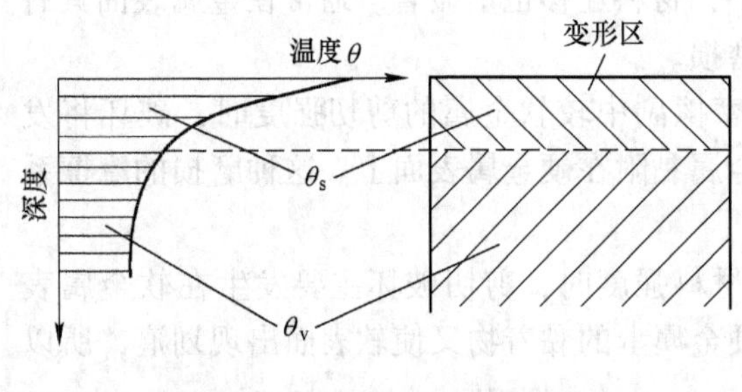


图 3-10　表层内的等温线

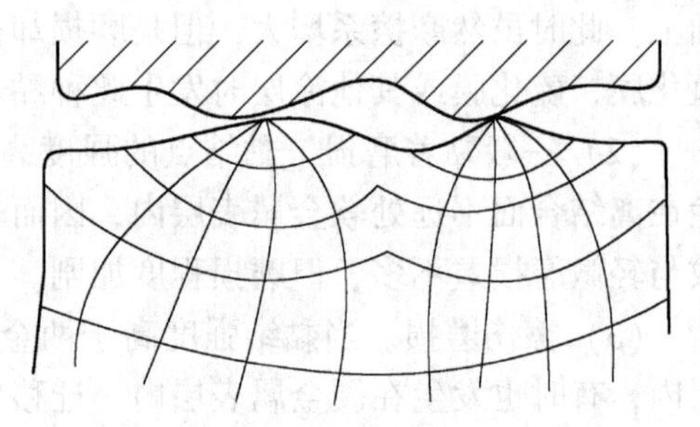

图 3-11　温度沿深度的分布

表层温度特性对于摩擦表面的相互作用和破坏影响很大。表面温度可使润滑膜失效，而温度梯度引起材料性质和破坏形式沿深度方向变化。Rabinowicz（1965 年）提出的实验结果如图 3-12 所示。他采用放射性同位素方法测量金属迁移量。可以看出：当表面温度达到临界值（约 80℃）时，磨损量和摩擦系数都急剧增加。

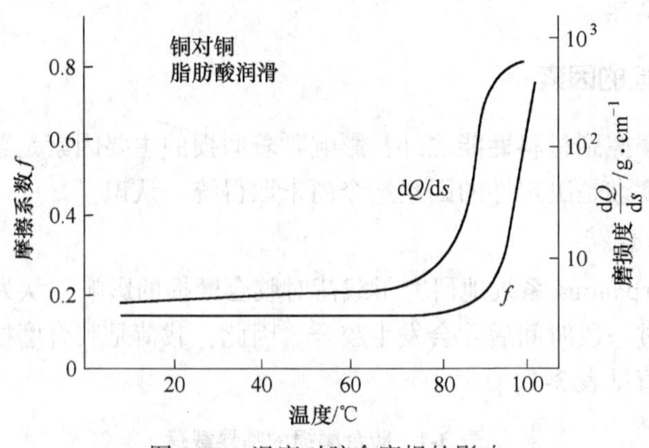


图 3-12　温度对胶合磨损的影响

影响温度特性的主要因素是表面压力 $p$ 和滑动速度 $v$，其中对速度的影响更大，因此限制 $pv$ 值是减少黏着磨损和防止胶合发生的有效方法。根据实验和计算分析得出的表面温度场与速度和压力的关系见表 3-2。

表 3-2 表面温度场与速度和压力的关系

<table>
<tr><th rowspan="3">温度场</th><th colspan="4">接触状态</th></tr>
<tr><th colspan="2">塑性接触</th><th colspan="2">弹性接触</th></tr>
<tr><th>压力 $p$</th><th>滑动速度 $v$</th><th>压力 $p$</th><th>滑动速度 $v$</th></tr>
<tr><td>表面温度 $\theta_s$</td><td>—</td><td>$\sqrt{v}$</td><td>$p^n$</td><td>$\sqrt{v}$</td></tr>
<tr><td>温度梯度</td><td>—</td><td>$v$</td><td>$p^n$</td><td>$v$</td></tr>
<tr><td>基体温度 $\theta_v$</td><td>$p$</td><td>$v$</td><td>$p$</td><td>$v$</td></tr>
</table>

注：$n<1$。

#### 3.3.2.3 摩擦副材料

脆性材料的抗黏着磨损的能力比塑性材料高。塑性材料形成的黏着结点的破坏以塑性流动为主，它发生在离表面一定的深度处，磨屑较大，有时长 3mm 左右，深 0.2mm 左右。而脆性材料黏结点的破坏主要是剥落，损伤深度较浅，同时磨屑容易脱落，不堆积在表面上。根据强度理论：脆性材料的破坏由正应力引起，而塑性材料的破坏决定于切应力。而表面接触中的最大正应力作用在表面，最大切应力却出现在离表面一定深度，所以材料塑性越高，黏着磨损越严重。相同金属或者互溶性大的材料组成的摩擦副黏着效应较强，容易发生黏着磨损。异种金属或者互溶性小的材料组成的摩擦副抗黏着磨损的能力较高。而金属和非金属材料组成的摩擦副的抗黏着磨损能力高于异种金属组成的摩擦副。从材料的组织结构而论，多相金属比单相金属的抗黏着磨损能力高。

通过表面处理方法在金属表面上生成硫化物、磷化物或氯化物等的薄膜将减少黏着效应，同时表面膜也限制了破坏深度，从而提高抗黏着磨损能力。此外，改善润滑条件，在润滑油或脂中加入油性和极压添加剂；选用热传导性高的摩擦副材料或加强冷却以降低表面温度；改善表面形貌以减小接触压力等都可以提高抗黏着磨损的能力。

### 3.3.3 黏着磨损机理

通常摩擦表面的实际接触面积只有表观面积的 0.01%~0.1%。对于重载高速摩擦副，接触峰点的表面压力有时可达 5000MPa 左右，并产生 1000℃ 以上的瞬时温度。而由于摩擦副体积远大于接触峰点，一旦脱离接触，峰点温度便迅速下降，一般局部高温持续时间只有几毫秒。摩擦表面处于这种状态下，润滑油膜、吸附膜或其他表面膜将发生破裂，使接触峰点产生黏着，随后在滑动中黏着结点破坏。这种黏着、破坏、再黏着的交替过程就构成黏着磨损。

有关黏着结点形成的原因存在着不同的观点。Bowdon 等人认为黏着是接触峰点的塑性变形和瞬现高温使材料熔化或软化而产生的焊合。也有人提出：温度升高后，由于物质离解所产生的类似焊接的作用而形成黏结点。然而非金属材料也能发生黏着现象，用高温熔焊的观点不能解释非金属黏结点的形成。Хрущов 等人认为黏着是冷焊作用，不必达到熔化温度即可形成黏结点。有人提出黏着是由于摩擦副表面分子作用。也有人试图用金属价电子的运动或者同类金属原子在彼此结晶格架之间的运动和互相填充来解释黏着现象。但是这些观点尚未取得充足的实验数据。虽然有关黏着机理目前还没有比较统一的观点，但是黏着现象必须在一定的压力和温度条件下才会发生这一认识是相当一致的。黏着结点的破坏位置决定了黏着磨损的严重程度，而破坏力的大小表现为摩擦力，所以磨损量与摩擦力之间没有确定的关系。黏着结点的破坏情况十分复杂，它与摩擦副材料和黏结点的相对强度以及黏结点的分布有关。简单的黏着磨损计算可以根据如图 3-13 所示的模型求得，它是由 Archard（1953 年）提出的。

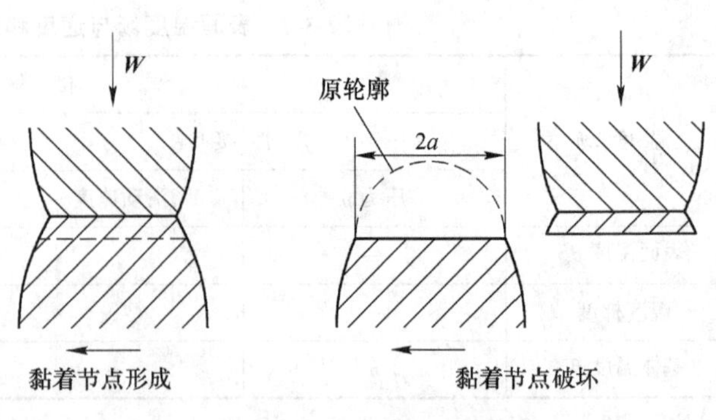


图 3-13　简单的黏着磨损模型

选取摩擦副之间的黏着结点面积为以 $a$ 为半径的圆，每一个黏着结点的接触面积为 $\pi a^2$。如果表面处于塑性接触状态，则每个黏结点支撑的载荷为

$$N = \pi a^2 \sigma_s \tag{3-9}$$

式中，$\sigma_s$ 为软材料的受压屈服极限。

假设黏结点沿球面破坏，即迁移的磨屑为半球形。于是，当滑动位移为 $2a$ 时的磨损体积为 $\frac{2}{3}\pi a^3$。因此体积磨损度可写为

$$\frac{dV}{ds} = \frac{\frac{2}{3}\pi a^3}{2a} = \frac{N}{3\sigma_s} \tag{3-10}$$

考虑到并非所有的黏结点都形成半球形的磨屑，引入黏着磨损常数 $k_s$，且 $k_s \ll 1$，则 Archard 公式为：

$$\frac{dV}{ds} = k_s \frac{N}{3\sigma_s} \tag{3-11}$$

式（3-11）与磨粒磨损计算公式（3-8）的形式基本相同。Archard 计算模型虽然是近似的，但可以用来估算黏着磨损寿命。Fein（1971 年）用四球机测得几种润滑剂的抗黏着磨损性能见表 3-3，Tabor（1972 年）用销盘磨损机测定的几种材料在干摩擦条件下 $k_s$ 的值见表 3-4。销盘磨损机实验，空气中干摩擦，载荷 4000N，滑动速度 1.8m/s。

**表 3-3　几种润滑剂的 $k_s$ 值，四球机实验，载荷 400N，滑动速度 0.5m/s**

| 润滑剂 | 摩擦系数 $\mu$ | 磨损常数 $k_s$ | 当量齿轮寿命总转数 |
|---|---|---|---|
| 干燥氩气 | 0.5 | $10^{-2}$ | $10^2$ |
| 干燥空气 | 0.4 | $10^{-3}$ | $10^3$ |
| 汽油 | 0.3 | $10^{-5}$ | $10^5$ |

**表 3-4　几种材料的黏着磨损常数 $k_s$ 值**

| 摩擦副材料 | 摩擦系数 $\mu$ | 磨损常数 $k_s$ |
|---|---|---|
| 软钢-软钢 | 0.6 | $10^{-2}$ |
| 硬质合金-淬火钢 | 0.6 | $5\times10^{-5}$ |
| 聚乙烯-淬火钢 | 0.65 | $10^{-7}$ |

表3-4中黏着磨损常数 $k_s$ 值远小于1，这说明在所有的黏着结点中只有极少数发生磨损，而大部分黏结点不产生磨屑。对于这种现象还没有十分满意的解释。

## 3.4 疲劳磨损

两个相互滚动或滚动兼滑动的摩擦表面，在循环变化的接触应力作用下，由于材料疲劳剥落而形成凹坑，称为表面疲劳磨损或接触疲劳磨损。除齿轮传动、滚动轴承等以这种磨损为主要失效方式之外，摩擦表面粗糙峰周围应力场变化所引起的微观疲劳现象也属于此类磨损。不过，表面微观疲劳往往只发生在磨合阶段，因而是非发展性的磨损。一般说来，表面疲劳磨损是不可避免的，即便是在良好的油膜润滑条件下也将发生。对于发展性的疲劳磨损，应保证在正常工作时间以内不致因表面疲劳凹坑的恶性发展而失效。

### 3.4.1 表面疲劳磨损的种类

#### 3.4.1.1 表层萌生与表面萌生疲劳磨损

表层萌生的疲劳磨损主要发生在一般质量的钢材以滚动为主的摩擦副。在循环接触应力作用下，这种磨损的疲劳裂纹发源在材料表层内部的应力集中源，例如非金属夹杂物或空穴处。通常裂纹萌生点局限在一狭窄区域，典型深度约0.3mm。与表层内最大切应力的位置相符合。裂纹萌生以后，首先顺滚动方向平行于表面扩展，然后又延伸到表面。磨屑剥落后形成凹坑，其断口比较光滑。这种疲劳磨损的裂纹萌生所需时间较短，但裂纹扩展速度缓慢。表层萌生疲劳磨损通常是滚动轴承的主要破坏形式。

近年来，由于真空冶炼技术和退氧钢的发展，钢材内部质量明显提高，大大减少了疲劳裂纹在表层内萌生的可能性，使表面产生疲劳磨损的可能性增加。表面萌生的疲劳磨损主要发生在高质量钢材以滑动为主的摩擦副。裂纹发源在摩擦表面上的应力集中源，例如切削痕、碰伤痕、腐蚀或其他磨损的痕迹等。此时，裂纹由表面出发以与滑动方向成20°~40°夹角向表层内部扩展。到一定深度后，分叉形成脱落凹坑，其断口比较粗糙。这种磨损的裂纹形成时间很长，但扩展速度十分迅速。由于表层萌生疲劳破坏坑的边缘可以构成表面萌生裂纹的发源点，所以通常这两种疲劳磨损是同时存在的。

#### 3.4.1.2 鳞剥与点蚀磨损

按照磨屑和疲劳坑的形状，通常将表面疲劳磨损分为鳞剥和点蚀两种。前者磨屑是片状，凹坑浅而面积大；后者磨屑多为扇形颗粒，凹坑为许多小而深的麻点。日本学者Fujita和Yoshida（1979年）在双圆盘实验机上采用不同热处理状态的钢进行实验时发现：对于退火钢和调质钢，疲劳磨损以点蚀形式出现，而渗碳钢和淬火钢的疲劳磨损将产生鳞剥。这两种磨损的疲劳坑形状，如图3-14所示。

实验表明：无论是退火钢或调质钢，纯滚动或滚动兼滑动的摩擦副的点蚀疲劳裂纹都起源于表面，再顺滚动方向向表层内扩展，并形成扇形的疲劳坑。鳞剥疲劳裂纹始于表层内，随后裂纹与表面平行向两端扩展，最后在两端断裂，形成沿整个试件宽度上的浅坑。Fujita等人提出以应力和硬度的比值作为疲劳发生的准则，认为裂纹萌生在 $\frac{\sigma}{3H}$ 或 $\frac{\tau}{H}$ 最大值处。根据测定的沿深度方向硬度值和计算的应力值，他们提出：对于发生点蚀的软材料

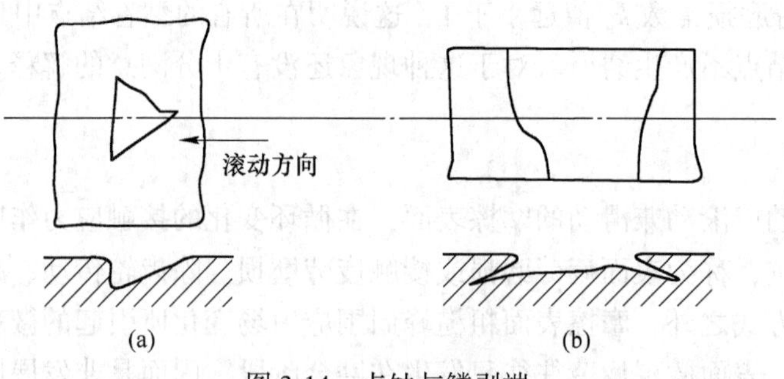


图 3-14 点蚀与鳞剥端

(a) 点蚀；(b) 鳞剥

而言，作用在表面的 $\frac{\sigma}{\sqrt{3}H}$ 值最大，因而可以用它作为发生点蚀的决定应力。而硬材料的最大应力和硬度比值是作用在表层内的 $\frac{\tau}{H}$ 值，所以用它来判断鳞剥的发生。Martin 和 Cameron（1966 年）对疲劳磨损的分析表明：磨屑有椭圆形和扇形两类。椭圆形磨屑是片状的，数量很少，而扇形磨屑的裂纹从表面上一点开始辐射状向表层内扩展，与表面夹角为 30°~40°。

沿深度方向微硬度分布与裂纹扩展如图 3-15 所示。可以看出：表层内存在硬度峰，其位置与最大切应力深度相吻合。这一结果支持了 Crook 和 Welsh 的论点，即在循环应力作用下，表层内部由于塑性变形而形成硬化带。较深的疲劳坑的形成通常是裂纹从表面开始，以 40°向下扩展，而达到硬化带后改变成与表面平行的方向扩展。硬化带构成屏障，阻止裂纹穿过。应当指出，就目前的研究状况而论，还不能认为表面萌生或表层萌生与点蚀或鳞剥之间存在对应联系。在实际的表面疲劳磨损中，不同形式的磨屑同时发生。此外，各种疲劳磨损虽然在宏观上不同，但材料在疲劳过程中的微观结构变化却是相同的。

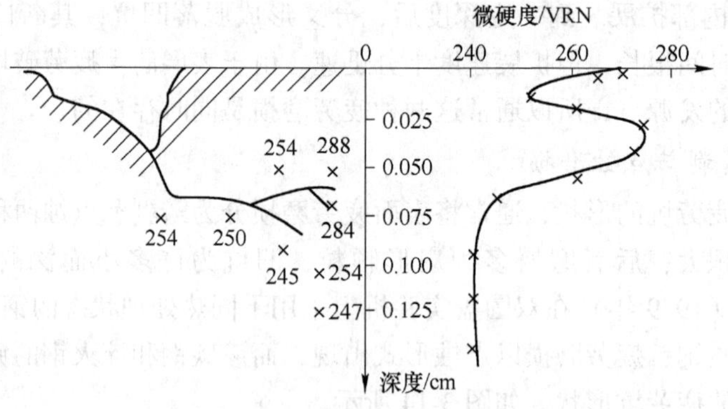


图 3-15 微硬度分布与裂纹扩展

### 3.4.2 影响疲劳磨损的因素

接触疲劳磨损过程十分复杂，影响因素繁多，长期以来进行了大量的实验研究，但仍然存在不少争论的问题。总的说来，影响表面疲劳的因素可以归纳为以下 4 个方面，即：

(1) 在干摩擦或润滑条件下的宏观应力场。

(2) 摩擦副材料的机械性质和强度。

(3) 材料内部缺陷的几何形状和分布密度。

(4) 润滑剂或介质与摩擦副材料的作用。

这里仅介绍几个主要因素的影响。

3.4.2.1 载荷性质

首先载荷大小决定了摩擦副的宏观应力场，直接影响疲劳裂纹的萌生和扩展，通常认为是决定疲劳磨损寿命的基本因素。此外，载荷性质也有着巨大的影响。Павлов 在封闭式齿轮实验机上，就周期性高峰载荷对于接触疲劳的影响进行了系统的研究。他首先将未经淬火的齿轮在不变的接触应力（850MPa）作用下，一直工作到疲劳破坏。然后用同样的试件，以 850MPa 为基本载荷，每隔 $10\times10^4$转将载荷分别提高到 950MPa、1050MPa 或 1150MPa，持续工作 $2\times10^4$转，发现试件附加周期性高峰载荷以后破坏前的总工作转数都有所增加，高峰荷载对接触疲劳的影响如图 3-16 所示。

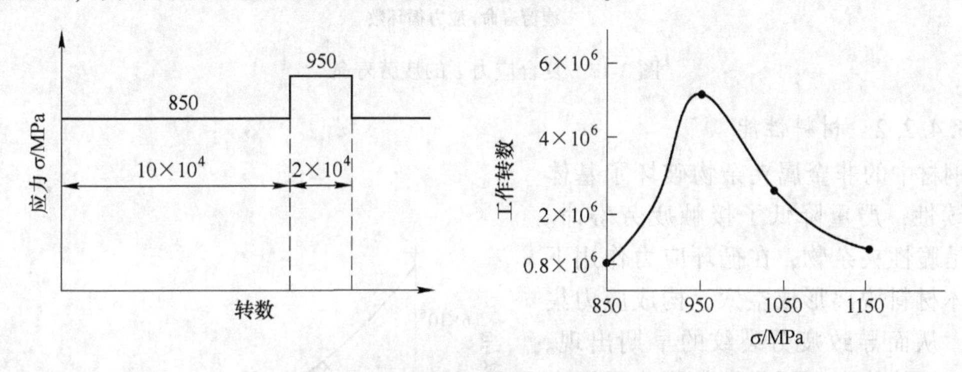


图 3-16 高峰载荷对接触疲劳的影响

实验表明：短期的高峰载荷周期性地附加在基本载荷上，不仅不降低反而提高了接触疲劳寿命。只有当高峰载荷作用时间接近于循环周期时间一半时，高峰载荷才开始降低接触疲劳寿命。温诗铸等人研究了复合应力对接触疲劳的影响。采用钢球与圆柱试件相挤压，产生最大接触应力 2954MPa。在此基础上，附加大小低于 6% 的轴向弯曲应力。实验结果表明：附加拉伸弯曲应力显著地缩短接触疲劳寿命，而压缩弯曲应力的影响取决于它的数值大小。较小的附加压缩应力能够增加疲劳寿命，而大的压缩应力将降低疲劳寿命，存在一个临界压缩弯曲应力值，此时疲劳寿命最大，复合应力下的疲劳寿命如图 3-17 所示。

接触表面的摩擦力对于疲劳磨损有着重要影响。滑滚比对疲劳寿命的影响如图 3-18 所示，少量的滑动将显著地降低接触疲劳磨损寿命。通常纯滚动的切向摩擦力只有法向载荷的 1%~2%，而存在滑动时，切向摩擦力可增加到法向载荷的 10%。摩擦力促进接触疲劳过程的原因是：摩擦力作用使最大切应力位置趋于表面，增加了裂纹萌生的可能性。此外，摩擦力所引起的拉应力促使裂纹扩展加速。应力循环速度也影响接触疲劳。由于摩擦表面在每次接触中都要产生热量，应力循环速度越大，表面积聚热量和温度就越高，使金属软化而降低机械性能，因此加速表面疲劳磨损。应当指出：在全膜弹流润滑下，油膜压力分布与 Hertz 应力不同，改变了表层内部应力场。尤其是二次压力的大小和位置，以及颈缩造成的应力集中都影响疲劳磨损。有关弹流润滑条件下的接触疲劳问题至今尚研究不够。

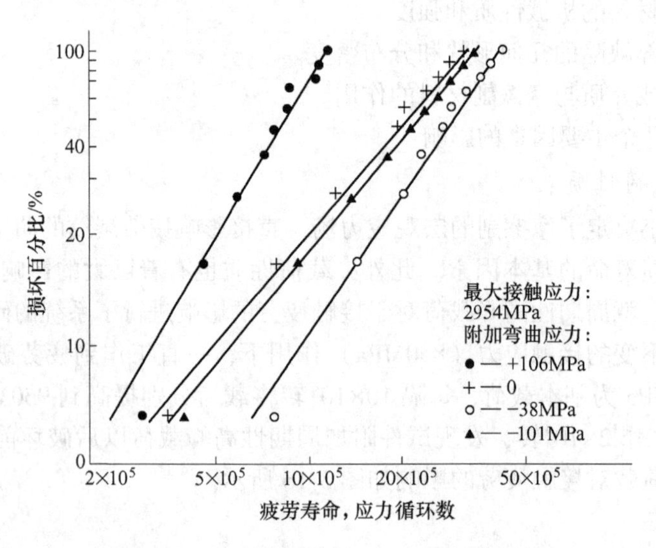


图 3-17　复合应力下的疲劳寿命

3.4.2.2　材料性能

钢材中的非金属夹杂物破坏了基体的连续性，严重降低了接触疲劳寿命。特别是脆性夹杂物，在循环应力作用下与基体材料脱离形成空穴，构成应力集中源，从而导致疲劳裂纹的早期出现。渗碳钢或其他表面硬化钢的硬化层厚度影响抗疲劳磨损能力。硬化层太薄时，疲劳裂纹将出现在硬化层与基体的连接处，容易形成表层剥落。选择硬化层厚度应使疲劳裂纹产生在硬化层内。此外，合理地提高硬化钢基体的硬度可以改善表面抗疲劳磨损性能。通常增加材料硬度可以提高抗疲劳磨损能力，但硬度过高，材料脆性增加，反而会降低接触疲劳寿命。摩擦表面的粗糙度与疲劳寿命密切相关。资料表明，滚动轴承的粗糙度 *Ra* 为 0.2 的接触疲劳寿命比 *Ra* 为 0.4 的高 2~3 倍；*Ra* 为 0.1 的比 *Ra* 为 0.2 的高 1 倍；*Ra* 为 0.05 比 *Ra* 为 0.1 高 0.4 倍；粗糙度低于 0.05 对寿命影响甚微。

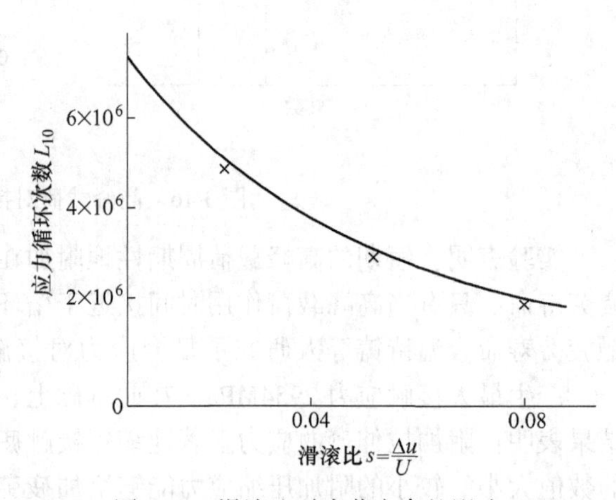


图 3-18　滑滚比对疲劳寿命的影响

3.4.2.3　润滑剂的物理与化学作用

实验表明，增加润滑油的黏度将提高抗接触疲劳能力。通常认为：增加润滑剂黏度可以提高疲劳寿命是由于弹流油膜增厚，从而减轻粗糙峰互相作用的结果。但这种观点不能解释某些无油滚动时不出现接触疲劳，而加入润滑油后迅速发生接触疲劳磨损的现象。Way（1935 年）提出疲劳裂纹油压机理。疲劳裂纹的油压机理如图 3-19 所示，在摩擦过程中，摩擦力促使表面金属流动，因而疲劳裂纹往往有方向性，即与摩擦力方向一致，如

图 3-19 所示，主动轮裂纹中的润滑油在对滚中被挤出，而从动轮上的裂纹口在通过接触区时受到油膜压力作用促使裂纹扩展。由于油的压缩性和金属的弹性，油压传递到裂纹尖端将产生压力降。而黏度越大的润滑油所产生的压力降越大，即裂纹尖端的油压越低，故裂纹扩展缓慢。随后 Culp 和 Stover (1976 年) 的实验报告指出：采用在相同温度下具有相等黏度的合成油和天然油分别进行接触疲劳实验，得出合成油的接触疲劳寿命较高。原因是合成油的黏压系数值较大，因而油膜厚度较大。这说明油膜厚度对阻止裂纹形成具有一定的影响。

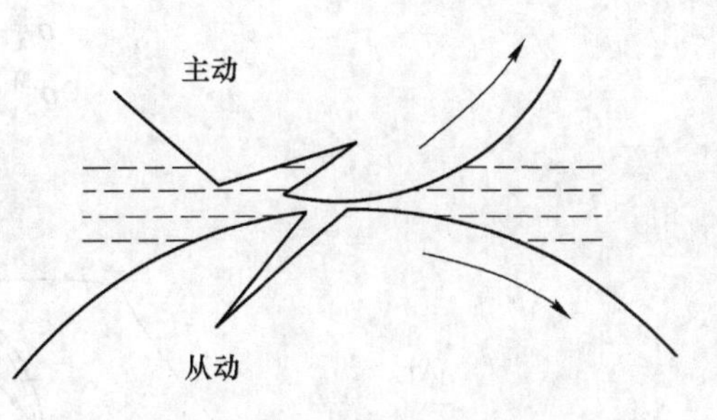

图 3-19 疲劳裂纹的油压机理

综上所述，接触疲劳磨损机理可以归纳如下：在疲劳磨损的初期阶段是形成微裂纹，无论有无润滑油存在，循环应力起着主要作用。裂纹萌生在表面或表层，但很快扩展到亚表层，此后，润滑油的黏度对于裂纹扩展起重要影响。润滑剂的化学作用是近年来研究接触疲劳磨损所关注的问题。研究表明，改变润滑剂的黏度数值可使接触疲劳寿命相差 2 倍，而润滑剂的化学成分不同可以影响接触疲劳寿命变化 10 倍。一般说来，润滑剂中含氧和水分将剧烈地降低接触疲劳寿命。当含有对裂纹尖端有腐蚀作用的化学成分时，也显著降低接触疲劳寿命。如果添加剂能够生成较强的表面膜并减少摩擦时，对提高抗疲劳磨损能力有利。

### 3.4.3 接触疲劳强度准则与疲劳寿命

#### 3.4.3.1 接触应力状态

严格地说，Hertz 接触理论的应用条件应是无润滑条件下完全弹性体的静态接触。而实际的接触摩擦副都是相互运动的，往往还施加有润滑剂。因此，应用 Hertz 接触理论来分析接触疲劳磨损问题是近似的。弹性体接触的一般情况是椭圆接触问题，它的应力状态如图 3-20 所示，接触区形状为椭圆，其长短轴之半分别为 $a$ 和 $b$。接触区上的压力按椭圆体分布，最大接触应力为 $p_0$。根据接触力学的分析，接触体的应力状态可归纳如下：

(1) 正应力 $\sigma_x$，$\sigma_y$ 和 $\sigma_z$ 为负值即压应力。在 $Z$ 轴上各点没有切应力作用，因而 $Z$ 轴上的正应力为主应力。在离接触中心较远处（理论上是无穷远处）$\sigma_x$，$\sigma_y$ 和 $\sigma_z$ 的数值为零，在 $Z$ 轴上它们的数值为最大值。由此可知：在滚动过程中材料受到的正应力是脉动变化应力。

(2) 正交切应力 $\tau_{xy}$ 的正负符号取决于各点位置坐标 $x$ 和 $y$ 乘积的符号。在远离接触中心以及 $x=0$ 或者 $y=0$ 处，它的数值为零，因此在滚动过程中，这两个应力为交变应力。

(3) 正交切应力 $\tau_{zx}$ 的正负符号取决于位置坐标 $x$ 的符号，在远离接触中心和 $x=0$ 处，其数值为零。而 $\tau_{yz}$ 的符号取决于位置坐标 $y$ 的符号，在远离接触中心和 $y=0$ 处数值为零。这样，在滚动过程中，这两个切应力分量也是交变应力。接触表面上的应力状态比较复杂。由于接触疲劳裂纹萌生于表面的可能性增加，近年来接触表面的应力状态的分析受到重视。这里仅介绍接触椭圆对称轴端点的应力状态。如图 3-20 所示，在端点 $N$ 和 $M$ 处所受的径向应力和切向应力数值相等而符号相反，即

$$\sigma_x^N = -\sigma_y^N$$
$$\sigma_x^M = -\sigma_y^M \qquad (3\text{-}12)$$

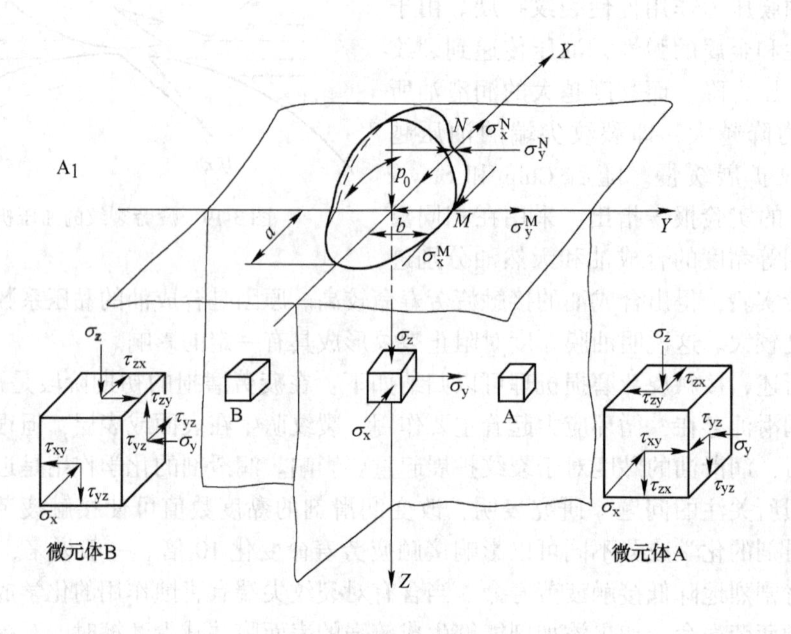


图 3-20　接触应力状态

所以椭圆端点处于纯剪切状态。计算得出，在椭圆接触中，当 $\sqrt{\frac{1-b^2}{a^2}} < 0.89$ 时，最大的表面切应力作用在椭圆对称轴的端点 $N$ 或者 $M$ 点。

以上表明：在滚动过程中，接触体各应力分量的变化性质不同，有的是交变应力，有的是脉动应力。同时，正应力和切应力的变化不同相位。所以，要建立接触疲劳强度准则与所有应力分量的关系十分困难，因而提出了各种强度假设，以个别的应力分量作为判断接触疲劳发生的准则。

3.4.3.2　*接触疲劳强度准则*

通常采用的接触疲劳强度准则有以下几种：

（1）最大切应力准则。根据 $Z$ 轴上的主应力可以计算出 45°方向切应力。分析证明：在这些 45°切应力中的最大值作用在 $Z$ 轴上一定的深度。它是接触体受到的最大切应力 $\tau_{max}$，所以最先被用作接触疲劳准则，即认为当最大切应力达到一定值时将产生接触疲劳磨损。在滚动过程中，最大切应力是脉动应力，应力变化量为 $\tau_{max}$。

（2）最大正交切应力准则。分析表明：正交切应力 $\tau_{yz}$ 的最大值作用在 $x=0$ 而 $y$ 和 $z$ 为一定数值的点；同样，$\tau_{zx}$ 最大值的位置坐标为 $y=0$ 而 $x$ 和 $z$ 等于一定值。这样，当滚动平面与坐标轴之一重合时，正交切应力将是交变应力。例如，当滚动平面包含椭圆短轴时，在滚动过程中正交切应力 $\tau_{yz}$ 的变化是：从远离接触中心处的零值增加到接近 $Z$ 轴处的最大值 $+\tau_{yzmax}$，再降低到 $Z$ 轴上的零值。随后应力反向，再逐步达到负的最大值 $-\tau_{yzmax}$，而后又变化到零。所以每滚过一次，正交切应力 $\tau_{yz}$ 的最大变化量为 $2\tau_{yzmax}$。应当指出，虽然正交切应力的数值通常小于最大切应力，然而滚动过程中正交切应力的变化量却大于最大切应力的变化量，即 $2\tau_{yzmax} > \tau_{max}$。由于材料疲劳现象直接与应力变化量有关，所以 ISO（国际标准化组织）和 AFBMA（美国减摩轴承制造商协会）提出的滚动轴承接触疲劳计算都采用最大正交切应力准则。

（3）最大表面切应力准则。通常接触表面上最大切应力作用在椭圆对称轴的端点。例如，当滚动方向与椭圆短轴一致时，最大表面切应力作用在长轴的端点，在滚动过程中它按脉动应力变化。虽然表面切应力的数值小于最大切应力和正交切应力，但由于表面缺陷和滚动中的表面相互作用，使疲劳裂纹出现于表面和表面切应力的影响大大加强。

（4）等效应力准则。滚动过程中材料储存的能量有两种作用，即改变体积和改变形状。后者是决定疲劳破坏的因素，按照产生相同的形状变化的原则，将复杂的应力状态用一个等效的脉动拉伸应力来代替。等效应力 $\sigma_e$ 的表达式为

$$\sigma_e^2 = \frac{1}{2}[(\sigma_x - \sigma_y)^2 + (\sigma_y - \sigma_z)^2 + (\sigma_z - \sigma_x)^2 + 3(\tau_{xy}^2 + \tau_{yz}^2 + \tau_{zx}^2)] \tag{3-13}$$

等效应力准则考虑了全部应力分量的影响，但由于计算复杂和缺乏数据，目前还难以普遍应用。值得注意的是近年来弹塑性接触理论有了很大的发展，在此基础上 Johnson（1963 年）提出了如下的塑性剪切准则。Crook（1957 年）发现：圆盘在滚动过程中，表层内存在塑性剪切层。由于塑性流动局限在很薄的一层金属，所以形成弹性的表面层相对于弹性的内核沿滚动方向转动。Hamilton（1963 年）进一步通过实验证明：塑性剪切随着应力循环不断积累，直至出现疲劳裂纹。Johnson 从弹塑性理论出发分析了上述现象，并根据不产生连续塑性剪切的条件提出接触疲劳的塑性剪切准则：

$$p_0 = 4k \tag{3-14}$$

式中，$p_0$ 为最大 Hertz 应力；$k$ 为剪切屈服极限。

根据 Tabor 的经验公式：$k = 6\text{HV}$，HV 为维氏硬度值。当接触表面 Hertz 最大应力超过式（3-14）以后，表层内的正交切应力引起与表面平行方向的塑性剪切变形。当滚动中伴随滑动时，如果摩擦力为法向载荷的 10%，则式（3-14）中 $4k$ 应降低为 $3.6k$。

多年来对于各种接触疲劳强度准则的适用性进行了大量的实验研究。例如，观察疲劳裂纹萌生位置和微观组织结构变化；研究表面层初应力状态、接触椭圆形状和滚动方向等因素对疲劳寿命的影响等。这些实验研究表明，任何一个准则都不能完全符合实验结果。各种准则都只能部分地解释疲劳磨损现象，而对另一些现象却不能解释，甚至相互抵触。例如，正交切应力准则完全符合增加椭圆率 $b/a$ 可使疲劳寿命提高，以及沿椭圆长轴滚动的寿命比沿短轴滚动的寿命长等现象。但它却不能解释表层压缩初应力能成倍地提高接触疲劳寿命，而拉伸初应力降低疲劳寿命的现象，因为初应力存在不改变正交切应力的数值。温诗铸等学者对于各种接触疲劳准则进行了研究。其方法是：接触应力之上附加一个数量很小的轴向弯曲应力以改变应力场，并对这种复合应力作用下的接触疲劳进行实验。计算分析表明：最大切应力准则和正交切应力准则都不能解释实验结果，等效应力准则只能部分地说明附加弯曲应力的影响。而最大表面切应力的位置和大小随附加弯曲应力而改变。同时，接触疲劳寿命随最大表面切应力的增加而降低，即弯曲应力是通过改变最大表面切应力来影响疲劳寿命。所以，在该实验条件下，最大表面切应力准则与实验结果相吻合，而疲劳裂纹萌生于金属表面。此外，工程实际中广泛存在的变载荷作用下的接触疲劳磨损，情况更加复杂。

#### 3.4.3.3　接触疲劳寿命

接触疲劳现象具有很强的随机性质，在相同条件下同一批试件的疲劳寿命之间相差很大。为了保证数据的可靠性，相同条件下的实验批量通常应大于 10，并须按照统计学方法处理数据。接触疲劳寿命符合 Weibull 分布规律，即

$$\lg \frac{1}{S} = \beta \lg L + \lg A \tag{3-15}$$

式中，$S$ 为不损坏概率；$L$ 为实际寿命，通常以应力循环次数 $N$ 表示；$A$ 为常数；$\beta$ 称为 Weibull 斜率，对于钢材，$\beta = 1.1 \sim 1.5$，纯净钢取高值。对于滚动轴承：球轴承 $\beta = 10/9$，滚子轴承 $\beta = 9/8$。

采用专用的 Weibull 坐标纸，即纵坐标为双对数和横坐标为单对数，式（3-15）应为一条斜直线，Weibull 分布如图 3-21 所示。

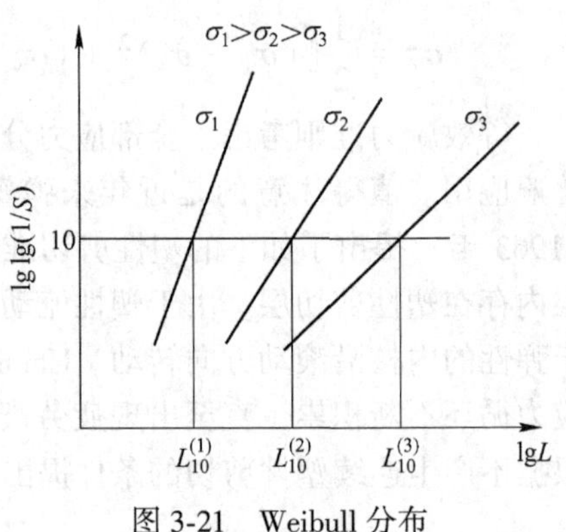


图 3-21　Weibull 分布

当取得一批实验数据以后，通过统计学计算可以绘制 Weibull 分布图，从而求得接触疲劳寿命分布斜率 $\beta$、特征寿命 $L_{10}$ 和 $L_{50}$ 的数值。$L_{10}$ 和 $L_{50}$ 分别是损坏百分比为 10% 和 50% 的寿命值。严格地说，只有在 $L_7$ 到 $L_{60}$ 之间的接触疲劳寿命才符合 Weibull 分布直线。斜率 $\beta$ 表示同一批实验数据的分散程度。不同荷载下的分布如图 3-22 所示，当载荷增加时，分布斜率 $\beta$ 增大，因而寿命的变化范围缩小，即分散程度减小。

如果接触疲劳寿命 $L_{10}$ 或 $L_{50}$ 用应力循环次数 $N$ 表示，通常认为应力循环次数与载荷的三次方成反比。根据这一近似关系可以求得 $\sigma$-$N$ 曲线，如图 3-23 所示，这里，$\sigma$ 为接触应力。这样，从 $\sigma$-$N$ 曲线就能够推算出任何应力条件下的寿命值。

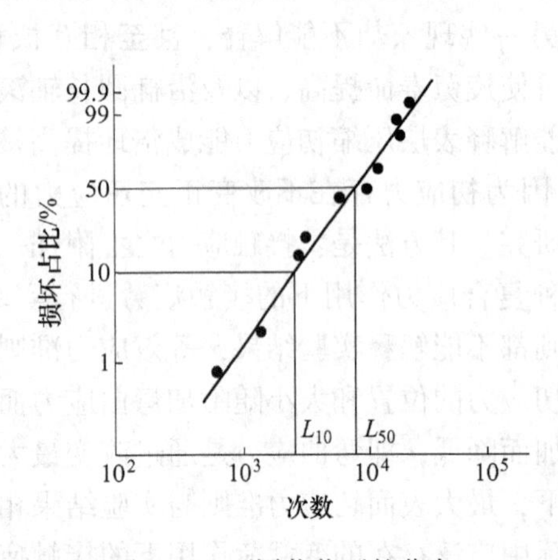


图 3-22　不同载荷下的分布

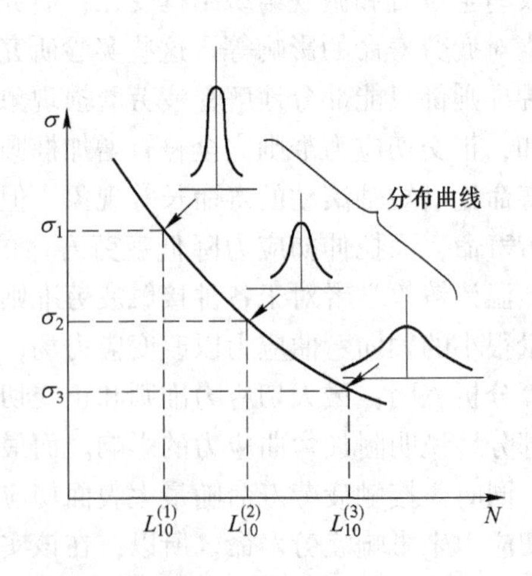


图 3-23　$\sigma$-$N$ 曲线

## 3.5 腐蚀磨损

摩擦过程中，金属与周围介质发生化学或电化学反应而产生的表面损伤称为腐蚀磨损。常见的有氧化磨损和特殊介质腐蚀磨损。

### 3.5.1 氧化磨损

当金属摩擦副在氧化性介质中工作时，表面所生成的氧化膜被磨掉以后，又很快地形成新的氧化膜，所以氧化磨损是化学氧化和机械磨损两种作用相继进行的过程。氧化磨损的大小取决于氧化膜连结强度和氧化速度。脆性氧化膜与基体连结的抗剪切强度较差，或者氧化膜的生成速度低于磨损率时，它们的磨损量较大。而当氧化膜韧性高，与基体连结处的抗剪切强度较高，或者氧化速度高于磨损率时，氧化膜能起减摩耐磨作用，所以氧化磨损量较小。对于钢材摩擦副而言，氧化反应与表面接触变形状态有关。表面塑性变形促使空气中的氧扩散到变形层，而氧化扩散又增进塑性变形。首先，氧在表面达到饱和，再逐次向表层内扩散，因而由外向内氧的含量逐渐降低。根据载荷、速度和温度的不同，可以形成氧和铁的固溶体、粒状氧化物和固溶体的共晶或者不同形式的氧化物，如 FeO，$Fe_2O_3$，$Fe_3O_4$等。这些氧化物硬而脆。氧化磨损的磨屑是暗色的片状或丝状。片状磨屑是红褐色的 $Fe_2O_3$。而丝状磨屑是灰黑色的 $Fe_3O_4$。有时用磨屑的这些特征来判断氧化磨损的过程。

载荷对氧化磨损的影响表现为：载荷下氧化磨损磨屑的主要成分是 Fe 和 FeO，而重载荷条件下，磨屑主要是 $Fe_2O_3$，$Fe_3O_4$。滑动速度对氧化磨损影响的研究指出：低速摩擦时，钢表面主要成分是氧铁固溶体以及粒状氧化物和固溶体的共晶，其磨损量随滑动速度升高而增加。当滑动速度较高时，表面主要成分是各种氧化物，磨损量略有降低。而当滑动速度更高时，由于摩擦热的影响，将由氧化磨损转变为黏着磨损，磨损量剧增。干摩擦状态下容易产生氧化磨损。加入润滑油可以减小表面氧化作用，使氧化层变薄，因而提高抗氧化磨损能力。但有些润滑油能促使氧化膜从表面脱落。

### 3.5.2 特殊介质腐蚀磨损

对于在化工设备中工作的摩擦副，由于金属表面与酸、碱、盐等介质作用而形成腐蚀磨损。腐蚀磨损的机理与氧化磨损相类似，但磨损痕迹较深，磨损量也较大。磨屑呈颗粒状和丝状，它们是表面金属与周围介质的化合物。由于润滑油中含有腐蚀性化学成分，滑动轴承材料也会发生腐蚀磨损，它包括酸蚀和硫蚀两种。除了合理选择润滑油和限制油中含酸和含硫量外，轴承材料是影响腐蚀磨损的重要因素。

### 3.5.3 微动磨损

早在 1937 年前后，美国 Crysler 汽车厂的产品在运输过程中发现一些相互配合的光洁表面出现严重的损伤。这种两个表面间由于振幅很小的相对运动而产生的磨损称为微动磨损或微动腐蚀磨损。在载荷作用下，相互配合表面的接触峰点形成黏着结点。当接触表面受到外界微小振动，虽然相对滑移量很小，通常为 0.05mm，不超过 0.25mm，黏着结点将被剪切，随后剪切面逐渐被氧化并发生氧化磨损，产生红褐色 $Fe_2O_3$ 的磨屑堆积在表面之间。此后，氧化磨屑起着磨料作用，使接触表面产生磨粒磨损。由此可见，微小振动和氧化作用是促进微动磨损的主要因素。而微动磨损是黏着磨损、氧化磨损和磨粒磨损等多种磨损形式的组合。摩擦副材料配对是影响微动磨损的重要因素。一般来说，抗黏着磨损性能好的材料也具有良好的抗微动磨损性能。提高硬度可以降低微动磨损，而表面粗糙度与微动磨损性能无关。适当的润滑可以有效地改善抗微动磨损能力，因为润滑膜保护表面防止氧化。采用极压添加剂或涂抹二硫化钼都可以减少微动磨损。郭强等人针对桥梁用钢索中钢丝表面的微动损伤问题，研究了高分子材料表面膜的抗微动磨损的机理。微动磨损量随载荷增加而加剧，但当超过一定载荷以后，磨损量将随着载荷的增加而减少。通常微小振幅的振动频率对于钢的微动磨损没有影响，而在大振幅振动条件下，微动磨损量随振动频率的增加而降低。

### 3.5.4 气蚀

气蚀是固体表面与液体相对运动所产生的表面损伤，通常发生在水泵零件、水轮机叶片和船舶螺旋桨等的表面。当液体在与固体表面接触处的压力低于它的蒸发压力时，将在固体表面附近形成气泡。另外，溶解在液体中的气体也可能析出而形成气泡。随后，当气泡流动到液体压力超过气泡压力的地方时，气泡便溃灭，在溃灭瞬时产生极大的冲击力和高温。固体表面在这种冲击力的反复作用下，材料发生疲劳脱落，使表面出现小凹坑，进而发展成海绵状。严重的气蚀可在表面形成大片的凹坑，深度可达20mm。

气蚀的机理是由于冲击应力造成的表面疲劳破坏，但液体的化学和电化学作用加速了气蚀的破坏过程。减少气蚀的有效措施是防止气泡的产生。首先应使在液体中运动的表面具有流线形，避免在局部地方出现涡流，因为涡流区压力低，容易产生气泡。

此外，应当减少液体中的含气量和液体流动中的扰动，这些措施也将限制气泡的形成。选择适当的材料能够提高抗气蚀能力。通常强度和韧性高的金属材料具有较好的抗气蚀性能，提高材料的抗腐蚀性也将减少气蚀破坏。应当指出，上述氧化磨损、特殊介质腐蚀磨损、微动磨损和气蚀等的共同特点是表面与周围介质的化学反应起着重要作用，所以可将这几种磨损统称为腐蚀性磨损。在多数情况下，腐蚀性磨损首先产生化学反应，然后由于摩擦中的机械作用使化学生成物从表面脱落。由此可见，腐蚀性磨损过程与润滑油添加剂在表面生成化学反应膜的润滑过程基本相同，其差别在于化学生成物是起保护表面防止磨损的作用，还是促进表面脱落。表面化学生成物的形成速度与被磨掉速度之间存在相对平衡关系，两者相对大小不同产生不同的效果。这里以防止胶合磨损的极压添加剂为例来说明它的不同效果。通常化学反应膜的生成速度遵循 Arrhenius 定律，即

$$V = KCe^{E/RT} \tag{3-16}$$

式中，$V$ 为化学反应速度即膜的生成速度；$C$ 为润滑油中极压添加剂的浓度；$E$ 为表征极压添加剂活性的常数；$T$ 为热力学温度；$R$ 为气体常数；$K$ 为比例常数。

显然，在稳定工况条件下，腐蚀性磨损的磨损率取决于表面化学生成物的生成速度。由式（3-15）可知：磨损率与腐蚀介质的浓度成正比，而与温度按指数关系变化。在前面曾经指出：采用极压添加剂降低黏着磨损时，应选择合适的化学活性，即添加剂成分和浓

度。黏着磨损和由极压添加剂引起的腐蚀磨损与添加剂化学活性的关系如图 3-24 所示。黏着磨损的磨损率随化学活性的增加而降低。而腐蚀磨损的磨损率随化学活性按线性增加。因而图中 *A* 点是最佳活性，此处磨损率最低。

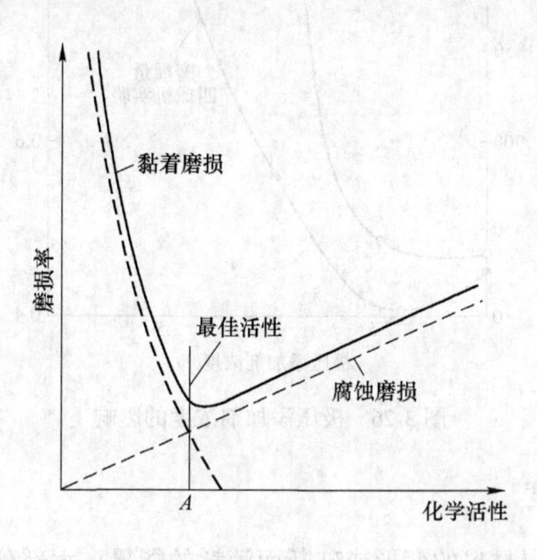


图 3-24　最佳活性位置

最佳活性选择如图 3-25 所示，当摩擦副的载荷较大或者油膜厚度较薄时，黏着磨损曲线的位置改变。此时应当选择较高的化学活性，最佳活性为 *B* 点。增加添加剂的化学活性可以是提高润滑油中添加剂的浓度，或者选用活性更强的添加剂组成。由此可见，极压添加剂的效果和腐蚀作用是同一现象的两个方面。两种磨损实验机对极压添加剂的实验曲线如图 3-26 所示。结果表明，极压添加剂的抗胶合能力随其浓度而增加，同时添加剂引起的腐蚀磨损也相应增加。

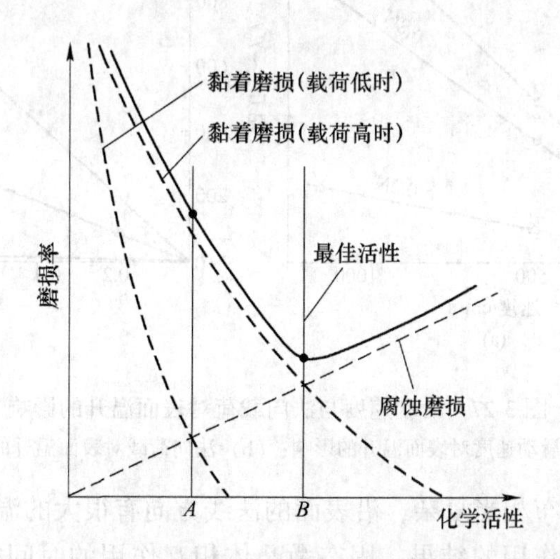


图 3-25　最佳活性选择

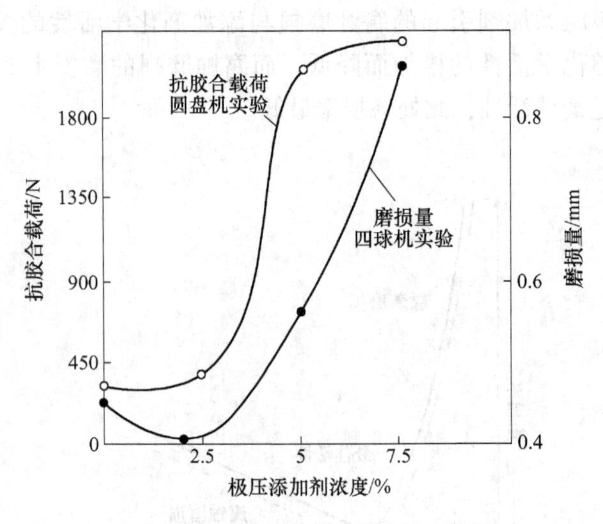


图 3-26　极压添加剂浓度的影响

## 3.6　摩擦的表面温度

摩擦过程中由于表层材料的变形或破断而消耗的能量，大部分都转变成热能，从而引起摩擦表面温度升高。金属摩擦副接触时的表面温度很高，很容易达到摩擦副中熔点较低材料的熔点或引起表层材料的再结晶。表面温升与界面上是否有润滑剂、何种润滑剂、采用什么润滑方式、表面的散热条件以及载荷、速度等工况有关。一般来说，温升与载荷、速度成正比，滑动速度与法向载荷对表面温升的影响如图 3-27 所示。

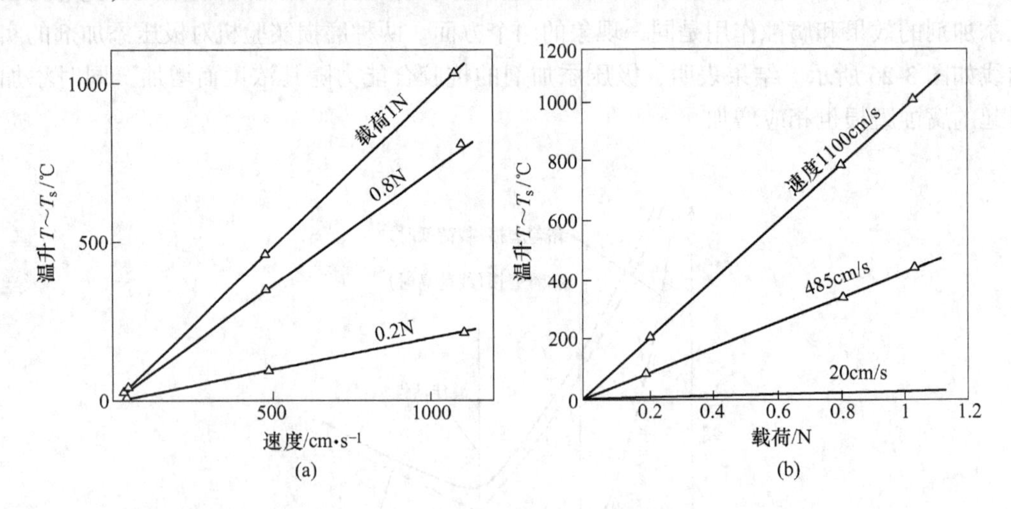


图 3-27　滑动速度与法向载荷对表面温升的影响

（a）滑动速度对表面温升的影响；（b）法向荷载对表面温升的影响

固体表层中温度分布相当复杂，沿表面的法线方向有很大的温度梯度。因为这种高温是由于表面微凸体相互作用的结果。固态微凸体相互作用的时间很短（只有几毫秒或更短），故称为瞬现温度。在 $10^{-3}$s 的时间内，表面温度能达到 1000℃ 以上。而金属是良导体，摩擦热又会被很快导出，所以表面层温度梯度很大。精确测量表面温度具有一定难度。连续滑动使温度不断升高，直到产生的热量与散出的热量达到平衡，此时再继续滑动，表面温度也不再升高。摩擦副设计时应该从保持温升在一定的允许范围内为出发点，来考虑散热的要求。布洛克（Blok）、阿查德（Archard）等人曾系统地研究过摩擦表面的温度。导出了线接触条件下的表面温度及点接触条件下的表面温度及瞬现温度等计算公式。

他们根据摩擦副材料的力学性能（弹性模量、屈服极限）、热性能（导热系数）、工况条件（法向载荷、速度）和几何尺寸，计算出摩擦副表面的温升和最高温度。表面温度的计算方法是在某些假设的基础上进行的。而实际摩擦表面的热流动情况是很复杂的。如摩擦热可以通过热辐射、传导等方式向各方向传递，而不是单向传导（推导公式时假设为单向传导）。摩擦面的温度不仅与材料的导热率有关，还与温差、载荷、滑动速度、润滑条件和润滑材料的摩擦系数有关。所以，计算值一般只是在特定条件下才符合或接近实际温度。

如前所述，沿摩擦副法向的温度梯度很大（二次幂指数），因此用实验方法来测定摩擦表面温度也是相当困难的。现介绍几种测量摩擦表面温度的方法及其优缺点：

（1）动态热电偶。测量头应该安装在离摩擦表面 0.1mm 处。距界面越远，测量的结果越不精确。无润滑条件下测量精度与载荷有关；有润滑情况下，测出的是实际表面温度和润滑膜温度的平均值。

（2）薄膜电阻。用薄膜电阻测表面温度的缺点是容易被摩擦损伤。

（3）红外辐射测温技术。测高温下的瞬现温度比较满意。但只有在测量元件能直接照射到热源（摩擦面）时才可以使用。测得的值为照射范围内的平均温度。利用材料在一定温度下发生某种相变的现象，通过观察表面组织结构，来估计摩擦面曾经到达过的最高温度。如某材料在摩擦表面上发生再结晶或相变等不可逆的变化，就可以从发生这些现象的转变温度估计其达到的最高温度。利用润滑剂在温升达到某一温度时发生反应的特征，可通过检测反应生成物是否存在，来判断其达到的最高温度。利用氪的同位素渗入摩擦副材料表面 0.1~0.01μm 的表层中。当温度达到某一值时就会有一定量的氪化物分解。用氪化法来测量放射性，在 0~600℃ 范围内曾达到过的最高温度，测量精度比较满意。摩擦面温度的测量一直是个重要而困难的问题，正在受到多方面学者的重视。它牵涉到很多学科，已成为摩擦学研究的一个分支。

# 4 摩擦体系的热传导

热效应是摩擦磨损过程中最主要的效应之一。摩擦功耗的85%以上转化成了热，温度的变化影响到材料的强度、硬度、弹性模量和塑性变形抗力（材料本构关系）等。高速运动的高密度摩擦热源作用，还会引起材料微结构的变化，上述热源造成的热冲击是产生摩擦学“白层”的重要因素之一。一定的速度和载荷下，材料还会发生非晶态化。摩擦过程伴随的高温度梯度，使热应力较大，导致热疲劳发生。摩擦热还影响到液相或气相材料在固相上的吸附行为，加速或降低润滑剂的吸附、解吸及膜的稳定性。摩擦热电势与外加电势对摩擦副的摩擦和磨损特性有很大影响。温度梯度还影响到材料内部元素的扩散或缺陷的迁移过程。这些变化使摩擦体系的结构和性能有时发生质的变化。结果导致摩擦体系按分支选择模式（质变）或者循环模式（量变）变化。热传导引起的熵产生反映了热能“能质”的衰减，可在分析该过程的热力学力-温度场分布及由此所导致的热力学流-热流分布基础上获得。该研究涉及运动热源引起的温度场分析、材料热物性随温度的变化、应力场和温度变化对材料微结构及强度的影响等几个方面。本章首先回顾热传导及其熵产生分析的基本理论，接着研究影响热传导本构关系的因素，随后分别给出非稳态传热和移动热源传热的熵产生分析结果。

## 4.1 热传导基本理论

### 4.1.1 传热方程

1882年法国数学物理学家Fourier建立了热传导的基本方程

$$q = -\lambda \cdot \nabla T \tag{4-1}$$

式中，$q$为热流密度；$\lambda$为导热系数；$T$为温度。

它表示在任何时刻$t$，均匀连续介质中各点传递的热流密度正比于当地的温度梯度，热流方向与梯度增加的方向相反。

如果材料是各向异性的，则

$$q = \left(-\lambda_x \frac{\partial T}{\partial x}\right) + \left(-\lambda_y \frac{\partial T}{\partial xy}\right) + \left(-\lambda_z \frac{\partial T}{\partial z}\right) \tag{4-2}$$

式中，$\lambda_x$，$\lambda_y$，$\lambda_z$分别表示沿$x$，$y$，$z$方向的热传导系数。

导热微分方程可写为：

$$\rho c_p \frac{dT}{dt} = \frac{\partial}{\partial x}\left(\lambda_x \frac{\partial T}{\partial x}\right) + \frac{\partial}{\partial y}\left(\lambda_y \frac{\partial T}{\partial y}\right) + \frac{\partial}{\partial y}\left(\lambda_z \frac{\partial T}{\partial z}\right) + q_v \tag{4-3}$$

式中，$\rho$为物质密度；$c_p$为物质的定压比容；$q_v$为热源生热密度；$t$为时间。

材料为各向同性，没有内部热源时得到

$$\frac{\partial T}{\partial t} = \alpha \nabla^2 T \tag{4-4}$$

式中，$\alpha = \dfrac{\lambda}{\rho c_p}$ 为导温系数，m²/s，其数值范围为 $1\times10^{-7} \sim 2\times10^{-4}$。

式（4-4）等价为：

$$\frac{\partial T}{\partial t} = \alpha\left(\frac{\partial^2 T}{\partial^2 x} + \frac{\partial^2 T}{\partial^2 y} + \frac{\partial^2 T}{\partial^2 z}\right) \tag{4-5}$$

### 4.1.2 摩擦过程的温度分析

摩擦过程温度场变化的特点是具有很大的空间和时间梯度，使热应力以热冲击的形式表现出来。因此认为热分析中惯性项的影响必须加以考虑。为满足工程应用的需要，人们先后提出了多种计算摩擦表面最高温度的公式。1937 年 Blok 分析了两个做滚滑运动的线接触圆柱体的表面瞬时温度，假设热流只沿接触面的法线方向传播，以两个表面接触点温度相等为约束条件，得到：

$$T_{\mathrm{surf}} = \frac{8.3fw \mid v_1 - v_2 \mid}{\sqrt{\lambda_1\rho_1 c_1 v_1} + \sqrt{\lambda_2\rho_2 c_2 v_2}}\sqrt{\frac{1}{b}} \tag{4-6}$$

式中，$f$ 为摩擦系数；$w$ 为载荷密度；$v_1$、$v_2$ 为两表面切向速度；$b$ 为接触带的宽度。

1958 年，Archard 提出了点接触瞬时温升的计算方法。点接触示意如图 4-1 所示。其中物体 B 固定，物体 C 以速度 $v$ 移动。对 B 来说是一个恒热源加热的传热问题。表面温度

$$T_{\mathrm{s.B}} = \frac{Q_{\mathrm{B}}}{4r\lambda_{\mathrm{B}}} \tag{4-7}$$

式中，$Q_{\mathrm{B}}$ 为供给物体 B 的热量；$\lambda_{\mathrm{B}}$ 为物体 B 的导热系数。

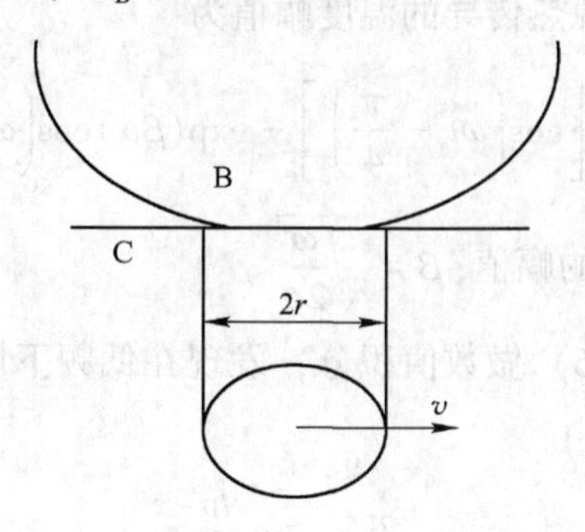


图 4-1 点接触示意

对 C 则是一个移动热源的传热问题。引入无量纲速度参数 $\nu$

$$\nu = \frac{vr}{2\alpha} \tag{4-8}$$

当 $\nu<0.1$ 时，速度很低，物体 C 的温度与恒热源加热无异，用式（4-7）表示

$$T_{\mathrm{s.C}} = \frac{Q_{\mathrm{C}}}{4r\lambda C} \tag{4-9}$$

当 $\nu>5$ 时，物体 C 的表面温度

$$T_{\mathrm{s.C}} = \frac{0.31Q_{\mathrm{C}}}{r\lambda C}\sqrt{\frac{\alpha}{v_{\mathrm{r}}}} \tag{4-10}$$

当0.1 <$\nu$<5 时，物体 C 的表面温度

$$T_{s.C} = \beta \frac{Q_C}{4r\lambda C} \tag{4-11}$$

式中，$\beta$ 为系数，其值为 0.85~0.35（对应于 $\nu$= 0.1~5）；$Q_C$ 为供给物体 C 的热量；$\lambda_C$ 为物体 C 的导热系数；$r$ 为接触圆的半径。

摩擦表面的真实温度 $T_s$

$$\frac{1}{T_s} = \frac{1}{T_{s \cdot B}} + \frac{1}{T_{s \cdot C}} \tag{4-12}$$

Green Wood 假设微动运动为正弦形式，给出了微动摩擦过程的温度场分析结果。若摩擦热产生率为

$$q = q_0 \mid \sin(\omega t) \mid = \mu p A \omega \mid \sin(\omega t) \mid \tag{4-13}$$

式中，$\mu$ 为摩擦系数；$p$ 为接触应力；$\omega$ 为微动频率；$A$ 为微动幅度。

式（4-13）做 Fourier 展开

$$q = \frac{2q_0}{\pi} - \frac{4q_0}{\pi} \sum_n \frac{1}{n^2 - 1} \cos(n\omega t) \tag{4-14}$$

式中，$n$ 为偶数。

这样微动过程的热传导可以看成是稳态热源［式（4-14）中第 1 项］和周期性热源联合作用的结果［式（4-14）中第 2 项］。稳态热源热传导在圆形接触区中心的温度 $T_s$

$$T_s = \frac{2q_0\alpha}{\pi\lambda} \tag{4-15}$$

在接触圆以内周期性热源热传导的温度幅值为

$$T_f = \frac{q_A}{\lambda}\left(\frac{\alpha}{\omega}\right)^{\frac{1}{2}}\left[\cos\left(\omega t - \frac{\pi}{4}\right)\right] - \exp(\beta\alpha)\cos\left(\omega t - \frac{\pi}{4} - \beta\alpha\right) \tag{4-16}$$

式中，$q_A$ 为周期性热源密度的幅值；$\beta = \sqrt{\dfrac{\omega}{2\alpha}}$。

对式（4-15）和式（4-16）做数值积分，发现在低频下周期性温度有相当大的比重，最高温度

$$T_{max} = a \frac{q_0}{\lambda} \tag{4-17}$$

高频或接触圆直径较大时，稳态热传导占主要成分。Terauchi 等人用解析-数值方法，分析了三维热传导情况下摩擦副表面的温度变化。分析考虑热源分布为长方体型、圆柱形、抛物柱形和抛物锥形四种形状，热源为一个或两个，热源间的关系为并联（在速度方向上平行）或串联（沿速度方向依次排列）。分析结果表明，一个热源加热时，在相同的热源强度下，抛物锥形热源所导致的温度最高。低速（$L$= 0.1，这里 $L = \dfrac{vR}{2\kappa}$，$v$ 为速度，m/ s；$R$ 为速度方向热源的半宽度，m；$\kappa$ 为导温系数，$m^2/s$）下，热源宽度对表面最高温度具有显著影响。在 $\alpha/R$<10（这里 $\alpha$ 为垂直与速度方向热源的半宽度）时，需要按三维热流条件分析摩擦副表面的温度。

两个串联的立方体形热源，由单个热源所引起的温升之间的相互作用的最大值随着热源运动速度的增加而增加。当 $L=10$ 时，对应于 $l/R=2$（这里 $l$ 为两个热源中心之间的距离）的最大值为 1.4。另一方面，两个并联热源相互作用的最大值随着速度的增加和热源间距离的增加而减小。当温度较高时，热物性的变化，热惯性项的影响，固态相变，固液相变及材料微结构的变化对温度场的影响就必须加以考虑。如用有限元方法或者有限差分方法等求解。

## 4.2 传热本构关系

热传导本构关系由热传导系数、热容和密度 3 个因素决定。对固体而言，密度和热容的变化较小，可认为是常数。热传导系数受温度的影响较大，需要做详细的分析。从物理微观角度看，导热系数是反映物质非平衡态热性质的参量，它的测定是基于测量恢复平衡所需要的时间，量纲为 J/SMK。不同物质导热系数的数值比较揭示出与热传导系数相关的一些事实：

（1）无论金属或非金属材料、晶态的导热性优于无定形态。如用快中子辐照石英晶体使之最终变为石英玻璃，在 3~100K 范围内，导热系数从 1000~20W/(m·K) 下降到 0.05~0.5W/(m·K)。材料的导热率相差 2~4 个数量级（10000~400 倍）。室温下石英晶体和玻璃的导热率相差一个数量级。

（2）对于定向结构的材料，不同方向上热传导系数不同，存在一个传热主轴。如云母和碳纤维等。

（3）晶体生成方式的不同，会使导热系数变化。固态相变可能引起导热系数变化，例如正交晶硫和单斜晶硫。

（4）纯金属较它们相应的合金导热系数高得多。合金中，共晶合金的导热系数单调变化，而固溶体合金的导热系数与合金含量之间存在非线性关系。

（5）机械损伤（冷加工或核辐射）使材料导热系数降低。对 90/10 铜镍合金，冷加工引起的错位和晶体缺陷，使其导热系数降低到加工前的 1/3。

（6）金属的导热性能优于非金属。固相导热性优于液相，液相又优于气相。

事实（1），（5）和（6）表明，导热系数与材料的有序度（构型熵）有密切的关系，有序度高，有利于热能的传递，导热系数的值大。

事实（2）和（3）则表明，热传导系数对材料微结构的变化具有敏感性。作为近似，非金属固体的导热系数 $k$ 随温度的变化，认为是散射过程引起的各种热阻 $R$ 之和的倒数

$$k = \frac{1}{R_{\text{tot}}} = \frac{1}{R_{\text{u}} + R_{\text{B}} + R_{\text{I}} + R_{\text{M}} + R_{\text{t}}} \tag{4-18}$$

式中，$R_{\text{u}} = \frac{1}{AT}\exp\left(-\frac{\Theta}{2T}\right)$，为声子的相互散射引起的热阻；$R_{\text{B}} = \frac{1}{B'LT^3}$，为边界散射的热阻；$R_{\text{I}} = CT$，为化学杂质散射的热阻；$R_{\text{M}} = -\frac{1}{DT}$，为对嵌镶结构引起散射的热阻；$T$ 为温度；$\Theta$ 为德拜温度；$L$ 为试样最小尺寸；$A$，$B'$，$C$，$D$ 为常数。

对金属材料，电子在热传导中起的作用大大超过晶格的作用。合理的一次近似为

$$k = \frac{1}{GT^2} \tag{4-19}$$

低温下有少量杂质引起的电子散射，使

$$k = \frac{1}{GT^2 + \frac{M}{T}} \tag{4-20}$$

式中，$G$ 为常数；$M$ 为杂质数量的度量。

对导电性较差的材料，晶格导热就不能忽略

$$k = \frac{1}{\left[\frac{1}{AT}\exp\left(-\frac{\Theta}{2T}\right)\right] + \frac{1}{B'LT^3} + \frac{1}{FT^2}} + \frac{1}{GT^2 + \frac{M}{T}} \tag{4-21}$$

从上式看出，导热系数和温度之间存在复杂的非线性关系，这将对摩擦过程的动力学变化起巨大的作用。

## 4.3　移动热源传热

移动热源传热是许多工业过程遇到的共性问题，如材料的高能束表面淬火和切割、激光合金化和非晶态材料制备、焊接、高副接触摩擦传热、火焰淬火等过程的热学问题均可抽象为移动传热问题。人们对移动热源引起的温度分布做了较多的研究，对温度场和热应力有了较深入的认识。但移动热源传热过程的能量耗散和衰减规律、材料的微观运动规律的研究尚未见开展。本节目的是获得高副接触过程摩擦热源（移动热源）加热情况下，能“质”衰减的详细信息。为深入认识移动热源加热过程固体材料微结构的变化及其破坏机理提供依据。

### 4.3.1　数理模型

在高副接触中，摩擦表面的尺寸远远大于实际摩擦接触区的特征尺寸，抽象为在半无限体上有限尺寸移动热源的传热问题，进一步在所研究的热源运动区域内或所考虑的时段内，速度变化不大，认为是匀速运动。对于线接触如图 4-2 所示，矩形区域 $2a \times 2b$ 内热源强度按抛物柱分布。

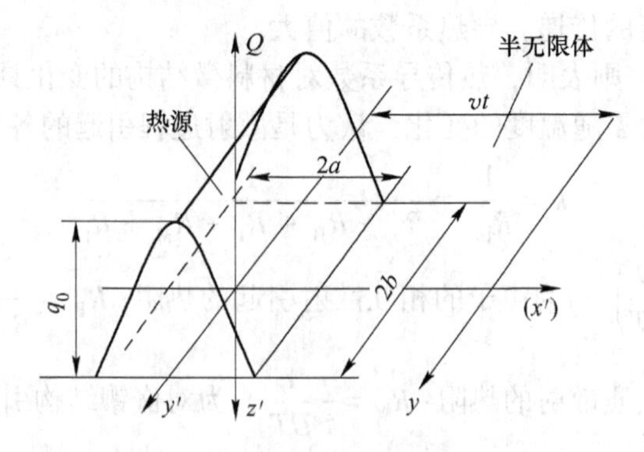


图 4-2　移动抛物柱热源物理模型

进一步假设：

(1) 半无限体的初始温度均匀，取为室温 300K。

(2) 半无限体为绝热表面。

(3) 材料的导热系数、导温系数、热容和密度在此过程中为常量。首先考虑位于点 $(x_1, y_1)$，以速度 $v$ 沿 $x$ 轴正方向运动的点热源 $Q$ 的温度场，在移动热源的随动坐标系 $(x', y', z')$ 内为准静态的。

$$T = \frac{1}{2\pi\lambda} \frac{Q\exp\left[-\frac{v}{2k}(x - x' + r)\right]}{r} \tag{4-22}$$

式中，$r = \sqrt{(x - x')^2 + (y - y')^2 + z^2}$，为计算点到热源的距离；$\lambda$ 为导热系数；$k$ 为导温系数；$Q$ 为热源强度量；$v$ 为热源移动速度；$T$ 为移动热源导致的温升，总温度为 $T+T_0$。

分布于点 $(-a, -b)$ 到 $(a, b)$ 范围的抛物柱热源的热流密度满足

$$Q(x', y') = q_0\left(1 - \frac{x'^2}{a^2}\right) \quad (-a \leqslant x' \leqslant a, \ -b \leqslant y' \leqslant b) \tag{4-23}$$

对应的温度场按下式计算

$$T = \frac{1}{2\pi\lambda}\int_{-b}^{b}\int_{-a}^{a} \frac{Q(x', y')\exp\left[-\frac{v}{2k}(x - x' + r)\right]}{r} \mathrm{d}x'\mathrm{d}y' \tag{4-24}$$

移动热源导致的温升

$$\nabla(T + T_0) = \frac{Q(x', y')}{4\pi^2\lambda^2}\exp^2\left[-\frac{v}{k}(x - x' + r)\right]\left[\frac{1}{r^4} + \frac{v^2}{2r^2k^2} + \frac{v}{k\,r^3} + \frac{(2kv + v^2r)(x - x')}{2k^2r^4}\right] \tag{4-25}$$

### 4.3.2 结果及讨论

#### 4.3.2.1 点热源的温度场

位于点 (0, 0, 0) 处的点热源静止和 1m/s 条件下的温度场分别如图 4-3、图 4-4 所示。如图 4-3 所示，速度为零时，温度场呈对称分布。如图 4-4 所示，速度增大时，温度场的峰值点向后移动。

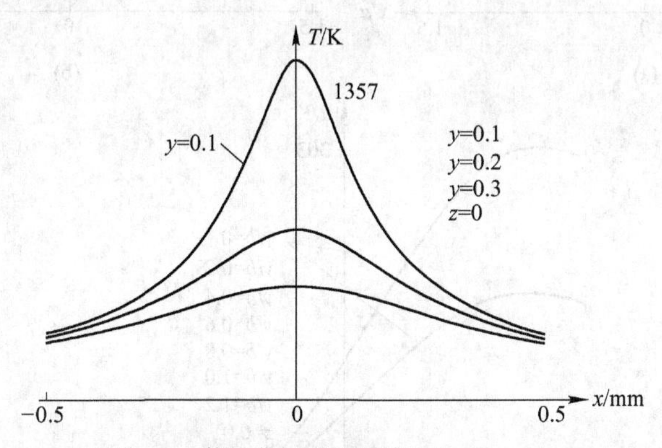


图 4-3 静止热源的温度场（$v$=0m/s）

#### 4.3.2.2 面热源的温度场

首先考虑矩形抛物柱分布热源导致的温度场用数值积分获得。矩形抛物柱热源在摩擦副表面的温度场分布如图 4-5 所示。由图 4-5（a）可见，当热源静止时，温度场在热源运动方向 $X$ 上呈对称分布，最大值点在热源中心。在垂直于 $X$ 的 $Y$ 方向温度逐渐衰减。

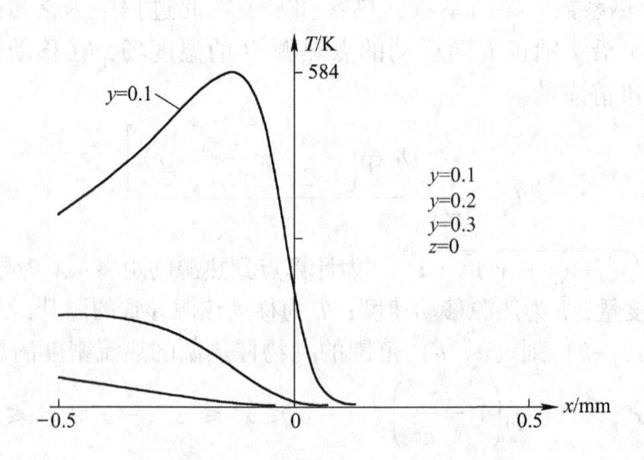


图 4-4　移动点热源的温度场（$v=1.0\text{m/s}$）

图 4-5（b）表明，随速度增大，热源区内温度分布的差异更加明显，温度的最高值向热源运动的反方向移动。不同速度下，表面以下 $z=0.01\text{mm}$ 处的温度场如图 4-5 所示。随速度增加，温度场中的峰值向运动的反方向移动，温度梯度大幅度增加，最高温度降低。

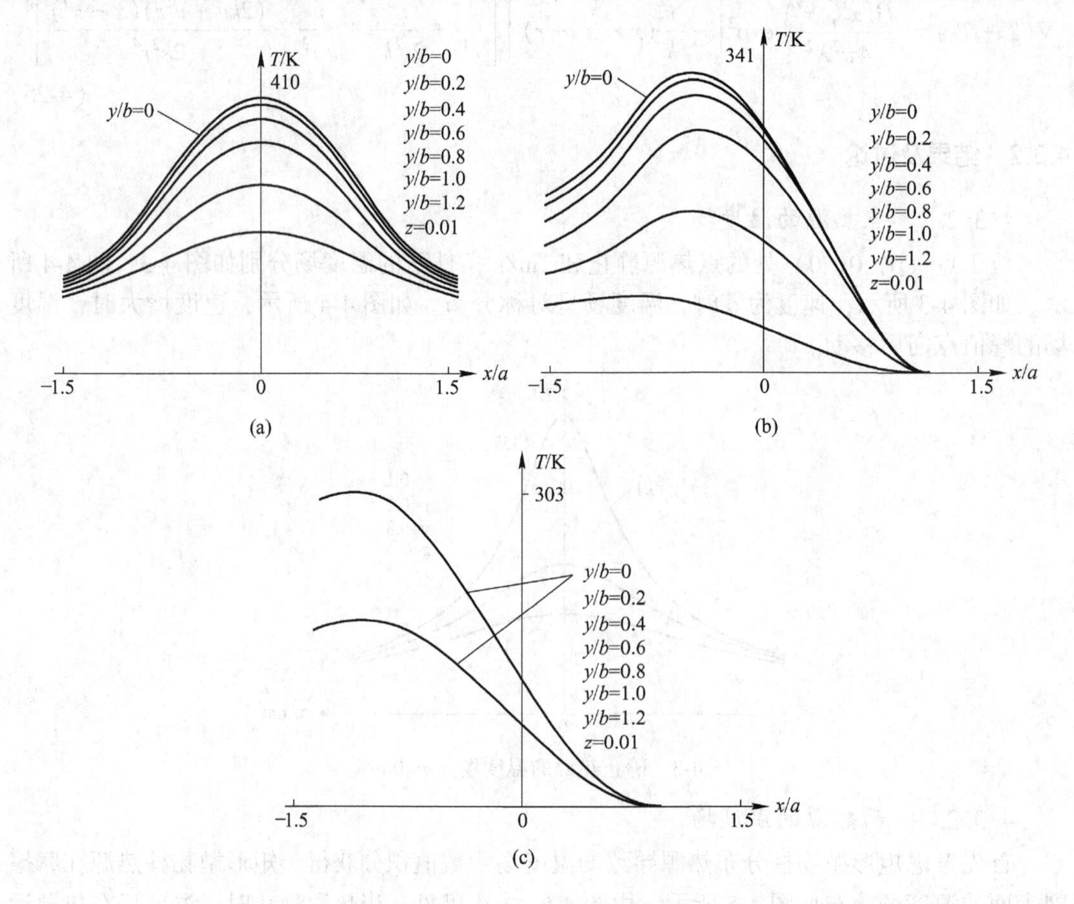


图 4-5　温度场与速度的关系

（a）热源速度为 0m/s；（b）热源速度为 1m/s；（c）热源速度为 50m/s

由此可见移动热源加热时材料内部的热应力随速度的增加而增加。当速度大于某个值后，峰值又向热源后部移动。实验表明，材料的磨损率随速度的变化是先增加，到一定值后又减少。它表明移动热源加热导致的高能态“粒子”集中于表面数微米的区域。这一结果对于认识移动热源导致的材料扩散和离子注入提高耐磨性的微观动力机制是十分重要的。

# 5 摩擦体系的材料黏滞性

材料的研究是技术科学中最活跃，最具有经济价值的领域之一。摩擦学研究中，材料的力学、组织、热力学、制造技术等特性应受到高度的重视。广义上讲，摩擦学材料包括组成摩擦副的固体材料、固体表面的吸附层及介于固体之间的流体（气体、液体和胶体）。本章主要研究固体在摩擦条件下的力学、材料组织学、热力学和动力学行为。摩擦过程固体材料行为的重要性，在于它的变化将导致摩擦体系的结构发生不可逆的转变。这种结构的变化表现在微观组织的改变（5.1 节），材料力学参数的变化（5.2 节），上述两种变化与摩擦副材料所经过的载荷、温度等历史信息及时间具有较强的相关性。5.3 节论述材料本构关系的变化规律。5.4 节讨论上述变化的热力学意义。

## 5.1 摩擦过程金属材料的塑性流变

金相观察是研究摩擦过程中显微组织变化的最常用的方法。X 射线衍射和电子显微镜，则从更精细角度提供结构变化的定量信息。材料组织的变化从晶粒形态变化和相变化等不同角度展开。从摩擦副润滑状态考虑，从流体润滑转入混合润滑后，摩擦副表面的峰顶就会发生碰撞。若碰撞变形是弹性的，则有利于形成动压。若是塑性的则可能导致黏着。在混合润滑到干摩擦区，表面峰顶发生塑性变形是必然的。从磨损发生的力学机制看，塑性变形是导致材料剥离的直接因素。常见的各种磨损均伴随着材料的塑性变形。铜盘与钢盘滚动接触后的塑性变形如图 5-1 所示。

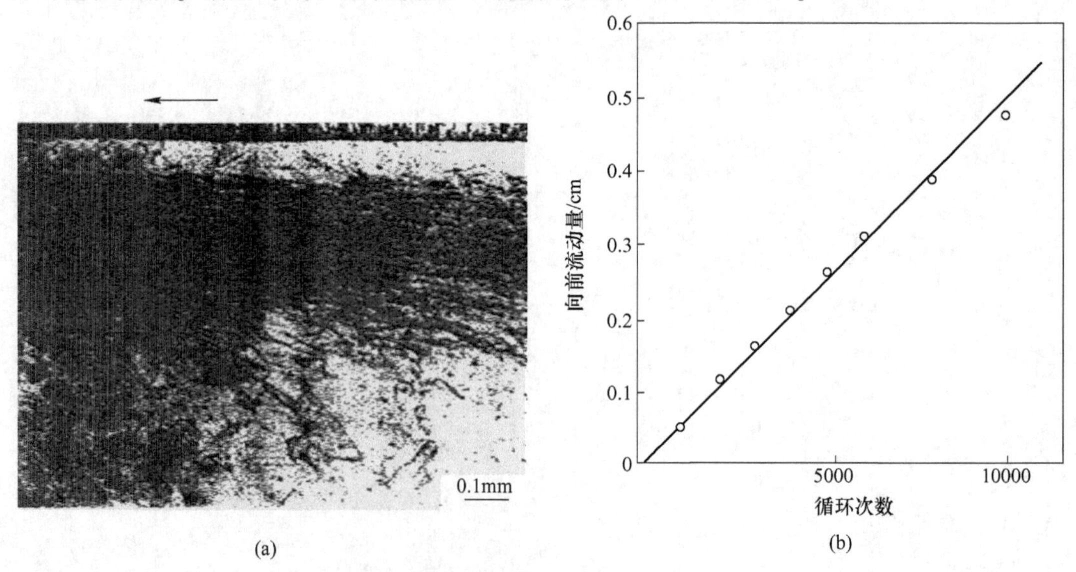


图 5-1 铜盘与钢盘滚动接触后的塑性变形

（a）塑性流变层 $p_0$ = 678.4 MPa；（b）塑性流变量与应力循环次数的关系

### 5.1.1　滚动摩擦过程的塑性变形

滚动摩擦过程的塑性变形表现为：在一定的接触载荷下，表面下方出现塑性变形状态而不贯穿到达表面，图 5-1（a）展示出了沿接触轨迹铜盘的横断面，在表面下方约 0.24 mm 处可观察到黑色面上的塑性变形（Hamilton，1963）。图中可明显看到，表面层仍然维持无塑性变形。图 5-1（b）为光学显微镜下观察到的表面层在摩擦方向上的位移。它是图 5-1（a）中次表面层的塑性流变积累的结果。与滚动次数之间具有线性关系。

### 5.1.2　微动磨损过程的塑性变形

微动损伤广泛发生在名义上没有相互运动的接触表面之间，由于载荷的变化或接触零件之间的相对变形，产生微小位移，使材料发生损伤。根据损伤结果，宏观上将其分为微动磨损、微动疲劳和微动腐蚀。三种损伤机制中塑性变形起着十分重要的作用。

张绪寿系统研究了微动幅度、载荷和循环次数与 45 钢试样的塑性流变与其微动磨损量之间的对应关系。图 5–2 和图 5–3 分别为材料塑性变形的磨损量与微动幅度的关系如图 5-3 所示。同样实验条件下，微动幅度小于 70μm 时，体积磨损量较小。大于等于 80μm 时，磨损率快速增加，从图 5-2（b）到图 5-2（d）可见材料的塑性变形程度明显增加。

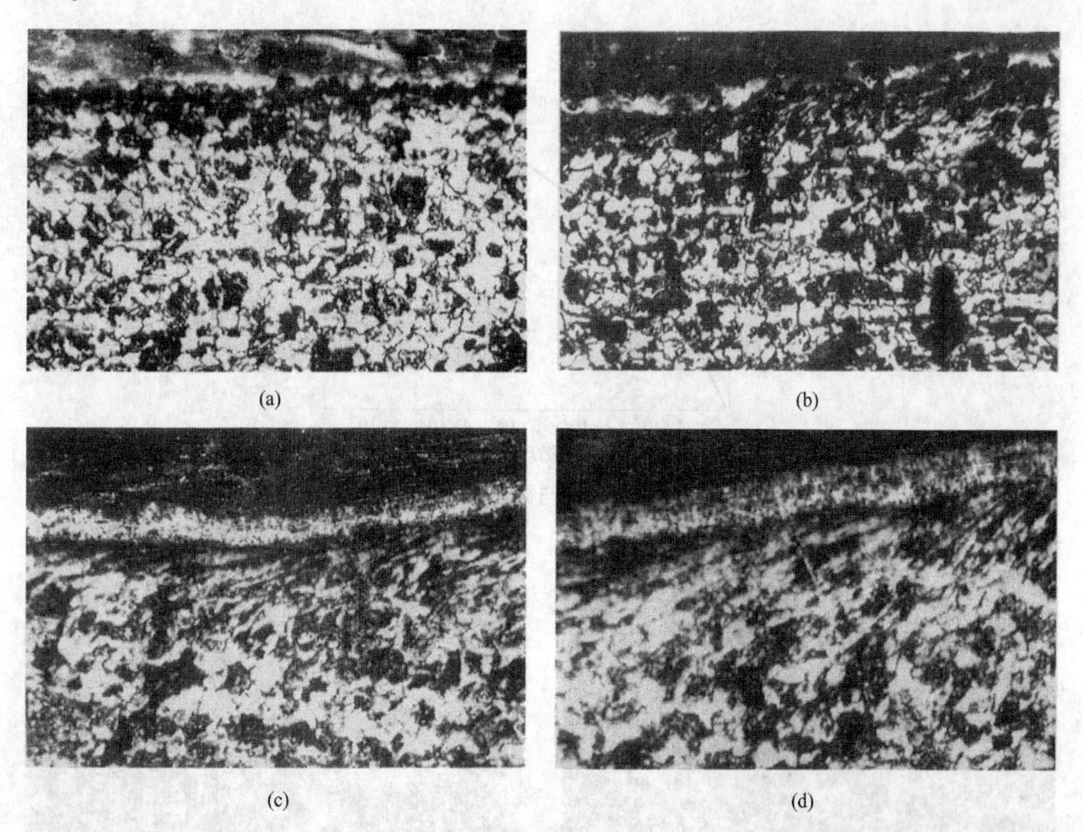


图 5-2　45 钢的塑性流动与微动幅度的关系（300×40Hz，100N，$5\times10^5$）

（a）70μm；（b）80μm；（c）120μm；（d）200μm

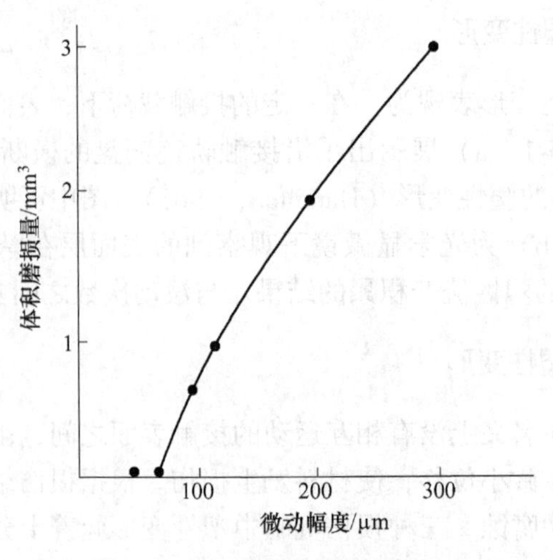


图 5-3　磨损量与微动幅度的关系

磨损量与材料的塑性变形与循环次数间的关系分别如图 5-4 和图 5-5 所示。如图 5-4 所示，磨损量随循环次数的增加而增加。如图 5-5 所示，材料的塑性变形程度随循环次数的增加而增加。

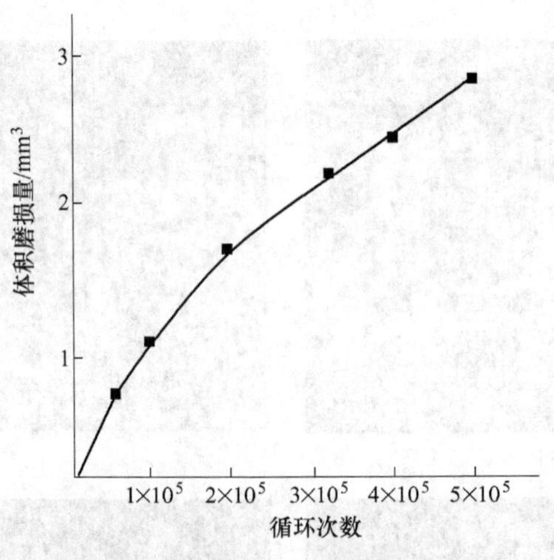


图 5-4　磨损量与循环次数的关系

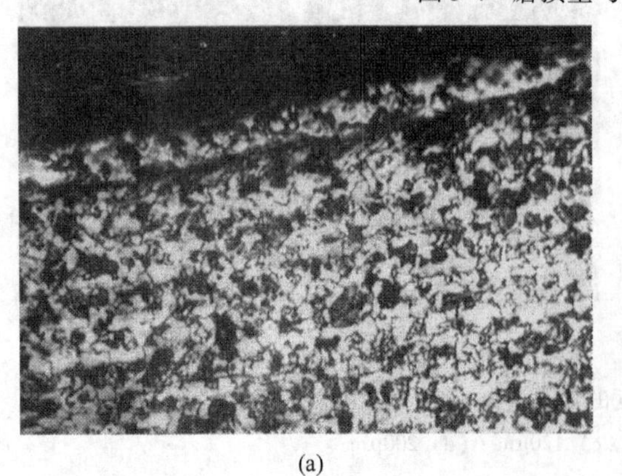

(a)

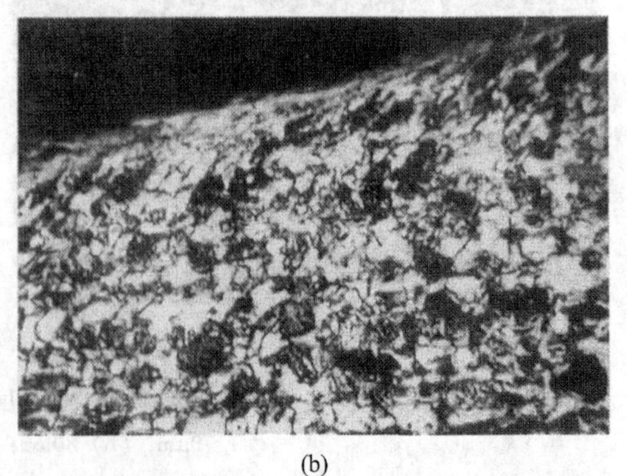

(b)

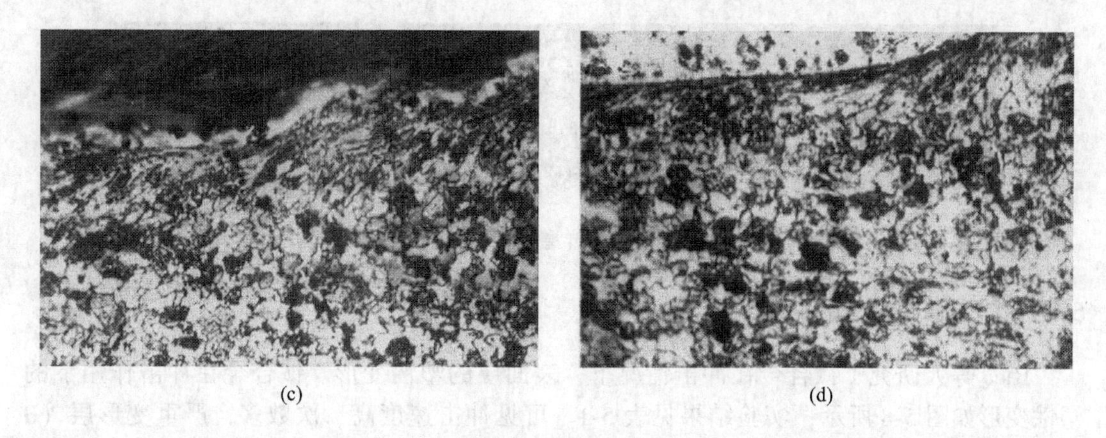


图 5-5 材料的塑性变形与循环次数的关系（×300 载荷:100N）

(a) $1\times10^4$；(b) $6.7\times10^4$；(c) $3.3\times10^5$；(d) $5\times10^5$

戴振东等人通过实验发现：钛合金面接触微动摩擦副，在接触区的边沿，具有最大的塑性变形。图 5-6 所示的金相照片表明，晶粒沿微动方向向外被拉长，图中右侧明显可见连续的微裂纹。清楚地表明为什么大多数面接触连接件在微动条件下的失效发生在接触边沿。

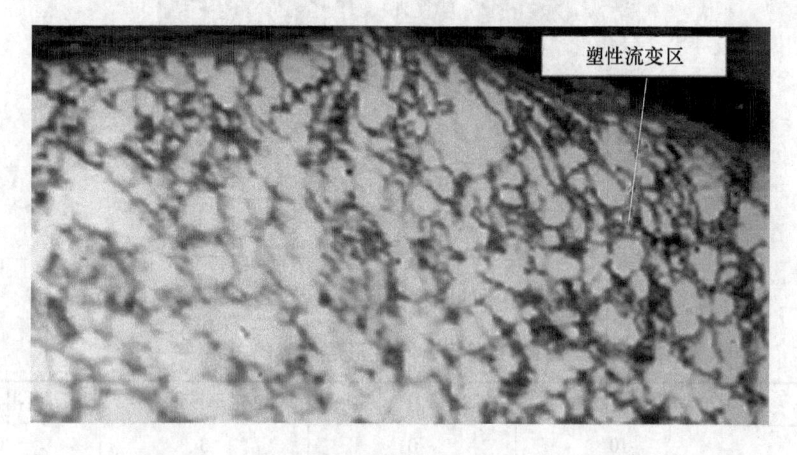


图 5-6 面接触微动副边沿区的塑性变形（×300）

上述研究表明，材料的塑性变形与微动磨损之间存在密切的关系。因此建立塑性变形的定量表示及其与微动磨损之间的关系，寻找塑性流变量与材料的本构参数及所受载荷之间的关系，是建立微动磨损定量模型的基础性工作。

### 5.1.3 滑动摩擦过程的塑性变形

经干滑动摩擦后被磨损铜棒的截面如图 5-7 所示。可见最表面区的材料变形最大，随深度增加变形递减，严重变形层厚大约为 120μm。1999 年 Tarassov 和 Kolubaev 研究了奥氏体和马氏体钢在胶合条件下表面层的微结构变化，发现摩擦使表层 20~40μm 的材料形成微晶组织。且该层的厚度与材料的热处理机初始状态无关。

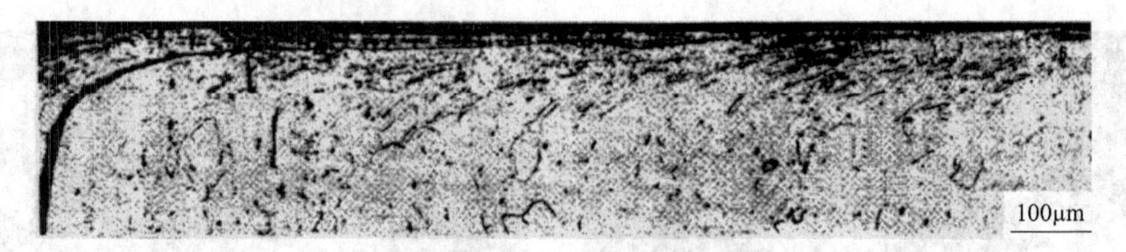


图 5-7　铜试样磨损区的位移场

### 5.1.4　冲击摩擦过程的塑性变形

Rice 等人研究了钛合金在冲击情况下，表面层的塑性变形。钛合金在冲击作用下的塑性变形如图 5-8 所示，实验结果见表 5-1。可见冲击速度高、次数多，严重变形层（3区）深度增加，且变形时材料的滑动位移量大幅度增加。但轻微变形层的尺寸没有明显变化。

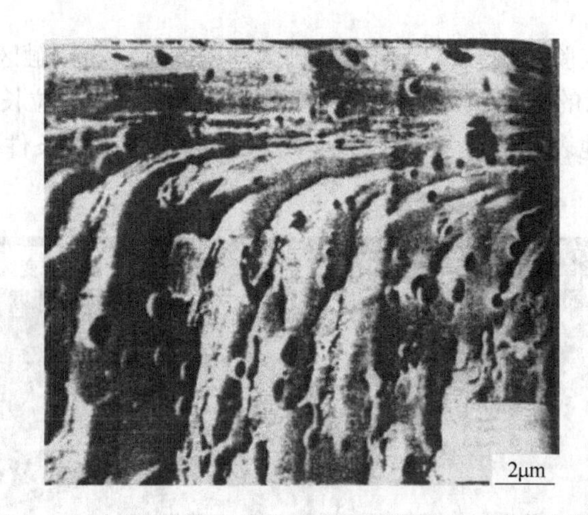


图 5-8　钛合金在冲击作用下的塑性变形（载荷 20N、冲击速度 10. 0m/s）

表 5-1　实验条件与变形层厚度的关系

| 滑动速度/ m · s$^{-1}$ | 冲击次数/N | 3 区厚度/μm | 2 区厚度/μm | 总滑动量/μm |
|---|---|---|---|---|
| 1. 0 | 10 | 0 | 3 | 0. 25 |
| 1. 0 | 20 | 1 | 6 | 0. 50 |
| 1. 0 | 100 | 4~6 | 6~7 | 2. 54 |
| 10. 0 | 20 | 1 | 9 | 0. 13 |
| 10. 0 | 100 | 5~14 | 5~6 | 0. 64 |
| 10. 0 | 1000 | 15~40 | 5~6 | 6. 35 |

## 5. 2　材料塑性流变的分析及机制

### 5.2.1　理想均质材料的塑性变形

当微凸体表面从另一表面（设为平面）上滑过时，对接触区施加较大的力，在表面和亚表层出现塑性变形。由于微凸体的间距（典型值 1000μm）远大于其接触区(10μm)，所以微凸体对表面的作用可认为是相互独立的。表面层内的塑性应变和残余应力因“棘轮效应”而不断积累。

Suh 用 Merwine-Johnson 法得出外加法向应力 $P_0 = 4\tau_s$（这里 $\tau_s$ 为材料的剪切屈服强度），切向应力 $q_0$ 从零增加到 $4\tau_s$ 过程中，表面的塑性变形区。其中无摩擦时，切向载荷 $q_0=0$。材料仍处于纯弹性状态。随着摩擦系数的增大，切向载荷 $q_0$ 增加，塑性区增大。且当摩擦系数小于 0.25 时，塑性区在表面下面。而摩擦系数大于或等于 0.5 时，塑性区延伸到表面。这表明在一定的法向载荷下，减小摩擦系数对于防止材料失效具有重要意义。实际上几乎所有工程材料都有这样或那样的缺陷，使应力和应变的连续性破坏，在缺陷的某些部位导致应力集中，使材料进入塑性而破坏。摩擦系数与稳定塑性变形区如图 5-9所示。

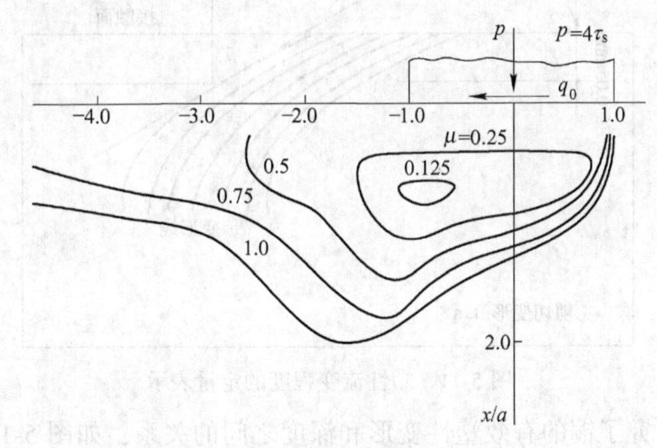


图 5-9 摩擦系数与稳态塑性变形区

### 5.2.2 材料的塑性变形机制及其定量表示

Su 和 Clayton 以最大赫兹应力 $P_0$ 与剪切屈服强度 $\tau_s$ 的比 $P_0/\tau_s$ 为参量，研究了珠光体和低碳贝氏体钢在滚动接触疲劳过程的塑性流变。结果表明，甚至在很低接触压力下，接触表面也存在剪切流。剪切流导致加工硬化，使表面层具有优化的微观组织并增加硬度，这种材料流动是渐进性的，是应变棘轮效应的结果。失效被认为是硬化层韧性耗尽的结果，裂纹产生使之吸收应变能。Tyfour 等人对塑性变形积累，即所谓应变棘轮效应，给出一个较好的解释，认为应变棘轮效应分为 4 个阶段，周期性滚滑接触下的材料响应如图 5-10所示。

图 5-10 中的完全弹性状态，材料中没有塑性变形，摩擦过程的能量消耗为零。弹性调整阶段相应载荷的最初几个循环，材料发生塑性变形。随后由于材料（如钢）的残余应力和应变硬化。材料的稳定工作状态仍然是完全弹性的。塑性调整阶段，这时材料的行为表现为稳定性封闭弹-塑性环，对应的应力为棘轮阀值。当应力超过该值后，材料的行为表现为开放的弹塑性环，每一个应力周期都造成材料应变的绝对增加。关于剪切流变的定量表示方法，Tyfour 建议用测定材料塑性流变角 $\gamma$，以其正切表示。塑性流变程度的定量表示如图 5-11 所示。

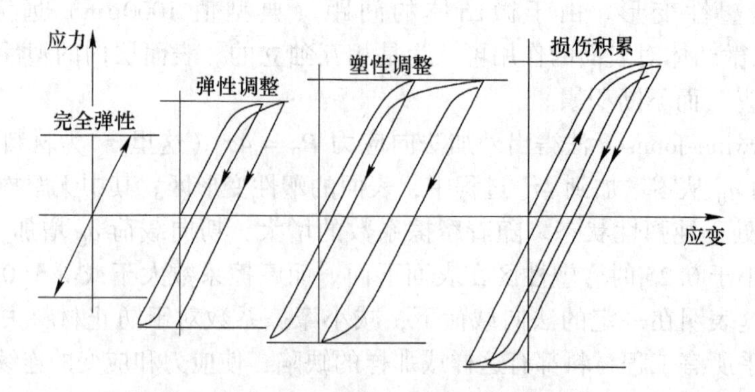


图 5-10　周期性滚滑接触下的材料响应

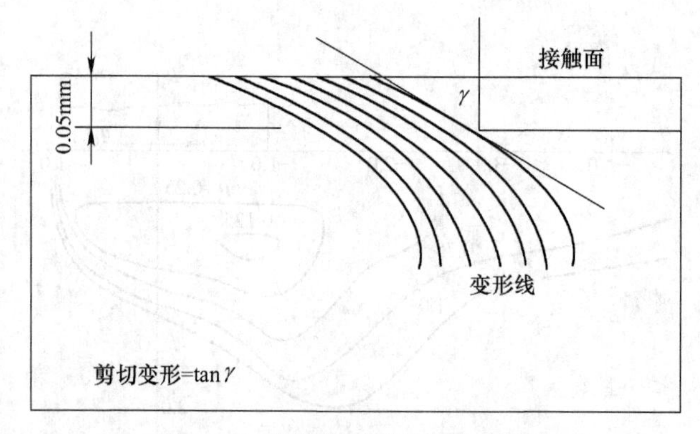


图 5-11　塑性流变程度的定量表示

Dautzenberg 研究了铜的有效塑性变形和深度之间的关系，如图 5-12 所示。根据测定结果，定义塑性应变 $\overline{\sigma}$ 为

$$\overline{\sigma} = \frac{D}{C_{\mathrm{S}}^{\sqrt{3}}} \tag{5-1}$$

式中，$D$ 为通过原始球形晶粒中心的截面；$C_{\mathrm{S}}$ 为变形后通过椭球形晶粒中心的截面。

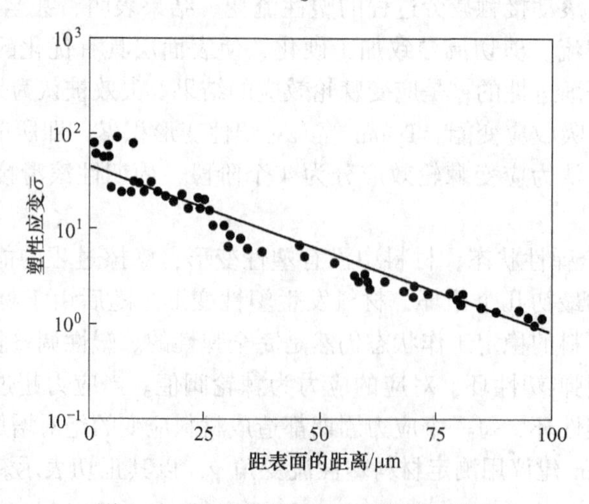


图 5-12　铜的有效变形区与深度的关系

塑性应变 $\overline{\sigma}$ 随磨损区深度 $Z$ 的关系如图 5-12 所示，它表明最表面的有效塑性应变达到了很高的值 $\overline{\sigma}=100$。图 5-12 所示的结果也可用剪切应变 $\gamma$ 与深度 $Z^*$ 之间的关系给出

$$\gamma = \gamma_{\mathrm{S}} \exp\left(-\frac{m^*}{1 + z^*/z}\right) \tag{5-2}$$

式中，$\gamma$ 为剪切应变；$\gamma_{\mathrm{S}}$ 为表面的剪切应变；$z^*$ 为距表面的深度；$m^*$ 为考虑加工硬化效应的实验常数。

## 5.3　摩擦过程材料的相变

相变是材料微结构变化的另一种形式。材料的塑性流变由材料的强度和所受到的载荷确定。而材料的相变的可能性，需用体系的热力学势来判断，相变的进程用动力学方法分析。

### 5.3.1　摩擦学“白层”

“白层”是摩擦过程中材料相和微结构变化的一种形式，因很难被腐蚀剂刻蚀，金相观察为白色层而得名。一般认为它是摩擦表面二次组织形成带来的一种典型强化效应，具有很高的硬度，良好的耐腐蚀性（在一般的腐蚀剂中不易被刻蚀）和纳米级的晶粒。20 世纪 70 年代柳巴尔斯基和巴拉特尼克对“白层”提出了 4 种微观组织的推测：

（1）隐针马氏体。

（2）奥氏体-马氏体。

（3）由于同外界的作金属表面被氧氮富化。

（4）润滑剂中存在有碳、表面碳化物富集。

用 X 射线、电子显微镜等方法证实，“白层”是一种复杂的多相的高弥散组织，含有奥氏体、马氏体和碳化物。分析认为导致“白层”形成的因素有摩擦热、塑性变形、热-机械共同作用、再结晶、迁移和化学反应。但目前尚不能给出形成“白层”的临界条件。“白层”会提高材料的耐磨性，却大幅度降低疲劳强度，造成这种差异的原因还不清楚。摩擦热导致“白层”的观点认为，在机械冲击脉冲作用下产生的能量，会高速转变成热量，在摩擦中形成点热源，在表面微区内造成淬火与回火效应。高速的力学和热学作用，如喷丸强化、激光淬火、淬火钢磨削加工和电火花加工等均会产生“白层”。热力学可分析认为，金属干摩擦时，表面往往受到力和热的脉冲作用，它有助于金属活化层中组织转变和相变高速进行。摩擦时快速的组织转变和相变发生的条件是：

（1）接触区的加热温度超过转变所需的临界温度。

（2）在塑性变形时的相变临界点可能发生明显的变化。

（3）与新相的形成有关的过程，其进行速度取决于表层的温度梯度。

（4）摩擦时的相变可能以微扩散的方式进行。从材料组织学角度看，“白层”是一个奥氏体-马氏体伪平衡系统。

由于晶体常数的差异，形成马氏体时二次奥氏体的点阵发生强烈的畸变，导致“白层”具有极高的硬度。摩擦时相和组织的转变取决于材料性能、宏观和微观形貌、机械脉冲的大小、接触点存在时间等因素。柳巴尔斯基等人研究了滑动速度对摩擦相变及完成

程度的影响。用环块实验机，在载荷为 50N，摩擦距离为 1000m，真空度为 $10^{-7}$mmHg，速度分别为 0.08m/s，0.24m/s，1.6m/s 和 3.2m/s 的条件下，对共析高碳钢材料（细片状珠光体）进行试验。结果表明：在 0.08m/s 低速下，用金相方法未见“白层”形成。这是因为低速时变形程度不够，闪光温度不足以引起点淬火和二次组织。在 0.24m/s “白层”形成最完全。且在“白层”附近的变形珠光体组织中发现个别细小的“白层”类型的组织区。在 1.6m/s 和 3.2m/s，在金属活化区，除了在摩擦表面看到细小的“白层”之外，还有涡流样组织。“白层”具有高硬度和低粗糙度，可是它的形成有助于降低摩擦系数，改善耐磨性。但“白层”组织抗疲劳能力很低，容易在反复应力作用下发生剥落。

戴振东等人进行渗碳齿轮钢干摩擦实验中观察到的“白层”如图 5-13 所示。可见沿接触运动的相反方向，“白层”厚度不断增加，对比热传导分析，可知上述变化与接触区温度的升高有密切关系。

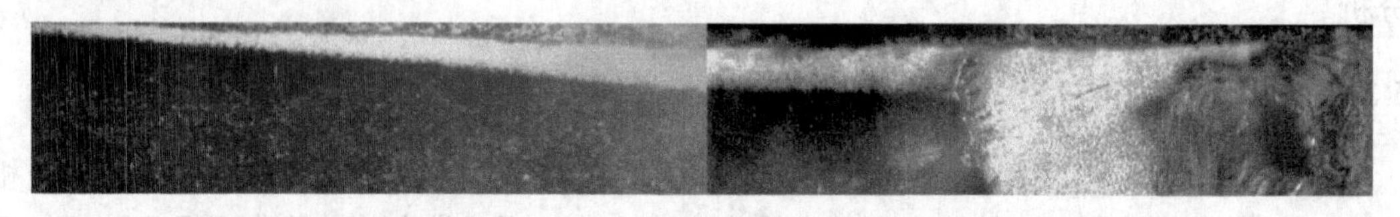

图 5-13　齿轮钢干摩擦条件下的“白层”转变（100× 该图为两张金相相接）

最新研究表明“白层”是由纳米级晶体组成的。当晶粒大小接近 5 nm 时晶界所占体积和晶粒一样多，即晶粒和晶界各占一半，结构如图 5-14 所示。其中在晶粒内部仍保持长程有序结构，原子是有规则排列的；相反，沿着晶界原子是无序分布的。所以纳米晶既不同于通常的晶态，也不同于非晶态，是一种新型的聚集状态。和同种金属晶体相比，它的强度高 10 倍，磁性高 20 倍。

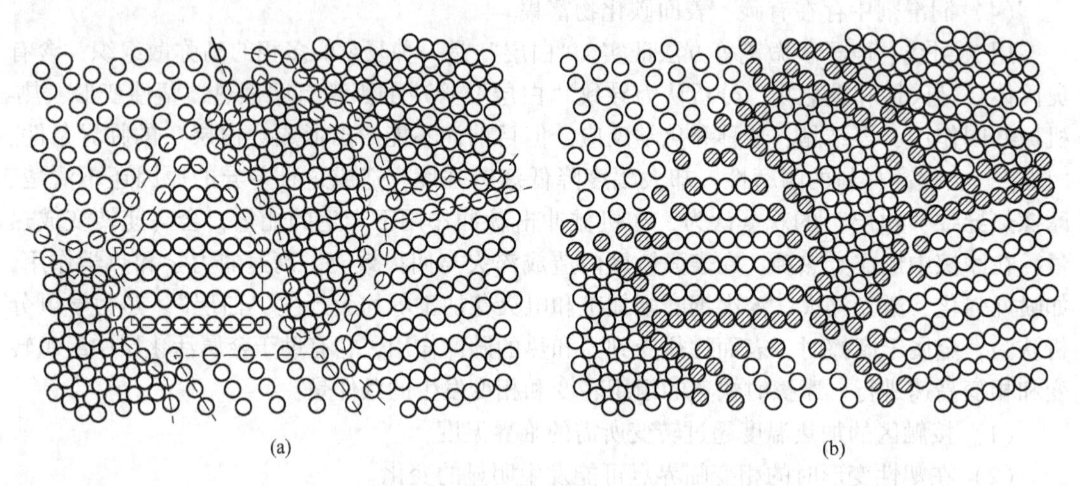


图 5-14　纳米晶体材料的结构

（a）虚线内勾画的为几个晶粒，其中原子有序排列；（b）带阴影的原子处于晶界上

### 5.3.2　伪弹性-可逆马氏体相变

Li 和 Liu 实验和有限元分析研究了 TiNi 合金高耐磨性的组织及力学原因。与 2Cr13 的对比试验结果如图 5-15 所示。可见 TiNi 合金的磨损率仅为对比材料的 1/10。分析表明

TiNi 合金的伪弹性及应力诱导马氏体相变是它具有高耐磨性的原因。

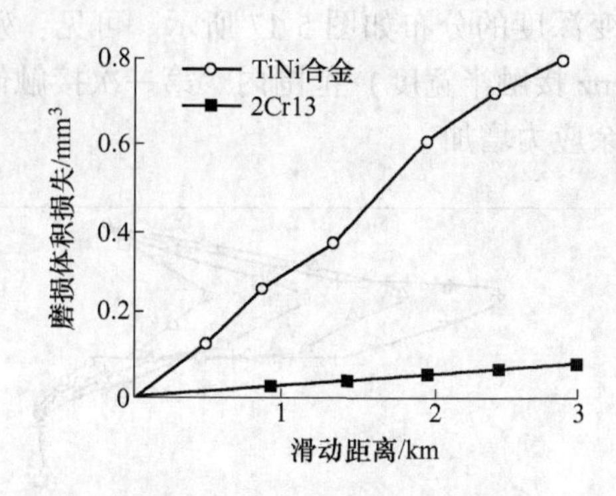


图 5-15 TiNi 合金的耐磨性与伪弹性的关系

若摩擦条件下的温度超过了材料的马氏体相变温度，则不能表现出好耐磨性。有限元分析表明：当应力超过 TiNi 合金的相转变临界值后。合金中的 β 相转变为马氏体相，材料的伪塑性变形大幅度增加。TiNi 合金及 2Cr13 的应力-应变关系如图 5-16 所示，结果在实际接触面应力增幅很小。分析结果表明在 TiNi 凸峰失效时所伴随的伪塑性及塑性变形的累积量是对比材料 2Cr13 的 5~7 倍。Lexcellent 等人论述了一种唯象表述方法，使形状记忆合金的力学行为的模拟成为可能。其工作致力于从其他相（如奥氏体）生成马氏体相关的伪弹性的研究。施加一个均温度应力载荷诱导相转变发生。以非平衡态的热力学理论为基础，用应力作用下所产生马氏体的体积含量作为内参量。另一方面 TiNi 形状记忆合金由 R. F 磁控溅射获得，拉伸实验在不同温度下进行。模型的参数按两种形状记忆合金（Ti-48.0）给出。模拟结果与试验结果非常吻合。

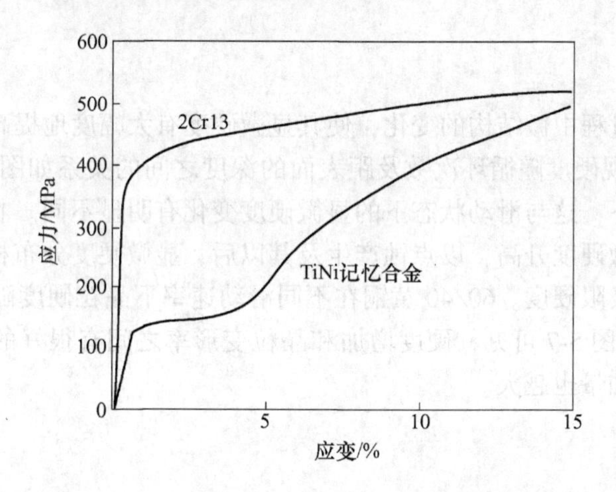


图 5-16 TiNi 合金及 2Cr13 的应力-应变关系

## 5.4 摩擦过程材料的力学性能

### 5.4.1 材料的残余应力

材料在反复摩擦接触条件下，由于应力梯度和温度梯度导致的材料弹-塑性变形、微结构变化和相变，必然在材料中造成残余应力。Hahn 等人用弹塑性有限元计算得到的逐次滚动接触后残余剪切应变深度的分布如图 5-17 所示。可见：残余应力主要集中在表面以下 0. 1$a$~1. 0$a$（$a$ 为 Hertz 接触半宽度）范围内。第一次接触便产生了残余剪应力，接着随接触次数的增加，残余应力增加。

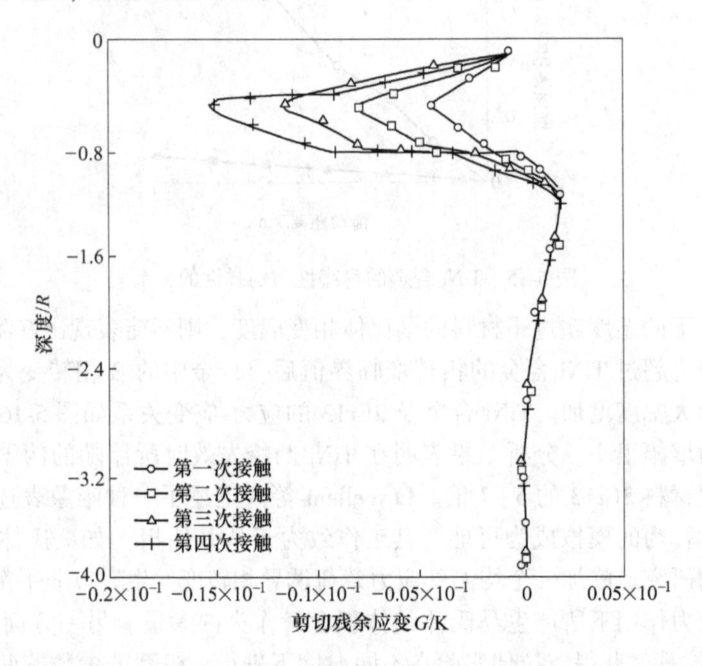


图 5-17　45 钢的残余应力与滚动次数间的关系

### 5.4.2　显微硬度

由于摩擦接触过程中微结构的变化，使其显微硬度有大幅度地提高。在反复滚动接触情况下，45 钢的微观硬度随循环次数及距表面的深度之间的关系如图 5-18 所示。可见最大硬度发生在表面下，这与滑动状态下的显微硬度变化有明显不同。在图 5-18 中还可见，随循环数增加，显微硬度升高，以点蚀产生及其以后，显微硬度分布相当，这表明接触疲劳前有一个对应的极限硬度。60/40 黄铜在不同滑动速率下晶粒硬度随深度的变化曲线如图 5–19 所示，对照图 5-7 可见，硬度增加和晶粒变形率之间有很好的应关系。晶粒变形率越大，硬度的增加量也越大。

## 5. 5　材料的内耗

若材料是完全弹性体，应力应变的响应是单值、瞬时的，循环变形时没有能量耗损。但在动载、大变形和高温情况下，内耗就非常突出。从微观结构来看，产生内耗的原因有：

（1）黏弹性效应。特征是应变滞后于应力。可用弛豫过程表述。在卸载后没有残余变形。这种内耗在距摩擦面较远的地方发生，它不会成为材料损伤的因素。

（2）塑性内耗。在加载和卸载时的应力应变关系不同。卸载后有残余变形 $\varepsilon_p$。材料的黏滞性内耗如图 5-20 所示。图中 $AB$ 围成的面积便是塑性耗散功。这种内耗会造成材料向结构不可逆的变化和损伤的积累，成为导致失效的因素。

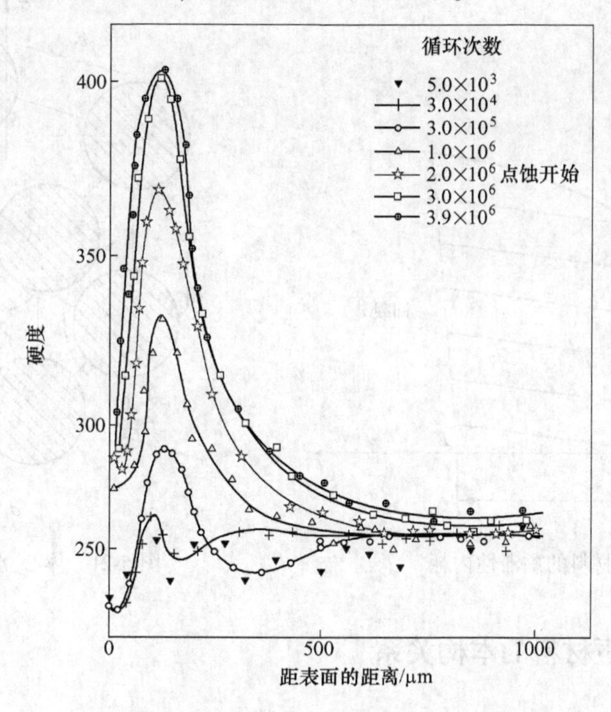


图 5-18 45 钢的微观硬度随循环次数及距表面的深度之间的关系

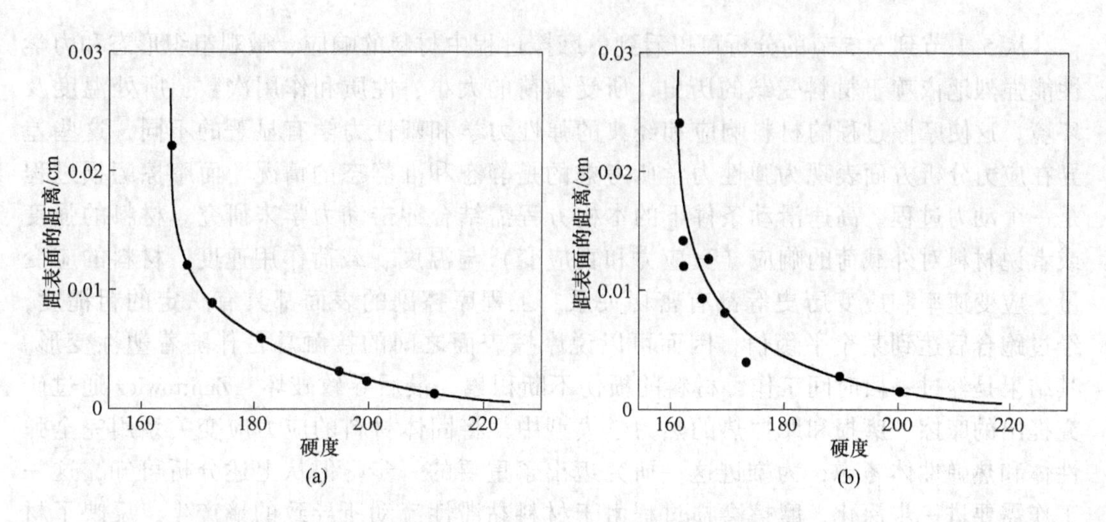


图 5-19 60/40 黄铜在不同滑动速率下晶粒硬度随深度的变化曲线

（3）应力感生的有序内耗。溶解在固溶体中的各种点缺陷。

在外应力作用下，由无序排列转换成有序排列，产生应力感生有序内耗。例如固溶碳原子，体心立方原子间隙原子的位置如图 5-21 所示。分布在棱边（1/2，0，0）或面心处（1，-1/2，0）等位置，在 $z$ 向拉应力作用下，晶胞发生畸变，$z$ 方向原子间距拉长，$x$、$y$ 方向压缩。碳原子跳跃到（0，0，1/2）位置，以降低晶体的弹性变形能。

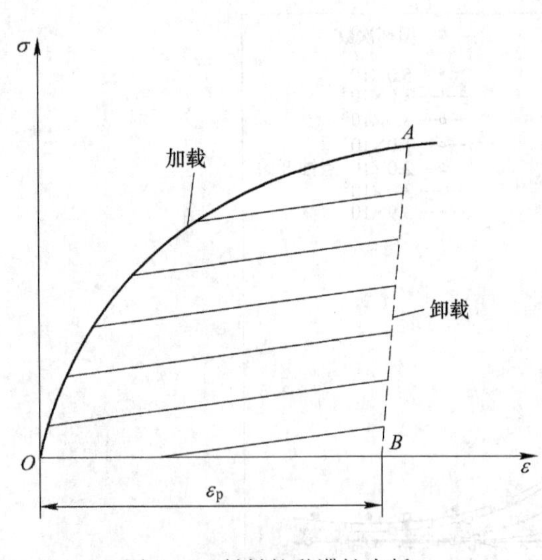


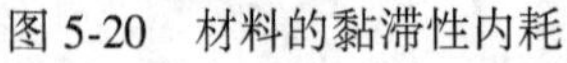
图 5-20　材料的黏滞性内耗

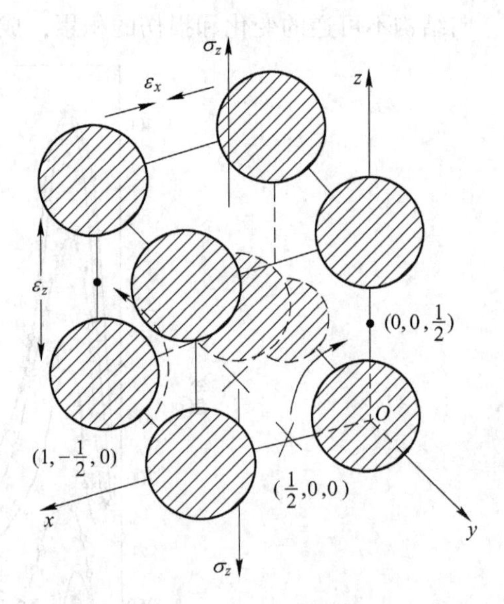


图 5-21　体心立方间隙原子的位置

## 5.6　摩擦条件下材料的本构关系

### 5.6.1　摩擦过程材料响应的特点

从 5.1 节到 5.5 节的分析可以看到，摩擦过程中材料的响应、微观组织形态和力学性能强烈地依赖于材料受载的历史、所受载荷的大小、性质和作用次数、所处温度及环境。这使摩擦过程的材料响应和经典的弹性力学和塑性力学有显著的不同，这些差异在应力分析方面表现为弹性力学所考虑的是静态和准静态的情况，而摩擦磨损过程是一个动力过程。高速滑动条件下的本构方程需结合冲击动力学来研究。材料的强度或者说材料对外载荷的响应（真应力和真应变）与温度、载荷作用速度、材料的应变量、应变速率和应变历史等都有密切关系。工程摩擦副的表面都具有一定的粗糙度，经过跑合后达到某个平衡值，因而可以说摩擦表面之间的接触总是伴随着塑性变形。其结果是经过一段时间工作，材料的损伤不断积累，最后导致破坏。Zmitrowicz 通过研究提出的摩擦、磨损和摩擦热的热力学模型中，将固体材料的应力应变关系用完全弹性体和热弹性体考虑，为推进这一研究迈出了重要的一步。但从上述分析可知，这一工作需要进一步深化。摩擦磨损过程由于材料黏滞性流动所导致的熵产生，反映了材料微结构的变化。为了得到不可逆的材料结构变化所对应的熵产生的具体形式，必须研究材料在摩擦作用条件下的本构方程。到目前为止，这方面的系统研究尚属空白。但针对金属塑性加工所开展的研究颇有参考价值。

### 5.6.2　材料本构关系的基本形式及主要因素

波卢欣等人研究了金属塑性加工过程中影响变形抗力的因素，给出其一般形式

$$\sigma = \sigma(T,\ \overline{\varepsilon},\ \dot{\varepsilon},\ \overline{\varepsilon}(t),\ \chi) \tag{5-3}$$

式中，$T$ 为变形温度；$\bar{\varepsilon}$ 为变形程度；$\dot{\varepsilon}$ 为应变速率；$\bar{\varepsilon}(t)$ 为蠕变特性；$\chi$ 为材料的物理化学性能。

在室温慢速加载和应力水平较低的情况下，材料的本构方程使广义力和广义形变具有线性关系

$$q_j = c_{jk}Q_k + \boldsymbol{a}_j(T - T_0) \tag{5-4}$$

式中，$q_j$ 为广义形变；$c_{jk}$ 为常系数阵列；$Q_k$ 为广义力；$\boldsymbol{a}_j$ 为线性膨胀系数矢量。

在高温和大应力的长时间作用下，材料蠕变的影响就不能不考虑。摩擦高副中，材料的接触是瞬时的，因而蠕变影响可以忽略不计。

摩擦过程材料相互作用的重要特点是其瞬时性，因而应变速率的影响必须加以重视。Martin 利用简化模型分析了应变速率对材料屈服应力的影响，结果表明：在大应变率下，材料的屈服应力有显著的提高。变形抗力和应变率之间的关系根据不同温度-变形速度下的实验得出，一般有四种形式

$$\sigma = \alpha\dot{\varepsilon}^n \tag{5-5a}$$

$$\sigma = \alpha\dot{\varepsilon} \tag{5-5b}$$

$$\frac{\sigma}{\sigma_0} = \left(\frac{\dot{\varepsilon}}{\dot{\varepsilon}_0}\right)^n \tag{5-5c}$$

$$\sigma = \sigma_0 + A_1\lg\left(\frac{\dot{\varepsilon}}{\dot{\varepsilon}_0}\right) \tag{5-5d}$$

式中，$n$ 为速度指数，在一定变形温度和速度范围为常数；$A_1$ 为常数。

由塑性变形引起的材料微结构的变化，会对材料起强化作用，但过度的变形，会使材料中形成空洞，结果发生弱化。一般认为随变形程度的增加硬化强度降低，在某一个 $\dot{\varepsilon}$ 下达到极限值，如果变形更大，则进入软化区。周纪华和管克智系统地研究了国产金属材料在热塑性加工条件下的变形抗力问题，认为金属塑性变形阻力的大小，取决于金属的化学成分、金相组织、加工温度、变形速度、变形程度及其相关的历史（如加工硬度、再结晶、动态恢复、静态恢复）。表示为

$$\sigma = f(x\%,\ t,\ u,\ \gamma,\ \tau) \tag{5-6}$$

式中，$x\%$为金属的化学成分和金相组织；$t$ 为变形温度；$u$ 为变形速度；$\gamma$ 为变形程度；$\tau$ 为相邻加工道次间的时间间隔。

在总结 Анлреюк，Ito，Зюзин，Cook 等人所研究的工作的基础上，提出国产钢和合金的塑性变形阻力的综合数学模型

$$\sigma = \sigma_0\exp(a_1T' + a_2)\left(\frac{u}{10}\right)^{a_3T+a_4}\left[a_6\left(\frac{\gamma}{0.4}\right)^{a_5} - (a_6 - 1)\right] \tag{5-7}$$

式中，$\sigma_0$ 为基准变形阻力，$T$=1000℃，$\gamma$=0.4，$u$=10s$^{-1}$时的变形阻力，MPa；$T$ 为变形温度，℃，$T' = \dfrac{T + 273}{1000}$；$u$ 为变形速度，s$^{-1}$；$\gamma$ 为变形程度；$a_1 \sim a_6$ 为塑性变形抗力的回归系数。

国产典型的结构钢、齿轮钢和轴承钢的塑性变形抗力的回归系数见表 5-2。

表 5-2 国产典型材料塑性变形抗力系数

| 参数 | $\sigma_0$ | $a_1$ | $a_2$ | $a_3$ | $a_4$ | $a_5$ | $a_6$ |
|---|---|---|---|---|---|---|---|
| 45 | 158.8 | −2.780 | 3.539 | 0.2262 | −0.1569 | 0.3417 | 1.379 |
| 12Cr2Ni4A | 165.9 | −2.782 | 3.656 | 0.2526 | −0.2200 | 0.5269 | 1.703 |
| GCr15 | 153.4 | −3.685 | 4.691 | 0.4480 | −0.4121 | 0.3888 | 1.589 |

式（5-7）和表 5-2 为研究环境温度、变形速率、载荷、表面织构（Surface Texture）、材料微结构等因素对材料的动态强度和变形抗力影响及其变化趋势，提供了一个很好的参考。

## 5.7 材料微结构变化的热力学表述

为了描述样品内微观结构的重排，Martin 引入一组热力学内变量 $\chi_\alpha$（$\alpha = 1, 2, \cdots \nu$）。这样单位体积样品的 Helmholtz 自由能 $\overline{f}$ 表示为

$$\overline{f} = \overline{f}(T_1, q_j, \chi_\alpha) \tag{5-8}$$

则与内变量 $\chi_\alpha$ 相配的热力学力 $X_\alpha$ 定义为

$$\chi_\alpha = -\frac{\partial \overline{f}}{\partial \chi_\alpha} \tag{5-9}$$

内变量变化的动力关系可以写为

$$\dot{\chi}_\alpha = \dot{\chi}\alpha(T, X_\beta, \chi_\beta) \tag{5-10}$$

考虑到塑性变形的影响，并将其与式（5-4）表示的弹性变形相叠加，得到材料的本构方程：

$$q_j = c_{jk} Q_k + a_j(T - T_0) + q_j^p(\chi_\alpha) \tag{5-11}$$

式中，$q_j^p(\chi_\alpha)$ 为应变的非弹性分量。

从唯象角度来说，内部参数是隐藏的参量，而且严格地说，宏观塑性理论和黏塑性力学应该包括无穷多个状态变量（内部参量），实际上这是不可行的，因为这样的理论就变得无法驾驭。所以最可取的办法是针对所需求解的问题，选择最适当的少数几个参量表示内变量。

例如损伤是微结构变化的结果，有关的内变量就可以用损伤因子的形式出现（记为 $D$），这样有效应力 $\sigma_\alpha$ 和名义应为 $\sigma$ 的关系就可写为

$$\sigma_\alpha = \frac{\sigma}{1 - D} \tag{5-12}$$

李国琛等人发展的分析方法，使得用计算机实验方法在事后确定内变量的变化成为可能。清华大学杨业元等人发明的超声显微镜也将为这一研究提供手段。罗子键用热力学的耗散结构论分析高温合金的塑性加工的稳定工作区，获得的结果和实验有很好的一致性。这表明用非平衡态热力学的方法研究材料在外力作用下微结构的变化是可行的。由于材料的微结构力学是一门正在成长中的科学，高应变率、受冲击性载荷和冲击性温度作用时材料的本构关系，需要做一系列的试验研究获得。

# 6 摩擦体系的化学反应

摩擦学研究中摩擦副表面的状态（物质组成、结构，几何形态等）对摩擦过程起着关键和控制性的作用。摩擦化学反应往往引起摩擦副表面材料发生“质”的变化，导致摩擦体系的结构（物理、化学、力学等性质）发生阶跃性的变化，使系统具有选择结构的特性，正是这些变化，决定了摩擦化学效应对摩擦系统的性能起主导作用，而成为摩擦学研究的最优先考虑的领域之一。近年来的许多实验研究表明，摩擦化学在减摩、耐磨设计中具有广阔的应用前景和工业价值。从系统复杂性研究及不可逆过程热力学研究的角度看，反应型非线性不可逆过程是通向形成“耗散结构”的重要途径之一。这种具有“活性”的结构，往往具有优异的性能。因此摩擦化学研究的深化将成为本世纪摩擦学理论完善的突破口和技术创新的生长点。

摩擦条件下的化学反应是高度非线性、不可逆的远离平衡态的热力学过程，是摩擦学和化学的交叉领域，研究摩擦作用下化学反应的规律和化学反应对摩擦体系的结构及其性能的影响。化学热力学研究大量分子层次的粒子组成的宏观物体及其与外界在热相互作用、力相互作用和化学相互作用下的宏观性质与规律性。摩擦化学热力学是化学热力学研究的深化。本章仅讨论化学热力学的唯象理论，即将宏观物体作为一个整体看待，直接以宏观实验与观察为基础，以物体表现出的整体宏观现象总结抽象出共同的规律作为自然法则。然后进行逻辑演绎进而解释与解决各种有关问题。6.1 节首先讨论化学反应的唯象熵产生理论，并回顾热化学反应的热力学和动力学；接着在 6.2 节研究摩擦化学反应的特点；摩擦化学和摩擦化学反应动力学分别在 6.3 节和 6.4 节讨论。最后 6.5 节研究摩擦氧化反应的基本规律。

## 6.1 热化学反应热力学基础

### 6.1.1 化学反应的热力学量变

化学反应过程中体系原子的种类和数量守恒。但分子的种类和数量是变化的。化学反应过程所伴随的能量变化介于相变和核反应之间，依次分别为 10kJ/mol，$10^2$kJ/mol 和 $10^{10}$kJ/mol。任何一个化学反应，可用下列一般形式的方程表示

$$\sum_n \nu_B B = 0 \tag{6-1}$$

式中，B 为物质的化学式；$\nu_B$ 为物质 B 的化学计量系数，对反应物取负数，产物取正数。取无量纲纯整数或简单分数。

反应过程所进行的程度以反应进度 $\xi$ 表示

$$\xi = \frac{n_B - n_B^0}{\nu_B} \tag{6-2}$$

式中，$n_B$ 和 $n_B^0$ 为物质 B 的摩尔数及初始摩尔数。化学反应体系的热力学量变涉及纯反应物转变为纯产物的摩尔焓变，混合物反应的摩尔焓变及物质的摩尔相变等。

### 6.1.2 化学反应热力学

对封闭的 pVT 体系，若只有式（6-1）所示的反应，则反应过程各物质量的微商为

$$dn_B = \nu_B d\xi \tag{6-3}$$

该体系内能 $U$，焓 $H$，Helmholtz 自由能 $F$ 及 Gibbs 自由能 $G$ 的微商满足

$$\begin{aligned} dU &= Tds - pdV + (\sum_B \nu_B\mu_B)d\xi \\ dH &= Tds - Vdp + (\sum_B \nu_B\mu_B)d\xi \\ dF &= -SdT - pdV + \left(\sum_B \nu_B\mu_B\right)d\xi \\ dG &= -SdT + Vdp + \left(\sum_B \nu_B\mu_B\right)d\xi \end{aligned} \tag{6-4}$$

定义化学反应亲和势 $A$ 为

$$A = -\left(\frac{\partial U}{\partial \xi}\right)_{S,\ V} = -\left(\frac{\partial H}{\partial \xi}\right)_{S,\ p} = -\left(\frac{\partial F}{\partial \xi}\right)_{T,\ V} = -\left(\frac{\partial G}{\partial \xi}\right)_{T,\ p} = -\sum_B \nu_B\mu_B \tag{6-5}$$

它是化学反应体系的状态函数，且是强度量。化学反应的方向性用 Gibbs 自由能最小原理得出

$$dG = -SdT + Vdp - Ad\xi \tag{6-6}$$

$$(dG)_{T,\ p} = -Ad\xi \tag{6-7}$$

$$-A(T,\ p,\ \xi) = \sum_B \nu_B\mu_B = \left(\frac{\partial G}{\partial \xi}\right)_{T,\ p} \quad (<0;\ =0;\ >0) \tag{6-8}$$

式中，<、=和>分别表示化学反应能正向自动进行、平衡或可逆过程及逆向自动进行。

## 6.2 摩擦化学反应的特点

摩擦过程中的化学反应与热化学反应相比有几个显著的特点：

（1）在摩擦化学反应中，我们所关心的材料往往是气-固相，液-固相或者固-固相之间的反应。例如大气中干摩擦条件下的氧化反应。润滑油中的活性元素和固体之间的成膜反应及固体之间的相互作用导致的成分变化。在上述三种相态之间的反应中，人们对气-固反应有了较多的认识。而在我们讨论摩擦过程的热力学问题时，第一步限制在干摩擦条件下，因而下列的分析针对气-固反应进行。一般的气-固反应，控制反应进度的因素有以下 3 种可能：

1）气体向固体反应面的扩散速率。

2）反应面上的化学动力学机制。

3）两种因素同时起作用。摩擦过程反应速率的变化关系如图 6-1 所示。

（2）反应激活方式不同。在摩擦化学反应中，接触点伴随着瞬间高温的形成摩擦电子发射和摩擦等离子体的形成，同时固相材料会因机械作用而处于高能状态。这些特点使摩擦化学反应具有脉动的性质，如图 6-1 所示。

同时摩擦化学反应与热化学反应的差异还表现在：

1）可生成负亲和力的生成物。

2）对温度的依赖性降低，有时甚至相关系数为零。

3）压力对反应进度的影响而降低，甚至没有影响。

4）摩擦作用增加了固体对气体的吸着能力。

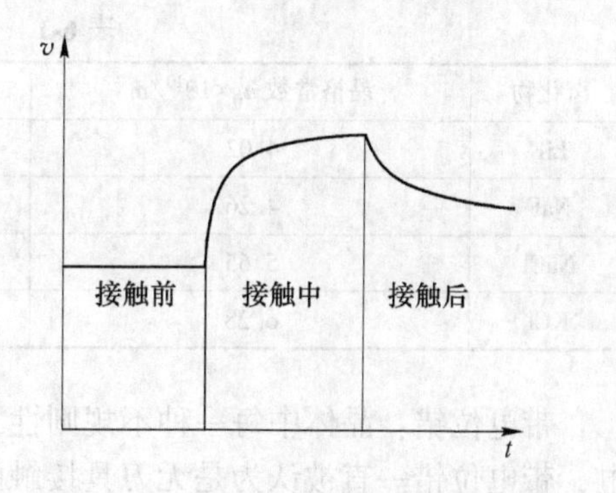


图 6-1 摩擦过程化学反应速率变化关系

据了解，目前关于摩擦化学反应的研究多是进行反应物和生成物的测定，以此推测反应过程。摩擦化学反应的动态研究尚处于初级阶段。这方面的研究有待于分析的深入和新型实验设备的研制。摩擦化学研究中，可根据激发化学反应的能量种类分为热化学、电化学、磁化学、感光化学和放射化学等分支，以便考虑摩擦引发的热、电、磁、光和放射性因素对化学反应的贡献。Heinicke 将摩擦化学反应按照激发态持续的时间分为三种：

（1）第一种是随机反应，由寿命极短的高能激发状态引起，如冲击等离子体。这种过程处于热力学不平衡状态。

（2）第二种状态为所谓的滞后等离子体激发，这类效应存在于大多数形形色色的耗散过程中，可建立 Maxwell-Boltzman 能分布来描述。如声子和位错的迁移，瞬态热点的出现等。摩擦化学过程直接与之耦合，并可以用不可逆过程热力学表示。

（3）第三种状态是一些存活寿命长于化学反应过程寿命的因素导致的反应的加速或激活，如晶格缺陷形式存在的能量。它们在分析中可通过引入附加函数（如过剩自由焓），用可逆过程热力学描述。

## 6.3 摩擦作用下固体的结构和物理变化

### 6.3.1 摩擦带电过程

从 1833 年摩擦诱发静电现象被注意到以来，人们已经发展了多种试验技术，用于测定机械作用情况下固体表面电学性能的变化。机械作用使固体带电的原因是多种多样的，对绝缘的结晶无机固体（碱金属卤化物，氧化物），有如下几种机理：

受压带电：压电晶体受机械应力作用在离子晶体中产生极化

$$P_i = D_{ijk}\sigma_{jk} \tag{6-9}$$

式中，$P_i$ 为极化强度；$D_{ijk}$ 为压电系数；$\sigma_{jk}$ 为机械应力。

有压电效应的前提是晶体具有像 $SiO_2$ 和 ZnS 那样的非对称结构。ZnS 在弹塑性变形过程中的摩擦诱导电发光现象可被认为是压电效应的结果。

接触带电：接触带电与特定材料的种类及晶体结构无关，而是源于材料接触电位的差异。对金属接触带电取决于电子功函数。

断口带电：针对一些碱金属卤化物的研究表明，断口表面微区具有高强度的电场，该电场足以引发气体放电、场致发射和电子后加速行为。几个典型的电场值见表 6-1。

表 6-1　卤化物的断口带电值

| 卤化物 | 晶格常数 $a_0\times10^{10}$/m | [111] 面上的电荷密度 $\sigma\times10^{-14}$，电荷单位/$cm^{-2}$ |
|---|---|---|
| LiF | 4.02 | 7.0 |
| NaF | 4.26 | 5.5 |
| NaCl | 5.65 | 3.6 |
| KCl | 6.28 | 3.0 |

带电位错：晶体中每一种不规则性，如尖劈、表面台阶、位错交叉点等都可能导致带电，带电位错一直被认为是无刀具接触的塑性变形中放电的基本原因。

双电层的形成：能量形成和交换位置的不同，使阴离子和阳离子空穴从表面向晶体迁移，在近表层和螺旋位错附近形成双电层。研究表明，双电层导致的占据表面的吸附或补偿内部是带电的原因。氧化物中接触电位差的存在，加上小的距离，形成高强度电场，结果产生电荷位移。这种带电结构已用着色技术获得证实。摩擦过程的电学效应包括摩擦诱导的集中于固体表面的带电效应、电荷释放和摩擦热电效应。Heinicke 总结了几种绝缘固体在摇摆磨粉碎机中活化后的电荷符号及带电量 $Q$，见表 6-2。

表 6-2　不同固体在粉碎机中活化后电荷符号和带电量

| 固体 | $SiO_2$ | $TiO_2$ | $Fe_2O_3$ | BaO | $CaCO_3$ | $Na_2CO_3$ | NaCl | LiF | 聚乙烯 |
|---|---|---|---|---|---|---|---|---|---|
| $Q$/C · $g^{-1}$ | $38\times10^7$ | $28\times10^7$ | $64\times10^7$ | $7\times10^7$ | $23\times10^7$ | $10\times10^7$ | $50\times10^7$ | $203\times10^7$ | $21\times10^7$ |
| 电荷符号 | − | − | − | + | − | + | + | + | − |

表中的数据是在一种可比的条件下获得的。随处理强度 $S$ 的增加，带电量 $Q$ 也增加，$Q$ 与 $S^{1.8}$ 成比例。摩擦诱导的电荷集中于固体表面，电场强度可达 $10^7$V/cm，值与有机物发生聚合反应所需要的强电场的场强 $10^7\sim10^8$V/cm 相当，会诱发某些有机材料发生聚合反应。

如 LiF、$SiO_2$、$Fe_2O_3$、ZnO、石墨、$BaSO_4$、$CaCO_3$、$CaF_2$、NaCl、石板、$Al_2O_3$、BaO、BaS、ZnS 等固体均会在机械作用下诱发单体如苯乙烯、丙烯腈甲基丙烯酸酯等发生聚合反应。

到目前为止，机械应力作用下材料的电学效应多集中在对绝缘体的研究。诱导电信号的瞬态传播规律等问题仍在研究之中，摩擦副中广泛使用的金属材料在机械作用下的诱导电学规律，特别是瞬态变化规律的研究仍属空白。

### 6.3.2　摩擦诱导的发射

声子发射：在摩擦过程中，若黏附结合发生破裂，微凸体的弹性变形部分突然脱开，则产生振动和其他形式的能量发射。摩擦过程除热能以外的主要能量发射有以下几种：

摩擦引起声波的产生和发射是大多数摩擦过程的共同特征。它与微凸体的弹性变形及脱开过程有关。Tolstoi 提出一种在滑动接触情况下的固有简谐微振动的模型。指出在滑动时，自激微振动总是伴随微凸体的向上跳动。固有微振动的频率决定于滑动表面的接触刚度和质量。这些微振动当简谐振动受到较大的外部阻尼或滑动速度低于一定值时才会消失。临界速度 $v_{临界}$，可粗略地由摩擦固体的蠕变黏度 $\eta$、屈服强度 $\sigma_y$、摩擦系数 $f$ 以及表面微凸体的高度 $y$ 和间距 $l_a$ 来估算：

$$v_{临界}=\frac{f\sigma_{y}l_{a}^{2}}{2\eta y} \tag{6-10}$$

由上式可得钢表面的临界滑动速度 $v_{临界}=5.10^{-10\pm1}$ cm/s。

这表明几乎在所有情况下，摩擦过程总会伴随着噪声的产生和发射。该过程要消耗一定的机械能。但所耗能量的绝对值通常只占整个摩擦能耗的很小一部分。

光子发射（摩擦发光）：人们早已观察到了摩擦发光效应现象。某些固体（如硝酸铀或锌、硫、锰）相互摩擦，就发生这种效应。在这种情况下，分离固体黏附结合的机械功耗使固体发光，已发现有一千多种材料有这种效应。一般认为，晶体的表面裂纹中存在双静电层，如果在摩擦过程中表面裂纹被撕开，这种双电层就会引起一种火花放电从而发光。显然，摩擦机械能中一部分起着活化能的作用，并通过机械-电-光变换机理作为光辐射而发射出来。这种效应所消耗的能量也只占整个摩擦能耗的一小部分。

电子发射，也称 Kramer 效应，Kramer 在 1940 年观察到，摩擦过的新鲜金属表面有发射电子现象。他起初认为这些电子是由于表面上的热过程而产生。假设摩擦过程对于外逸电子发射起到活化过程的作用，而且在外逸电子发射和其他发射效应（如发光、场发射和光电发射）之间存在某些相似之处。但由于全过程中所包含的事情的先后顺序非常复杂，所以至今还没有一个外逸电子发射效应的完整理论可供使用。在超高真空（UHV）条件下对洁净退火镁单晶表面所做的外逸电子发射试验研究证实，仅吸附了氧而没有应变的表面就会发生电子发射。

另外，对铝表面做摩擦试验时的外逸电子发射测量表明，外逸电子发射率、最外层表面的组成与摩擦系数之间有密切的联系。由铝-铝组成的滑动副，外逸电子发射率与摩擦系数之间关系如图 6-2 所示。尽管外逸电子发射的能量“损耗”只是很小一部分，但若

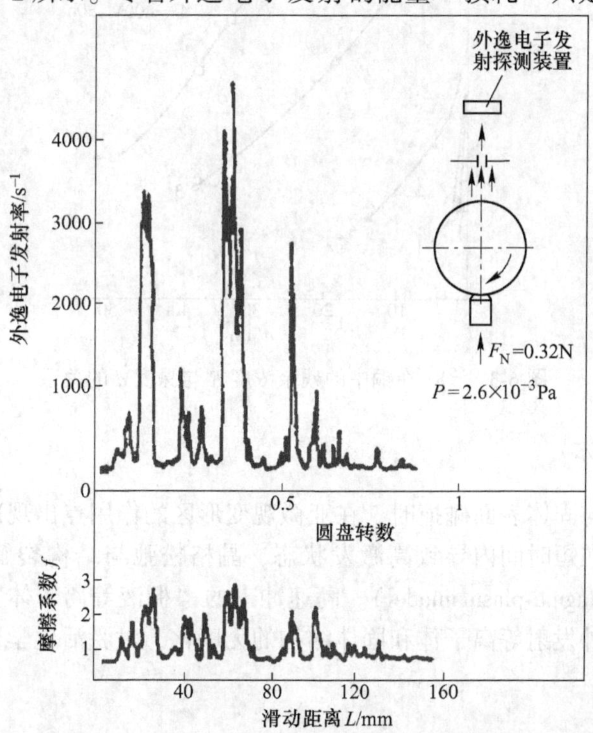


图 6-2 摩擦系数与外逸电子发射率的关系

产生了外逸电子，则会对系统内发生的摩擦化学反应过程会起重要的影响。总的来说，上述三种摩擦激发发射效应所消耗的能量并不多，但对摩擦系统内发生的摩擦化学过程来说会是十分重要。Murata 做了很好的评述。

### 6.3.3　摩擦对吸附的影响

机械作用下，固体吸着气体的量增加，摩擦吸附作用增强，同时机械作用使固体晶格扰乱使得吸附气体进入内部，转变为摩擦吸收。摩擦吸收引起周围介质分子与固体材料的渗透作用，使固体边界层出现相组织的改变。用 SiC 进行的摩擦吸附-吸收的试验，测定的数据表明，机械处理初期，摩擦吸附物的增加量正比于冲击时间（次数），经过一段时间后达到摩擦吸着的平衡饱和状态。甲烷、氧气和乙炔的摩擦吸着总量比由表面积计算的吸附量大约 10 倍。这说明部分气体进入到了固体的内部。

摩擦吸收气体的渗透深度取决于机械处理的温度和延续时间。$^{85}$Kr 在铜中的残余浓度 $R$ 随深度 $d$ 的变化关系如图 6-3 所示。此外大量的试验表明，摩擦吸收气体的大部分存在于很接近界面的区域，其扩散深度为几个微米。摩擦吸着和吸收气体在固体内的扩散使具有负亲和力的反应在固体内部发生。这些反应只有在机械处理下才能强制发生。

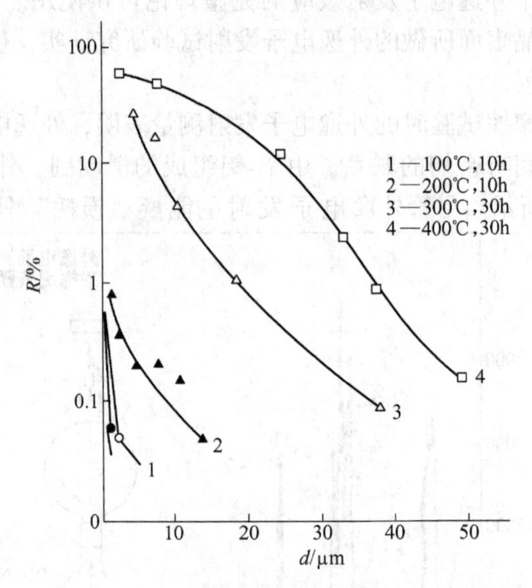


图 6-3　$^{85}$Kr 在铜中的残余浓度 $R$ 与深度 $d$ 的关系

### 6.3.4　摩擦等离子体

当颗粒高速度与固体表面碰撞时，在亚微观变形区的作用点出现准绝热的能量积累并形成一个能量泡。在短时间内导致高激发状态，晶格松弛与结构裂解，形成所谓“稠液等离子体模型”（Magma-plasmamodel）。高速冲击的“稠液等离子体”如图 6-4 所示。该过程伴随着的高能外发射等离子体和固体结构的无序化，对激活化学反应具有重要意义。

### 6.3.5　冲击变形

在冲击的第一阶段，随机械作用产生的弹性应力在短期内达到很高的值，同时引起能量扰动及扩散。这种扰动扩散的最重要的基本过程之一是位错的迁移。很明显，微观塑性是固体的普遍性质，但它并不取决于固体的宏观塑性或脆性性质。在冲击处理中，材料的迁移和晶体各向异性之间没有直接的联系。10μm 铁球处理具有宏观脆性的方铅矿的次微观程度的塑性变形如图 6-5 所示。

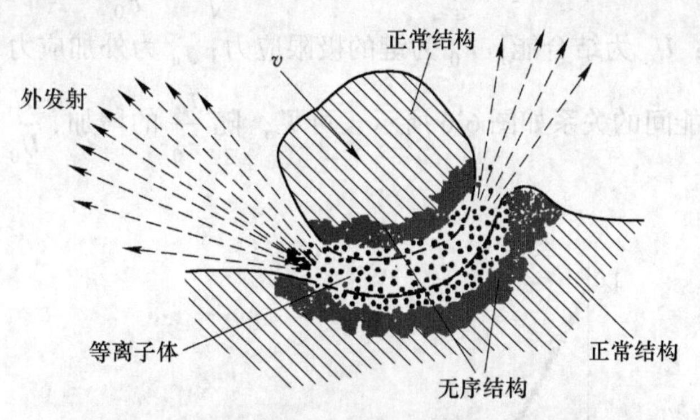


图 6-4 高速冲击的“稠液等离子体”模型

图 6-5 方铅矿次微观程度的塑性变形

### 6.3.6 断裂

若增加机械处理的强度，那么最初的塑性变形过程就会转变为断裂过程。这时内应力超过晶体内部两原子组分间的键合力，出现所谓新生表面。如果断裂穿透整个固体就引起固体的破碎。断裂过程中下面 4 个过程对化学反应的激发或进程十分重要，在断裂尖端的短时间高活性状态；断裂期间的化学键离解；产生固体的新表面，断裂穿过大量晶面扩展期间形成的界面邻近层内晶体结构的变更。

## 6.4 摩擦化学反应动力学

### 6.4.1 应力活化作用

持续的常应力作用能影响到化学反应进程。因为受机械作用产生的弹性应力引起原子间的键力常数发生改变，原子间的距离和键角的变化都会发生，从而影响到化学反应的一些参数，活化能对反应动力学的重要性是众所周知的。弹性应力将降低反应所需的活化能。计算在外力 $f_u$ 作用下断键的活化能，可用下式

$$\frac{U}{U_0} = \sqrt{1 - \frac{f_u}{F_0}} - \frac{f_u}{2F_0}\ln\frac{1 + \sqrt{1 - \frac{f_u}{F_0}}}{1 - \sqrt{1 - \frac{f_u}{F_0}}} \tag{6-11}$$

式中，$U$ 为活化能；$U_0$ 为结合能；$F_0$ 为键的极限应力；$f_u$ 为外加应力。

作用力与活化能间的关系如图 6-6 所示，可见，随 $\frac{f_u}{F_0}$ 的增加，$\frac{U}{U_0}$ 持续降低，即反应活化能 $U$ 减少。

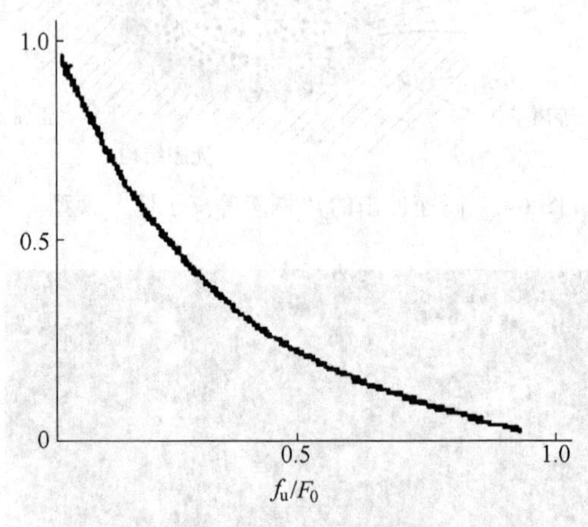


图 6-6　作用力与活化能间的关系

### 6.4.2　温度的影响

反应速度和温度的关系在热化学反应中满足 Arrhenius 方程

$$k = k_0\exp\left(-\frac{E_A}{RT}\right) \tag{6-12}$$

式中，$k$ 和 $k_0$ 为温度 $T$ 和 $T_0$ 下的反应速度常数；$E_A$ 为活化能；$T$ 为温度；$R$ 为气体常数。

使用上式的条件是活化能仅来源于热能。如果引发反应所需的活化能来源于非热激发的因素，如光激发、快电子激发等，反应速率常常表现为与温度无关或者温度的影响很小，式（6-12）不再适用。

几乎所有的摩擦化学反应速率对温度的依赖性都低于热化学反应，甚至与温度无关。更多的情况则是反应速率对温度的依赖程度降低。如果仍用 Arrhenius 公式表示，则表现为活化能 $E_A$ 值的降低。根据一些摩擦化学反应与热化学反应活化能的对比可见，摩擦化学反应的活化能总是低于热化学反应的值。甚至无需活化能（活化能的值为零）。

此外，摩擦不仅影响到摩擦发生中化学反应的活化能，也影响到摩擦发生后反应的活化能。

### 6.4.3　压力的影响

压力对反应级数的影响对气固反应研究有重要意义。和气相反应相比，非均相反应级数较低。如果气相反应物在固体上是弱吸附的，只有部分表面被吸附物所覆盖，覆盖密度和压力成正比，表现为一级反应。如果气固间是强吸附的，在不大压力下吸附物的覆盖度即达到1，则反应速度不变，表现为零级反应。一般情况下，由于非均相反应的复杂性，测出的反应级数多是非整数的。压力对机械作用下固体的非均相反应与无机械作用下的反应的影响有显著差别。一般而言，摩擦化学反应较热反应级数低，甚至有时为零级。如生成羟基镍的反应。热激发条件下为二级反应。机械作用下仅为0.2~0.5级，且与活化镍的硬物质类型有关，处理强度较小时，活化区小，反应级数高。元素态铁和镍生成氧化物的摩擦化学反应速率在1~5Pa范围内，与压力无关，反应级数为零。而热激发生成氧化铁的反应中，V正比于$p^{0.28}$，摩擦对吸附的影响。Lee和Chen的试验表明，提高环境压力，发生胶合的温度较高，即提高了摩擦副的承载能力。

## 6.5 摩擦氧化反应

在摩擦作用下金属表面的加速氧化行为称为摩擦氧化。金属的加速氧化主要是摩擦过程中金属表面受压缩或拉伸应力作用而发生晶格畸变、塑性变形等一系列物理化学变化的结果。这些变化使金属表面发生活化，容易与周围介质发生化学反应（大气条件下主要为氧化反应)，同时氧化物因磨损而失去对金属的保护作用。研究表明，温度（热）不再是影响摩擦氧化反应速度的主要因素，摩擦状态（压力，温度，速度）和周围气氛等的决定了氧化反应的速率。试验证明，摩擦氧化反应速率的值较一般热氧化反应的值大1~2个数量级。如铁在室温附近，氧化反应1h的氧化层只为2nm。而在摩擦条件下，40min后氧化层就达到500nm。后者是前者的400倍。

### 6.5.1 氧化反应在摩擦中的作用

Fink于1930年首先研究了钢的氧化与摩擦和磨损间的关系。随后经Archard及Hirst等人的进一步工作，得出著名的Welsh曲线。磨损率与载荷及摩擦氧化反应的关系如图6-7所示。可见存在两个转变载荷$L_1$和$L_2$，载荷低于$L_1$或高于$L_2$均属氧化型轻微磨损。

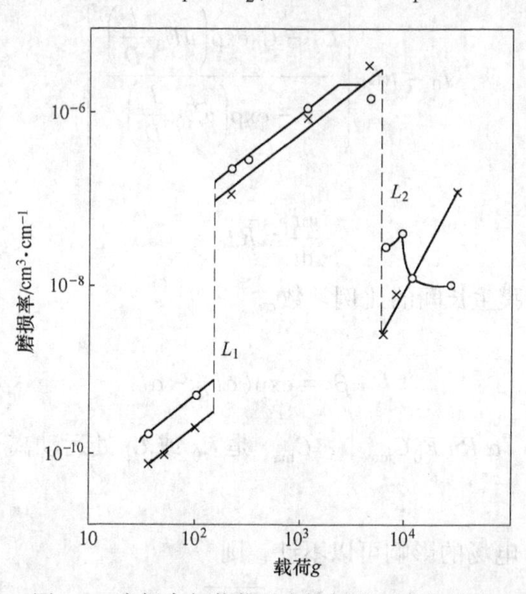


图6-7 磨损率与载荷及摩擦氧化反应的关系

介于 $L_1$ 和 $L_2$ 之间的区域为严重磨损。这个区域随速度、环境中氧分压、材料副表面硬度的改变而发生平移、改变大小甚至消除。载荷低于 $L_1$ 时，钢表层塑性硬化，氧化膜得到稳定的支持。载荷高于 $L_2$ 时，摩擦在表面引起的最高瞬时温度（摩擦闪温）使材料发生马氏体相变，这种硬质自淬火区支持氧化膜免于破裂。上述两种情况下摩擦和磨损发生在氧化膜上，避免了黏着，从而磨损率较低。当载荷在 $L_1$ 到 $L_2$ 之间时，钢材受热软化，发生较严重的塑性变形，致使氧化膜破裂，这时机械应力和温度等热力学条件又不能使表面生成足够的氧化膜，导致金属直接黏着，磨损率较大。

### 6.5.2 摩擦化学反应中的扩散

干摩擦条件下，摩擦副材料与大气中氧气形成氧化物的速率，与物理化学参数、力学参数和原材料组分及结构之间有密切关系。Batchelor 等人总结了氧化膜的生成过程。认为反应的第一步是气体或液体中的氧分子在金属表面吸附，随后离解为氧原子，并通过和金属形成离子键或共价键而结合。第二步是离子性氧化物膜通过氧和铁离子的互扩散而生长，氧离子进入固体形成新的氧化物，而铁离子和电子从表面释放，并重新获取氧原子。氧化膜的生长过程是离子转移的产物，因此离子的扩散率就成为控制因素

$$J_0 = J_{\mathrm{D}} + J_{\mathrm{e}} \tag{6-13}$$

式中，$J_0$ 为离子扩散率；$J_{\mathrm{D}}$ 为离子浓度梯度引起的 Fick 扩散；$J_{\mathrm{e}}$ 为电场作用引起的扩散。

则

$$J_0 = -D\frac{\mathrm{d}C}{\mathrm{d}x} + uE_0C \tag{6-14}$$

式中，$D$ 为离子扩散系数；$C$ 为离子浓度（缺陷浓度）；$x$ 为到铁表面的距离；$u$ 为离子迁移系数；$E_0$ 为电场强度。

定义 $C_l$ 和 $C_0$ 为 $x=l$ 处（膜表面）和 $x=0$（铁表面）的离子浓度，则

$$J_0 = uE_0\left[\frac{C_l - C_0\exp\left(uE_0\dfrac{l}{D}\right)}{1 - \exp\left(uE_0\dfrac{l}{D}\right)}\right] \tag{6-15}$$

氧化膜生成规律

$$\frac{\mathrm{d}l}{\mathrm{d}t} = \overline{R}J_0 \tag{6-16}$$

式中，$R$ 为离子转移和膜生长间的比例常数。

解的近似形式为

$$l + \beta t = \exp(\alpha l) - \alpha l \tag{6-17}$$

式中，$\alpha = \left|u\dfrac{E_0}{D}\right|$，$\beta = \left|\alpha\overline{R}u E_0 C_{\max}\right|$，$C_{\max}$ 是 $C_0$ 或 $C_l$ 处运动离子或离子缺陷浓度中较大的那个值。

如果氧化膜较厚，电场的影响可以不计，则

$$l = \sqrt{2RDt} \tag{6-18}$$

膜的生长还受到氧化物结晶状态的影响。氧化物的结晶态有单晶态、玻璃态或非晶态和多晶态3种。单晶态在实际中很少发现；在多晶态情况下，大量的晶界有利于离子通过晶界扩散，而迅速形成氧化膜；玻璃态氧化物则使膜的生长受到限制，有利于保护基材免于进一步氧化。氧化膜的形成和基体金属的晶体状态有关，在非晶态金属基上倾向于生成非晶态氧化膜。摩擦过程的具有形成非晶态的高温急冷淬火的条件。较厚的高硬度氧化膜有助于降低、甚至防止基材金属的塑性变形，但会因硬化层和低硬度材料的交界面上的应力集中，进而在大载荷下导致大面积的剥落。

### 6.5.3 摩擦氧化磨损模型

1983年Quinn对已有研究做了深入的分析，提出了干摩擦条件下，氧化磨损和润滑条件下其他表面膜的形成规律。他将磨损分为轻微和严重两种。认为氧化磨损是一种轻微磨损机制，当氧化膜厚度在温度$T_c$下达到临界值1~3μm时，会脆裂而成为膜屑，使材料发生氧化磨损。氧化膜通常在承受载荷的微凸体上形成，达到临界厚度后被磨掉。微凸体上的闪光温度是影响氧化反应生成的重要因素。氧化磨损的理论磨损率

$$w_T = \frac{dA_p \exp\left(-\frac{Q_p}{RT_c}\right)}{\xi^2 \rho_O^2 f_O^2 V} A \tag{6-19}$$

式中，$d$为一个微凸体的滑动距离，$d=2a$，$a$为接触圆的半径；$A_p$为抛物型氧化过程的Arrhenius常数，铁在静态氧化反应中的值为$1.2\times10^{-4}\ kg^2/(m^4 \cdot s)$；$Q_p$为抛物型氧化过程的氧化激活能，铁在静态氧化反应中的值为193kJ/mol；$R$为普适气体常数；$T_c$为实际接触点的温度；$\xi$为实际接触区氧化膜厚度；$\rho_O$为实际接触区氧化膜的密度；$f_O$为氧化膜中氧的质量分数；$V$为接触区的相对速度；$A$为总的实际接触面积。

1994年Quinn提出的模型，对高铬铁销和奥氏体不锈钢盘的试验结果做了总结，得到摩擦条件下铁的氧化激活能$Q_p$是载荷的函数。轻微氧化磨损的摩擦活化能与载荷的关系如图6-8所示。可见$Q_p$在51.5~44kJ/mol之间。且在10~60N之间随载荷增加而降低。当大于60N后几乎保持不变。这一模型被成功地用于预测内燃机排气阀的氧化磨损。

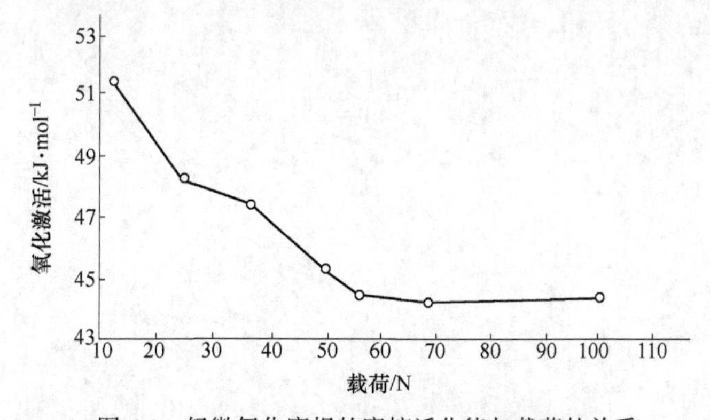


图6-8 轻微氧化磨损的摩擦活化能与载荷的关系

### 6.5.4 摩擦氧化物润滑技术

对干摩擦和在高温下工作的摩擦副，寻找适合的氧化物作为润滑剂是很有吸引力的。

如果可行，将找到一种可靠、廉价且可自修复的固体润滑技术。但并非所有的金属氧化物都具有润滑性。摩擦氧化反应生成物作为润滑剂需要满足以下几个基本的条件：

(1) 氧化物的硬度低于对应金属或所在基材的硬度，且具有较好的延展性。若具有 $MoS_2$ 或石墨那样的层状结构，效果会更好。

(2) 氧化物的磨损率小于其生成率或相当，这样才能保证摩擦副表面有一层连续的氧化膜。氧化膜过厚也会因脆性而剥落。

(3) 氧化膜的比容 $V_o$ 与金属的比容 $V_m$ 之比稍大于1。$V_o/V_m$ 小于1则不能形成连续的覆盖膜，若 $V_o/V_m$ 远大于1，则会在氧化膜和基体之间产生较大的内应力，促使氧化膜的破坏。

(4) 氧化膜与金属具有相近的热膨胀系数。若二者差异较大，则可能在反复的温度场作用下，造成氧化膜的破坏。

(5) 为了具有更好的润滑性，低熔点玻璃化氧化物和混合氧化物是较好的选择。

# 7 摩擦扩散过程

材料科学中的许多现象均以这样或那样的方式依赖于扩散。例如烧结、氧化、蠕变、沉淀、固态化学反应、相变以及晶体生长等都是一些常见的例子。材料的热力学特性和材料的结构也常由扩散决定，或者更确切地说，扩散是不可缺少的。扩散基本定律在 7.1 节中介绍。一方面，从非平衡态热力学角度看反应-扩散的耦合是形成耗散结构的重要途径之一。另一方面，导致扩散的因素（即热力学力）是多种多样的，应力、电场、温度场、浓度及化学势的差异都会导致扩散发生（详见 7.2 节）。扩散还强烈地依赖材料的微观结构，这种依赖性在微观扩散机制和宏观扩散率上均有很大的差异，7.3 节和 7.4 节分别介绍这两个问题。扩散与化学反应的耦合及扩散与材料固态相变的关系分别在 7.5 节和 7.6 节分析。

## 7.1 扩散基本理论

固态中，扩散的本质是在扩散力（浓度、应力、电场等的梯度）作用下原子的宏观定向迁移，扩散的结果是系统的化学自由焓下降。扩散理论由宏观唯象定律和微观动力机制两部分内容组成。宏观理论重点研究物质在不同结构中，各种扩散力作用下的浓度分布与时间的关系，即扩散速度问题。微观理论则研究原子运动的微观机制，即原子无规则运动与宏观物质流之间的关系。所以位错的积累、团聚和迁移也可用反应-扩散方程表述。

### 7.1.1 宏观扩散定律

1855 年，Fick 在实验基础上，借鉴热传导的研究方法，首先总结出各向同性介质中扩散的定量关系（Fick 第一定律）

$$J = -D\frac{\mathrm{d}C}{\mathrm{d}x} \tag{7-1}$$

式中，$D$ 为扩散系数；$J$ 为扩散通量；$C$ 为体积浓度；$x$ 为位置坐标。

它表明，当组元沿 $x$ 方向有浓度梯度时，单位时间通过垂直于 $x$ 方向的单位面积扩散物质的量与浓度成正比。Fick 扩散定律与热传导的 Fourier 定律、电传导的 Ohm 定律具有相同的数学物理方程。推广到三维各向异性介质中

$$J = -\left(D_x\frac{\partial C}{\partial x}i + D_y\frac{\partial C}{\partial y}j + D_z\frac{\partial C}{\partial z}k\right) \tag{7-2}$$

有外力作用时 Fick 定律的一般形式为

$$J = -D\frac{\mathrm{d}C}{\mathrm{d}x} + \langle V\rangle C \tag{7-3}$$

式中，$\langle V\rangle$ 为作用于粒子上的外力所产生的平均质心速度。

式（7-3）中右边两项是相互独立的。第二项 $\langle V\rangle$ $C$ 指平衡态下的漂移（the driftterm)。当系统受外力突然作用，会偏离平衡态，Flynn 对应力作用下的扩散做的深入研究可供参考。

Fick 第一定律没有给出扩散物质的浓度和时间的确切关系，因而无法对非稳态过程进行全面描述，也难于指导固体扩散系数的测定。研究界面 Σ 围成的任意体积 $V$ 组成的子域，若子域为无源、无化学反应，则子域内任意组元都是守恒量，其质量变化 $\frac{\mathrm{d}m}{\mathrm{d}t}$ 和组元通过界面与周围的交换量 $\frac{\mathrm{d}m'}{\mathrm{d}t}$ 之和为零。

$$\frac{\mathrm{d}m}{\mathrm{d}t}+\frac{\mathrm{d}m'}{\mathrm{d}t}=\frac{\mathrm{d}}{\mathrm{d}t}\int_V C\mathrm{d}v+\int_\Sigma J\mathrm{d}\Sigma=0 \tag{7-4}$$

应用 Gauss 定理，并考虑到体积 $V$ 为任意值，得到

$$\frac{\partial C}{\partial t}+\nabla\cdot J=0 \tag{7-5}$$

各向同性介质中

$$\frac{\partial C}{\partial t}=\frac{\partial}{\partial x}\left(D\frac{\partial C}{\partial x}\right)+\frac{\partial}{\partial y}\left(D\frac{\partial C}{\partial y}\right)+\frac{\partial}{\partial z}\left(D\frac{\partial C}{\partial z}\right) \tag{7-6}$$

若 $D$ 与成分无关，则

$$\frac{\partial C}{\partial t}=D\frac{\partial^2 C}{\partial x^2}+\frac{\partial^2 C}{\partial y^2}+\frac{\partial^2 C}{\partial z^2}=D\nabla^2\cdot C \tag{7-7}$$

考虑外力的影响，设 $\langle V\rangle$ 和 $D$ 与 $C$ 无关

$$\frac{\partial C}{\partial t}=D\nabla^2\cdot C-\langle V\rangle\nabla\cdot C \tag{7-8}$$

上述宏观扩散定律中扩散系数 $D$ 是通过实验测定的，其物理意义及其与材料结构的关系通过微观机制来阐明。

### 7.1.2 广义扩散力作用下的扩散方程式

作用于扩散物质上的外力（下面称为广义扩散力），必须加以考虑。这时，扩散方程采用 Manning 形式

$$J=-D\frac{\partial C}{\partial x}+C\frac{DF}{KT} \tag{7-9}$$

$$\frac{\partial C}{\partial t}=D\frac{\partial^2 C}{\partial x^2}-\frac{DF}{KT}\left(\frac{\partial C}{\partial x}\right) \tag{7-10}$$

式中，$F$ 为原子驱动力（见表 7-1）。

令式（7-10）中，$\alpha=\frac{F}{KT}$ 得到：

$$\frac{\partial C}{\partial t}=D\left(\frac{\partial^2 C}{\partial x^2}-\alpha\frac{\partial C}{\partial x}\right) \tag{7-11}$$

**表 7-1 广义扩散力的类型**

| 扩散力 $F$ 的类型 | 扩散力解析式 | 备 注 |
|---|---|---|
| 电场（$E$） | $F=qE$ | $q$—有效电荷 |
| 温度梯度 $\left(\frac{\partial T}{\partial x}\right)$ | $F=-\frac{Q\partial T}{T\partial x}$ | $Q$—迁移热 |
| 化学位梯度 $\left(\frac{\partial \mu}{\partial x}\right)$ | $F=-KT\frac{\partial \ln\gamma}{\partial x}$ | $\gamma$—活度系数 |
| 角速度离心力（$\omega$） | $F=mr\omega^2$ | $m$—有效分子质量 |
| 应力场 $\left(\frac{\partial U}{\partial x}\right)$ | $F=-\frac{\partial U}{\partial x}$ | $U$—内能 |

Fick 第二定律的解很复杂，本节给出两个较简单但常见问题的解。

7.1.2.1 无限大物体中的扩散

设：（1）两根无限长 A、B 合金棒，各截面浓度均匀，浓度 $C_2>C_1$。

（2）两合金棒对焊，扩散方向为 $x$ 方向。

（3）合金棒无限长，棒的两端浓度不受扩散影响。

（4）扩散系数 $D$ 是与浓度无关的常数。

根据上述条件可写出初始条件及边界条件。

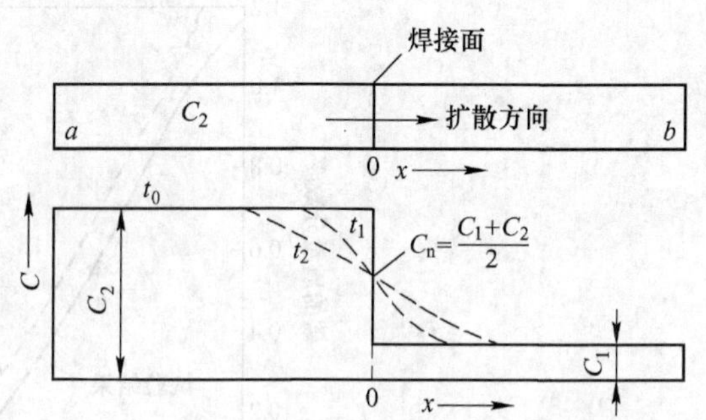


图 7-1 扩散偶及其中浓度的分布

初始条件：

$$t=0 \text{ 时}，x>0 \text{ 则 } C=C_1，x<0，C=C_2$$

边界条件： $t\geqslant 0$ 时，$x=\infty$，$C=C_1$，$x=-\infty$，$C=C_2$

$$C=\frac{C_2+C_1}{2}-\frac{C_2-C_1}{2}\cdot\frac{2}{\sqrt{\pi}}\int_0^{z/2\sqrt{Dt}}\exp(-\beta^2)\,\mathrm{d}\beta=\frac{C_2+C_1}{2}-\frac{C_2-C_1}{2}\mathrm{erf}\left(\frac{x}{2\sqrt{Dt}}\right) \tag{7-12}$$

式（7-12）为扩散偶经过时间 $t$ 扩散之后，溶质浓度沿 $x$ 方向的分布公式，其中

$$\mathrm{erf}(\beta)=\frac{2}{\sqrt{\pi}}\int_0^{\beta}\exp(-\beta^2)\,\mathrm{d}\beta \tag{7-13}$$

为高斯误差函数，可用表 7-2 查出。

**表 7-2 高斯误差函数**

| $\frac{x}{2\sqrt{Dt}}$ | $\mathrm{erf}\left(\frac{x}{2\sqrt{Dt}}\right)$ | $\frac{x}{2\sqrt{Dt}}$ | $\mathrm{erf}\left(\frac{x}{2\sqrt{Dt}}\right)$ | $\frac{x}{2\sqrt{Dt}}$ | $\mathrm{erf}\left(\frac{x}{2\sqrt{Dt}}\right)$ |
|---|---|---|---|---|---|
| 0.0 | 0.0000 | 0.7 | 0.6778 | 1.4 | 0.9523 |
| 0.1 | 0.1125 | 0.8 | 0.7421 | 1.5 | 0.9661 |
| 0.2 | 0.2227 | 0.9 | 0.7969 | 1.6 | 0.9763 |
| 0.3 | 0.3286 | 1.0 | 0.8247 | 1.7 | 0.9838 |
| 0.4 | 0.4284 | 1.1 | 0.8802 | 1.8 | 0.9891 |
| 0.5 | 0.5205 | 1.2 | 0.9103 | 1.9 | 0.9928 |
| 0.6 | 0.6039 | 1.3 | 0.9340 | 2.0 | 0.9953 |

7.1.2.2　半无限大物体中的扩散 $x \to \infty$

这种情况相当于无限大情况下半边的扩散情况求解。

初始条件　　$t = 0$ 时，$x \geqslant 0$，$C = 0$

边界条件　　$t > 0$ 时，$x = 0$，$C = C_0$，$x = \infty$，$C = 0$

可解得方程的解

$$C = C_0\left[1 - \mathrm{erf}\left(\frac{x}{2\sqrt{Dt}}\right)\right] \tag{7-14}$$

如一根长的纯铁一端放在碳浓度 $C_0$ 不变的气氛中，铁棒端部碳原子达到 $C_0$ 后，同时向右经铁棒中扩散的情形，见图 7-2 纯铁气体渗碳时表层碳浓度分布，试验结果与计算结果符合得很好。

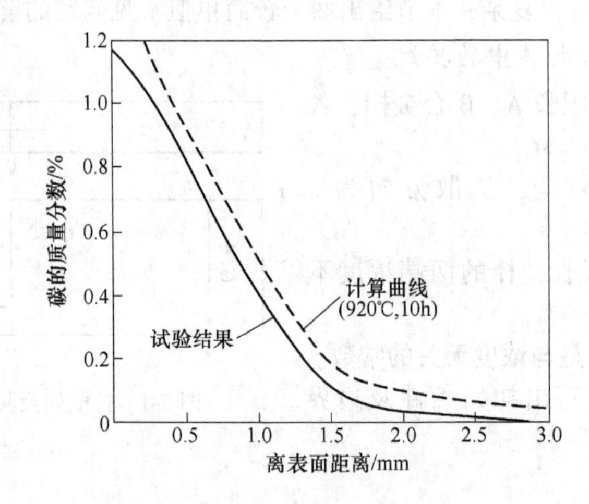


图 7-2　纯铁气体渗碳时表层碳浓度分布

## 7.2　扩散机理

物质的宏观扩散现象是微观运动行为（如原子的跃迁频率、跃迁距离等）的统计表现，本节研究扩散机理及原子的微观运动行为与宏观参量之间的关系。

通常固态晶体中的原子总是占据某一平衡位置，并以此为中心做热振动。对应于一定的热力学状态有相应的配密数，绝对温度以上，在统计意义上总有一定的原子具有足够高的能量克服能垒跃迁到另一个新的平衡位置。这种跃迁与原子在晶体中的位置及晶体的微结构有关。目前已知的扩散有空位、间隙和换位等基本机制。

### 7.2.1　空位扩散机制

空位扩散指原子向空位跃迁的过程。在绝对零度以上，晶体中总有一定的空位（也叫点缺陷）。接近熔点时空位浓度可达 $10^{-3} \sim 10^{-4}$ 数量级。高温和辐照等会提高点缺陷浓度，使扩散系数增大。空位扩散的基本过程如图 7-3 所示，一个原子跃迁到相邻的空位上。目前公认空位机制是 fcc 金属中的主导机制，在 hcp、bcc 及离子化合物和氧化物中也有重要作用。在摩擦条件下由于表层材料所处的温度较高，塑性变形及其他物理化学变化，使之具有较高的缺陷密度，造成摩擦副材料中的元素向表层扩散。

### 7.2.2 间隙扩散机制

间隙扩散指原子通过在晶体间隙位置之间的跃迁而实现的扩散。一般扩散的原子半径较小，如 H、C、N、O 等。跃迁时晶格变形较少，消耗能量少，因而通常扩散率较大。间隙扩散可细分为间隙机制、自间隙机制和挤列机制。图 7-4 间隙原子跃迁所需能量示意图，可以看出，间隙原子在面心立方固溶体的（100）面上，从一个四面体间隙位置 1 跳跃到邻近的一个四面体间隙位置 2，其中需要客户一个势垒 $G_2-G_1=\Delta G$，只有能量大于 $G_2$ 的间隙原子才能进行跃迁（b）。例如 γ-Fe 中一个 Fe 原子迁移到相邻空位所需能量大约和一个碳原子迁移到相邻间隙的能量相等。但事实上 C 原子的扩散远快于 Fe 原子的扩散。这是因为 Fe 原子的邻近空位的数量远小于碳原子所具有的邻近间隙。摩擦吸收与间隙扩散之间具有密切关系。

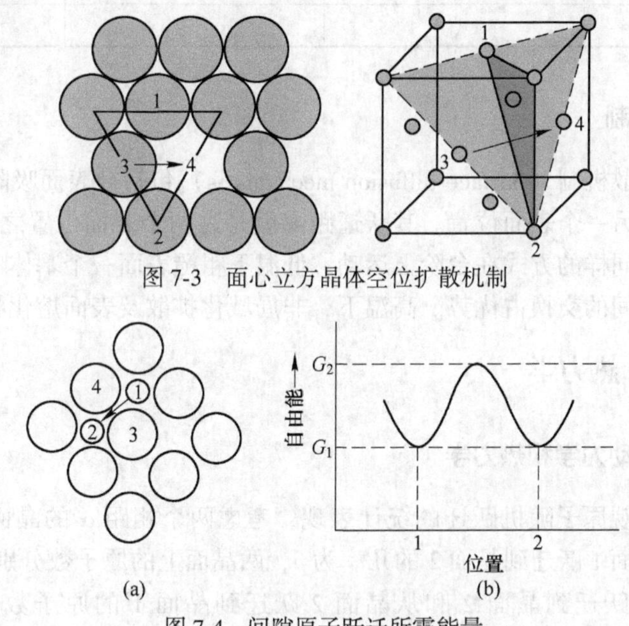


图 7-3 面心立方晶体空位扩散机制

图 7-4 间隙原子跃迁所需能量

（a）间隙原子跃迁示意；（b）间隙原子跃迁势垒

### 7.2.3 换位扩散机制

换位扩散指原子依靠与邻近位置的原子相互换位来实现扩散。包括直接换位和环形换位两种，如图 7-5 所示。

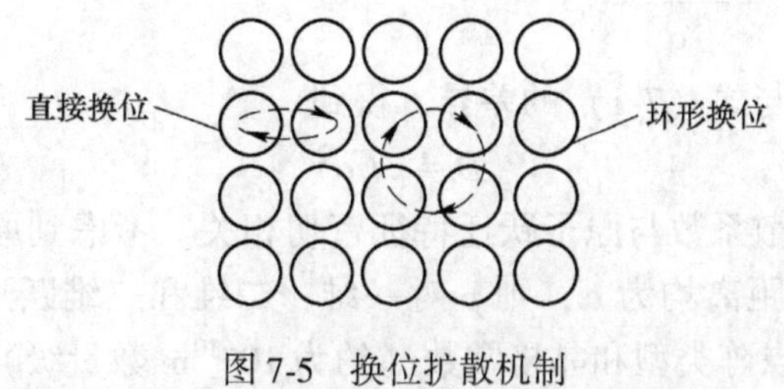


图 7-5 换位扩散机制

（a）直接换位；（b）环形换位

通过几种扩散计算出的铜自扩散激活能与实测值的对比见表7-3。其中直接换位的扩散激活能较实验值大4~5倍，难于实现。4个原子换位大出1倍，有可能发生。对比计算结果和试验结果，可见空位扩散机制为铜自扩散的主要过程。

表7-3　铜的自扩散激活能计算值与实验值

| 扩散机制 | 缺陷形成能 $\Delta H_f$/ kJ · mol$^{-1}$ | 缺陷移动能 $\Delta H_m$/ kJ · mol$^{-1}$ | 扩散激活能 $Q=\Delta H_f+\Delta H_m$/kJ · mol$^{-1}$ |
|---|---|---|---|
| 双原子换位 | | 1004 | 1004 |
| 四原子轮转换位 | | 380 | 380 |
| 间隙机制 | 879/ 481 | 19 | 879/ 500 |
| 空位机制 | 126 | 96 | 222 |
| 实验值 | | | 197 |

### 7.2.4　表面扩散机制

金属的表面扩散机制（Surface diffusion mechanisms）包括被表面吸附的原子从一个表面位置受激跃迁到另一个表面位置。其跃迁距离就是这两个表面位置之间的距离。同样，台阶上的空位也以同样的方式在台阶上运动。低温下粗糙表面一个基体中的原子与一个被表面吸附的原子之间的交换占优势。高温下，非局域化扩散及表面熔化将成为可能。

## 7.3　扩散的统计热力学

### 7.3.1　扩散的微观动力学和热力学

宏观扩散是微观原子随机跃迁的统计表现，考虑两个相距 $\alpha$ 的晶面之间扩散原子跃迁频率为 $\Gamma$，由晶面1跃迁到晶面2的几率为 $p$，两晶面上的原子数分别为 $n_1$ 和 $n_2$，则 $\delta t$ 时间内，从晶面1跃迁到晶面2和从晶面2跃迁到晶面1的原子数分别为 $n_1p\Gamma\delta t$ 和 $n_2p\Gamma\delta t$，则晶面1到晶面2的扩散通量为

$$J=(n_1-n_2)p\Gamma$$

用体积浓度表示

$$J=-p\Gamma\alpha^2\frac{\partial C}{\partial x} \tag{7-15}$$

式中，$\frac{\partial C}{\partial x}\approx-\frac{C_1-C_2}{\alpha}=-\frac{n_1-n_2}{\alpha^2}$。

注意到式（7-15）与式（7-1）的差异，得到

$$D=p\Gamma\alpha^2 \tag{7-16}$$

式（7-16）表明扩散系数与原子跃迁特征密切相关。考虑到原子跃迁方向是随机的。若各方向每跃迁一次的距离均为 $\alpha$，则 $p$ 对一维、二维和三维跃迁的值分别为1/2、1/4和1/6。由于 $\alpha$ 取决于点阵类型和晶格常数（约为 $10^{-10}$m数量级），故扩散系数的差异主要由跃迁频率的变化引起。而跃迁频率

$$\Gamma = zP\omega \tag{7-17}$$

式中，$z$ 为相邻扩散原子的位置数，对 fcc，$z=12$，对 bcc，$z=4$；$P$ 为邻近位置接纳扩散原子的几率，对间隙扩散机制，每个间隙原子相邻间隙位置基本上都是空的，$P$ 接近于 1，而低温下空位扩散 $P$ 则很低；$\omega$ 为扩散原子具有足够能量，可能跃迁到邻近位置的频率。

$$\omega = \nu \exp\left(-\frac{\Delta G_{\mathrm{m}}}{kT}\right) \tag{7-18}$$

式中，$\nu$ 为原子振动的频率；$\Delta G_{\mathrm{m}}$ 为扩散原子变换一次位置所需克服的能垒；$k$ 为 Boltzmann常数；$T$ 为绝对温度。

这样，扩散系数

$$D = \frac{1}{6}\alpha^2 fzP\nu \exp\left(-\frac{\Delta G_{\mathrm{m}}}{kT}\right) \tag{7-19}$$

式中，$f$ 为扩散机制与晶体结构的相关常数。对纯金属的空位扩散，bcc 晶体 $f=0.72$；fcc 和 hcp 晶体 $f=0.78$；金刚石 $f=0.5$。其他参数意义同前。

式（7-19）中

$$\Delta G_{\mathrm{m}} = \Delta H_{\mathrm{m}} + T\Delta S_{\mathrm{m}} \tag{7-20}$$

式中，$\Delta H_{\mathrm{m}}$ 为激活焓；$\Delta S_{\mathrm{m}}$ 为激活熵。

于是式（7-19）变为

$$D = 1/6\alpha^2 fzP\nu \exp\left(\frac{\Delta S_{\mathrm{m}}}{k}\right)\exp - \left(\frac{\Delta H_{\mathrm{m}}}{kT}\right) = D_0 \exp\left(-\frac{Q}{kT}\right) \tag{7-21}$$

式中，$D_0$ 为频率因子；$Q$ 为扩散激活能。

对 bcc 和 fcc 中的间隙扩散机制分别为

$$D_0 = 1/6\alpha^2 f\nu \exp\left(\frac{\Delta S_{\mathrm{m}}}{k}\right) \qquad Q = \Delta H_{\mathrm{m}} \tag{7-22}$$

和

$$D_0 = \alpha^2 f\nu \exp\left(\frac{\Delta S_{\mathrm{m}}}{k}\right) \qquad Q = \Delta H_{\mathrm{m}} \tag{7-23}$$

对 bcc 和 fcc 中的空位扩散机制

$$D_0 = \alpha^2 f\nu \exp\left(\frac{\Delta S_{\mathrm{m}} + \Delta S_{\mathrm{f}}}{k}\right) \qquad Q = \Delta H_{\mathrm{m}} + \Delta H_{\mathrm{f}} \tag{7-24}$$

式中，$\Delta S_{\mathrm{f}}$ 为空位形成熵；$\Delta H_{\mathrm{f}}$ 为空位形成焓。

### 7.3.2 表面缺陷和表面扩散

单晶表面由于原子的热运动会产生一系列的表面缺陷，常用 TLK（Terrace-Ledge-Kink，即平台-台阶-扭折）模型表示，如图 7-6 所示。这个模型由 Kossel 和 Stranski 提出。TLK 中的 T 表示低晶面指数的平台（Terrace）；L 表示单分子或单原子高度的台阶

(Ledge)；K 表示单分子或单原子尺度的扭折（Kink）。除了平台、台阶和扭折外，还有表面吸附的单原子（A）以及表面空位（V）。

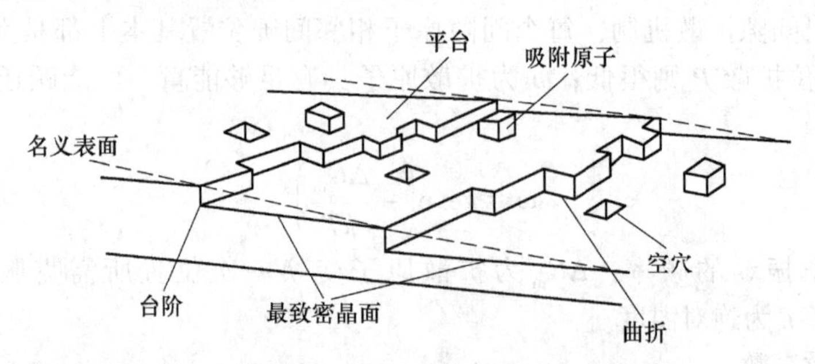


图 7-6　按照 TLK 模型得表面原子结构

单晶表面的 TLK 模型已被低能电子衍射（LEED）等表面分析结果所证实。由于表面原子的活动能力较体内大，形成点缺陷的能量小，因而表面上的热平衡点缺陷浓度远大于体内。各种材料表面上的点缺陷类型和浓度都依一定条件而定，最为普遍的是吸附（或偏析）原子。

另一种晶体缺陷是位错（线）。由于位错只能终止在晶体表面或晶界上，而不能终止在晶体内部，因此位错往往在表面露头。实际上位错并不是几何学上定义的线而近乎是一定宽度的"管道"。位错附近的原子平均能量高于其他区域的能量，容易被杂质原子所取代。如果是螺位错的露头，则在表面形成一个台阶。

无论是具有各种缺陷的平台，还是台阶和扭折都会对表面的一些性能产生显著的影响。例如 TLK 表面的台阶和扭折对晶体生长、气体吸附和反应速度等影响较大。

严格地说，清洁表面是不存在任何污染的化学纯表面，即不存在吸附、催化反应或杂质扩散等一系列物理、化学效应的表面。因此，制备清洁表面是很困难的，而在几个原子层范围内的清洁表面，其偏离三维周期性结构的主要特征应该是表面弛豫、表面重构以及表面台阶结构。

许多金属的表面扩散活化能约为 62. 7～209. 4kJ/mol 。若取活化能 $W=83.68$kJ/mol，对 fcc 金属的（111）面，原子的等价邻位 $z=6$，这样该面上原子从一个位置跃迁到另一个位置的频率

$$\nu = z\nu_0 \exp\left(-\frac{W}{RT}\right) \tag{7-25}$$

式中，$\nu_0=10^{12}\mathrm{s}^{-1}$，$R=8.31434$。

则 300K 和 1000K 原子的跃迁频率分别为 0. 016 和 $2.55\times10^8$。金属表面原子要到达平台位置的典型活化能 $W_f$为 167. 36kJ/mol，从而：

$$\nu = z\nu_0 \exp\left(-\frac{W+Wf}{RT}\right) \tag{7-26}$$

这样的跃迁在 300K 发生一次需要约 $10^{31}$s；在 1500K 发生的频率为 $10^4\mathrm{s}^{-1}$。可见温度的支配作用在扩散的微观动力方面是极为重要的。

## 7. 4　短路扩散

沿金属自由表面及内界面和缺陷（晶粒界，相间界及亚结构界和位错中心）的扩散

称为短路扩散（Short circuit diffusion）。因为这些地方原子的扩散激活能较原子点阵中的扩散激活能小得多，扩散系数远大于点阵内的值，在接近熔点 $T_M$ 处约高 $10^3$ 倍，而在 $0.5T_M$ 以下高 $10^6$ 倍。两种金属焊合后形成的扩散偶，沿着晶界扩散同时从晶界向晶内扩散。温度小于（0.75~0.8）$T_M$ 时晶界扩散具有重要作用。低温下多晶体晶界扩散作用使平均扩散系数增大。通常表面扩散的活化能为晶格扩散值的一半，晶界与位错上的扩散活化能的值为晶格扩散值的0.6~0.7倍。

### 7.4.1 表面扩散

表面扩散指在某些介质基体表面上原子或分子的运动。扩散组元可能是吸附在表面上的原子或者是基质相同的原子。前者如在金属基体表面上的杂质金属（hetero-diffusion），后者如自扩散（self-diffusion）。唯象上，表面扩散系数

$$D_S = D_{S0}\exp\left(-\frac{Q_S}{RT}\right) \tag{7-27}$$

式中，$D_S$ 为表面扩散系数；$Q_S$ 为表面扩散激活能。

对于无规则跃迁形成的扩散

$$D_S = \alpha(L^2)\frac{1}{\tau} \tag{7-28}$$

式中，$\alpha$ 为与配位数有关的常数，一维 $\alpha=1/2$，二维 $\alpha=1/4$，三维 $\alpha=1/6$；$\tau$ 为每次振动状态下点缺陷存在时间，由式（7-29）确定。

$$\frac{1}{\tau} = f_{eff} = \beta\gamma_0\exp\left(-\frac{G^+}{KT}\right) \tag{7-29}$$

式中，$L$ 为跳跃距离，由式（7-30）确定。

$$L^2 = \overline{V}(\tau^+)^2 = \frac{KT}{2\pi m}(\tau^+)^2 \tag{7-30}$$

式（7-29）及式（7-30）中，$\overline{V}$ 为原子热运动速度；$m$ 为原子质量；$\tau^+$为激活态平均寿命；$f_{eff}$为有效跳跃频率；$G^+$为点缺陷迁移激活能；$\gamma_0$ 为原子振动频率；$\beta$ 为有效当量值。

从而

$$D_S = \alpha\beta\gamma_0\exp\left(-\frac{G^+}{KT}\right)\frac{KT}{2\pi m}(\tau^+)^2 \tag{7-31}$$

### 7.4.2 晶界扩散

晶界扩散的数学分析是按 Fick 定律，把晶界视为宽度为 $\sigma$ 的各向同性均匀平板求解获得。Fisher 计算了晶界扩散，表明浓度满足

$$C(x,\ y,\ t) = C_0\left[1 - \mathrm{erf}\left(\frac{x}{2\sqrt{D_L t}}\right)\right]\exp\left[\frac{-\sqrt{2}y}{\left(\sigma\dfrac{D_b}{D_L}\right)^{\frac{1}{2}}(\pi D_L t)^{\frac{1}{4}}}\right] \tag{7-32}$$

令
$$\beta = \frac{D_b\delta}{2D_L\sqrt{D_L}t}$$

式中，$\beta$ 为晶界因子；$D_L$为晶格扩散系数；$D_b$为晶界扩散系数；$\delta$ 为晶界宽度。

则解的形式可以化为

$$C(x,\ y,\ t) = C_0\left[1 - \mathrm{erf}\left(\frac{x}{2\sqrt{D_L t}}\right)\right]\exp\left[-\frac{y}{\pi^{\frac{1}{4}}\sqrt{\beta D_L t}}\right] \tag{7-33}$$

晶界扩散模型如图 7-7 所示。图 7-8 所示为不同 $\beta$ 时，$C=0.2C_0$ 的等浓度曲线。$\delta=4\times10^{-8}\mathrm{cm}$，$D_L=10^{-11}\mathrm{cm^2/s}$，$t=10^5\mathrm{s}$（28h）。

可见 $\beta\geqslant1$ 即 $D_b/D_L\geqslant5\times10^4$ 时晶界扩散才显得比较重要。温度、晶界倾角、晶界错排度及添加元素等对晶界扩散系数有较大影响。大量试验结果表明，晶界扩散系数与温度之间满足 Arrhenius equation 定律：

$$D_b = D_{b0}\exp\left(-\frac{Q_b}{RT}\right) \tag{7-34}$$

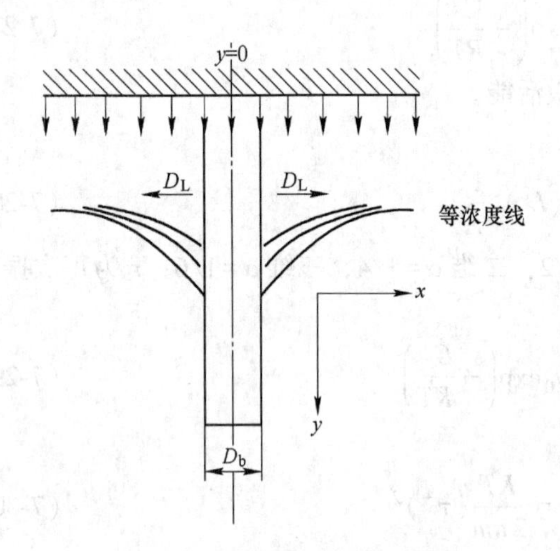

图 7-7　晶界扩散模型

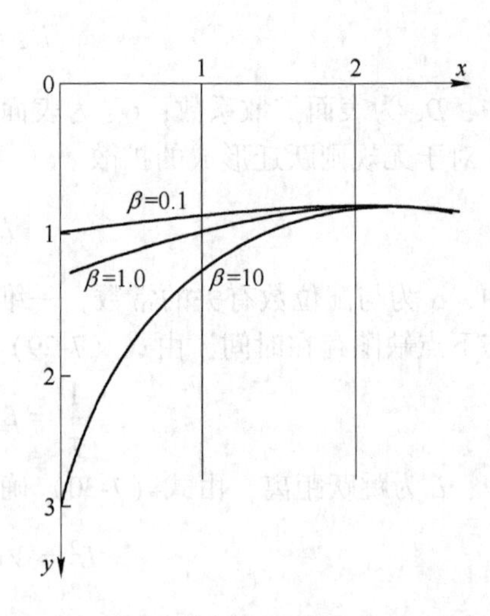

图 7-8　不同 $\beta$ 值的等浓度线（$C=0.2C_0$）

$D_b$ 晶界扩散激活能随晶面间倾角的增大而增大，如 Ag 的［100］倾角晶面的晶界扩散与温度的依存关系（见图 7-9），可见相同温度下，扩散系数随倾角增大（9°~20°）而增加。图 7-9 所示的 Ag 的［100］倾角晶面的晶界扩散与温度的关系，Ag 在 Cu 中沿［100］侧倾晶界的扩散层深度在倾角 45°时达到最大。Ni 在 Cu 的倾角晶界中的扩散，Ni 在 Ni 的倾角晶界中的扩散及 Pb 在 Pb 的倾角晶界的扩散，激活能均随倾角增大而降低。

添加元素对晶界扩散的影响可分四类：

（1）促进晶界扩散与体扩散。如 Ag 在 Cu 中扩散，同时加入 Sb、Mg 等。

（2）促进晶界扩散，对体扩散无影响。

（3）促进晶界扩散，抑制体扩散。如同时加入 Be 和 Fe。

（4）对两类扩散均抑制，如加入 Fe。

### 7.4.3　表面、晶界和晶格扩散激活能和扩散系数的对比

多晶材料的扩散一般有三种途径：晶内扩散，晶界扩散和表面扩散。界面［晶界和表面］原子的跃迁频率显著多于晶内原子，且跃迁激活能低，这使界面扩散系数远大于晶内扩散系数。晶内、晶界和表面扩散的 $D_0$ 及 $Q$ 值见表 7-4。

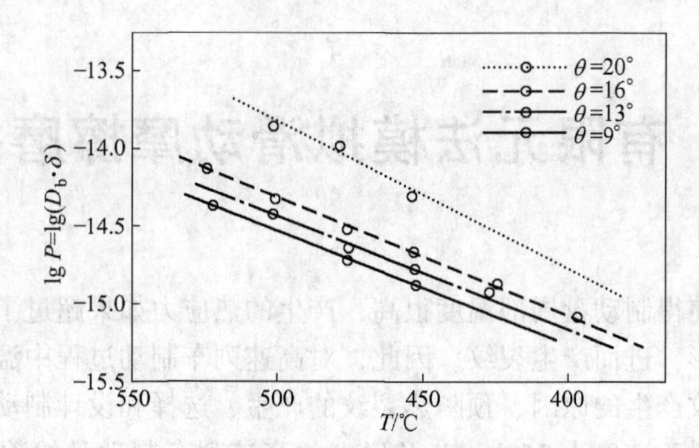


图 7-9 Ag 的［100］倾角晶面的晶界扩散与温度的关系

**表 7-4 晶内、晶界和表面扩散的 $D_0$ 及 $Q$ 值**

| 扩散途径 | 银的自扩散 | | 钍在钨中的扩散 | |
|---|---|---|---|---|
| | $D_0/cm^2 \cdot s^{-1}$ | $Q/kJ \cdot mol^{-1}$ | $D_0/cm^2 \cdot s^{-1}$ | $Q/kJ \cdot mol^{-1}$ |
| 晶内扩散 | 0.895 | 192.1 | 1.0 | 501.6 |
| 晶界扩散 | 0.025 | 84.4 | 0.74 | 376.2 |
| 表面扩散 | 0.16 | 43 | 0.47 | 277.6 |

## 7.5 塑性变形时金属的扩散

塑性变形引起的畸变将显著促进扩散。它一般具有下列特点：

（1）在形变-扩散期间，试样的组织需保持正常状态。

（2）在一定形变温度与形变速度匹配下，动态扩散速度显著大于静态扩散速度。

（3）再结晶将引起位错的消失，使动态扩散速度下降。

Fava 等人通过试验得出：

$$\frac{D'}{D_L} = 1 + \beta \& = 1 + \beta_0 \exp\left(\frac{\beta}{RT}\right) \tag{7-35}$$

式中，$D'$为动态扩散系数；$D_L$ 为静态扩散系数；$\beta$ 为应变与应变率之间的关系；& 为应变率；$\beta$ 为与扩散系统有关的常数。

# 8 有限元法模拟滑动摩擦磨损

由于循环摩擦使得制动盘局部温度很高，产生的热应力如果超过了制动材料的屈服极限，将产生塑性变形，进而产生裂纹。因此，对高速列车制动过程中温度和应力变化的准确模拟对分析热裂纹产生的原因、预防热裂纹的产生、选择和设计制动盘材料等都有重要的参考意义。目前对于速度为 350km/h 及以上的高速列车制动盘的数值模拟还较少，本章将从以下几点着手进行研究：（1）建立完整的有限元模型，模拟计算一次紧急制动的全过程，计算其温度场及热应力场；（2）由所得温度场及热应力场对制动盘进行失效分析，选择合适的材料，改善制动盘的结构；（3）在条件允许的情况下，制出制动盘实物，进行 1∶1 的台架试验，与数值模拟的结果进行比。

## 8.1 热分析基础知识

### 8.1.1 传热学经典理论

热分析遵循热力学第一定律，即“能量守恒定律”对于一个封闭系统（没有能量的流入或流出）有：

$$Q - W = \Delta U + \Delta KE + \Delta PE \tag{8-1}$$

式中，$Q$ 为热量；$W$ 为做功；$\Delta U$ 为系统内能；$\Delta KE$ 为系统动能；$\Delta PE$ 为系统势能。

对于大多数工程传热问题：$\Delta KE = \Delta PE = 0$。

通常考虑没有做功：$W = 0$，则：$Q = \Delta U$。

对于稳态热分析：$Q = \Delta u = 0$，即流入系统的热量等于流出的热量。

对于瞬态热分析：$q = \dfrac{\mathrm{d}U}{\mathrm{d}t}$，即流入或流出的热传递速率 $q$ 等于系统内能的变化。

### 8.1.2 三种基本传热方式

热传递的基本方式有三种，分别为热传导、对流和辐射。

8.1.2.1 热传导

当物体内部存在温差，即存在温度梯度时，热量从物体的高温部分传递到低温部分；而且不同温度的物体相互接触时热量会从高温物体传递到低温物体，这种热量传递方式称为热传导。

热传导示意如图 8-1 所示，图中的左右两个表面均维持均匀温度，分别为 $T_{热}$ 和 $T_{冷}$，$T_{热}$ 大于 $T_{冷}$，热量从左侧平面向右侧平面传递，且满足热传导基本定律，其关系式如下：

$$\frac{Q}{t} = kA\frac{T_{热} - T_{冷}}{d} \tag{8-2}$$

式中，$Q$ 为时间 $t$ 内的传热量或热流量；$k$ 为热传导率或热传导系数；$T$ 为温度；$A$ 为平面面积；$d$ 为两平面之间的距离。

8.1.2.2 对流

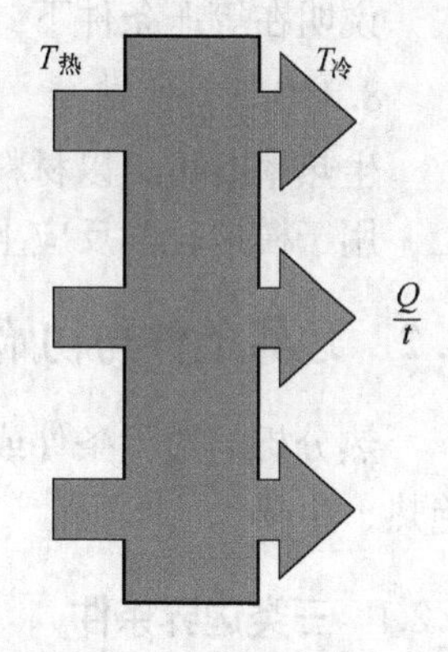

图 8-1 热传导示意

热对流是指固体的表面与它周围接触的流体之间，由于温差的存在引起的热量的交换。高温物体表面常常发生对流现象。这是因为高温表面附近的空气因受热而膨胀，密度降低并向上流动。与此同时，密度较大的冷空气下降并代替原来的受热空气。热对流可以分为两类：自然对流和强制对流。热对流用牛顿冷却方程来描述：

$$q = h(T_s - T_b) \tag{8-3}$$

式中，$h$ 为对流换热系数；$T_s$ 为固体表面的温度；$T_b$ 为周围流体的温度。

8.1.2.3 辐射

辐射指物体发射电磁能，并被其他物体吸收转变为热的交换过程。物体温度越高，单位时间辐射的热量越多。热传导和热对流都需要有传热介质，而热辐射无须任何介质。实质上，在真空中的热辐射效率最高。

在工程中通常考虑两个或两个以上物体之间的辐射，系统中每个物体同时辐射并吸收热量。它们之间的净能量传递可以用斯蒂芬-玻耳兹曼方程来计算

$$q = \varepsilon\sigma A_1 F_{12}(T_1^4 - T_2^4) \tag{8-4}$$

式中，$q$ 为热流率；$\varepsilon$ 为实际物体的辐射率，或称为黑度，它的数值处于 0~1 之间；$\sigma$ 为斯蒂芬-玻耳兹曼常数，约为 $5.67\times10^{-8}\mathrm{W/(M^2\cdot K^4)}$；$A_1$ 为辐射面 1 的面积；$F_{12}$为由辐射面 1 到辐射面 2 的形状系数；$T_1$ 为辐射面 1 的绝对温度；$T_2$ 为辐射面 2 的绝对温度。由上式可以看出，包含热辐射的分析是高度非线性的。

### 8.1.3 热分析材料的基本属性

与热分析直接相关的材料属性包括：热传导率、比热容、焓、对流换热系数、辐射系数、生热率。

8.1.3.1 比热容

比热容是指单位质量的物质每升高（或降低）1℃所吸收（或放出）的热量，简称比热，其单位为 J/(kg · ℃)，通常其计算式如下

$$C = \frac{Q}{m\Delta T} \tag{8-5}$$

式中，$\Delta T = T_E - T_B$，$T_E$为终止时刻温度，$T_B$ 为开始时刻温度；$Q$ 为该时间段内物体吸收或放出的总热量；$m$ 为质量。

8.1.3.2 焓

焓的定义式为

$$H = U + PV \tag{8-6}$$

式中，$H$ 为焓；$U$ 为内能；$P$、$V$ 分别为压力和体积。

对于等压情况，式（8-6）又可表示为

$$Q = \Delta U + P\Delta V \tag{8-7}$$

说明在等压条件下，焓的变化即热量的变化。

8.1.3.3　生热率

生热率既可以以材料属性的形式进行定义，同时又可以以体载荷的形式施加到单元上，用于模拟化学反应生热或电流生热，其单位是单位体积的热流率。

## 8.2　边界条件与初始条件

热分析的边界条件或初始条件可分为七种：温度、热流率、热流密度、对流、辐射、绝热、生热。

### 8.2.1　三类边界条件

8.2.1.1　第一类边界条件

物体边界上的温度函数为已知，用公式表示为

$$T\Big|\Gamma = T_0\ ;\ T\Big|\Gamma = f(x,\ y,\ z,\ t) \tag{8-8}$$

式中，$\Gamma$为物体边界；$T_0$ 为已知温度；$f\ (x,\ y,\ z,\ t)$ 为已知温度函数。

8.2.1.2　第二类边界条件

物体边界上的热流密度为已知，用公式表示

$$-k\frac{\partial T}{\partial n}\Big|\Gamma = q\ ;\ -k\frac{\partial T}{\partial n}\Big|\Gamma = g(x,\ y,\ z,\ t) \tag{8-9}$$

式中，$q$ 为热流密度；$g(x,\ y,\ z,\ t)$ 为热流密度函数。

8.2.1.3　第三类边界条件

与物体相接触的流体介质的温度和换热系数已知，用公式表示

$$-k\frac{\partial T}{\partial n}\Big|\Gamma = a(T - T_{\mathrm{f}})\Gamma \tag{8-10}$$

式中，$T_{\mathrm{f}}$ 为流体介质的温度；$a$ 为换热系数；$T_{\mathrm{f}}$ 和 $a$ 可以是常数，也可以是随时间和位置而变化的函数。

### 8.2.2　初始条件

初始条件是指传热过程开始时，物体在整个区域中所具有的温度为已知值，用公式表示

$$T\big|_{t=0} = \varphi(x,\ y) \tag{8-11}$$

式中，$\varphi(x,\ y)$ 为已知温度函数。

### 8.2.3　边界换热系数

制动盘的边界由于与外界存在温度差而与周围介质换热，其中包括对流和辐射换热。由于制动盘高速旋转，其与空气的对流换热系数成为主要的传热方式，而温度上升不是很高的情况下，辐射情况可以不予以考虑。

# 8.3 热分析

## 8.3.1 有限元热分析基本原理

有限元进行热分析计算的基本原理是将所处理的对象首先划分成有限个单元（每个单元包含若干个节点），然后根据能量守恒原理求解一定边界条件和初始条件下每一个节点处的热平衡方程，由此计算出各节点温度值，继而进一步求解出其他相关量。以 8 节点六面体单元为例，3SOLIDS 如图 8-2 所示。六面体中任意一点的温度被离散到 8 个顶点中，即可用 $T_a$、$T_b$、$T_c$、$T_d$、$T_e$、$T_f$、$T_g$ 和 $T_h$ 这 8 个温度值来表示该单元中的温度场。

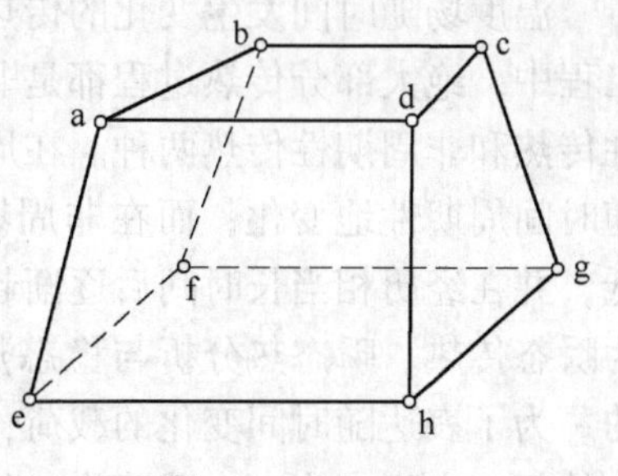

图 8-2 3SOLIDS

$$T=f(T_a, T_b, T_c, T_d, T_e, T_f, T_g, T_h) \tag{8-12}$$

对于图 8-3 所示的具有一定边界的区域，可以将其划分为有限个 SOLIDS 单元，每一个节点都有对应的数字序号 1、2、3、…；每一单元也有其相应的编号①、②、③、…。各相邻单元之间通过公共顶点相互关联，如图 8-4 所示。一般来说，单元划分得越小，单元区间或空间内所容纳的单元数量越多，计算精度就会越高。但单元数量的增加

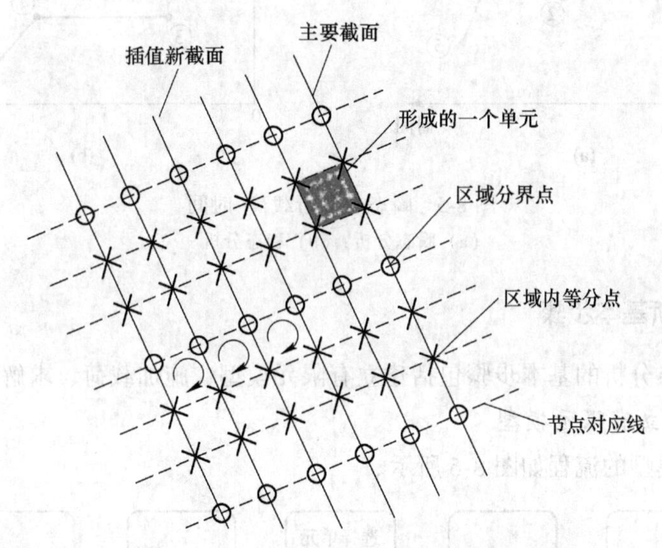

图 8-3 具有边界的区域的网格生成原理图

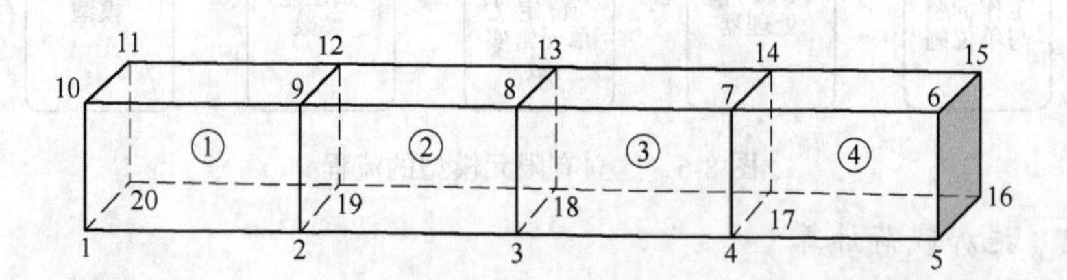

图 8-4 用有限个 SOLIDS 单元表征具有一定边界的区域

会带来运算速度的下降，因此在实际建模和网格划分过程中需要根据具体情况灵活处理。比如，在模型中形状复杂或温度变化剧烈的区域把单元划分得密些；而在其余地方则可把单元适当划分疏些。这样就无须增加单元和节点数，即可提高计算精度。

### 8.3.2　瞬态热分析的应用

温度场随时间发生变化的传热过程称为非稳态传热。实际上，无论是在自然界还是在工程中，绝大部分传热过程都是非稳态传热。这类传热按其过程进行的特点，可分为周期性传热和非周期性传热两种。在周期性的传热过程中，导热物体内的温度以一定的规律，随时间周期性地变化；而在非周期性的传热过程中，物体内的温度随时间不断升高或降低，并在经历相当长时间后逐渐趋于周围介质的温度而最终达到平衡。这类传热过程又称为瞬态传热。瞬态热分析与稳态热分析主要的区别是瞬态热分析中的载荷是随时间变化的。为了表达随时间变化的载荷，首先必须将载荷-时间曲线分为载荷步。载荷-时间曲线中的每一个拐点为一个载荷步，如图 8-5 所示。对于每一个载荷步，必须定义载荷值及时间值，同时必须选择载荷步为渐变或阶跃。

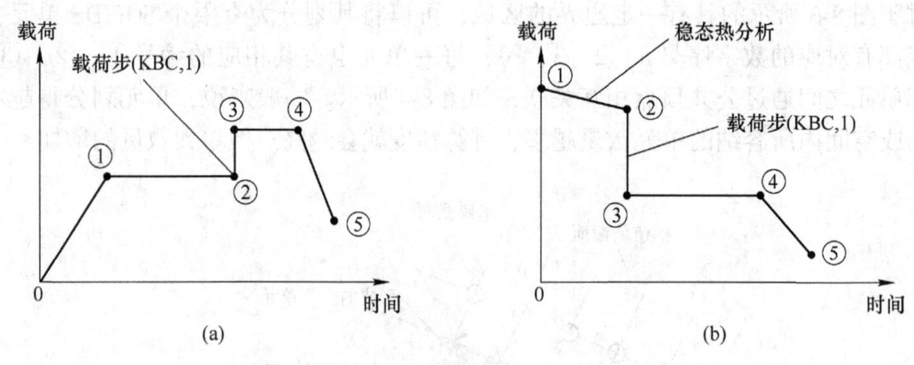


图 8-5　瞬态热分析载荷-时间
（a）瞬态分析；（b）稳态分析

### 8.3.3　瞬态热分析基本步骤

有限元瞬态热分析的基本步骤包括建立有限元模型、施加载荷、求解与后处理。

#### 8.3.3.1　建立有限元模型

建立有限元模型的流程如图 8-6 所示。

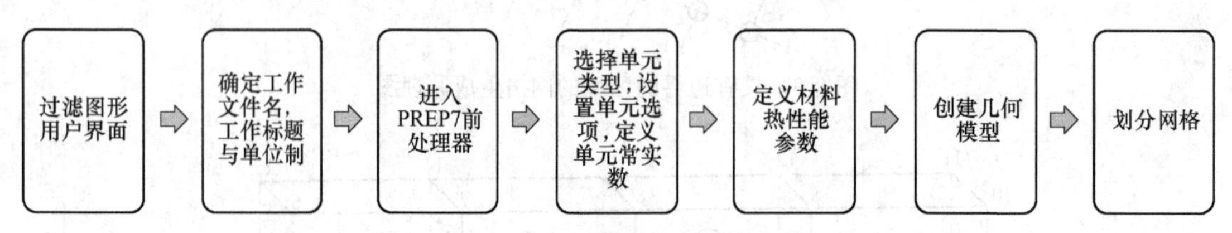


图 8-6　建立有限元模型的流程

#### 8.3.3.2　施加载荷计算

施加载荷计算的流程如图 8-7 所示。

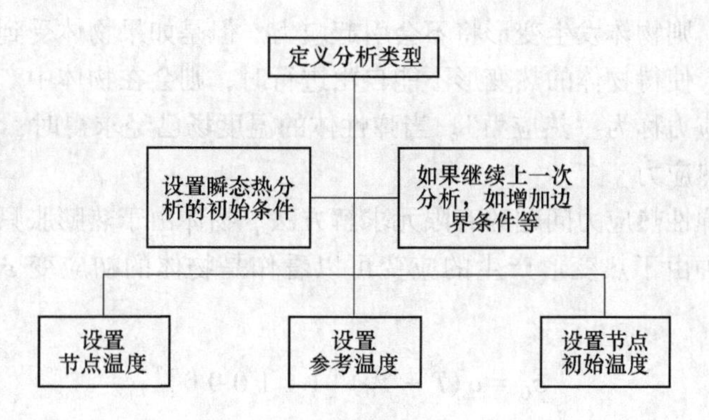


图 8-7 施加载荷计算的流程

8.3.3.3 求解

在对一个瞬态热分析问题进行求解时，与稳态热分析类似，通常也需要指定一些关键的载荷步选项。其中包括：Time/Frequence 选项、非线性选项以及输出选项。求解流程如图 8-8 所示。

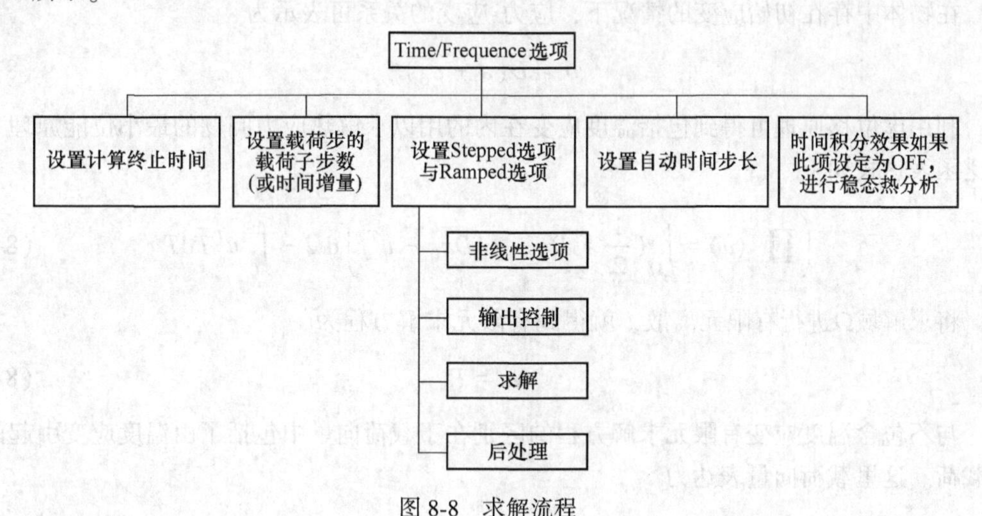


图 8-8 求解流程

## 8.3.4 非线性热分析

在热分析过程中，如果有下列情况中的一种或几种出现，则该分析为非线性热分析：(1) 材料热性能随温度变化；(2) 边界条件随温度变化；(3) 含有非线性单元；(4) 考虑辐射传热。

非线性热分析的热平衡矩阵方程为：

$$[C(T)]\{\dot{T}\} + [K(T)]\{\dot{T}\} = [Q(T)] \tag{8-13}$$

## 8.3.5 热应力的计算

物体 A 和物体 B 相对摩擦滑动时产生的摩擦热以及摩擦体内部的热传导使物体各部分温度发生变化，物体由于热变形将产生线应变 $\alpha(T - T_0)$，其中，$\alpha$ 是物体材料的线膨胀系数，$T$ 是弹性体内任一点现时的温度值，$T_0$ 是初始温度值。如果物体各部分的热变形不受任何约束，则物体发生变形将不会引起应力。但是如果物体受到约束或者各部分的温度变化不均匀，使得物体的热变形不能自由进行时，则会在物体中产生应力。物体由于温度变化引起的应力称为“热应力”。当弹性体的温度场已经求得时，就可以进一步求出弹性体各部分的热应力。

下面将给出弹性热应力问题的有限元求解方法。物体由于热膨胀只产生线应变，而剪切应变为零。这种由于热变形产生的应变可以看作是物体的初应变 $\varepsilon_0$。对于三维问题，$\varepsilon_0$的表达式为

$$\varepsilon_0 = \alpha(T - T_0)[1\ 1\ 1\ 0\ 0\ 0]^T \tag{8-14}$$

式中，$\alpha$ 为材料的热膨胀系数，1/℃；$T_0$ 为物体的初始温度场；$T$ 为物体的瞬态温度场。$T$ 可由温度场分析得到的单元节点温度 $T_i$ 通过插值求得，即可计算得到

$$T = \sum_{i=1}^{n} N_i(x,\ y,\ z)\,T_i = NT^e \tag{8-15}$$

在物体中存在初始应变的情况下，应力-应变的关系可表示为

$$\sigma = D(\varepsilon - \varepsilon_0) \tag{8-16}$$

利用虚位移原理可得到包括温度应变在内的用以求解热应力问题的最小位能原理。它的泛函表达式如下

$$\left(\prod\nolimits_{\rho}(u) = \int_{\Omega}(\frac{1}{2}\varepsilon^T D\varepsilon - \varepsilon^T D\varepsilon_0 - u^T f\right)\mathrm{d}\Omega - \int_{T_e} u^T \overline{T}\mathrm{d}T \tag{8-17}$$

将求解域Ω进行有限元离散，就得到有限元求解方程为

$$\lambda a = P \tag{8-18}$$

与不包含温度应变有限元求解方程的区别在于载荷向量中包括了由温度应变引起的温度载荷。这里载荷向量表达为

$$P = P_{\mathrm{F}} + P_{\mathrm{T}} + P_{\varepsilon_0} \tag{8-19}$$

式中，$P_{\mathrm{F}}$，$P_{\mathrm{T}}$ 分别为体积载荷和表面载荷引起的载荷项；$P_{\varepsilon_0}$ 为温度应变引起的载荷项

$$P_{\varepsilon_0} = \sum_{e}\int_{\Omega_e} B^T D\varepsilon_0 \mathrm{d}\Omega \tag{8-20}$$

式中，$B$ 为单元应变矩阵。稳态温度应力计算在温度场分析后进行，至于瞬态温度应力，可以在每一时间步的温度场计算后进行，也可以在整个瞬态温度场分析完成后，再对每一时间步或指定的若干步进行。

## 8.4　复合材料制动盘盘面温升

### 8.4.1　制动盘盘面传热分析

制动盘实质上是一种能量转换装置，它将列车高速运动的动能转换成热能，并消散到

大气中。一次刹车后，制动盘的温度可以从室温急剧上升到几百摄氏度，制动盘受热膨胀产生热应力。制动盘摩擦表面热量积聚过程中，一旦热应力超过材料的强度极限，就容易产生热裂纹，从而导致制动盘的破坏。此外，在制动盘制动过程中，摩擦材料与对偶件间所产生的摩擦力可以使接触表面变形、黏着点撕裂，使硬质点或是磨屑产生犁削效应，其作用程度与制动过程的各个参数（管路压力，盘片之间的压力分布等）、材料的性质、表面形貌以及环境因素（环境状况、对流换热）等有关。在此将计算速度为 350km/h 的高速列车在一次紧急制动过程中，轴盘的温度场及热应力场的变化情况，用以指导高速列车制动盘的材料选择，结构设计。

摩擦副制动过程示意如图 8-9 所示。向合成闸片施加一定的制动压力 $N$，使初始角速度为 $\omega_0$ 的制动盘在很短的时间内停下来，实现制动。从传热学的角度讲：摩擦副在制动过程中，摩擦力矩做的功全部转化成热量，也即使制动盘的动能转换为热能。摩擦产生的热量分别向合成闸片材料和金属基复合材料制动盘中传递，摩擦热在摩擦副之间的分配系数通常计算：

$$k = \frac{q_{制动盘}}{q_{闸片}} = \sqrt{\frac{C_{制动盘}\rho_{制动盘}\lambda_{制动盘}}{C_{闸片}\rho_{闸片}\lambda_{闸片}}} \tag{8-21}$$

式中，$\lambda$ 为热系数；$C$ 为比热容；$\rho$ 为密度。

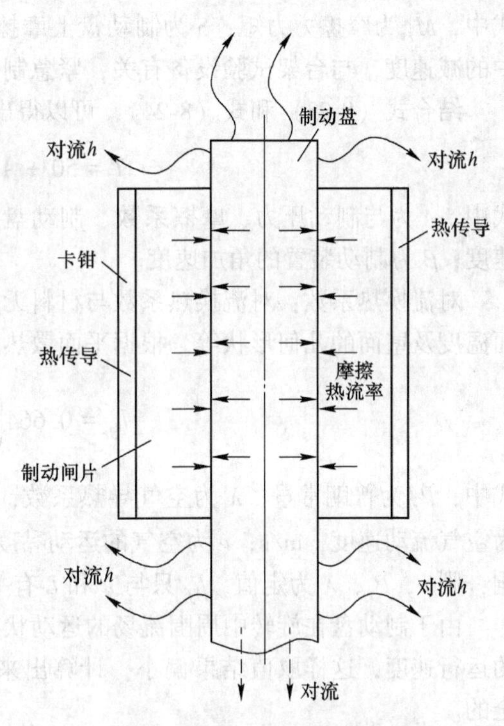

图 8-9　摩擦副制动过程示意

因制动盘的旋转速度远大于热量在制动盘中的传递速度，故忽略热量沿盘周向的传递，可以近似认为热量只沿制动盘轴向从摩擦面向制动盘内部传递。通常制动时间较短，铝基复合材料制动盘的传热学模型可以看成属于具有均匀初温 $t$ 的半无限大物体（$0 \leqslant x \leqslant \infty$），在表面受到变化热流作用的情况，一维传热，制动盘传热模型如图 8-10 所示。根据这种模型可得偏微分方程：

$$\frac{\partial T}{\partial t} = \alpha \frac{\partial T^2}{\partial X^2} \tag{8-22}$$

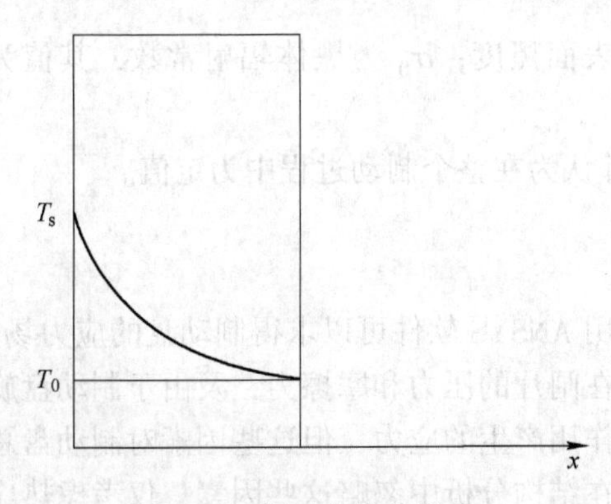

图 8-10　制动盘传热模型

式中，$T$ 为温度，℃；$t$ 为时间，s；$\alpha$ 为导温系数，$\alpha = \lambda/(p_C \cdot \rho)$，$m^2/s$；$\lambda$ 为导热系数，W/(m · ℃)；$p_C$ 为定压比热容，J/(kg · ℃)；$\rho$ 为密度，$kg/m^3$。

边界条件

$$T(x,\ 0) = T_0$$

$$\left.\frac{\partial T(x,\ t)}{\partial x}\right|_{x=0} = \frac{q_s}{\lambda} \tag{8-23}$$

式（8-23）的解为

$$T = T_0 + \frac{2q_s}{\lambda\sqrt{\frac{\alpha t}{\pi}}} \tag{8-24}$$

热流输入函数可通过式（4-25）计算

$$q_s(t) = \frac{1}{2S}M_z\left(\omega_0 - \int_0^t \beta \mathrm{d}t\right) \tag{8-25}$$

式中，$M_z$ 为摩擦力力矩；$S$ 为制动盘上摩擦环的面积；$\omega_0$ 为初始角速度；$\beta$ 为制动过程中的减速度，与台架试验设备有关，紧急制动条件下一般取 0.5~0.8$g$，其值为负值。

结合式（8-23）和式（8-24），可以得出制动盘盘面温度函数

$$T = 50 + A(\omega_0 - \beta t)\sqrt{t} \tag{8-26}$$

式中，$A$ 为与制动压力、摩擦系数、制动盘导热系数及比热等有关的常数；$\omega_0$ 为初始角速度；$\beta$ 为制动装置的角加速度。

对流换热系数：对流换热系数与材料无关，取决于流体流动状态、流体物理性质、壁面温度及壁面的几何形状等。根据平面散热问题的传热学理论得：

$$h_f = 0.664\left(\frac{uL}{\nu}\right)^{0.5} P_r^{\frac{1}{3}}\frac{\lambda}{L} \tag{8-27}$$

式中，$P_r$ 为普朗常量；$\lambda$ 为空气导热系数，W/(m · ℃)；$L$ 为制动盘的特征长度，m；$u$ 为空气流动速度，m/s；$\nu$ 为空气的运动黏度，$m^2$/s。忽略制动盘周围空气温度变化的影响，则 $\nu$，$P_r$，$\lambda$ 为定值，$h_f$ 只与 $u$ 和 $L$ 有关。

由于制动盘在旋转中周围流场的运动状态非常复杂，简单起见，本论文取 $u$ 等于列车的运行速度，这样取值结果偏小，计算出来的结果偏高，对制动盘的运用来说是趋于安全的。

辐射换热：对于辐射换热，根据斯蒂芬-玻耳兹曼定律，制动盘与周围空气的辐射换热服从：

$$Q = \varepsilon F\sigma_0(T^4 - T_0^4) \tag{8-28}$$

式中，$Q$ 为辐射热交换；$F$ 为热交换面积；$\varepsilon$ 为表面黑度；$\sigma_0$ 为黑体辐射常数，其值为 $5.67\times10^{-8}$ W/($m^2$ · $K^4$)。

查材料手册得制动盘体表面黑度 $\varepsilon$=0.21，并认为在整个制动过程中为定值。

### 8.4.2 制动盘热应力场计算及分析

由制动盘的温度场瞬态分布计算结果，再利用 ANSYS 软件可以求得制动盘的应力场。运用中的制动盘除受热膨胀引起的应力外，还存在闸片的压力和摩擦力，及由于制动盘旋转旋转引起的离心力、振动载荷以及压装载荷等作用产生的应力，但这些因素对制动盘总应力的影响较小，远不及热应力的影响，因此，在结构分析中忽略这些因素，仅考虑热应力的影响。

在进行 ANSYS 热应力分析之前，不必重新建立制动盘的实体模型及进行网格划分，只要在温度场分析的基础上将模型的单元类型由热分析单元（solid70）转化为结构分析单元（solid45）即可。实际上，要进行温度场分析和应力场分析，前后模型的节点单元必须具备完整的对应关系，从这个角度考虑，必须使用温度场分析中建立的有限元模型，才能保证求解的正确性。在 ANSYS 前处理中，采用间接耦合法，将热分析结果文件中节点的温度值读入到结构分析中即可。同时，在结构分析中要建立与热分析相同的载荷步，这样才能保证前后耦合的完整性。热应力的计算方程为

$$\sigma = aE(T - T_0) \tag{8-29}$$

式中，$\sigma$ 为热应力，MPa；$a$ 为膨胀系数，℃$^{-1}$；$E$ 为弹性模量，MPa。

### 8.4.3 制动盘盘面对流

本文利用有限元计算单相黏性流体的二维和三维流动、压力和温度分布。通过质量、动量和能量三个守恒性质来计算流体的速度分量、压力以及温度。

#### 8.4.3.1 连续性方程

连续性方程描述了流动过程中流体质量守恒的性质，用矢量表示的连续性方程如下

$$\frac{\partial \rho}{\partial t} + \mathrm{div}(\rho v) = 0 \tag{8-30}$$

在三维直角坐标系中，连续性方程可写成下式：

$$\frac{\partial \rho}{\partial t} + \frac{\partial(\rho u)}{\partial x} + \frac{\partial(\rho v)}{\partial y} + \frac{\partial(\rho w)}{\partial z} = 0 \tag{8-31}$$

式（8-31）中，$\rho u$、$\rho v$ 和 $\rho w$ 分别表示沿 $X$、$Y$ 和 $Z$ 坐标方向微元体表面单位面积的质量流量，后三项之和表示了时间 d$t$ 内流出微元体的净质量，它一定等于同一时间内该微元体由于密度变化造成的净减质量。

连续性方程中除了速度矢量 $\boldsymbol{v}$ 是变量之外，流体的密度 $\rho$ 也是变化的，通常密度由流体的状态方程来确定。对于不可压缩流动，密度既不随时间变化又不随位置变化，则连续性方程可简化为

$$\mathrm{div}\,\boldsymbol{v} = 0 \tag{8-32}$$

#### 8.4.3.2 运动方程

运动方程反映了流动过程中动量守恒的性质，有时也称作动量方程。按照牛顿第二定律，流体微元所受的合外力等于微元体动量的变化率。微元流体所受的外力有体积力、黏性力和压力。体积力是指分布作用在整个微元体质量上的力，如重力、电磁力等；黏性力是指分子微观运动在不同速度的相邻两层流体之间产生的摩擦力。斯托克斯首先描述了牛顿流体黏性力的完整表达式，由此构成的牛顿流体运动方程就是纳维埃-斯托克斯（Navier-Stokes）方程。直角坐标系下的纳维埃-斯托克斯方程表示为

$$
\begin{cases}
\rho \dfrac{\mathrm{d}u}{\mathrm{d}t} = \rho X - \dfrac{\partial p}{\partial x} + 2\dfrac{\partial}{\partial x}\left(\mu \dfrac{\partial u}{\partial x}\right) + \dfrac{\partial}{\partial y}\left[\mu\left(\dfrac{\partial u}{\partial y} + \dfrac{\partial v}{\partial x}\right)\right] + \dfrac{\partial}{\partial z}\left[\mu\left(\dfrac{\partial u}{\partial z} + \dfrac{\partial w}{\partial x}\right)\right] - \dfrac{2}{3}\dfrac{\partial}{\partial x}(\mu \mathrm{div}\,\boldsymbol{v}) \\
\rho \dfrac{\mathrm{d}v}{\mathrm{d}t} = \rho Y - \dfrac{\partial p}{\partial y} + \dfrac{\partial}{\partial x}\left[\mu\left(\dfrac{\partial u}{\partial y} + \dfrac{\partial v}{\partial x}\right)\right] + 2\dfrac{\partial}{\partial y}\left(\mu \dfrac{\partial v}{\partial y}\right) + \dfrac{\partial}{\partial z}\left[\mu\left(\dfrac{\partial v}{\partial z} + \dfrac{\partial w}{\partial y}\right)\right] - \dfrac{2}{3}\dfrac{\partial}{\partial y}(\mu \mathrm{div}\,\boldsymbol{v}) \\
\rho \dfrac{\mathrm{d}w}{\mathrm{d}t} = \rho Z - \dfrac{\partial p}{\partial z} + \dfrac{\partial}{\partial x}\left[\mu\left(\dfrac{\partial u}{\partial z} + \dfrac{\partial w}{\partial x}\right)\right] + \dfrac{\partial}{\partial y}\left[\mu\left(\dfrac{\partial v}{\partial z} + \dfrac{\partial w}{\partial y}\right)\right] + 2\dfrac{\partial}{\partial z}\left(\mu \dfrac{\partial w}{\partial z}\right) - \dfrac{2}{3}\dfrac{\partial}{\partial z}(\mu \mathrm{div}\,\boldsymbol{v})
\end{cases}
\tag{8-33}
$$

式（8-33）中，等号左端表示微元体惯性力在三个坐标方向的分量，等号右端第一项 $X$、$Y$ 和 $Z$ 表示沿坐标方向的体积力，第二项中的 $p$ 为流体压力，第三项以及以后各项表示的是广义牛顿黏性力，式中 $\mu$ 为动力黏性系数。

8.4.3.3　能量方程

对于常物性流动，流体密度和动力黏度为常数，连续性方程和运动方程中只有速度和压力两个变量，方程完全封闭，求解这两个方程，流场就可以计算出来。对于变物性流动，流体密度和动力黏度需要根据压力和温度计算得到。流场各点的温度由能量方程控制，因此变物性流动的控制方程由连续性方程、运动方程和能量方程三个方程组成，其中包含速度、压力和温度三个变量。能量方程表达式如下

$$
\rho \frac{\mathrm{d}u}{\mathrm{d}t} = -\mathrm{div}\boldsymbol{q} - p\mathrm{div}\,\boldsymbol{v} + \Phi_{\varepsilon} + S \tag{8-34}
$$

式（8-34）中，左边是流体微元内能的变化率，右边第一项是外界对微元体的热传导，右边第二项是微元体表面压力对流体做功转化成的能量，右边第三项是能量耗散函数，右边第四项是内部热源。

### 8.4.4　制动盘散热筋内部流场仿真步骤

8.4.4.1　几何模型的建立

几何模型的建立步骤如下：

（1）在 CAD 中建立制动盘散热筋轮廓的绘制。

（2）完成以后，点击面域命令，选择所有的轮廓线，按 enter 键，然后 file-export 命令，选择保存类型为后缀 sat 文件。

（3）再次选择图形的轮廓线，按 enter 键，将模型以面域形式输出，供 gambit 使用。

（4）动 gambit，执行 file-import-ACIS 命令，输入文件名，将 CAD 中绘制图形导入 gambit 中。

（5）此时几何图形为三个面域，单击 face 面域中的减按钮，用外围面环域减去全部散热筋面域。

8.4.4.2　网格划分以及定义边界条件

网格划分以及定义边界条件的步骤如下：

（1）进行网格划分，选中计算区域，以 element：tritype：pave 的网格划分方式，并采用 interval size 为 0.2 划分网格，保持其他默认设置。

（2）网格划分好以后，定义边界类型。选中里面圆为进口边，定义为压力入口，定义为 in；选中外面圆为出口边，定义为压力出口，定义为 out。将全部散热筋设置为壁面

边界（wall）。

（3）执行 file-export-mesh 命令，将网格输出后缀为 msh 文件。

8.4.4.3 求解计算

求解计算步骤如下：

（1）启动 fluent 二维单精度计算器，执行 file-read-case，读入网格，网格读入以后，执行 grid-check，检测成功出现 done 显示。

（2）执行 grid-scale 命令，在 scale grid 选择单位毫米。

（3）定义求解的基本类型，执行 define-models-solver 命令，弹出 solver 对话框，选择 time 为 unsteady。

（4）执行 define-models-viscous 命令，选择 K-epsilon 并选择 standard，保存默认设置。

（5）定义材料的属性参数，选择材料为空气。

（6）执行 define-operating conditions 命令，默认设置。

（7）定义边界条件，执行 define-boundary conditions 命令，定义如下：

1）选中 fluid 在材料名称里选择设置的材料。

2）选择进口，设置参数，进口为标准大气压。

3）选择出口，设置参数，出口表压为 0，启用动网格以前，需要定义制动盘转动的边界，制动盘的转动形式既可以通过边界型函数来设置，也可以用 UDF 函数设置。

（8）本文采用 Microsoft Visual C++6.0 软件编译，然后将程序连接到 Fluent 求解器上。

以转速 200r/min 工况为例说明，设置车轮的角速度为-20.94rad/s。采用 Microsoft Visual C++6.0 软件编译的制动盘转动程序如下：

```
#include " udf.h"
DEFINE_ CG_ MOTION (wall, dt, cg_ vel, cg_ omega, time, dtime)
{       cg_ omega [2] =20.94;}
```

（9）执行 define-UDF-compiled 命令，单击 read，找到程序文件。

（10）define-dynamics mesh-parameters，勾选 dynamics mesh。选中 mesh methods 中的 smoothing 和 remeshing，默认 smoothing 的设置。在 remeshing 中选择 size function 和 must improve skewness，设置参考 mesh scale 按钮。

（11）执行 define-dynamics mesh-zones 命令，选择散热筋轮廓，设置为刚体运动。

（12）动网格模型设置完成以后，执行 solve-control-solution 命令，在 solution control 选择 piso 格式，然后将 pressure 设置为 presto，其他的设置为一精度。

（13）接下来对流场进行初始化。执行 solve-initialization，在对话框中选择 all-zones，对全区域初始化，然后顺序单击 init-apply-close 命令。

（14）初始化以后，执行 solve-monitor-residual，选中 plot，默认设置。

（15）执行 solve-iterate 命令，设置时间步长和时间步数，单击 iterate 按钮开始计算。

（16）最后通过后处理方式得到各种图形，得到一个周期旋转的视频图，还有进口以及出口处的速度压力图。

# 9　$SiC_{3D}$/钢复合材料

SiC/Fe 复合材料一直受国内外材料研究人员深切关注。王玉玮、刘进平等人采用离心铸造法制造含 23%~32%$SiC_p$的 $SiC_p$/铸铁表面复合材料，耐磨性比铸铁提高 40 倍。贾成厂等人采用爆炸喷射涂覆技术在 45 号钢表面形成显微均匀、致密的 SiC/Fe 基复合材料涂层，耐磨性比 45 号钢提高约 4 倍，在喷涂过程中 SiC 与液态 Fe 反应形成的 $Fe_3Si$ 在涂层的强化中起到了重要的作用。肖志瑜、张双益等人研制的 $SiC_p$/磷铁合金复合材料的耐磨性能比基体有数十倍的提高。

长期以来，人们研制 $SiC_p$/Fe 基复合材料是沿着开发耐磨材料的思路开展的，对材料强度等力学性能的关心不足。近来，$SiC_p$/Fe 基复合材料的研制取得了新的进展，使其具有较高的强度。Mukherjee 研制的含体积分数为 4%、0. 5μm $SiC_p$ 的 Fe 基复合材料硬度比基体提高约 50%，抗拉强度提高约 24%。Pelleg 等人在 900℃，150MPa 条件下制备的含体积分数为 3%，51μm $SiC_p$ 的 $SiC_p$/Fe 基复合材料的抗拉强度由纯基体的 270MPa 提高到 360MPa，1050℃ 水淬后强度更可高达 380MPa，屈服强度由基体的 170MPa 提高到 190MPa，维氏硬度由基体的 75 提高到 100。

## 9.1　SiC/Fe 复合材料固相界面

SiC/Fe 的固相界面是指 SiC 与 Fe 之间形成结合的区域，其厚度可以从几微米到几毫米。在 SiC 结构中，由于两种原子 $sp^3$杂化，共价键占 88%以上，构成类似金刚石的稳定结构。SiC 的分解反应

$$SiC_{(s)} \rightleftharpoons Si_{(s)} + C_{(s)} \tag{9-1}$$

由于 $\Delta G_T^{\ominus} = 113400+6.97T$ J/mol（298K<T<1683K），极难进行。但是 SiC 在与过渡金属如 Ni、Fe、Ti 等接触时，在约 800℃时发生分解，分解的产物扩散后固溶于 Fe 中形成固溶体，反应过程如下：

$$SiC_{(s)} \rightleftharpoons (Si)_{Fe} + (C)_{Fe} \tag{9-2}$$

$$\Delta G_T^{\ominus} = -108645.6 - 193.8T(\text{J/mol})$$

反应极易进行，这样 C 在 Fe 中的溶解度随其中固溶 Si 量的增大而急剧减小，过饱和的 C 以石墨（$C_{Gr}$）的形式在界面处析出，固溶于 Fe 中的 Si 达到一定量时，破坏 Fe 的晶体结构，形成不同类型的铁硅化物，Fe-Si-C 三元系 970℃等温截面如图 9-1 所示，它们具有共价键和金属键的特征和复杂的晶体结构。

Walser 等人研究 Si 与 Fe、Ni、Ti 等过渡金属固相反应产物的形成规律，认为最先形成的为最低共晶点附近高熔点的最稳定化合物。若把这一规律适用于 Fe/SiC 系统，可以预测，FeSi 将是 Fe/SiC 界面反应过程中最先形成的相，其他的铁硅化物可以通过参与反应的 Fe 或 Si、C 原子向 FeSi 中扩散而形成。

茹红强等人的实验表明经 1100℃保温 3h 处理后的反应区厚度约为 700μm。Fe、Si 原

子从各自的“源”反方向扩散，在 SiC 与 Fe 之间形成 700μm 的反应区。在 SiC 与 Fe 之间进行如下的界面反应

$$SiC_{(s)} + 3Fe_{(s)} \rule{0pt}{0pt} = Fe_3Si_{(s)} + C_{Gr} \quad (9\text{-}3)$$

得到该反应的标准吉布斯自由能差与温度的关系式为

$$\Delta G_T^{\ominus} = -38220 + 5.04T(\text{J/mol}) \quad (9\text{-}4)$$

可见，SiC/Fe 为一热力学极不稳定的系统，负的 $\Delta G_T^{\ominus}$ 为界面反应的进行提供了驱动力，剧烈的反应使 SiC/Fe 界面稳定性极差。

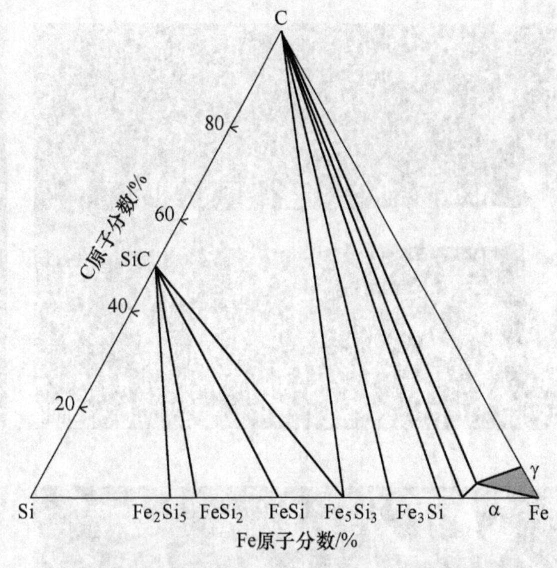


图 9-1 Fe-Si-C 三元系 970℃ 等温截面

粉末冶金等固态成型方法能实现在大成分范围内密度不同的金属基体和陶瓷增强相之间的均匀混合，工艺温度较低，可以降低增强相和金属基体的界面反应，这样就限制了采用液态工艺制造 SiC/Fe 基复合材料的发展。因为液态成型温度高，SiC 和高温金属液的反应异常激烈，SiC 的质量损失很大。朱正吼等人曾报道在 1500℃ 采用实型铸造法制备的 SiC/钢基复合材料中 SiC 的体积损失率高达 80%。

## 9.2 $SiC_{3D}$/Fe 复合材料

将 SiC 制成三维网络 SiC 陶瓷，再将钢引入 $SiC_{3D}$ 骨架中制得的 $SiC_{3D}$/Fe 复合材料。

### 9.2.1 SiC 骨架物相和显微结构

编者采用平均粒径 $d_{50}=0.3\mu m$，纯度>98% 的 SiC 粉体制备 SiC 浆料，以聚氨酯泡沫为模板，浸渍成型工艺，无压烧结技术制备出来 SiC 陶瓷骨架，如图 9-2 所示，孔隙度为 70%，密度为 $2.9g/cm^3$，平均孔径 2~3mm。

对有 $Fe_2O_3$ 薄膜的 SiC/钢界面可能发生的化学反应进行了计算，结果如下：

$Fe_2O_3$ 与 SiC 之间的反应

$$3Fe_2O_3 + SiC \longrightarrow 2Fe_3C + SiO_2 \quad (9\text{-}5)$$

$$\Delta G_T^{\ominus} = -171241.1921 + 224.80T$$

$$\Delta G^{\ominus}(1200℃) = 159889.3\text{kJ/mol}$$

将 SiC 陶瓷骨架切割成规格为 40mm×40mm×8mm 陶瓷片，放入 0.3mol/L 的硝酸洗液中超声清洗 30min 后放入 0.3mol/L 的氢氧化钠洗液中超声清洗 30min，用蒸馏水洗涤三次后放入烘箱中（80℃烘干 2h），冷却备用。将 $Fe(NO_3)_3 \cdot 9H_2O$ 和 $CO(NH_2)_2$ 以物质的量之比为 1∶3 配制 C($Fe^{3+}$) 浓度分别为 0.1mol/L、0.15mol/L、0.167mol/L、0.2mol/L、0.35mol/L、0.5mol/L 的硝酸铁和尿素的混合水溶液各 100mL。利用机械搅拌器，以 160r/min

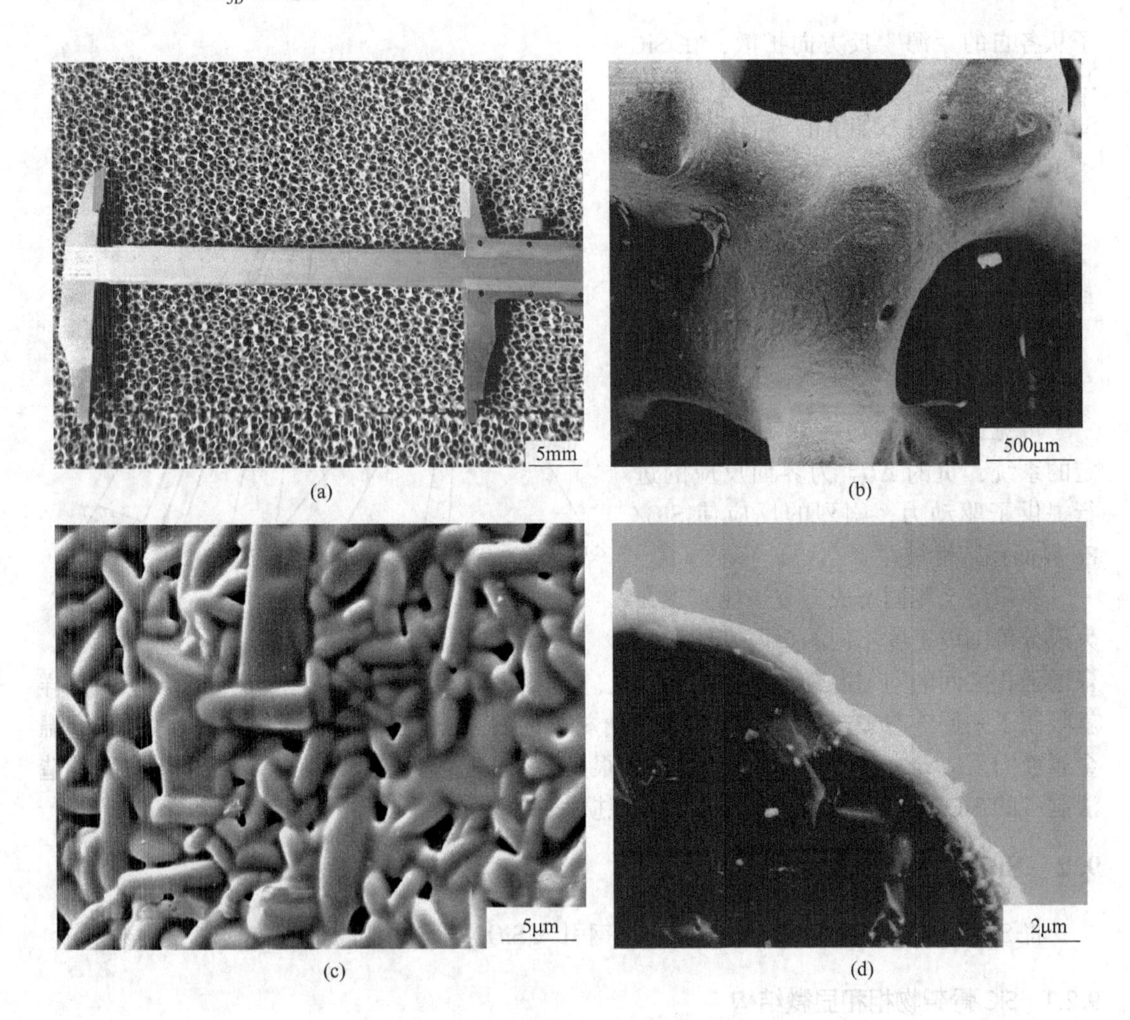

图 9-2　碳化硅陶瓷骨架

（a）骨架；（b）包覆 $Fe_2O_3$ 薄膜的骨架；（c）$Fe_2O_3$ 薄膜 SEM 照片；
（d）包覆 $Fe_2O_3$ 薄膜的 SiC 陶瓷骨架断口 SEM 照片

的转速搅拌，制取氢氧化铁溶胶。分别在 50~80℃水浴中保温水解 30min；在室温下老化 7h 后，在 80℃水浴中保温水解 25min。采用真空浸渍-干燥-热处理流程制备 $Fe_2O_3$ 薄膜（前两个步骤循环进行 4 次）：

（1）真空浸渍。将 SiC 网络陶瓷悬空在溶胶中，利用循环水真空泵在-0.1MPa 浸渍 25min，取出时将过多的胶液甩去。

（2）干燥。A：将样品站立在干燥皿中放入 80℃箱中烘 30min；B：将样品站立在干燥皿中室温干燥 15min，然后放入 80℃箱中烘 30min。重复上述操作 2~3 次。C：将样品站立在干燥皿中室温干燥 15min，然后放入 50℃烘箱中干燥 15min，再放入 80℃烘箱中干燥 30min，重复上述操作 4 次。

（3）Ⅰ、Ⅱ两种不同升温制度如图 9-3 所示，分别按图 9-3 所示Ⅰ、Ⅱ两种不同升温制度对薄膜热处理。

$Fe_2O_3$ 薄膜表面形貌如图 9-4 所示，由图 9-4 可以看出，减缓干燥速度抑制了 $Fe_2O_3$ 薄膜开裂，在室温干燥 15min，50℃干燥 15min，80℃下干燥 30min 后薄膜表面均匀完整。在溶胶的干燥过程中，水的蒸发产生毛细管力，凝胶膜中孔结构和孔径分布不均匀，各方向的毛细管应力不均匀将引起薄膜开裂。另外，随水的蒸发，薄膜出现收缩，凝胶膜在基体表面的附着力逐渐增大，导致膜沿与基体平行方向上的收缩受阻，和基体之间产生收缩应力，当凝胶机械强度不能抵抗该应力时薄膜开裂。水分蒸发的速度过快，极易造成膜层表面张力不均而使膜层开裂。

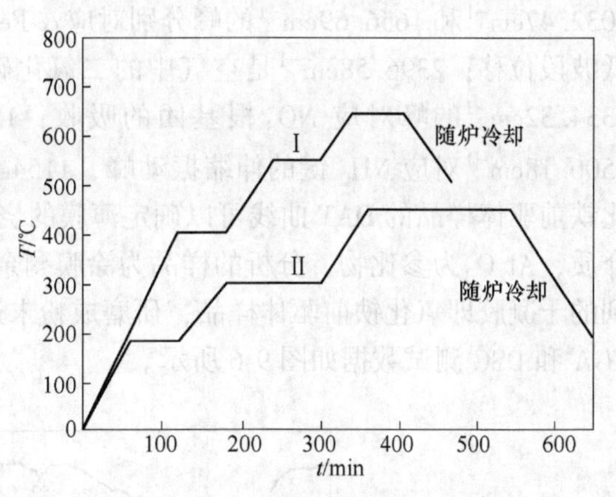


图 9-3 Ⅰ、Ⅱ两种不同升温制度

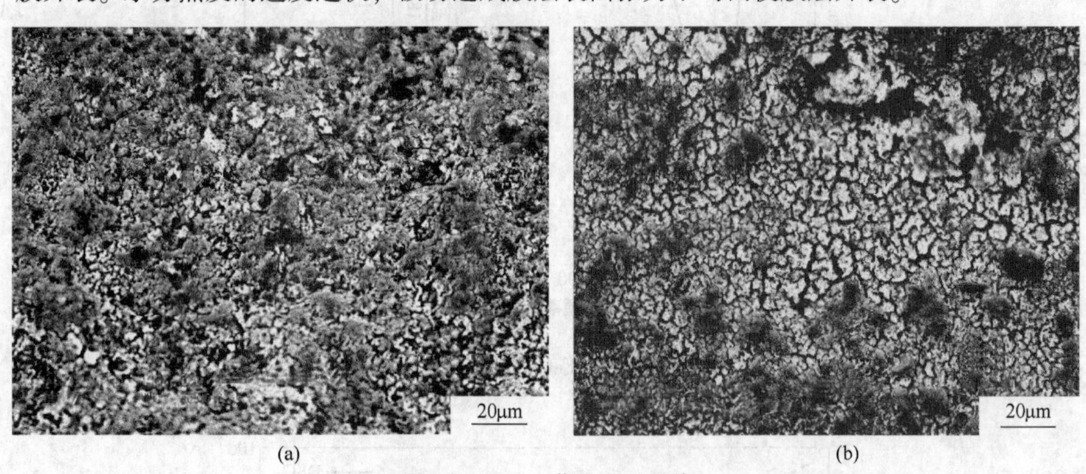


图 9-4 $Fe_2O_3$ 薄膜表面形貌

（a）水解干燥后 $Fe_2O_3$ 薄膜表面形貌；（b）高温热处理后 $Fe_2O_3$ 薄膜表面形貌

本书作者将溶胶膜在室温空气气氛中干燥形成湿凝胶薄膜，这一过程中溶剂水大量蒸发使固-液界面有逐渐被高能的固-气界面取代的趋势，孔内液体会产生毛细张力。膜体积收缩，胶粒相互靠近，双电层被压缩，但胶粒之间始终充满液体，凝胶膜保持着良好韧性，薄膜内毛细张力较小。缓慢提高干燥温度，湿凝胶膜向干凝胶膜转变，胶粒之间束缚的液体通过毛细孔蒸发，凝胶膜收缩逐渐失去韧性。由体系中逐点的温度差（蒸发速度）引起表面张力梯度，进而引起的表面液体流动称为 Marangoni 效应，表现在在表面上形成“波纹”。因此，溶胶膜干燥过程中先经过室温干燥，再升温干燥，使溶剂的蒸发速度得到控制，使蒸发速度和温差均匀，使得收缩应力得到最大程度的减弱以避免薄膜开裂，获得均匀完整薄膜。

干凝胶向最终材料转变必须通过热处理，这种转变过程包括：（1）毛细收缩，（2）缩聚作用，（3）结构松弛，（4）黏性烧结。对 $C(Fe^{3+})$ 为 0.167mol/L 的 α-FeOOH 溶胶干燥后，进行了红外吸收光谱测定，其结果如图 9-5 所示。图中 3213.32$cm^{-1}$、3345.30$cm^{-1}$和 1633.82$cm^{-1}$吸收峰对应于结晶水的红外光谱；548.14$cm^{-1}$、611.92$cm^{-1}$、

1032.47cm$^{-1}$和1656.69cm$^{-1}$的峰分别对应α-FeO(OH)几个官能团的收缩振动峰，峰位向低波段位移；2396.58cm$^{-1}$是空气中的二氧化碳的吸收峰。764.43cm$^{-1}$、825.11cm$^{-1}$以及1334.32cm$^{-1}$的峰对应 $NO_3^-$ 根基团的吸收，1566.92cm$^{-1}$对应 C ═O 键的伸缩振动峰，1506.18cm$^{-1}$对应 $NH_2$ 键的伸缩振动峰，1154.22cm$^{-1}$对应 $NH_4^+$根的伸缩振动峰。根据氧化铁前驱体样品的DAT曲线可以确定薄膜的烧结机制。以20℃/min的升温速率，空气为介质，$Al_2O_3$为参比物，分析的样品为涂膜剩余的制膜，在80℃左右的烘箱中烘干后，得到的干凝胶即氧化铁前驱体样品，研磨成粉末进行差热分析（DSC）和热重分析（TGA），TGA和DSC测试数据如图9-6所示。

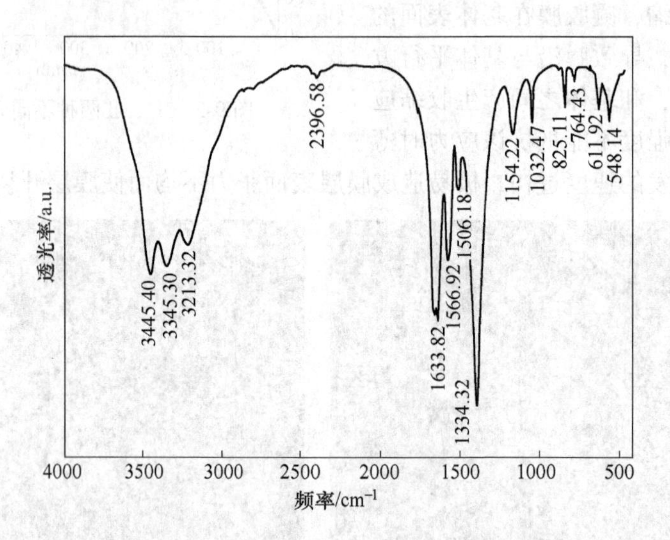


图9-5　($Fe^{3+}$) 0.167mol/L的α-FeOOH溶胶80℃干燥后的红外吸收光谱

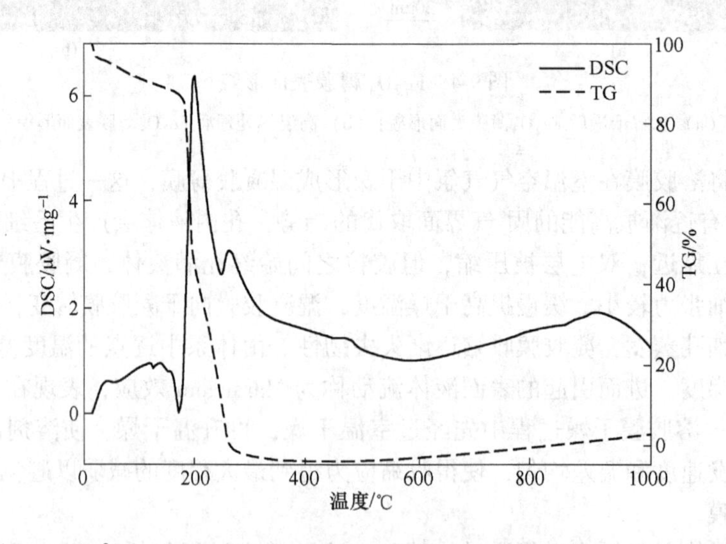


图9-6　($Fe^{3+}$) 0.167mol/L的α-FeOOH溶胶80℃干燥后的TG和DSC曲线

经DSC分析可知在25~1000℃之间有1个明显的吸热峰和3个放热峰。吸热峰在室温到180℃之间，TG曲线下降平缓，重量变化约为-9.55%左右。它是凝胶中水蒸发以及溶胶中携带的未完全水解的尿素按式（9-6）分解造成的。

$$CO(NH_2)_2 \longrightarrow NH_3\uparrow + HCNO(\text{氰酸}) \quad (9\text{-}6)$$

第一个放热峰在 187.9~231.6℃，是 $NH_4NO_3$分解以及氧化铁前驱体的进一步脱水造成的；第二个放热峰在 255.5~293.4℃，是氧化铁前驱体的分解失去结构水晶化形成的。前两次放热期间 TG 与 DSC 变化趋势基本相同，TG 曲线上重量变化为-83.73%，表明$(NH_4)_2CO_3$和 $NH_4NO_3$ 分解以及氧化铁前驱体开始分解，晶化转变为 $\gamma$-$Fe_2O_3$。高于320℃，随着温度升高，TG 和 DSC 曲线变得平滑，说明氧化铁前驱体的热分解在 320℃基本完成。第三个放热峰不明显，出现在 447.1~484.5℃，是 $\gamma$-$Fe_2O_3$向 $\alpha$-$Fe_2O_3$相变的峰。随着温度继续升高，DSC 曲线有所上扬，说明氧化铁前驱体失水，在约 500℃之前便大部分形成稳定相 $\alpha$-$Fe_2O_3$，使晶体的晶型趋于完整、晶粒逐渐长大。

为进一步确定膜层的热处理制度，对不同热处理机制制得的氧化铁薄膜涂层进行物相和扫描电镜形貌分析。对不同热处理机制下制得的薄膜进行 XRD 分析，如图 9-7 所示。由图可知，SiC 陶瓷骨架中主要由 SiC 和 $Fe_{0.913}O$ 组成。SiC 陶瓷骨架是通过无压烧结方法制备的，SiC 含量超过 98%，比利用莫来石结合 SiC、反应烧结 SiC 制备的 SiC 陶瓷骨架的力学要高得多。

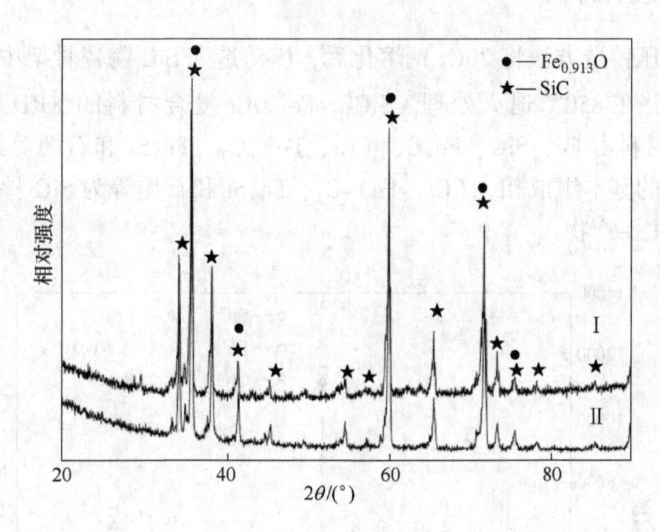


图 9-7 Ⅰ和Ⅱ热处理机制下试样的 XRD 图谱

（C($Fe^{3+}$) 0.167mol/L，C 水解机制，C 干燥机制）

提高热处理温度，X 射线衍射峰的位置基本无变化，强度增强，宽度变窄，说明处理温度升高使晶体的晶型趋于完整、晶粒逐渐长大。对不同热处理机制下制得的薄膜进行 SEM 分析如图 9-8 所示。

可以发现Ⅱ热处理机制下处理的薄膜均匀连续、无裂纹，晶粒细小；而Ⅰ热处理机制下处理的有显微裂纹出现。微裂纹的产生是由于薄膜与 SiC 骨架的热膨胀系数不同而导致的。温度越高热膨胀系数的差异作用越明显，不同的热膨胀率在薄膜中引起较大的内应力，最终导致裂纹。所以随着保温温度的升高，产生较多微裂纹。经过 480℃保温 3h，可以避免热膨胀率在薄膜中引起较大的内应力，使相变比较充分，故采用热处理机制Ⅱ比较合适。

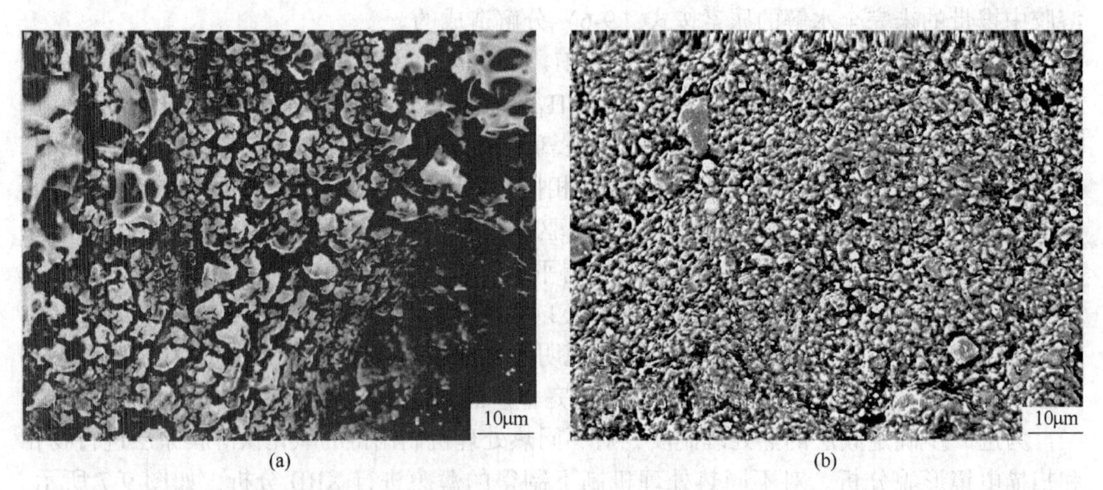


图 9-8　Ⅰ（a）和Ⅱ（b）两种热处理机制下烧结试样的 SEM 照片

（$C(Fe^{3+})$ 0.167mol/L，C 水解条件，C 干燥机制）

### 9.2.2　$SiC_{3D}$/Fe 复合材料

利用真空-气压铸造方法将 20Cr 钢熔化后，压铸造入 SiC 陶瓷骨架中，制备 $SiC_{3D}$/Fe-20Cr 复合材料，并在 850℃退火处理。$SiC_{3D}$/Fe-20Cr 复合材料的 XRD 图如图 9-9 所示。由图可知，复合材料由 Fe、SiC、$Fe_3C$、$(Cr,Fe)_7C_3$、$Fe_3Si$ 和石墨等组成。Fe、SiC 和 $Fe_3C$ 为复合材料的基本组成相，$(Cr,Fe)_7C_3$、$Fe_3Si$ 和石墨等为 SiC 骨架和 20Cr 钢发生界面反应形成的主要产物。

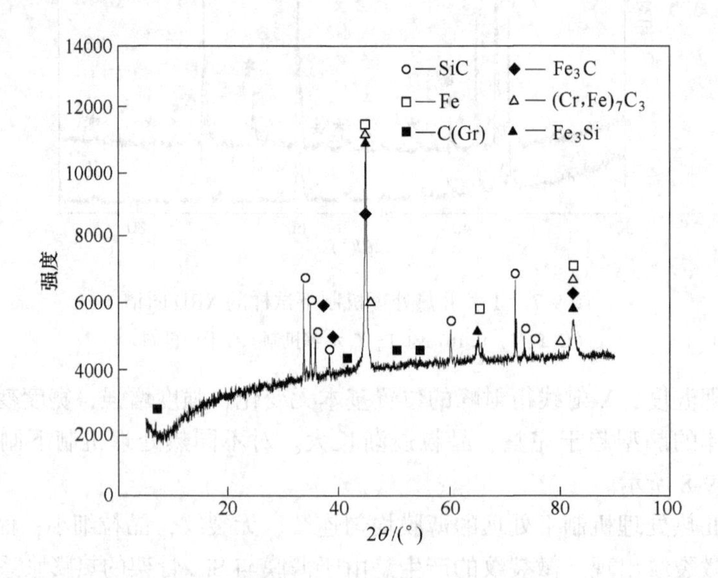


图 9-9　$SiC_{3D}$/Fe-20Cr 复合材料 XRD 图

采取减小光阑的办法，将 X 射线调整到复合材料中 SiC 和钢的反应界面处，对界面物相分析，XRD 如图 9-10 所示。界面反应区主要由 $(Cr,Fe)_7C_3$、$Fe_3C$、Fe(Si)、C(Gr)、$Fe_3Si$、$Cr_3Si$ 等构成。

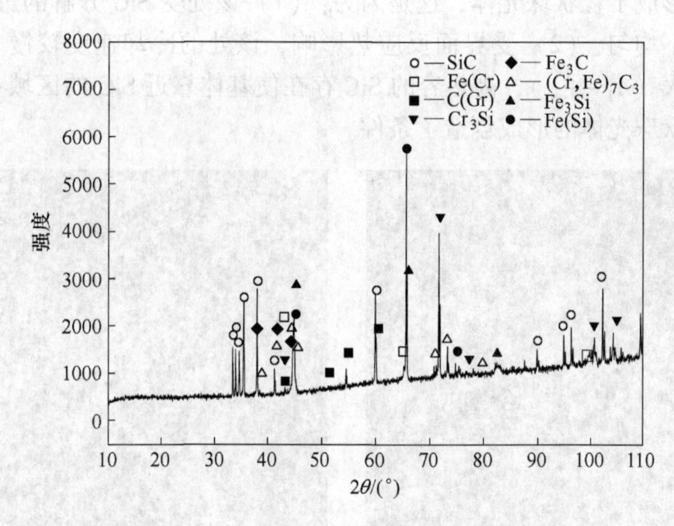


图 9-10 $SiC_{3D}$/Fe-20Cr 复合材料界面反应区 XRD 图

$HCl-HNO_3$ 溶液电解腐蚀后 $SiC_{3D}$/Fe-20Cr 复合材料的宏观照片如图 9-11 所示，图中黑色区域为 SiC 骨架，白色区域为 20Cr 钢。可以看到界面同 SiC 与 20Cr 钢基体间结合良好，在 SiC 骨架与 20Cr 钢基体间存在明显的界面，即复合材料的反应区。

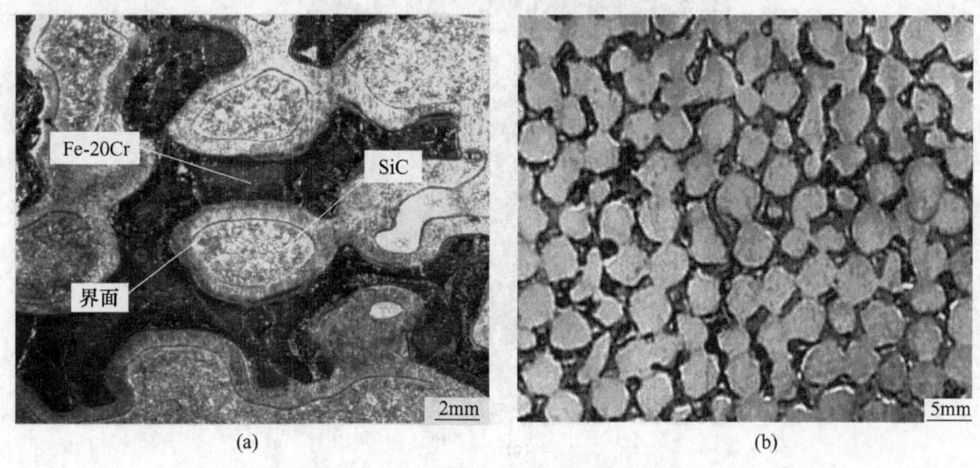


图 9-11 $SiC_{3D}$/Fe-20Cr 复合材料的照片

（a）Fe-20Cr 与 SiC 界面金相照片；（b）$SiC_{3D}$/Fe-20Cr 数码相机照片

### 9.2.3 基体显微结构

复合材料中 20Cr 钢基体的金相显微结构如图 9-12 所示。图 9-12（a）为基体合金低倍下的显微形貌，图 9-12（b）和图 9-12（c）分别是 20Cr 钢基体中心区域和基体靠近 SiC 的边缘区域在高倍下的显微形貌。由图可知，基体上均匀分布球状石墨，基体中心区域和靠近 SiC 边缘区域的显微形貌有很大差异。基体中心区域由片状珠光体和铁素体组成，如图 9-12（b）所示；SiC 边缘区域由粒状珠光体组成，如图 9-12（c）所示。基体中均匀分布球状石墨是熔铸过程中钢侵蚀 SiC 后，碳在钢中沉淀造成的。基体在靠近 SiC 反应区的边缘区域形成了粒状珠光体，这是因为：(1) 该处受 SiC 分解的影响，碳含量高，在奥氏体的分布不均匀；(2) 受界面反应热影响，该处的冷却速度较慢。另外，复合材料经过了高温退火（$A_1 \sim A_{cm}$），高热容的 SiC 存在使基体靠近 SiC 的区域在较高的温度下缓慢冷却，为球状珠光体的形成创造了条件。

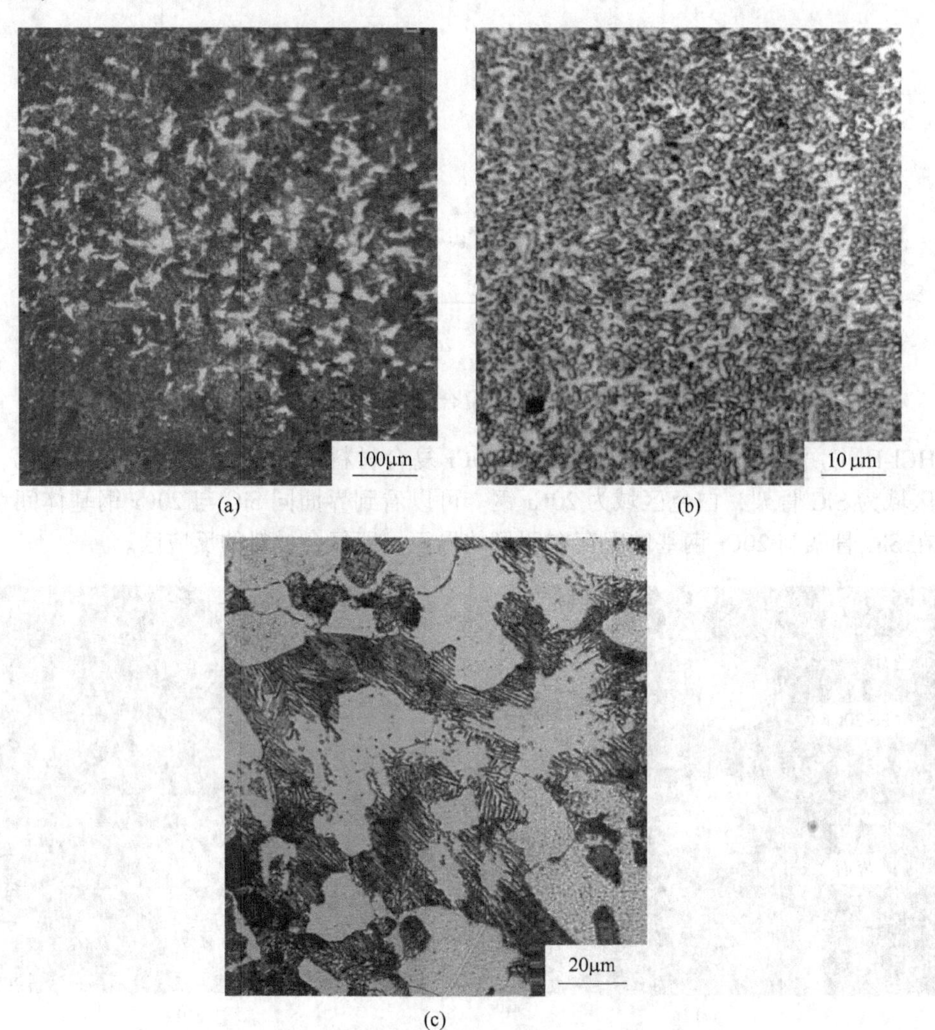


图 9-12　$SiC_{3D}$/Fe-20Cr 复合材料基体金相照片

(a) 基体合金低倍下的显微形貌；(b) 钢基体中心区域在高倍下的显微形貌；
(c) 基体靠近 SiC 的边缘区域在高倍下的显微形貌

## 9.3　$SiC_{3D}$/Fe-20Cr 复合材料界面显微结构

$SiC_{3D}$/Fe-20Cr 复合材料的制备温度较高，不可避免地发生不同程度的界面反应及原子扩散。对 SiC 陶瓷骨架与钢反应界面进行了线扫描，重点对 Si、C、Fe、Cr 四种原子进行了研究，整体区域线扫描如图 9-13 所示。从图 9-13 中可以看出，SiC 和钢之间存在明显反应区，Si、C、Fe 和 Cr 在该区域的分布不同。Si 主要分布在 SiC 骨架中，从 SiC 到 20Cr 钢基体 Si 的浓度递减，在接近 20Cr 钢基体处锐减，20Cr 钢基体中的 Si 的浓度很低；

C 在 SiC 与 20Cr 钢基体界面处富积，界面区和金属基体中 C 的分布较均匀，在 20Cr 钢基体的中心区域有很多 C 的峰出现，说明石墨大量析出；Fe、Cr 两种原子在基体中的分布较均匀，在靠近界面区的基体中呈 V 形分布，在界面区域的浓度递减，在界面与 SiC 的交界处富积，Fe、Cr 原子在 SiC 骨架中基本没有扩散。

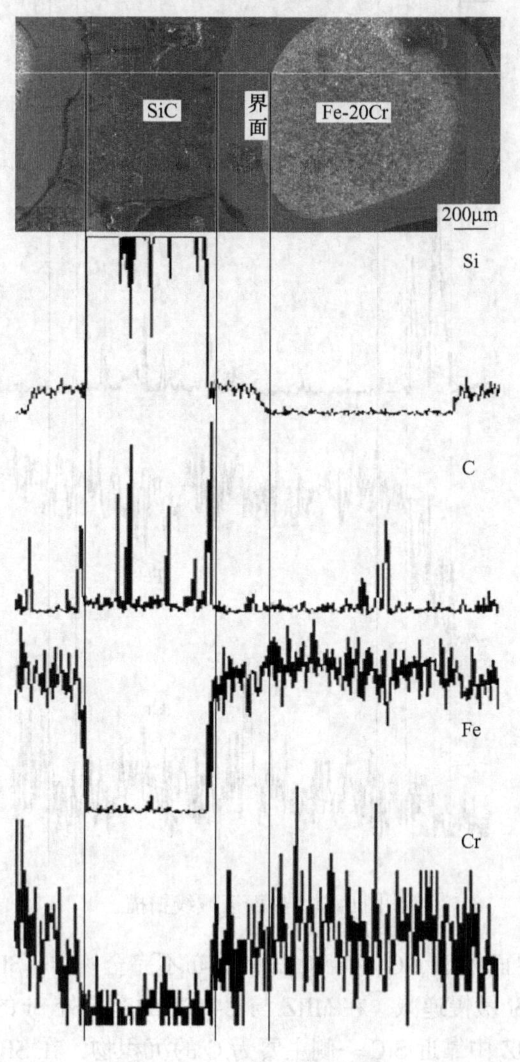


图 9-13 整体区域线扫描

在较大倍数下对界面进行了线扫描，如图 9-14 所示（从左到右为 SiC 到 Fe-20Cr 钢基体）。由图可以看出界面的宽度约 500μm，$SiC_{3D}$/Fe-20Cr 界面复杂，根据原子分布将界面分为三个微区：

（1）紧临 SiC 一侧的 SiC 反应区（silicon carbide reaction zone，SRZ），这一区域中可以根据形貌的不同分为二个小区域，如图 9-14 中的虚线表示。

（2）与 SRZ 相邻的金属反应区（metal reaction zone，MRZ）。

（3）介于 MRZ 与 Fe-20Cr 钢基体之间的碳自由沉积区（carbon precipitation free zone，C-PFZ）。

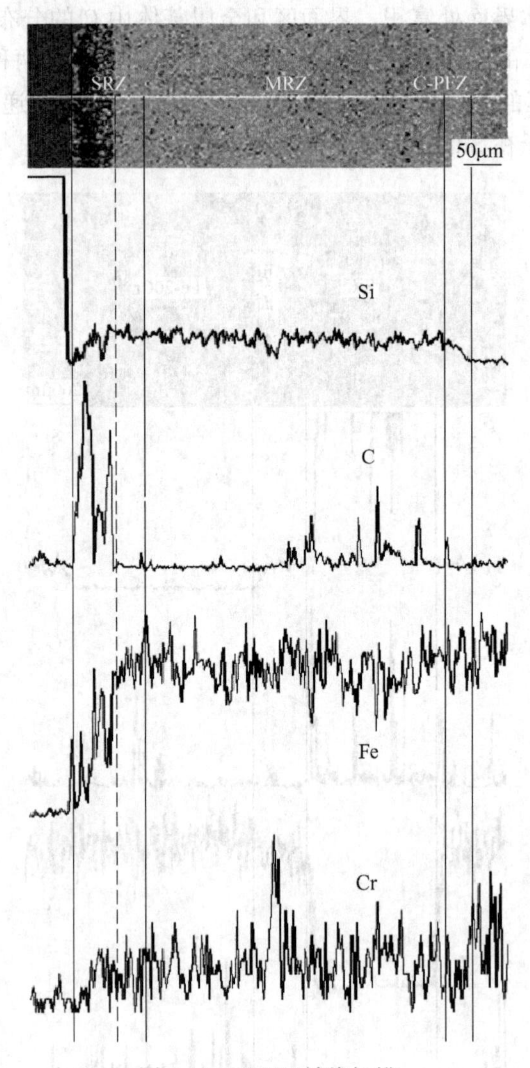


图 9-14　界面区域线扫描

从图 9-14 看出，界面中 Si、C、Fe 和 Cr 的分布不完全一样。SRZ 中 Si 的原子浓度先升高再降低，在 MRZ 中 Si 缓慢递减，在 MRZ 与 C-PFZ 的交界处 Si 的原子浓度锐减，基体中 Si 的原子浓度很低。SRZ 中靠近 SiC 一侧主要为 C 的沉积物，在 SRZ 到 MRZ 的过渡区域内 C 的原子浓度不均匀，MRZ 远离 SiC 一侧分布比较均匀，在 C-PFZ 中 C 的原子浓度最低，穿过 C-PFZ 区域 C 的含量有小幅度的上升。在 SRZ 中 Fe 的原子浓度向 SiC 骨架方向递减，在 MRZ 中分布较均匀，由于表面析出物会造成锯齿状分布，C-PFZ 中 Fe 的分布呈“凸”字形。Cr 在 MRZ 区域中的分布与 C 的类似，在 C 比较密集的区域 Cr 也比较密集，在 C-PFZ 区域中 Cr 的分布呈“凹”字状。SRZ 的宽度约 90μm，C-PFZ 的宽度约 30μm。

### 9.3.1　$SiC_{3D}$/Fe-20Cr 复合材料界面的显微结构

$SiC_{3D}$/Fe-20Cr 复合材料的界面全貌如图 9-15 所示，图 9-15（a）和图 9-15（b）分别为复合材料界面区的金相显微照片和扫描电镜显微照片（从左到右的方向是从 SiC 到

20Cr 钢基体方向)。为了深入研究各区域的显微结构，对各区域进行了详细的金相、扫描、透射电镜和 EDS 能谱分析（从左到右的方向是从 SiC 到 20Cr 钢基体方向)。

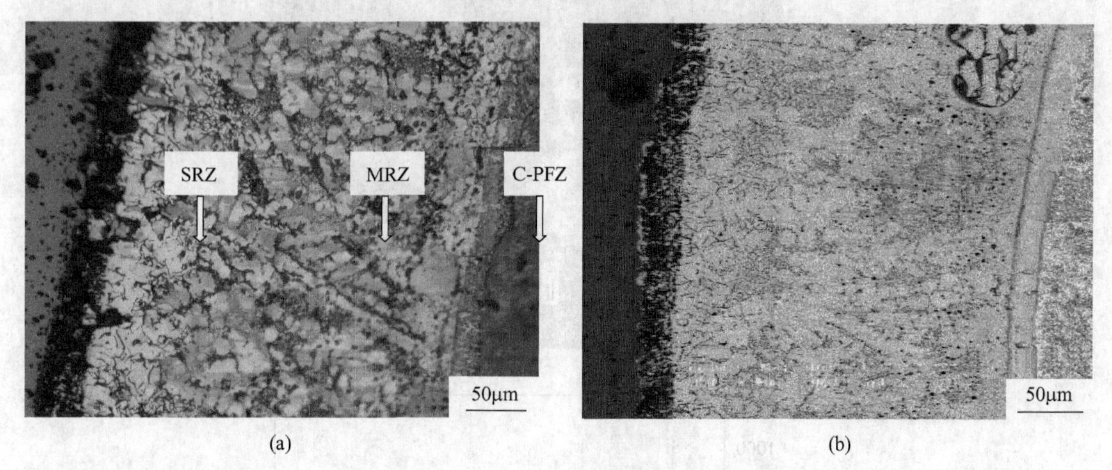


图 9-15 $SiC_{3D}$/Fe-20Cr 复合材料的界面全貌
（a）金相照片；（b）SEM 照片

在图 9-15 中更清楚地看出界面可分为三个区域：由黑色的 C 沉积物带和白亮基体构成的 SRZ；由析出物和球状石墨构成的 MRZ；以及无析出物的 C-PFZ。对 SiC 的表面状态和 SiC 与 20Cr 钢反应形成的区域进行详细研究。用 HCl-$HNO_3$ 溶液电解腐蚀复合材料后的 SiC 骨架用 SEM 观察，如图 9-16 所示。在图 9-16 中可以看到 SiC 骨架表面有许多细小的坑，这种界面反应形成的小坑能有效改善 20Cr 钢基体与 SiC 的结合。从图中可以看出 SiC 表面有一层不连续的物质。利用 EDS 能谱分析确定该物质为 $Fe_2O_3$，这表明界面化学反应并没有破坏 $Fe_2O_3$ 薄膜层，如图 9-17 所示。下面将对界面反应区的显微结构和成分进行详细研究。

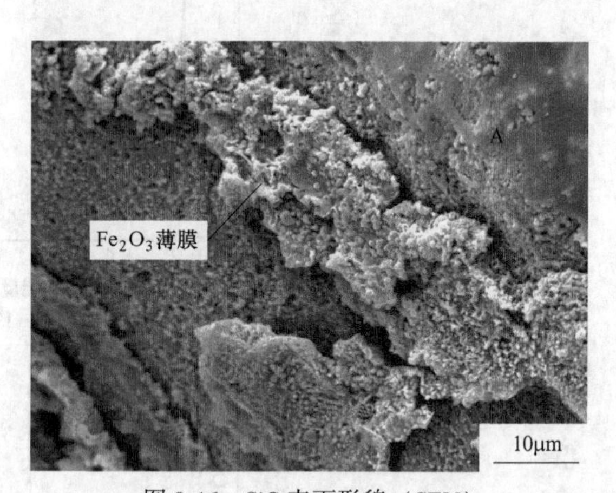


图 9-16 SiC 表面形貌（SEM）

9.3.1.1 SRZ

SRZ 的金相和扫描电镜照片如图 9-18 所示，从图 9-18（a）中可以看出这个区域由白亮基体和大量的 C 沉积物构成，从图 9-18（b）中可以看到反应区中有纤维状、树枝状和球状等不同形态的黑色沉积物。图 9-18（b）中 SRZ 区主要的两种物质 EDS 能谱分析如图 9-19 所示，结合 XRD 分析可以证明白亮的基体为 $Fe_3Si$，黑色纤维状物体是以 C 为主的 C 沉积物。对 SRZ 进行了透射电镜分析，SRZ 的 TEM 照片如图 9-20 所示，从图中可以发现在基体中分布着一些 Fe、Si 化合物（图 9-20 中的 A），对其放大观察并电子衍射分析，如图 9-21 所示，表明 Fe、Si 化合物为 $Fe_5Si_3$，在 $Fe_5Si_3$ 周围分布的白色物质为 $Fe_3Si$。

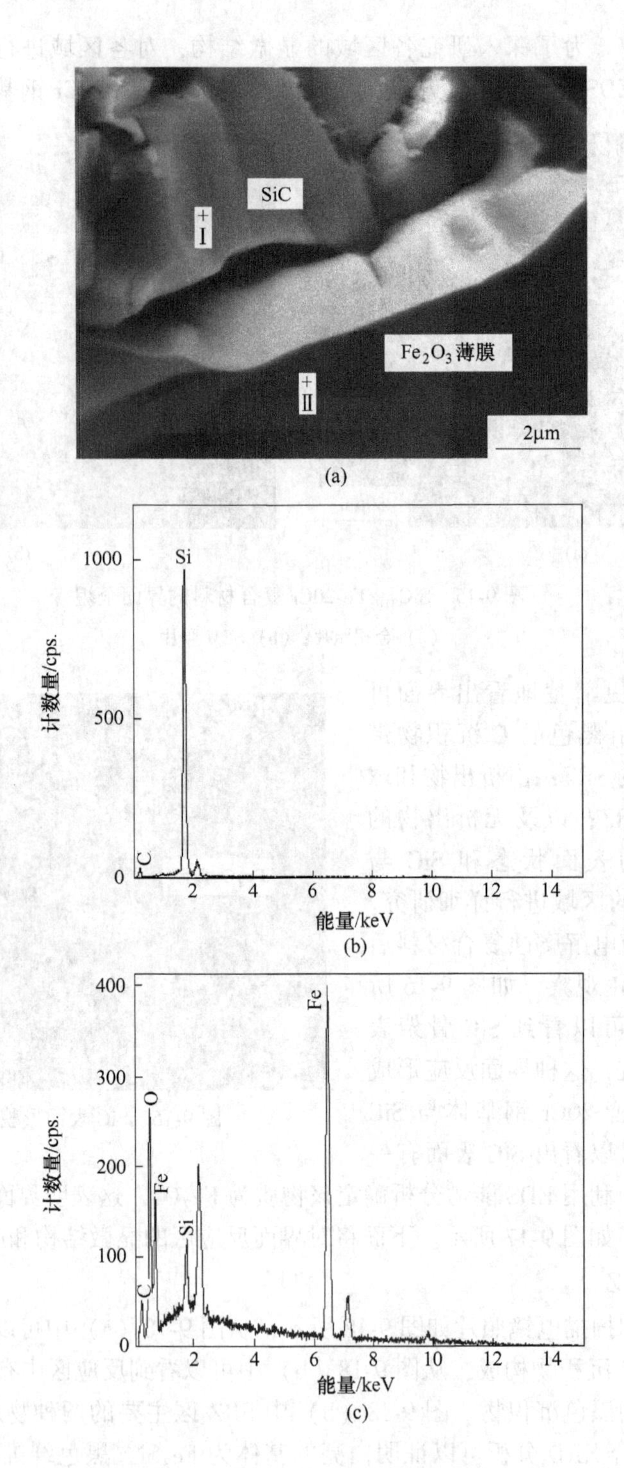


图 9-17　Sol-Gel 法在网络 SiC 陶瓷骨架表面制备的 $Fe_2O_3$ 薄膜断口 SEM 照片及成分能谱

(a) SEM 照片；(b) 点 I 处 EDS 分析；(c) 点 II 处 EDS 分析

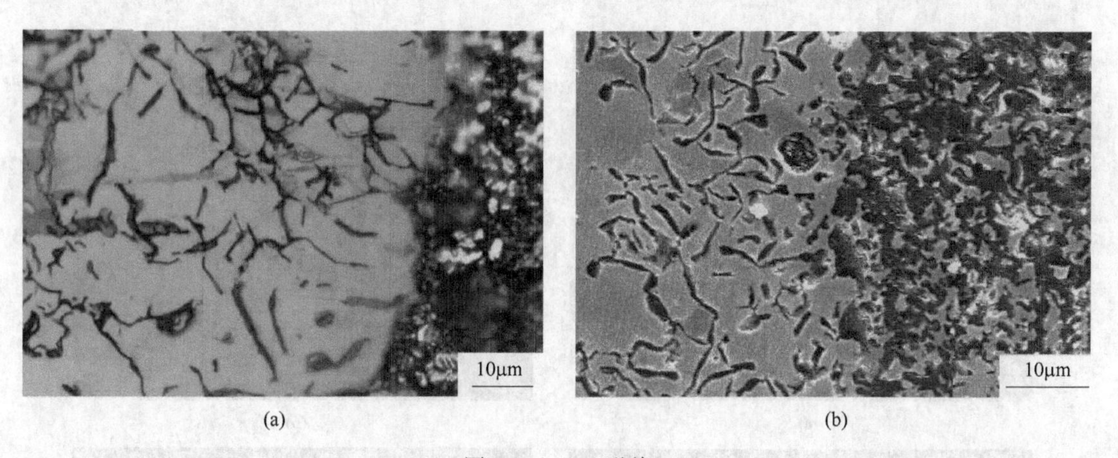


图 9-18 SRZ 形貌
（a）金相照片；（b）SEM 照片

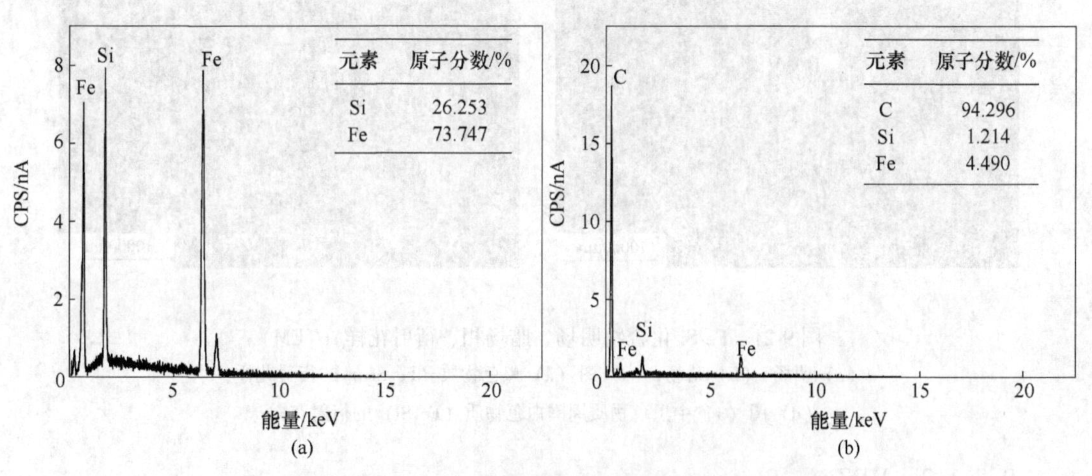


图 9-19 图 9-18（b）中基体和沉积物 EDS 能谱分析
（a）基体；（b）黑色沉积物

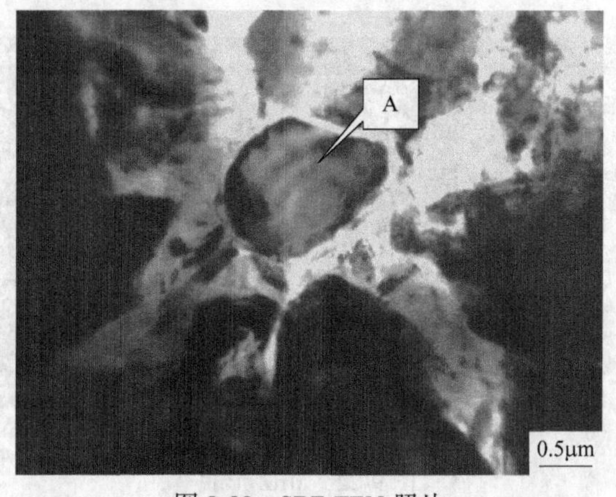


图 9-20 SRZ TEM 照片

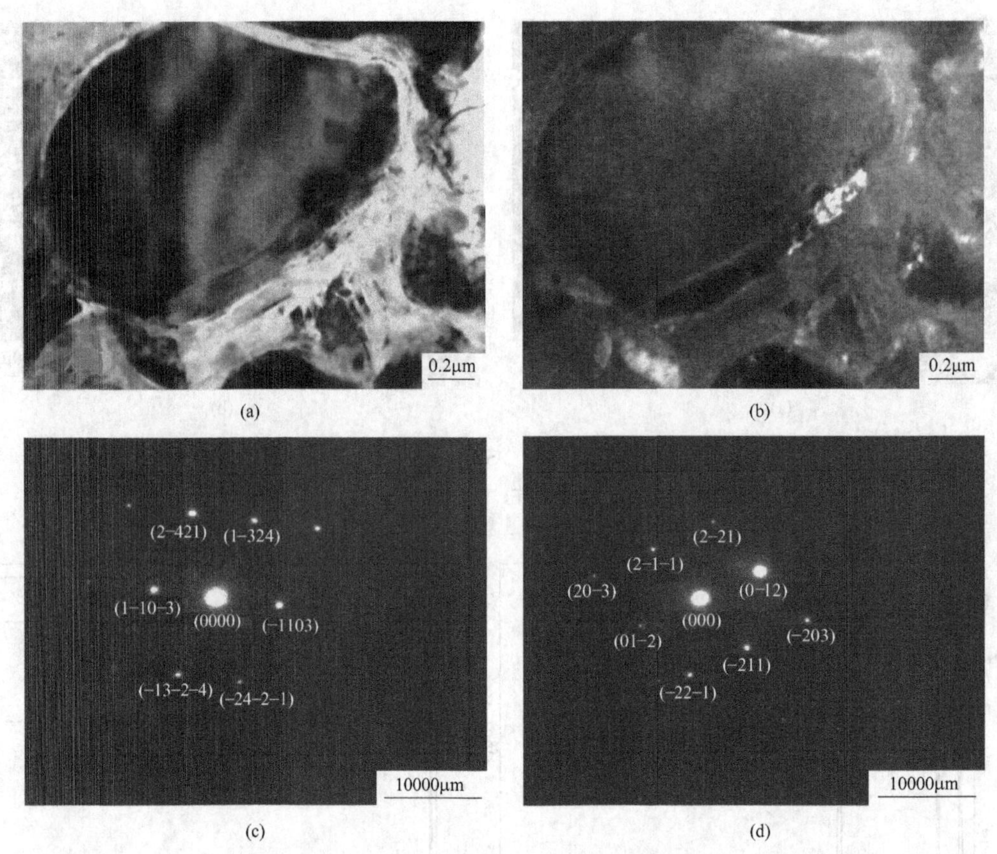


图 9-21　Fe-Si 化合物明场、暗场相、衍射花样（TEM）
（a）明场；（b）暗场；（c）图（a）黑色物质（$Fe_5Si_3$）的衍射花样；
（d）图（a）中黑色物质周围白色物质（$Fe_3Si$）的衍射花样

#### 9.3.1.2　MRZ

MRZ 的金相和 SEM 照片如图 9-22 所示，从图中可以看出在该区域均匀分布着球形的 C 沉积物，沿晶界析出大量灰白色浮凸物。对图 9-22（b）中的基体和灰白色浮凸物进行

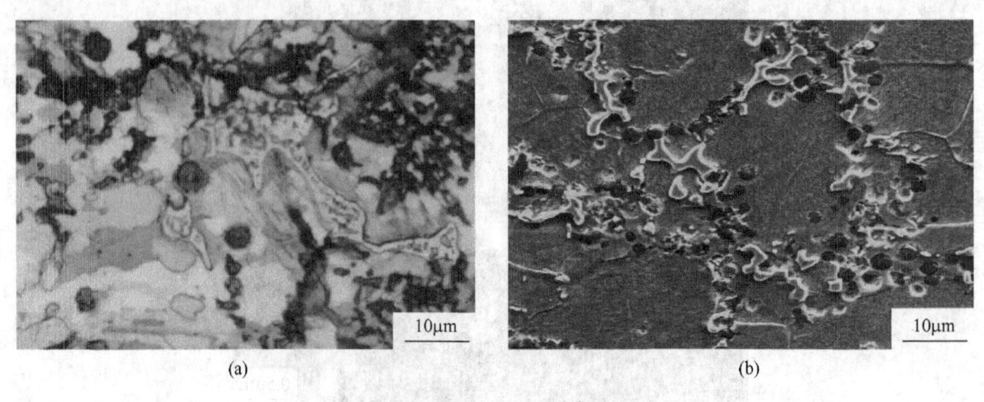


图 9-22　MRZ 形貌
（a）金相照片；（b）SEM 照片

EDS 能谱分析，如图 9-23 所示，从能谱分析可以看出，基体由含硅量较高的 Fe(Si) 构成，灰白色浮凸物为（Cr，Fe)$_7$C$_3$ 和少量的 $Cr_3Si$。利用金相显微镜、扫描电镜和透射电镜在较高的放大倍数下研究 MRZ 区基体的显微结构，如图 9-24 所示。由图 9-24 可以看出在 MRZ 基体内存在细小的片层状珠光体，结合上面的分析可知基体主要是含硅的珠光体。利用透射电镜对 MRZ 区晶界附近进行了观察和分析，如图 9-25 所示，可知，沿晶界析出物为（Cr，Fe)$_7$C$_3$。

9.3.1.3 C-PFZ

C-PFZ 的扫描电镜和透射电镜照片如图 9-26（a）中可以看出 C-PFZ 没有 C 沉积物。对 C-PFZ 区进行的 EDS 能谱分析如图 9-27 所示，表明 C-PFZ 为 Fe(Si) 构成。

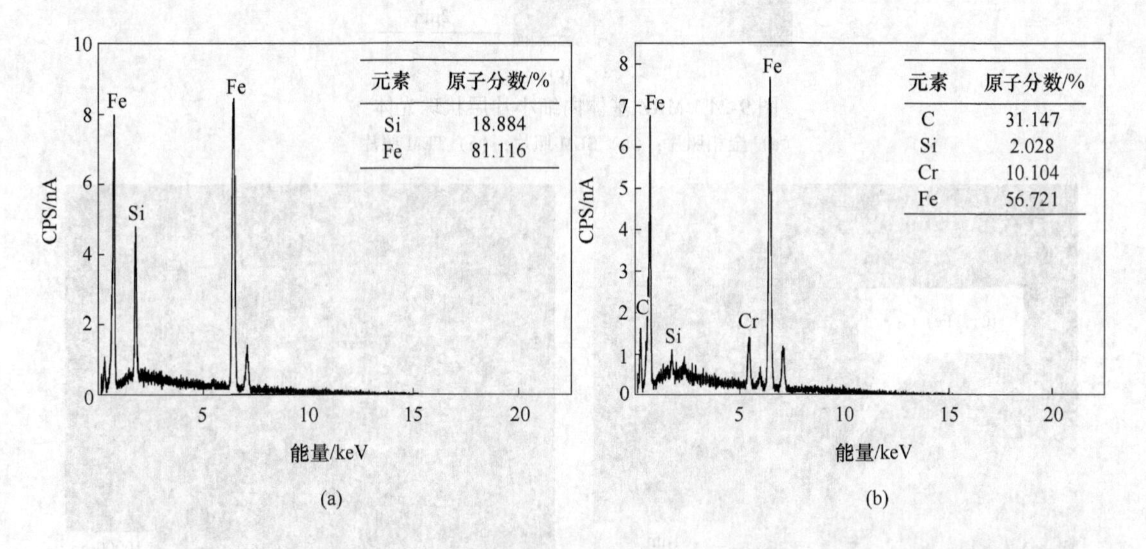


图 9-23 MRZ 基体和浮凸物 EDS 能谱分析
（a）白亮基体；（b）浮凸物

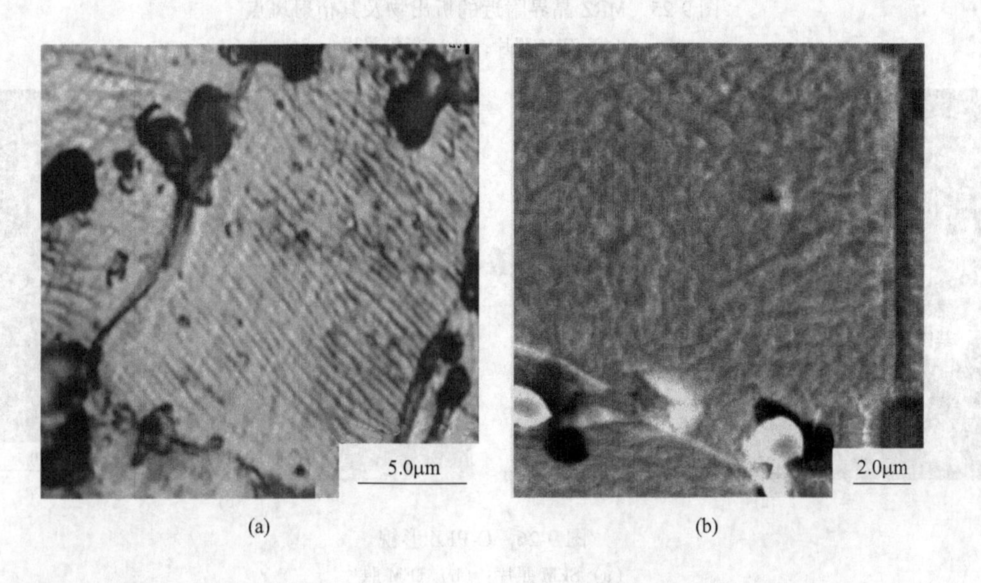

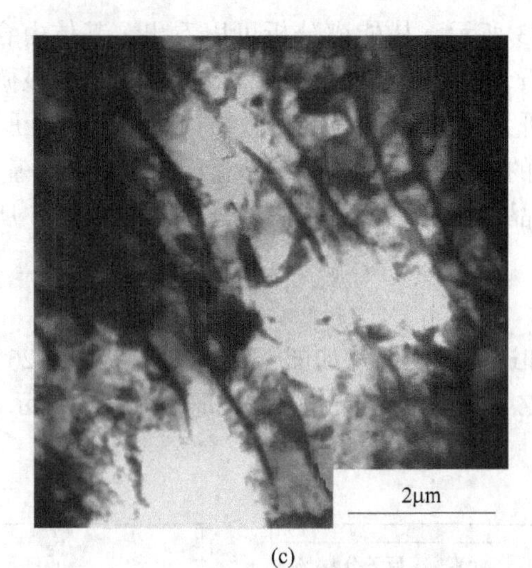


(c)

图 9-24　MRZ 基体内细小片层状珠光体

(a) 金相照片；(b) SEM 照片；(c) TEM 照片

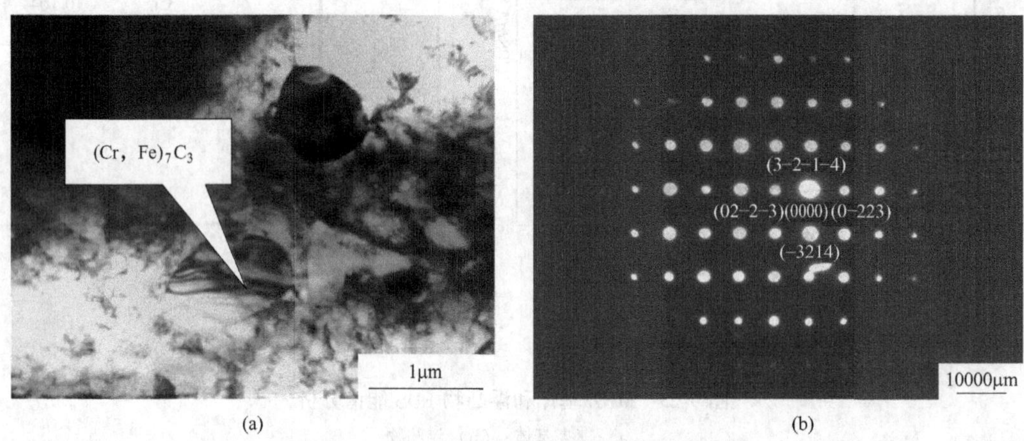


(a)　(b)

图 9-25　MRZ 晶界附近的析出物及其衍射斑点

(a) TEM 照片；(b) 衍射照片

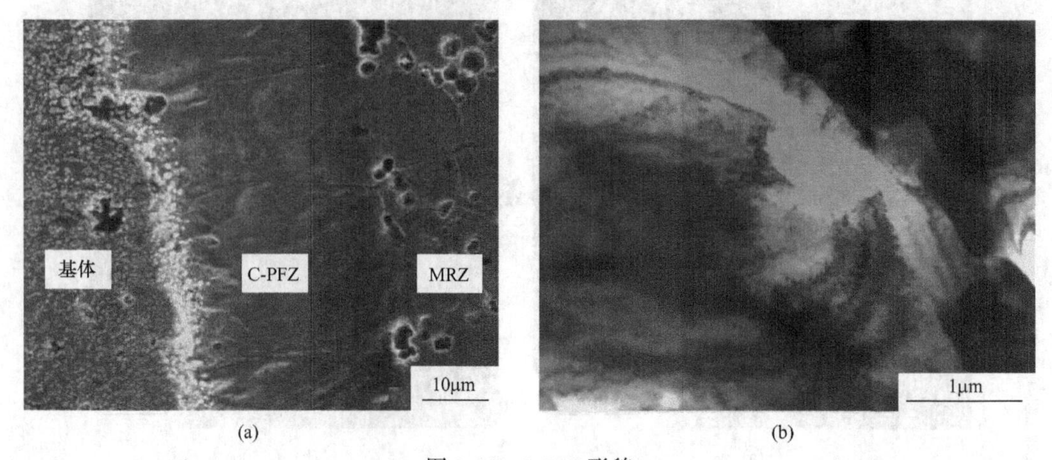


(a)　(b)

图 9-26　C-PFZ 形貌

(a) SEM 照片；(b) TEM 照片

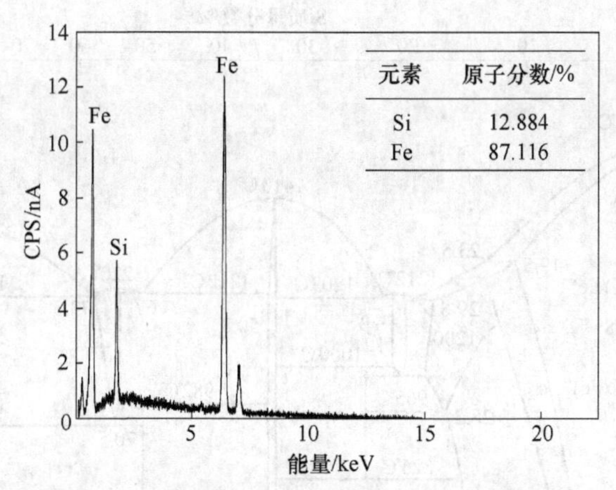


图 9-27 对应图 9-26（a）C-PFZ 区的 EDS 能谱

### 9.3.2 $SiC_{3D}$/Fe-20Cr 复合材料界面力学性能

复合材料的界面各区域的显微硬度测量结果见表 9-1。界面反应区的硬度没有 SiC 骨架高，但远高于 20Cr 钢基体。SRZ 中靠近 SiC 骨架一侧有大量石墨导致硬度较低，靠近 MRZ 一侧主要物相是 $Fe_3Si$，硬度较高。MRZ 中 Cr 含量高，有大量 Cr-C 化合物及细小片层状珠光体，这一区域的硬度很高。C-PFZ 中 α-Fe 固溶了 Si，硬度比铁素体高。因此，界面成分和显微结构不同导致了力学性能的差异。

表 9-1 复合材料各区域的显微硬度

| 复合材料中各区域 | | 硬度/GPa |
|---|---|---|
| SiC 骨架区 | | 21 |
| 界面反应区 | SRZ | 4. 5~6. 4 |
| | MRZ | 6. 4~7. 5 |
| | C-PFZ | 3. 4 |
| 20Cr 钢基体中粒状珠光体区 | | 3. 8 |
| 20Cr 钢基体中片状珠光体区 | | 3. 0 |

## 9.4 $SiC_{3D}$/Fe-20Cr 界面形成机理

### 9.4.1 Fe-Si 二元相图及 Fe 的硅化物

Fe-Si 的二元相图如图 9-28 所示，可以看到在 Fe-Si 二元系中存在四种 Fe-Si 化物相：

（1）$Fe_2Si$(β 相)，包晶反应产物，1030℃时分解。

（2）$Fe_5Si_3$(η 相)，包析反应产物，在 825~1060℃范围内是稳定的。

（3）FeSi(ε 相)，Fe-Si 二元相图上熔点最高（1410℃）的稳定化合物。

（4）$FeSi_2$，该高温相（$\zeta_\alpha$ 相）1220℃熔化，低温条件下转变成同成分的低温相（$\zeta_\beta$）。

相图中有 γ-Fe 相区，最大含 Si 量（原子分数）1%，α-Fe 中最大含 Si 量（原子分数）可达到 31%（室温下为 25%），该相区中存在着一个大的结构有序化范围（$\alpha_1$）。

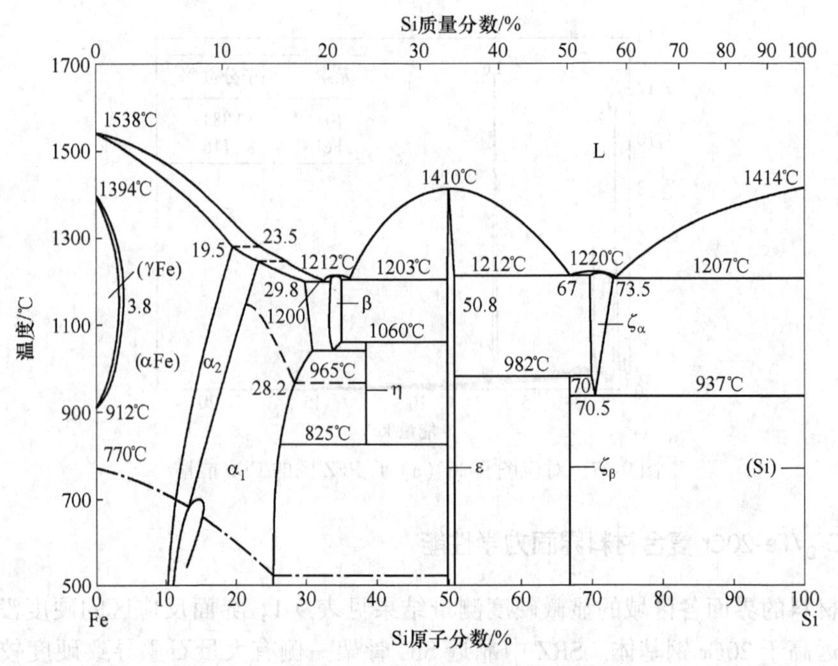


图 9-28　Fe-Si 二元相图

$Fe_3Si$ 不是一个与 α-Fe 分开的相，但只有在含有（原子分数）25%Si 的 $Fe_3Si$ 中，Fe-Si 化合物结构才能达到完全有序化。通常将含（原子分数）25%Si 的 α-Fe 称为 $Fe_3Si$，其余的称为固熔体，记为 Fe(Si)。

上述主要的 Fe-Si 化合物的结构如下：

（1）$Fe_3Si$，有序立方 $D0_3$ 型（Strukturbericht 符号）超结构，Fm3m 空间群。α-Fe 的有序化从原子分数为 11%开始，至原子分数为 25%时达到完全有序，熔融温度 1227℃。

（2）$Fe_5Si_3$，六方晶系，$D8_8$型结构，$P6_3/mcm$ 空间群。

（3）FeSi，立方晶系，$B_{20}$型结构，$P2_13$ 空间群。

（4）$FeSi_2$，四方晶系，0C48 型（Pearson 符号）结构，P4/mmm 空间群。

Fe-Si 化合物的晶格常数及热力学性质见表 9-2。Fe-Si 化合物的形成焓均小于 0，热力学上都可以通过 Si/Fe 界面固相反应而形成。在 Si/Fe 界面反应中反应产物的形成有一定规律（FeSi 最先形成），符合 Walser-Bené 规则。当 FeSi 达到一定厚度将形成其他的 Fe-Si 化合物。在 Si 消耗完而 Fe 过剩时将在 FeSi/Fe 界面形成 $Fe_5Si_3$；当 $Fe_5Si_3$ 达到一定厚度而 Fe 仍然过剩时在 $Fe_5Si_3$/Fe 界面又会形成 $Fe_3Si$ 相。在 SRZ 中可以看到 $Fe_3Si$ 基体中有未反应的 $Fe_5Si_3$ 的存在。

**表 9-2　部分 Fe-Si 化合物的晶格常数、密度及热力学数据**

| 相 | 晶格常数/nm | | | $\Delta H^{\ominus}_{298}$ | $\Delta S^{\ominus}_{298}$ |
|---|---|---|---|---|---|
| | *a* | *b* | *c* | kJ/mol | |
| $Fe_3Si$ | 0.514 | | 0.723 | −94.1 | 0.1 |
| $Fe_5Si_3$ | 0.673 | | 0.47 | −155 | 0.3 |
| FeSi | 0.444 | | | −73.9 | 0.05 |
| $FeSi_2$ | 0.268 | | 0.518 | −81.5 | 0.06 |

### 9.4.2 SiC/金属界面反应特征

当 SiC 和过渡金属发生界面反应时，通常是按下列两种方式进行：

$$M+SiC \longrightarrow M\text{-硅化物}+M\text{-碳化物} \tag{9-7}$$

$$M+SiC \longrightarrow M\text{-硅化物}+C \tag{9-8}$$

一般地，过渡金属中的碳化物形成元素，如 Cr、Ti、V、Mo 等与 Si、C 有亲和性，这些金属与 SiC 的界面按反应式（9-7）反应可能同时形成碳化物和硅化物。对于非碳化物形成元素，主要是元素周期表中的Ⅷ族元素，如 Fe、Ni、Co 与 Si 原子的亲和性远高于 C，反应按式（9-8）进行，形成硅化物和游离的 C。

### 9.4.3 $SiC_{3D}$/Fe-20Cr 界面反应热力学

为了研究 Fe 与 SiC 的产物，编者计算了 Fe-Si 化合物的形成焓及其与 SiC 形成焓的差，见表 9-3，可以得出两条结论：

（1）Fe-Si 化合物的形成，其焓数值的大小大致随硅化物中 Si/Fe 原子比的增加而降低。

（2）在表中所列的 Fe-Si 化合物与 SiC 的形成焓的差值中唯有 $\Delta H_{Fe_3Si}$-$\Delta H_{SiC}$ 和 $\Delta H_{FeSi}$-$\Delta H_{SiC}$ 两相为负，但 $\Delta H_{FeSi}$-$\Delta H_{SiC}$ 数值非常小。值得注意的是，在 SiC/20Cr 固相反应过程中，除了 SiC 分解需要能量外，伴随反应区中 C 沉积物的形成而产生的界面能和弹性应变能也将成为反应的阻力。假如反应形成 FeSi 作为反应产物时，将难以提供足够克服反应阻力的驱动力，反应的热力学条件不具备。而形成 $Fe_3Si$ 时，反应需要克服的能垒最小，反应的热力学条件则是完全满足的。

**表 9-3 Fe-Si 化合物的形成焓及其与 SiC 形成焓的差**

| 相 | $\Delta H_{298}^{\ominus}$ Fe-Si 化合物/kJ · mol$^{-1}$ | $\Delta H_{298}^{\ominus}$ Fe-Si 化合物- $\Delta H_{298}^{\ominus}$ SiC/kJ · mol$^{-1}$ |
|---|---|---|
| $Fe_3Si$ | -94.1 | -22.7 |
| $Fe_5Si_3$ | -155 | -83.6 |
| FeSi | -73.9 | -2.5 |
| $FeSi_2$ | -81.5 | -10.1 |

从 Fe-Si-C 三元相图中可得知，$Fe_3Si$ 与 SiC 不能二相共存，但 $Fe_3Si$、SiC 和石墨可以三相共存。SiC 反应界面总是与 C 沉积物颗粒相接触，在 SiC/反应区界面处 C 的活度大致为 1。尽管 C 在金属硅化物中的固溶度很小（C 在 $Fe_3Si$ 中的固溶度质量分数小于 1%），但金属硅化物中的 Si 的原子浓度高，将促进 C 在金属硅化物中的扩散，故在金属硅化物中 C 的活度较高。所以 $Fe_3Si$ 中 C 的扩散系数不会比沿 $Fe_3Si$ 晶界的扩散系数低很多。另外，晶界/空隙也增加了反应区中 C 的活度。即 C 原子的高活度足以使 SiC 反应区中石墨的沉积成为可能。由此可知，在邻近 SiC 界面的反应区中 SiC 分解的 C 表现为无序态；反之，远离 SiC 界面反应区中 SiC 分解的 C 形成较早，经历较长的高温热处理过程，有足够的时间进行结构重排，晶体结构趋于有序形成完全石墨化的 C 沉积物。

### 9.4.4 $SiC_{3D}$/Fe-20Cr 界面反应模型

SiC 与 Fe、Cr 形成的界面是液相反应、液相混合和固相反应、固相扩散共同作用的结果。$SiC_{3D}$/Fe-20Cr 的界面结构实质上为复合的 SiC/$SiO_2$/Fe-20Cr 界面，$SiO_2$ 氧化膜介于 20Cr 钢与 SiC 骨架之间。因为在 1600℃时，反应式（9-3）的自由能差为正

$$SiO_{2(s)} + 5Fe_{(l)} = Fe_3Si_{(s)} + 2FeO_{(s)} \tag{9-9}$$

$$\Delta G_T^{\ominus} = 270228 - 35.4T(\text{J/mol})$$

$$\Delta G_{1600℃}^{\ominus} = 203.92\text{kJ/mol}$$

由此可见，$SiO_2$/Fe 是热力学稳定系统，所以氧化膜与 Fe 的界面反应理应不会发生。之所以在铸造过程中发生界面反应是因为 SiC 表面形成的 $SiO_2$ 脆性大，钢水浇铸的温度高，$SiO_2$ 与 SiC 热膨胀系数的差异产生的热应力大，导致 $SiO_2$ 膜破裂、剥落。Fe、Cr 原子将通过破损的 $SiO_2$ 膜与 SiC 接触，导致 SiC 分解，发生界面反应。尽管如此，在氧化膜被完全破坏之前，对反应的阻挡作用仍然是存在的。对于 SiC/Fe-20Cr 界面反应，Fe 中的 Cr 不但在合金中起着稀释剂的作用，更重要的是作为溶质通过参与 SiC 与基体的反应，大大提高了抑制界面反应的效果。

$$SiC + 16/3Cr = Cr_3Si + 1/3Cr_7C_3 \tag{9-10}$$

$$\Delta G_T^{\ominus} = -79520 - 9.8T(\text{J/mol})$$

伴随上述反应在 SiC 表面形成 $Cr_3Si$ 和 $Cr_7C_3$，温度为 1600℃时，$\Delta G^{\ominus}$为负，说明此温度下，反应能够进行。反应式（9-11）和式（9-12）的 $\Delta G_{1600℃}^{\ominus}$ 均为正，SiC/$Cr_3Si$ 和 SiC/$Cr_7C_3$ 界面都是稳定的。反应所形成的 $Cr_3Si$ 和 $Cr_7C_3$ 将稳定地依附在 SiC 表面生长，随后 $Cr_7C_3$ 再与 Cr 反应，部分转变成 $Cr_{23}C_6$，在 SiC 外侧逐步形成 Cr 的碳化物层，反应如下

$$SiC + 7/9Cr_3Si = 1/3Cr_7C_3 + 16/9Si \tag{9-11}$$

$$\Delta G_T^{\ominus} = 84700 - 16.8T(\text{J/mol})$$

$$\Delta G_{1600℃}^{\ominus} = 53.2\text{kJ/mol}$$

$$SiC + 3/7Cr_7C_3 = Cr_3Si + 16/7C \tag{9-12}$$

$$\Delta G_T^{\ominus} = 59040 + 3.36T(\text{J/mol})$$

$$\Delta G_{1600℃}^{\ominus} = 65.3\text{kJ/mol}$$

$$2Cr_7C_3 + 9Cr = Cr_{23}C_6 \tag{9-13}$$

$$\Delta G_T^{\ominus} = -34020 + 5.5T(\text{J/mol})$$

$$\Delta G_{1600℃}^{\ominus} = -23.7\text{kJ/mol}$$

碳化物层在 SiC 与合金基体之间建立了一面“墙”阻碍 Fe 原子扩散，增加了合金中 Fe 原子通过它向 SiC 反应区扩散的阻力，从而降低反应速度。形成的“石墨墙”和碳化物“墙”与未被破坏的残余 $SiO_2$ 的共同作用有效阻止 Fe、Si 原子扩散，这种作用一直持续到冷却结束。在钢水浇铸的过程中，氧化层的破裂、剥落导致 SiC 与 Fe、Cr 在高温下接触并发生反应

$$SiC + 3Fe = Fe_3Si + C \tag{9-14}$$

$$SiC + 16/3Cr = Cr_3Si + 1/3Cr_7C_3 \tag{9-15}$$

Si 具有较强的促进石墨化作用，SiC 反应区中 Si 原子浓度高，促使 C 原子大部分形成了石墨。铁金属熔液的流动使得 SiC 骨架分解出来的 Si、C 原子和反应产物迅速散开，破坏了 Si 原子的浓度平衡，骨架的分解速度大大加快。Si 原子融入钢水中起到合金元素的作用。在 20Cr 钢中，C 比 Si 的扩散速度快，所以 C 能扩散到更远的地方，造成了 SiC 骨架包围的钢基体中心部位 C 含量较高而 Si 含量少。浇铸过程中，从液相到固相的变化是一个时间很短的过程（大约 30s），由于残余 $Fe_2O_3$、生成的碳化物及石墨的阻挡作用使得 SiC 没有剧烈分解。随着固相生成，SiC 分解生成的石墨颗粒扩散变的缓慢并滞留在 SiC 附近的钢基体中。SiC/Fe-20Cr 界面反应模型如图 9-29 所示，更直观反映扩散过程。

图 9-29（a）展示了氧化层破裂、剥落、SiC 与 Fe、Cr 在高温下接触过程。图 9-29（b）为 SiC 与 Fe 和 Cr 接触后反应生成了 $Fe_3Si$、$Cr_3Si$、$Cr_7C_3$、C 等界面产物。图 9-29（c）为液态金属搅拌等作用使得分解出来的 Si、C 原子和反应产物迅速在金属液中散开，固相的生成而使扩散变的缓慢使石墨颗粒和一些生成产物滞留在 SiC 附近的钢中。图 9-29（d）为温度的变化使 SiC/Fe-20Cr 的界面反应由液相转变为固相界面反应，借助金属原子和 Si、C 的扩散，界面产物更加均匀化和有序化。SiC/金属界面固相反应过程中，反应区中形成调整的 C 沉积物区必须具备 3 个条件：（1）金属原子与 Si 原子的亲和性大，与 C 的亲和性小，以形成稳定的金属硅化物；（2）SiC 反应界面上金属原子的浓度足够高，以使 SiC 分解；（3）C 原子在金属硅化物中的溶解度降低。

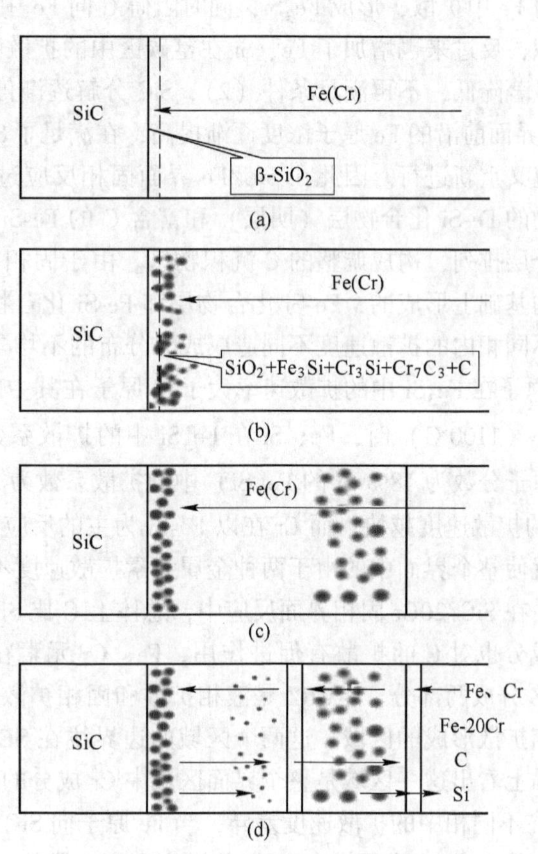


图 9-29 SiC/Fe-20Cr 界面反应模型

（a）氧化膜破裂；（b）Fe、Cr 与 SiC 反应；（c）反应产物在液相中扩散到固相生成；（d）固相扩散

几种金属硅化物与碳化物的形成焓见表 9-4。从表 9-4 中可以看到 $Fe_3Si$ 为稳定化合物，而 Fe 的碳化物为不稳定化合物，在 Si 存在的情况下 Fe 的碳化物稳定性还将大大降低。所以 Fe 与 Si 的亲和性大大高于其与 C 的亲和性。由于 Si 为强石墨化元素，随 Si 含量的增加，Fe 中的 C 含量降低，在 Si 含量（原子分数）大于 15% 的 Fe 固溶体和所有的 Fe-Si 化合物中 C 的含量极低。因此，对 SiC/Fe 界面固相反应而言，条件（1）和（3）是满足的。从表 9-4 中也可以看到 SiC 与 Cr 的发生界面反应时不能形成调整的 C 沉积区。

**表 9-4 几种金属硅化物与碳化物的形成焓**

| 金属硅化物 | $\Delta H_{298}^{\ominus}$ /kJ · mol$^{-1}$ | 金属碳化物 | $\Delta H_{298}^{\ominus}$ /kJ · mol$^{-1}$ |
|---|---|---|---|
| $Fe_3Si$ | −94.1 | $Fe_3C$ | 25.2 |
| FeSi | −73.9 | $Fe_2C$ | 20.6 |
| $Cr_3Si$ | −141.5 | $Cr_{23}C_6$ | −590.2 |
| $Cr_5Si_3$ | −325.9 | $Cr_7C_3$ | −204.0 |

当 SiC/Fe 界面固相反应发生时，Fe 向 SiC 中扩散，促使 SiC 分解成 Si、C，Si 原子快速向 Fe 中扩散，形成 $Fe_3Si$，同时阻碍 C 向 Fe 中的扩散，造成 C 在 SiC 反应界面前沿的富积，反过来也增加了 Fe、Si 在富碳区中的扩散阻力，使 SiC 界面前沿反应区中的 Fe 含量显著降低，不再满足条件（2），SiC 分解逐渐停止。此后，随着 Fe 向 SiC 界面的扩散，SiC 界面前沿的 Fe 原子浓度逐渐提高，在满足了 SiC 分解所需的 Fe 原子浓度后，SiC 分解反应又重新进行。因此在 SiC/Fe 界面固相反应过程中，SiC 分解不连续，造成不含 C 沉积物的 Fe-Si 化合物层（明层）和富含 C 的 Fe-Si 化合物+C 沉积物层（暗层）在反应区中分层排列，构成调整的 C 沉积物区。由于固相扩散的时间较短且固相扩散是在液相扩散的基础上形成的，Fe-Si 化合物层和 Fe-Si 化合物+C 沉积物层的界限变得模糊。各元素在不同相内的扩散速度不同造成成分分布的不均匀，扩散对析出的产物也有一定的影响。Fe 原子在 $Fe_3Si$ 中的扩散速率大于 Si 原子在其中的扩散速度以及 Fe 在 Fe(Si) 中的扩散速率（1100℃）时，Fe、Si 在 $Fe_3Si$ 中的扩散系数为 $7\times10^{-11}m^2/s$、$3\times10^{-13}m^2/s$，Fe 在含原子分数为 18% Si 的 Fe(Si) 中的扩散系数为 $3\times10^{-12}m^2/s$，且 Fe(Si) 中含 Si 量越高 Fe 的扩散速度越快。而 Cr 在以 $Fe_3Si$ 为主的反应区中的扩散阻力要大得多，扩散速度小。这就使整个界面中的由于两种金属元素扩散速度不同而造成了高 Cr 区域。

在 SiC/20Cr 固相界面反应中，总体上 C 比 Si 具有更快的扩散速度，同时 SRZ 区的高 Si 成分也对 C 的扩散有促进作用，Fe、Cr 元素在各区域的扩散如图 9-30 所示。可以将 MRZ 分成两部分，S-MRZ 是液相扩散和固相扩散共同作用的区域，L-MRZ 区域主要是由液相扩散形成的区域。这两个区域的边界线在 SEM 和金相照片上并不明显，但是可从线扫描上看出这一区域是整个界面区域中 Cr 成分的最高点和 Si 的最低点，这一区域是因为 Cr 在不同相中的扩散速度差异，当 Fe 原子向 SiC 反应界面扩散并与 Si 反应形成硅化物时合金的 Cr 原子大量在 L-MRZ 前沿富积而造成的，从 SiC 反应区扩散过来的 C 原子与其反应生成 Cr 的碳化物。L-MRZ 与 S-MRZ 接触处 C 含量的增加也证明了 Si 的扩散要比 C 慢得多。在 S-MRZ 与 L-MRZ 交界处附近也形成了高 Cr、高 C、低 Si、低 Fe 的区域，这些区域中有大量的 $(Cr, Fe)_7C_3$ 型共晶碳化物析出。C-PFZ 区的形成是固相扩散的结果，因为 Cr 在基体中的活度不高，而 Cr 在 MRZ 区由于有 Cr 碳化物和硅化物存在，使得 Cr 的扩散比较快，这就使 Cr 在 C-PFZ 中的分布形成了一个凹字形，同时 C 的亲 Cr 性和一部分 Si 的存在使此区域内 C 的含量也减少，形成了以 α-Fe 为主的 C-PFZ。C-PFZ 区与合金基体之间也形成了一个有细小的 Cr 碳化物组成的区域。高 Cr 成分碳化物的形成增大了 Fe 原子通过它向 SRZ 扩散的阻力，阻碍了 Fe 原子扩散，从而降低了反应速度。此外，值得一提的是高温退火对界面产物的均匀化和有序化起到了很大作用。

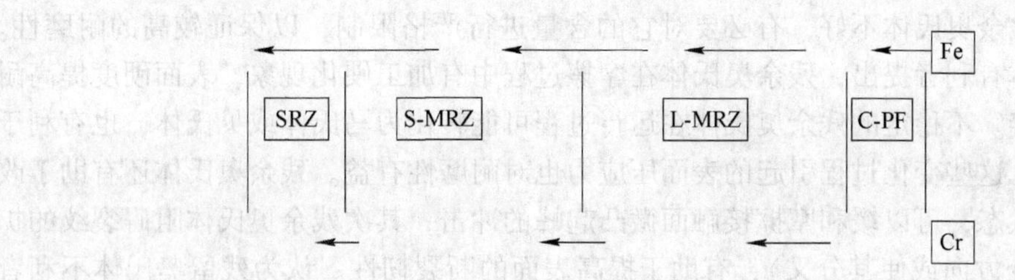


图 9-30 Fe、Cr 元素在各区域的扩散（箭头长短表明扩散速度快慢）

对 SiC/Fe-20Cr 复合材料的界面可以得到如下认识：

（1）$SiC_{3D}$/Fe-20Cr 复合材料两相结合紧密，界面主要受液相和固相的反应及扩散等影响而形成，界面区域大体上可分为 SRZ、MRZ 和 C-PFZ 三个区域。SRZ 主要由石墨、$Fe_3Si$ 基体构成，MRZ 主要由 Fe(Si) 基体、(Cr，Fe)$_7C_3$ 型化合物、$Cr_7C_3$、片状石墨和球状石墨、$Fe_3C$ 构成，C-PFZ 主要是由 α-Fe（Si）构成。石墨、$Fe_3Si$ 以及 Cr 的碳化物都能有效的阻止 Fe、Si 的相互扩散，从而达到控制界面反应的目的。

（2）界面反应以液相反应为主，生成物的阻挡使固相反应很难进行，冷却过程中基本上是 C 原子扩散、显微均匀化的过程。

（3）$SiC_{3D}$/Fe-20Cr 复合材料 SiC 与钢基体之间的界面存在硬度梯度。

## 9.5 $SiC_{3D}$/Fe-20Cr 复合材料摩擦性能

### 9.5.1 Fe-20Cr 相组成对摩擦性能影响

#### 9.5.1.1 铁素体的影响

铁素体是钢中最软的显微结构，碳钢中铁素体的硬度为 HV50-135，在合金钢中它的硬度为 HV100-270。一般来说，钢铁中含铁素体越多，其耐磨性越差。

#### 9.5.1.2 珠光体的影响

珠光体内渗碳体的大小，珠光体的形态（片层与粒状）均对耐磨性有影响。珠光体中的渗碳体（在片层珠光体时为片间距）越小，硬度、强度、塑性越好，同时其耐磨性也提高。铁素体和渗碳体的混合物中，渗碳体增加时，硬度增高，同时耐磨性也增高。总之在含碳量相同的情况下，片层珠光体的耐磨性比粒状要好。

#### 9.5.1.3 马氏体的影响

马氏体是淬火及低温回火钢中的重要显微结构。它强度大、硬度高，在热力学上不如珠光体、铁素体稳定，在摩擦热的作用下可能向稳定的显微转化。马氏体，特别是高碳马氏体中较大的淬火应力、显微缺陷、性脆，对耐磨性也不利。

#### 9.5.1.4 贝氏体的影响

贝氏体的优异耐磨性证明它在摩擦副中是有利的显微结构。贝氏体钢应力小、裂纹少、显微结构均匀、热稳定性比马氏体高。贝氏体具有较高的韧性及形变硬化能力而使其抗黏着磨损能力增加。

#### 9.5.1.5 残余奥氏体的影响

残余奥氏体在滑动摩擦条件下的耐磨性颇具争议。有人认为残余奥氏体对耐磨性有利。有人认为残余奥氏体不好，有必要对它的含量进行严格限制，以保证较高的耐磨性。认为残留奥氏体有利者提出，残余奥氏体在摩擦过程中有加工硬化现象，表面硬度提高耐磨性就相应改善。不稳定的残余奥氏体在运行过程可能转化为马氏体或贝氏体，也有利于耐磨性的增高。这些变化过程引起的表面压应力也对耐磨性有益。残余奥氏体还有助于改善表面的接触状态，可以缓和摩擦接触面微凸起峰的冲击，其次残余奥氏体阻碍裂纹的扩散（使裂纹改变方向或使其分叉），有助于提高表面的断裂韧性。认为残留奥氏体不利者提出，残余奥氏体强度低，容易发生范性流变，奥氏体是面心立方点阵，这些都是促进粘着的因素。残余奥氏体使表面强度、硬度降低，对耐磨性不利。在运行过程中奥氏体的分解产物脆性大，残余奥氏体存在使表面尺寸稳定性下降。当摩擦温度较高时发生 $A_R \rightarrow \alpha$-Fe 转变，此时耐磨性下降。

#### 9.5.1.6 碳化物的影响

碳化物对钢铁材料耐磨性具有很重要的意义。碳化物的类型、性能、含量等对耐磨性都有重要的影响。首先是碳化物的类型。钢中常见的碳化物以渗碳体硬度最低，因此对耐磨性的贡献也小。钢中碳化物的硬度见表 9-5。碳化物对耐磨性的贡献最大，其次是合金碳化物，然后是渗碳体。一般认为碳化物含量越多耐磨性越好，细小均匀分布的碳化物对耐磨性的影响较好。晶粒过分粗大，树枝状以及网状的碳化物是不希望的。

**表 9-5 钢中碳化物的硬度**

| | |
|---|---|
| $Fe_3C$ | HV800～1500 |
| $Cr_7C_3$ | HV1500～2800 |
| MoC | HV2000～3000 |
| TiC（沉积层） | HV 4000 |
| VC（扩散层） | HV 3000 |

按照国家标准规范在 MM1000-Ⅱ型实验机上进行制动模拟实验。MM1000-Ⅱ型实验机如图 9-31 所示。在实验中将 $SiC_{3D}$/Fe-20Cr 复合材料作为动片，将 $SiC_{3D}$/Fe-Cu 复合材料作为静片。$SiC_{3D}$/Fe-Cu 复合材料的制备方法介绍如下，粉体的主要成分、比例及作用见表 9-6。首先按表 9-6 粉体的主要成分、比例混料。Fe 粉 175g、6-6-3 铜 20g、$SiO_2$ 粉 2g、

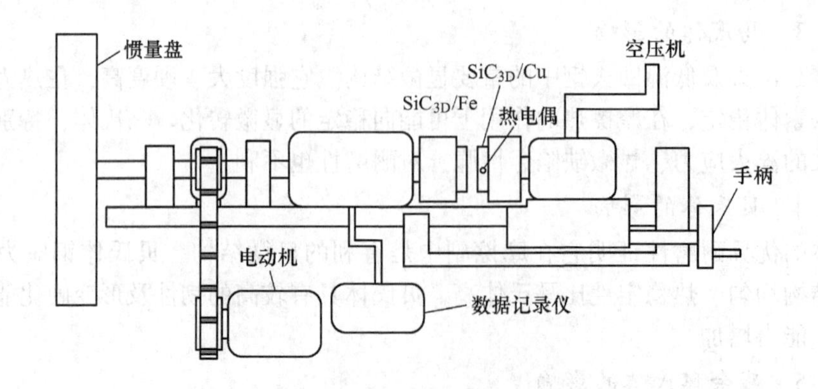


图 9-31 MM1000-Ⅱ型实验机示意图

BN 粉 2g、$MoS_2$ 粉 1g。使用行星式球磨机搅拌 24h 后备用。分别将表面利用溶胶凝胶方法涂覆 $Fe_2O_3$ 薄膜和 $ZrO_2$ 薄膜的 SiC 骨架埋于配置好的混合粉体中，机械震实制成生坯。在真空气氛炉中，由室温经过 290min 升温至 1200℃，保温 2h 后，炉冷至室温完成预烧结。预烧结过程在 1200℃时用氢气保护。将烧制好的熟坯使用真空熔渗铜片的方法进行真空熔渗。即分别使用 60~120g 铜粉、通过模具压制成铜环和马蹄形铜片，覆盖于由粉末冶金方法预烧结制成的熟坯上，在真空气氛炉中由室温经 240min 升至 1125℃，在 1125℃下保温 1.5h 真空熔铸获得 $SiC_{3D}$/Fe-Cu 复合材料。

**表 9-6 粉体的主要成分、比例及作用**

| 种类 | Fe 粉 | 6-6-3 铜 | $SiO_2$ 粉末 | BN 粉末 | $MoS_2$ 粉末 |
|---|---|---|---|---|---|
| 比例/% | 87.5 | 10 | 1 | 1 | 0.5 |
| 作用 | 基体 | 烧结助剂 | 稳定摩擦系数 | 高温润滑剂 | 低温润滑剂 |

摩擦环尺寸如图 9-32 所示。

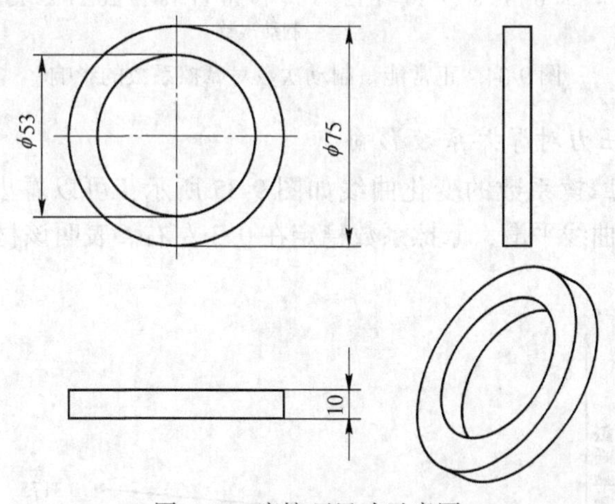


图 9-32 摩擦环尺寸示意图

$SiC_{3D}$/20Cr 复合材料作为动片，$SiC_{3D}$/Fe-Cu 复合材料作为静片如图 9-33 所示。

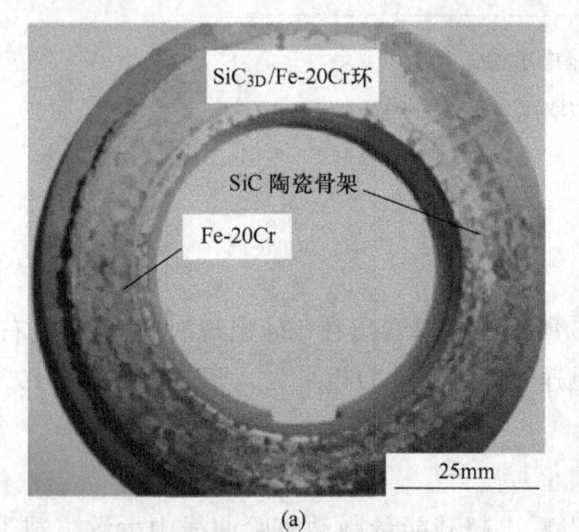


(a)

(b)

图 9-33 $SiC_{3D}$/20Cr 复合材料作为动片，$SiC_{3D}$/Fe-Cu 复合材料作为静片（RTO 后）

(a) 动环；(b) 静环

9.5.1.7 摩擦次数对摩擦系数影响

正常能量制动次数对平均摩擦系数的影响如图 9-34 所示，可以看出摩擦次数对平均摩擦系数影响不明显，平均摩擦系数稳定在 0.3 左右。

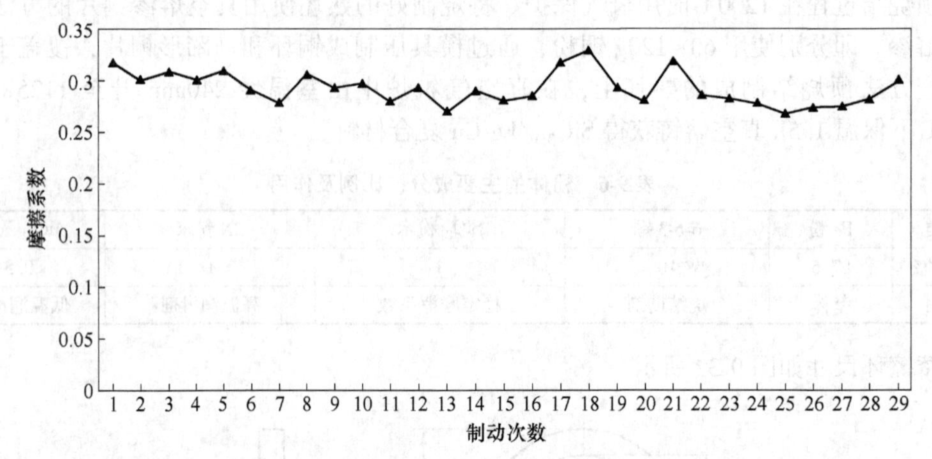


图 9-34 正常能量制动次数对摩擦系数的影响

9.5.1.8 制动压力对摩擦系数影响

不同制动压力下摩擦系数的变化曲线如图 9-35 所示，可以看出随制动压力的增加，摩擦系数缓慢上升，曲线平滑，摩擦系数稳定在 0.3 左右。表明该材料在不同的压力下具有稳定的摩擦系数。

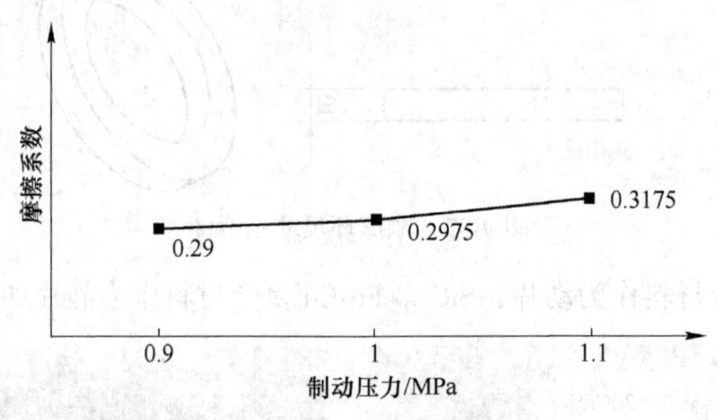


图 9-35 制动压力对摩擦系数的影响

## 9.5.2 制动曲线

9.5.2.1 正常能量制动实验曲线

正常能量制动实验的典型曲线如图 9-36 所示，可以看出在 12s 出现时间为 1s 左右的力矩平台，摩擦系数约为 0.29，力矩曲线迅速过渡到下一力矩平台，摩擦系数约为 0.37，制动结束，制动曲线中出现“翘尾”。

9.5.2.2 超载能量制动实验曲线

超载能量制动曲线如图 9-37 所示，可以看出超载能量制动实验曲线中大致出现了 4 个力矩平台区，摩擦系数变化为 0.27→0.46→0.50→0.58，较小的摩擦系数力矩平台区

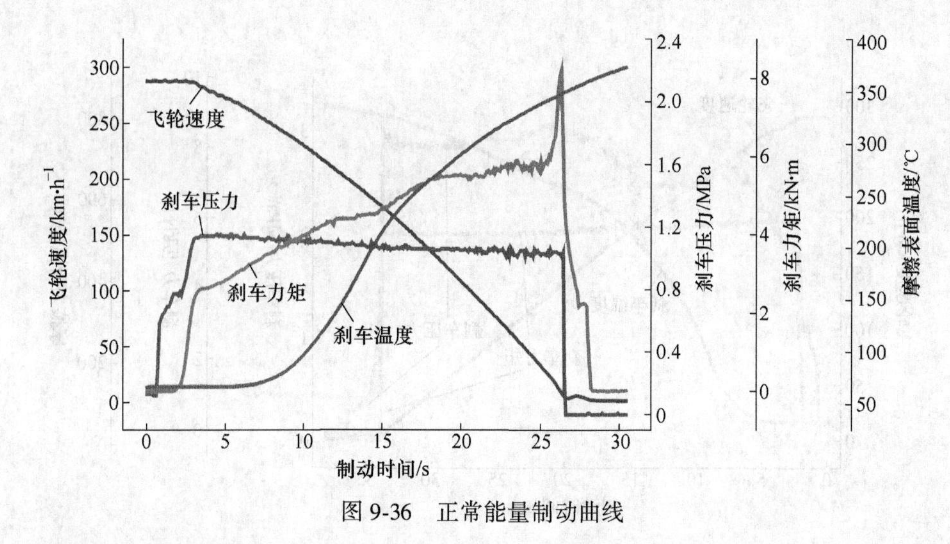


图 9-36　正常能量制动曲线

的时间比较短，之后力矩平台区的时间依次增加，过渡平滑，摩擦系数较大的力矩平台区维持到制动结束。

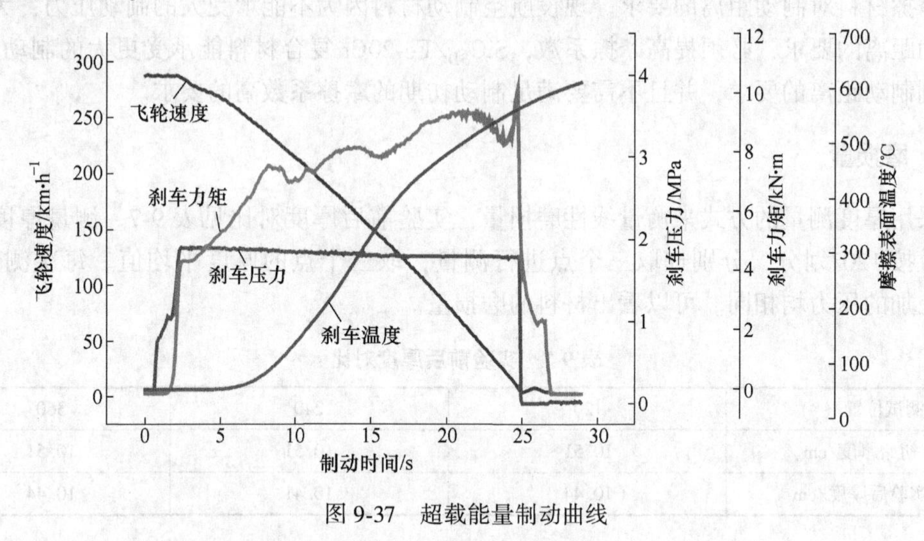


图 9-37　超载能量制动曲线

#### 9.5.2.3　终止起飞（RTO）制动实验曲线

终止起飞（RTO）的制动曲线如图 9-38 所示，可以看出终止起飞制动实验曲线中摩擦系数变化为 0.3→0.43→0.53→0.49，力矩从制动开始迅速变化，在制动前 4s 内使摩擦系数达到 0.43 左右，之后力矩变化平缓，说明材料在紧急情况下平稳快速达到较高的摩擦系数。

#### 9.5.2.4　制动实验曲线分析

摩擦材料要求摩擦系数稳定，力矩曲线平稳。摩擦材料中的凸出体在制动初期出现互相啮合、变形、剪切及断裂等情况，这会导致制动的初期瞬间摩擦系数迅速增大，力矩曲线出现“前峰”。在 $SiC_{3D}$/Fe-20Cr 复合材料的制动过程中没有出现“前峰”，说明在制动初期，摩擦系数是平稳增加的，摩擦材料中的凸出体在制动初期没有出现互相啮合、变形、剪切及断裂。在制动的 10s 后，力矩曲线出现平台区，保持稳定的摩擦系数，保证了

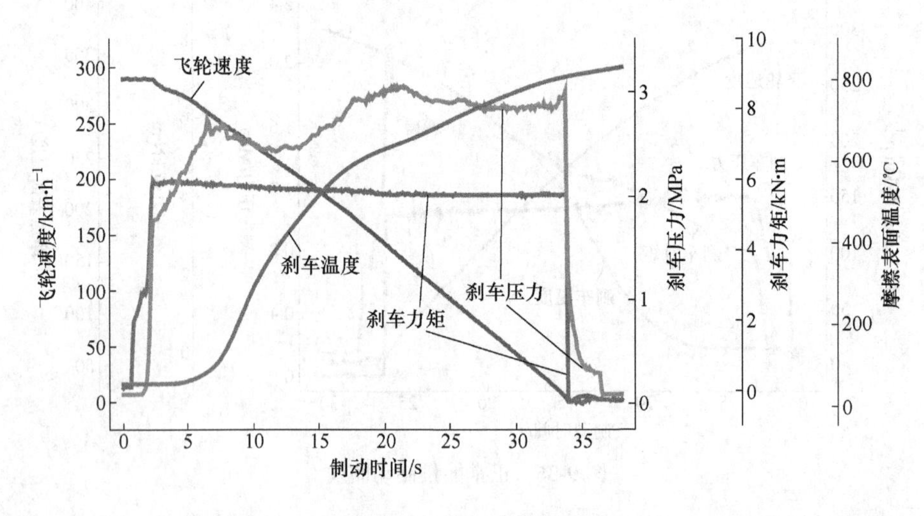


图 9-38　终止起飞制动曲线

作为摩擦材料对制动距离的要求。现役航空制动材料因为不能承受大的制动压力，为了达到制动距离的要求，必须提高摩擦系数，$SiC_{3D}$/Fe-20Cr 复合材料能承受更大的制动压力，能达到制动距离的要求，并且不需要满足制动初期的摩擦系数高的要求。

### 9.5.3　磨损量

采用厚度测量的方式来衡量线性磨损量，实验前后厚度对比见表 9-7。测量厚度时在动片上按 120°划分，分别选取三个点进行测量，取三个点的厚度平均值。每次测量时，动片上加的压力均相同。可以看出材料的磨损量。

表 9-7　实验前后厚度对比

| 测试位置/(°) | 120 | 240 | 360 |
|---|---|---|---|
| 初始厚度/cm | 10.51 | 10.51 | 10.51 |
| 实验后厚度/cm | 10.44 | 10.41 | 10.44 |

## 9.6　制动实验后动片物相和显微结构

摩擦材料可作为热库，用来存贮摩擦产生的热量。摩擦实验相当于对材料进行了反复加热和空冷/风冷，这势必会造成材料显微结构的改变，直接影响复合材料的性能。我们分析了经过惯性动力台架 RTO 实验后 $SiC_{3D}$/Fe-20Cr 基体和界面显微结构的变化。

### 9.6.1　制动后动片物相

制动实验后复合材料的 XRD 如图 9-39 所示，可知实验后动片依然是由 Fe、SiC、$Fe_3C$、$Cr_7C_3$、$Fe_3Si$ 和石墨等物相组成。与制动实验前复合材料相比石墨的衍射峰和 $Fe_3Si$ 衍射峰都增强，SiC 的衍射峰表明 SiC 为六方结构。说明反复实验加上 RTO 实验没有使复合材料 SiC 骨架发生明显变化，表明了此材料的高温使用稳定性。

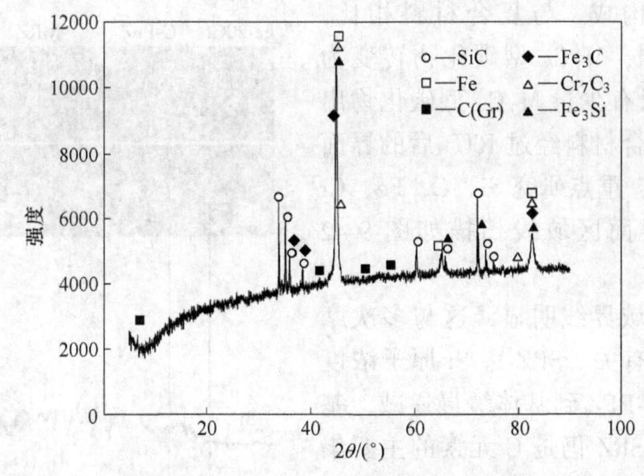


图 9-39 $SiC_{3D}$/Fe-20Cr 复合材料 XRD 图

### 9.6.2 制动后动片基体

复合材料在摩擦过程中被反复加热和冷却，经过了 RTO 实验后，复合材料的温度达到了约 899℃左右。RTO 实验后复合材料基体的金相显微结构如图 9-40 所示，可以看出，黑色基体为珠光体，白色沿晶界分布的网络为铁素体。晶粒粗大，部分铁素体由晶界向内延伸，呈针状，构成魏氏显微结构。

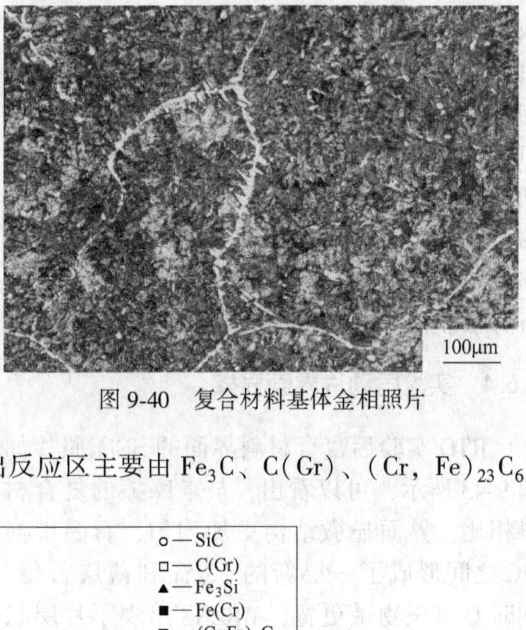

100μm

图 9-40 复合材料基体金相照片

### 9.6.3 制动后动片界面物相

采取缩小衍射范围的办法对界面进行 X 射线物相分析，如图 9-41 所示。可以看出反应区主要由 $Fe_3C$、C(Gr)、$(Cr, Fe)_{23}C_6$、

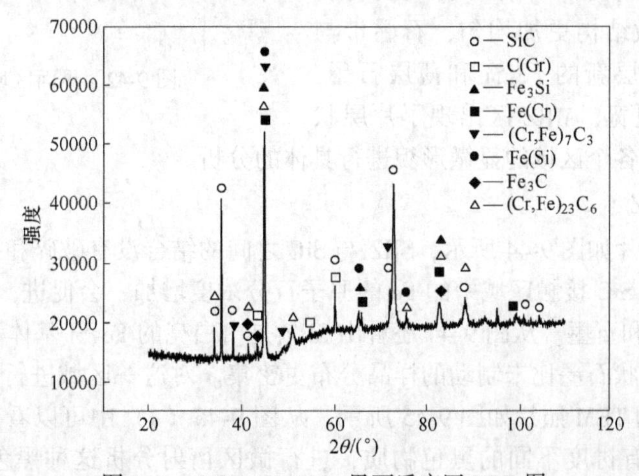


图 9-41 $SiC_{3D}$/Fe-20Cr 界面反应区 XRD 图

$Fe_3Si$、Fe(Si)等构成。与复合材料相比，$Fe_3Si$ 的衍射峰增强，$M_7C_3$ 型碳化物转变为 $M_{23}C_6$ 型碳化物，只有少量 $M_7C_3$ 型碳化物出现。利用 EDS 对复合材料经过 RTO 后的界面进行了线扫描分析，重点研究 Si、C、Fe、Cr 四种主要元素，界面区域线扫描如图 9-42 所示。

可以看出各区域界线明显，这与多次摩擦后显微结构稳定有关。SRZ 中 Si 原子浓度较低，从 MRZ 到 C-PFZ 到基体缓慢递减，基体中 Si 含量很低。SRZ 仍是 C 元素的主要集中分布区域，但是在 MRZ 分布更均匀，这与在 MRZ 出现大量 Cr-C 化合物有关，在 C-PFZ 区域中 C 的含量较低。Fe 在 SRZ 接近 SiC 一侧富积，这说明反复的热处理使 Fe 更多的扩散到 SiC 表面参与了与 SiC 的反应，C 在此处由于反应而含量升高。MRZ 中 Fe 的分布比较均匀，在与 SRZ 临近区域有递减的趋势。C-PFZ 区域中 Fe 依然呈“凸”字状分布，Cr 在 MPZ 区域中的均匀分布。在 C-PFZ 区域中 Cr 的分布呈“凹”字状，Cr 在 C-PFZ 与 MRZ 临近处有较高的含量，扩散到此区域的 C 与 Cr 结合生成 Cr-C 化合物。

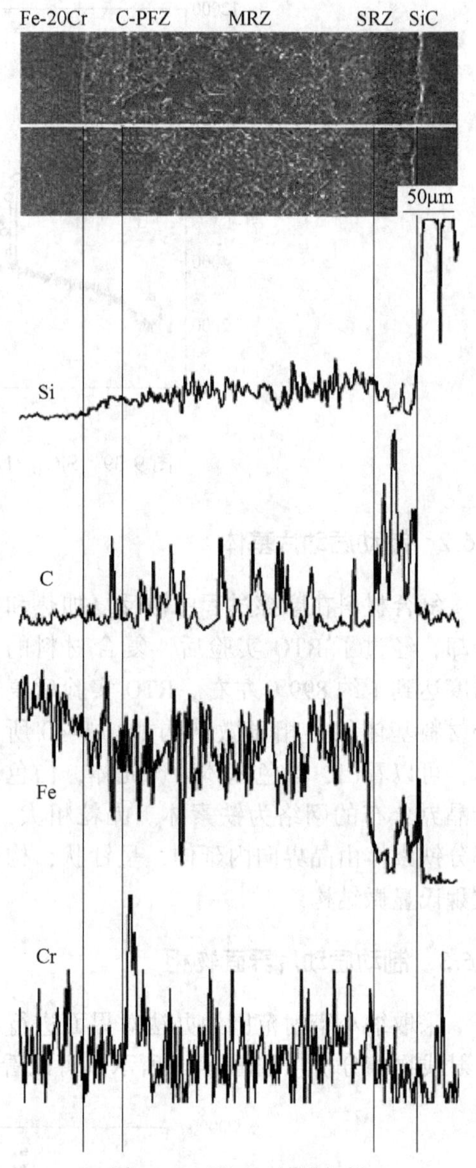


图 9-42　界面区域线扫描

### 9.6.4　实验后动片界面显微

RTO 实验后复合材料界面的 SEM 照片如图 9-43 所示，可以看出，与未摩擦的复合材料相比，界面显微结构更加均匀，石墨带与 SiC 之间形成了一层新的 $Fe_3Si$ 和薄层石墨，同时 C 沉积物带更宽，MRZ 区出现了片层状石墨。下面对界面各个区域的显微形貌进行具体的分析。

#### 9.6.4.1　SRZ

SRZ 的形貌照片如图 9-44 所示，SRZ 与 SiC 之间的结合没有破碎和裂纹，受多次摩擦热的影响，SRZ 与 SiC 接触区域中的 Fe 的原子百分浓度增加，会促进 SiC 分解，部分 SiC 分解生成了 $Fe_3Si$ 和石墨。从图 9-44 还看出 SRZ 是由白亮的 $Fe_3Si$ 基体和石墨构成。从图中还可以看出片层状石墨比未制动的样品分布更密集。对这一区域进行了 TEM 观察，SiC 与 SRZ 接触区域的 TEM 照片如图 9-45（a）中可以看出，在 SiC 与 SRZ 接触区域的 $Fe_3Si$ 有衬度不同的黑色物质，进行微区衍射分析这种黑色物质为未反应的 SiC，如图 9-45（b）所示。

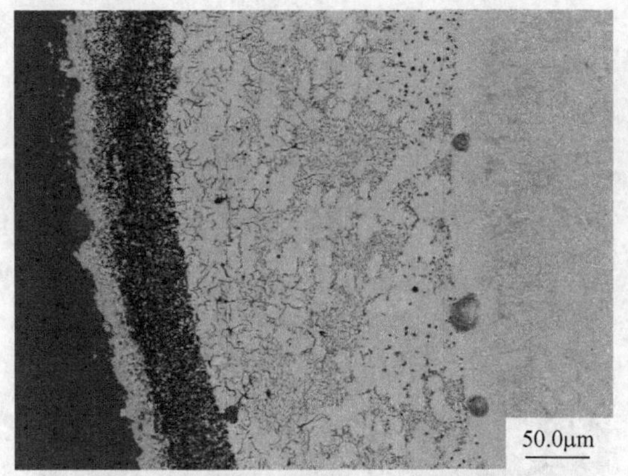

图 9-43 实验后复合材料的界面全貌

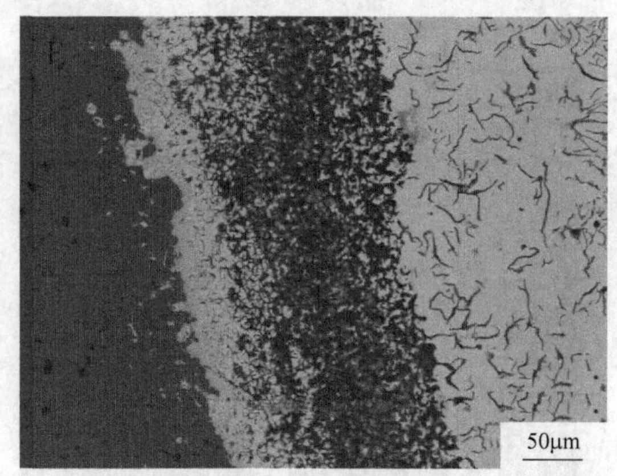

图 9-44 SRZ 的 SEM 形貌

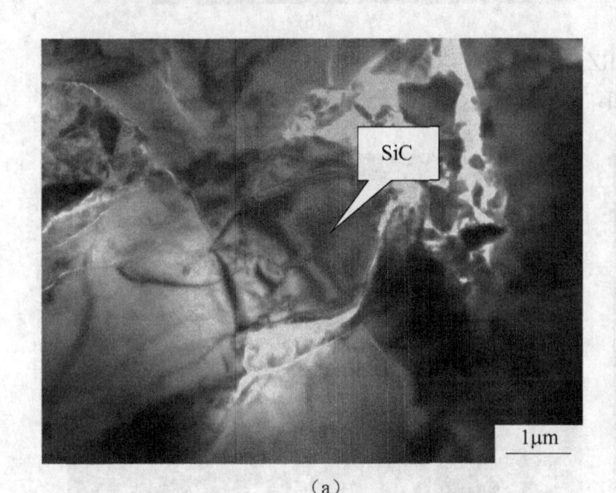

(a)

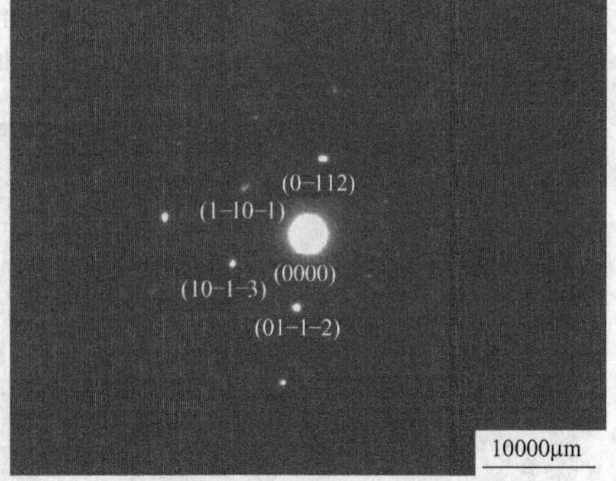

(b)

图 9-45 SRZ 中与 SiC 接触区域的形貌及衍射斑点
(a) 接触区域 TEM 图像；(b) SiC 的电子衍射图

### 9.6.4.2 MRZ

MRZ 的形貌照片如图 9-46 所示，从图 9-46（a）中可以看出是 MRZ 基体上分布着球状石墨和白色的共晶碳化物，对此区域进行了二次电子像放大分析如图 9-47（b）所示，从图中可以看到有细小片层状石墨和网状共晶碳化物，结合图片 9-43 可知整个 MRZ 由片层状石墨和共晶碳化物构成，在靠近 20Cr 钢基体附近有少量的球状石墨分布。这是因为反复摩擦加热过程促使了各元素的扩散，在原来的 MRZ 中的 Fe 原子扩散并参与反应而大量消耗，使这一区域中的 Si/Fe 比增高，导致了一部分 Fe(Si) 转变为 $Fe_3Si$ 相。Si/Fe比增高也使得这一区域耐腐蚀性增强。MRZ 共晶碳化物 SEM 照片如图 9-47 所示，在深度腐蚀下在图中看到此区域中呈鱼骨状分布的（Cr，Fe）$_{23}C_6$ 型共晶碳化物，其 EDS 能谱如图 9-48 所示，对该区域进行 TEM 观察，MRZ 基体 TEM 照片及衍射斑点如图 9-49 所示，表明基体由 Fe-Si-C 构成。

### 9.6.4.3 C-PFZ

C-PFZ 显微结构如图 9-50 所示，可以看出 C-PFZ 区域与 MRZ 的界线清晰，而与基体的界线不清晰。这是因为反复的摩擦促进 Fe 向 SiC 方向扩散，导致原来的 C-PFZ 由于 Fe 的大量扩散而变小并向基体方向移动，其 C-PFZ 依然是 Fe(Si) 构成。

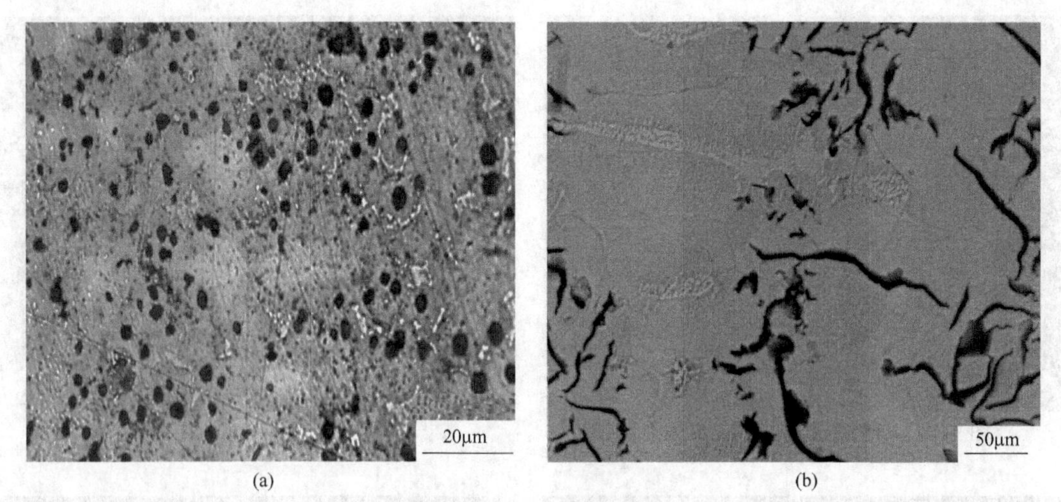


图 9-46　MRZ 的形貌照片

（a）金相；（b）SEM

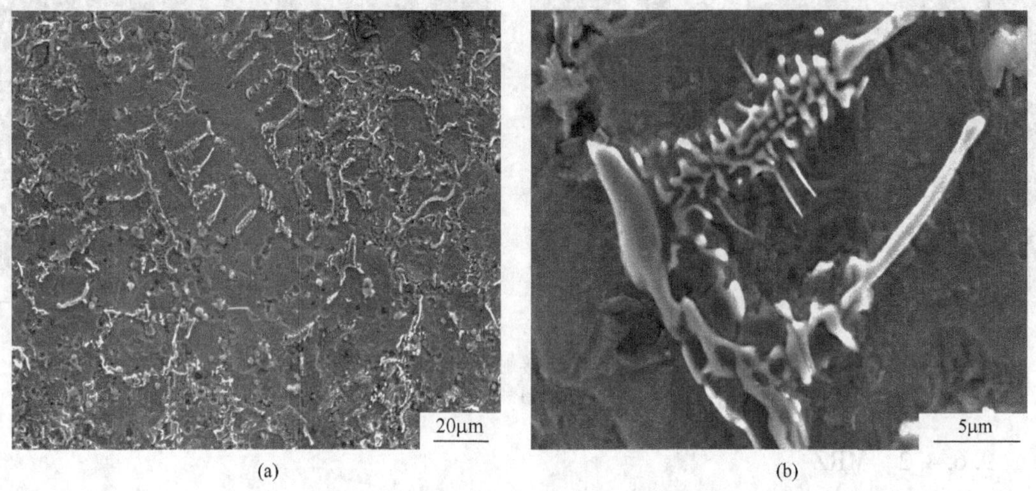


图 9-47　MRZ 共晶碳化物 SEM 照片

（a）×500；（b）×4000

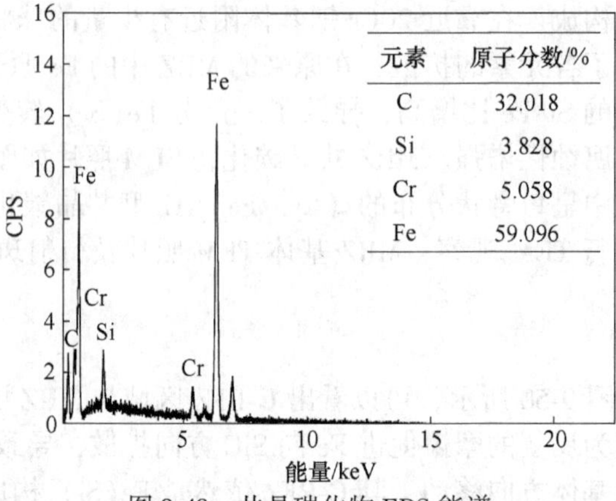


图 9-48　共晶碳化物 EDS 能谱

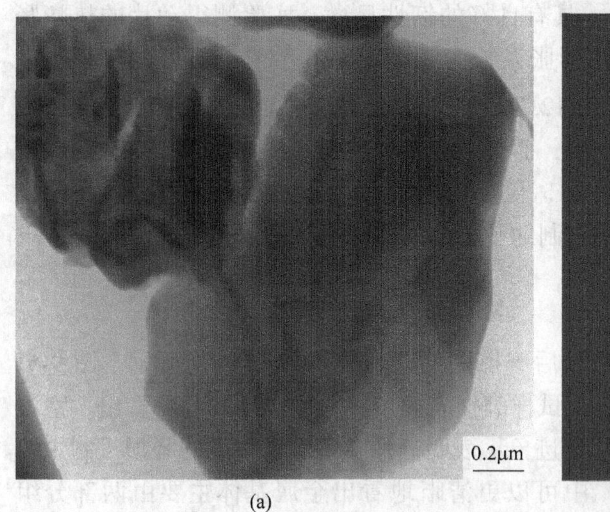

(a)

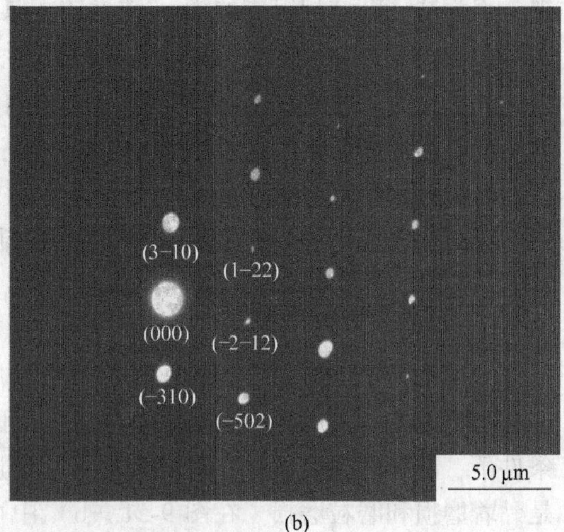

(b)

图 9-49 MRZ 基体 TEM 照片及衍射斑点
（a）TEM 照片；（b）衍射照片

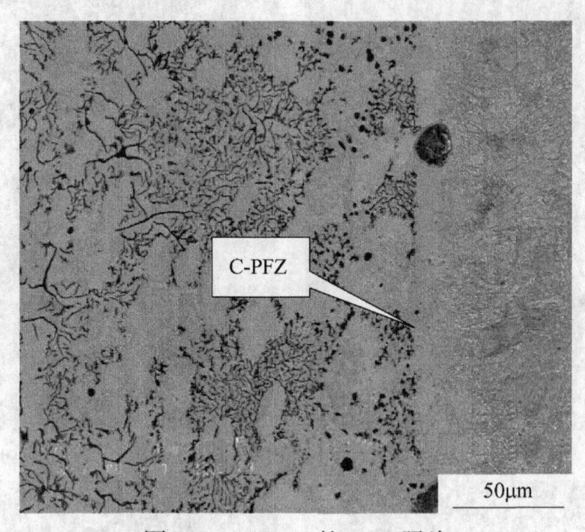


图 9-50 C-PFZ 的 SEM 照片

### 9.6.5 界面对摩擦性能的影响

对比摩擦实验前后复合材料界面显微结构可以对台架实验曲线作出简单分析：摩擦初期速度较高而温度较低，界面产物石墨在两表面间形成润滑膜，使力矩平稳。石墨生成量对整个摩擦副来说并不大，随着温度上升摩擦副表面的微凸起开始接触，界面区域的生成物使 SiC 与合金基体间存在硬度梯度，使 SiC 骨架微凸起不那么锋利，减缓了 SiC 的切削作用，使力矩不至于迅速增大。随着界面产物的磨损，SiC 的犁削作用增加，力矩增加，摩擦系数上升。随着 SiC 骨架的磨损，力矩下降，体系温度升高导致表面发生粘着磨损，犁削、黏着磨损以及脱落的颗粒与合金氧化层间形成三体磨损的共同作用使力矩在摩擦后期稳步升高并趋于稳定。从实验后动片的照片观察到陶瓷相与金属相依然结合十分紧密，说明材料抗热震性能较好。微观上界面中的 C-PFZ 区对整个界面抗热震性的作用不容忽视，因为这一区域相组成的为α-铁素体，具有良好的韧性显微。实验测得动片的热膨胀系数为 $15.4615\times10^{-6}/℃$，$SiC_{3D}$骨架的热膨胀系数为 $6.2325\times10^{-6}/℃$，石墨的热膨胀系数为 $0.24\times10^{-5}/℃$，α-Fe 的热膨胀系数为 $12.8\times10^{-6}/℃$，升温过程中由于 SRZ 区与 SiC 接触的石墨的膨胀系数低，阻碍 SiC 的膨胀，而合金基体的热膨胀系数大于 C-PFZ 区，所以在升温过程中 C-PFZ 被拉宽。界面上 Fe-Cr 和 C-Cr 化合物的形成起到了钉扎界面的作用。此外，宏观上 SiC 骨架的三维网络结构制约了合金的热膨胀。

### 9.6.6　磨损表面形貌分析

室温条件 1.1MPa 下经过 3 次摩擦实验后摩擦副的金相组织如图 9-51 所示。图 9-51（a）与图 9-51（b）所示为室温条件下静片试样磨损表面形貌显微照片。可以看出：室温条件下，静片磨损表面存在黏着转移和犁沟迹象，表明静片在室温条件下的磨损机制主要是黏着磨损和磨粒磨损。在图 9-51（b）中可以更清晰地看出金属基体主要由两部分组成：一部分是铁区，黏着磨损情况较好，这是由于在铁区域中含有铜，使铁基体合金化，起到了固溶强化的目的，提高了铁基组织的硬度，增强了其抗黏着能力，同时由于铜的存

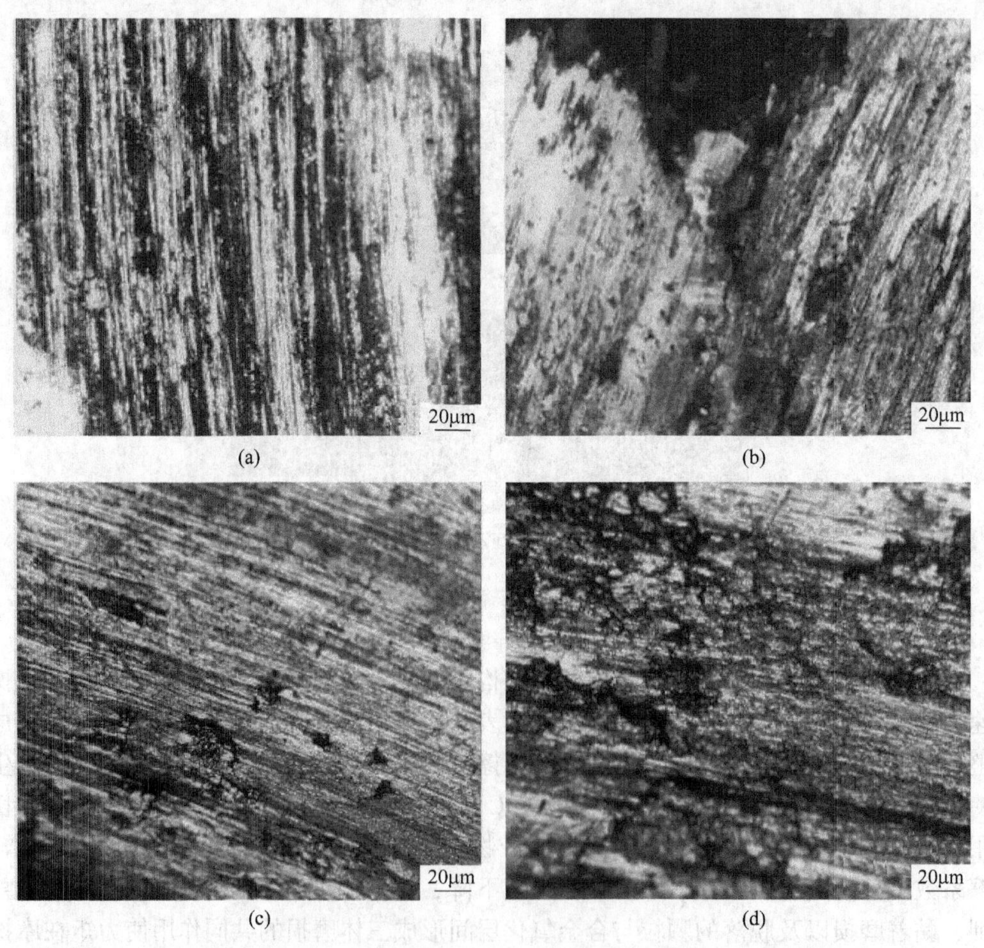


图 9-51　室温条件 1.1MPa 下经过 3 次摩擦实验后摩擦副的金相组织
（a），（b）摩擦副静片；（c），（d）摩擦副动片

在，减少了摩擦材料中铁与对偶金属的直接接触，使黏着磨损减少；另一部分是铜区，由于铜的强度较低，钢对偶表面的微凸体将对其产生较明显的犁削现象，铜在高温下极易熔化，表面相对较粗糙。这种静片结构可以在获得稳定的、理想的摩擦系数的同时，提高了自身的抗磨能力，降低了磨损量。图 9-51（c）与图 9-51（d）所表示为动片表面形貌显微照片。从图 9-51（c）中可以看出：动片表面留下的犁沟相对于静片来说较浅。因为 $SiC_{3D}$/钢表面硬度大，抗磨损能力强，使得两表面发生二体磨损和三体磨损时，产生犁沟深度较浅。从图 9-51（d）中可以看出：摩擦表面还可以看到相互连接的微裂纹，这是由硬脆性的氧化层在压力作用下开裂造成的，另外还可以看出氧化层剥落和基体黏着磨损的痕迹。

复合材料的摩擦表面在长时间深度腐蚀后发现有明显的氧化产物形成，如图 9-52 所示。经过摩擦实验后，静片上基体铁氧化层（图 9-52a）和铜氧化层（图 9-52b）的平均硬度分别达到了 HV380 和 HV330。动片表面也形成了氧化层（图 9-52c），表面也看到了铜氧化层（图 9-52d），说明黏着磨损造成了材料的相互转移。动片表面的维氏硬度达到 HV400。由艾查德（Archard J. F）黏着磨损方程，见式（9-16）。

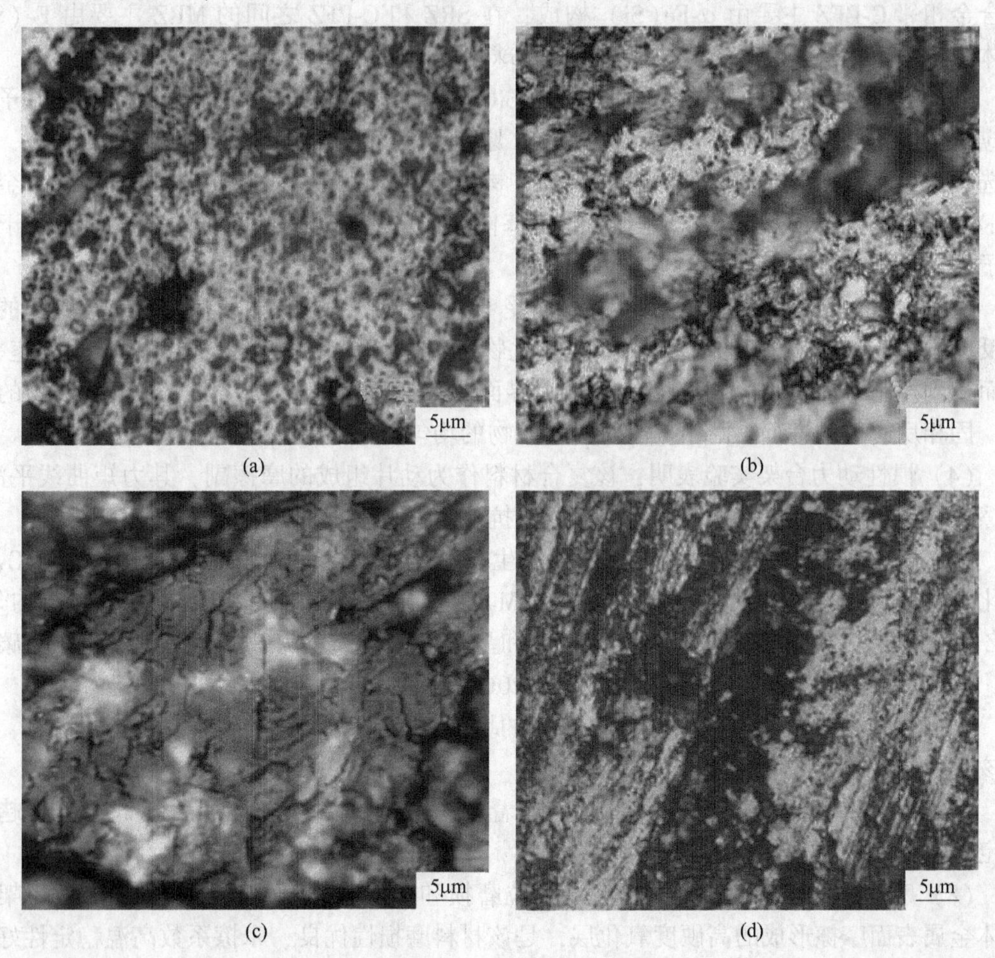


图 9-52　摩擦表面层显微组织

（a），（b）摩擦副静片；（c），（d）摩擦副动片

$$\frac{Wc}{S} = K \frac{L}{3Pc} \tag{9-16}$$

式中，$Wc$ 为体积磨损量；$S$ 为滑动距离；$K$ 为黏着磨损系数；$L$ 为法向载荷；$Pc$ 为较软表面材料的屈服压力。

提高材料的屈服压力可以降低由于粘着磨损而引起的体积磨损量。由于金属材料的屈服压力的大小与金属的压痕硬度相近，所以磨损时出现高的表面硬度能够提高材料的抗磨性能和稳定摩擦系数。

## 9.7　本章小结

本章研究了真空-气铸法制造的 $SiC_{3D}$/Fe-20Cr 复合材料的界面显微结构和形成原理，并研究了该材料点惯性动力台架摩擦实验特征及台架实验后材料的界面显微结构的变化。得到以下主要结论：

(1) $SiC_{3D}$/Fe-20Cr 复合材料中，SiC 和 20Cr 钢两相结合紧密，界面反应区主要由 SRZ、MRZ 和 C-PFZ 三个主要区域构成。与 SiC 相邻的 SRZ 主要由石墨、$Fe_3Si$ 基体构成；与合金相邻 C-PFZ 主要由 α-Fe(Si) 构成；在 SRZ 和 C-PFZ 之间的 MRZ 主要由 Fe(Si) 基体、$(Cr, Fe)_7C_3$ 型化合物、片状石墨和球状石墨和 $Fe_3C$ 构成。

(2) 在 $SiC_{3D}$/Fe-20Cr 界面反应区中，SiC 分解产生的 C、Si 原子和钢中金属原子的反应具有选择性。因为 C-Cr 的亲和性大，C 原子总是优先地向富 Cr 的合金一侧扩散，并有选择地与 Cr 反应，形成 $M_7C_3$ 型化合物，构成 MRZ。而绝大多数的 Si 原子则与合金中的 Fe 原子反应形成 $Fe_3Si$，构成 SRZ 区的基体。在反应区中，C 原子的扩散速率大于 Si 原子。

(3) $SiC_{3D}$/Fe-20Cr 界面发生固相反应受 Fe 在反应区中的扩散所控制。在短时间的液相反应中形成的石墨、$Fe_3Si$ 以及 Cr 的碳化物都能有效地阻止 Fe 扩散，降低反应速率，从而达到控制界面发生固相反应的目的。界面的反应以液相反应为主，由于生成物的阻挡，固相反应很难进行。固相扩散对界面产物的均匀化和有序化起到了很大的作用。

(4) 惯性动力台架实验表明，该复合材料作为动片组成的摩擦副，其力矩曲线平滑、摩擦系数稳定、抗磨损性好，并具有良好的抗热震性。

(5) RTO 实验后 $SiC_{3D}$/Fe-20Cr 界面发生了明显的变化，$Fe_3Si$ 的含量增加，$M_7C_3$ 型碳化物转变为 $M_{23}C_6$ 型碳化物，只有少量 $M_7C_3$ 型碳化物出现。界面中元素分布均匀。SRZ 扩大，MRZ 中析出了大量的片状石墨和呈鱼骨状分布的 $(Cr, Fe)_{23}C_6$ 型共晶碳化物，C-PFZ 与 MRZ 的界线变得明显，但与 20Cr 钢基体的界线变得模糊。

(6) 随着法向载荷、摩擦时间和 $pv$ 值的增加，摩擦系数逐渐下降，并趋于稳定，说明该材料体系的高温稳定性较好。

(7) $SiC_{3D}$/Fe-Cu 合金静片的磨损量随着摩擦次数的增加先增加后降低，逐步趋于稳定。

(8) 摩擦过程中材料的磨损机理以磨粒磨损和黏着磨损为主，材料中的 SiC 骨架及基体金属表面摩擦形成的高硬度氧化层，是该材料磨损性优良、摩擦系数高温稳定性好的主要原因。

# 10 $SiC_{3D}$/Cu 复合材料

## 10.1 $SiC_{3D}$/Cu 复合材料制备

利用无压烧结法制备出高强度高纯度的三维网络 SiC 陶瓷骨架，如图 10-1（a）所示，利用真空-气压熔铸法将液态 Cu 合金（Al、Ti、V、Cr 的质量分数均为 3%）压入到三维网络 SiC 骨架中，制备 SiC 体积分数高达 50% 的 $SiC_{3D}$/Cu 复合材料，宏观形貌如图 10-1（b）所示。

图 10-1　宏观形貌图片
（a）三维网络 SiC 骨架；（b）$SiC_{3D}$/Cu 复合材料

将 $SiC_{3D}$/Cu 复合材料切割成小的试样块（约为 10mm×10mm×5mm），在砂轮盘上分别经过粗磨、细磨后，再用 2000 号砂纸水磨后抛光，抛光时使用粒度为 1μm 的金刚石研磨膏以得到表面干净、光滑、无划痕的试样，用于扫描电镜的观察。选用质量分数为 10% 的 $FeCl_3$ 溶液并滴加少量分析纯浓盐酸作为腐蚀剂对抛光后的试样进行腐蚀，在金相显微镜观察其微观形貌。将切割好的小试样块加热到 700℃ 并分别保温 30min、60min、90min、120min 进行退火处理，按照上述方法制备热处理样品并用扫描电镜及金相显微镜观察形貌。摩擦材料在使用过程中一般都要受到刹车压力、剪切力以及其他各种应力的作用，摩擦材料除了要求具有高而稳定的摩擦系数和良好的抗磨损性能外，还需要具有一定的力学性能，以保证其在各种压力作用下不至于发生变形、失效甚至破碎，所以编者首先研究了复合材料的力学性能。

## 10.2　$SiC_{3D}/Cu$ 复合材料的力学性能

### 10.2.1　力学性能测试样制备及方法

将 $SiC_{3D}/Cu$ 复合材料切割成长、宽、高尺寸约为 50mm×10mm×5mm 的试样进行抗弯强度试验，试验载荷为 10t，加载速度为 0.05mm/min，跨距为 30mm，样品数量若干。将 $SiC_{3D}/Cu$ 复合材料切割成长、宽、高尺寸约为 15mm×12mm×5mm 的样品进行抗压试验，试验载荷为 1t，样品数量为 3 个。制备出如图 10-2 所示的拉伸实验用试样进行拉伸试验，试验载荷为 10t，加载速度为 0.2mm/min，样品数量若干。

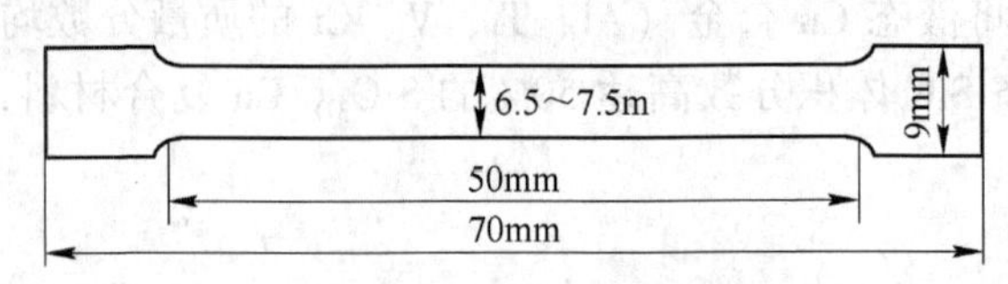


图 10-2　拉伸试样尺寸图

### 10.2.2　抗弯强度试验结果及分析

在电子拉伸试验机上进行三点抗弯试验，所得试验数据见表 10-1。

**表 10-1　抗弯强度试验数据**

| 编号 | 宽/mm | 高/mm | 最大弯曲力/kN | 抗弯强度/MPa |
|---|---|---|---|---|
| 1 | 9.54 | 4.96 | 1.15 | 219.8 |
| 2 | 9.54 | 4.97 | 1.25 | 238.7 |
| 3 | 9.55 | 4.97 | 1.14 | 219.3 |

由试验数据可知：SiC 体积分数为 50%的 $SiC_{3D}/Cu$ 复合材料的抗弯强度值为

$$\sigma_{bb} = \frac{219.8 + 238.7 + 219.3}{3} = 225.9\text{MPa} \tag{10-1}$$

SiC 质量分数为 15%（体积分数约为 50%），尺寸为 1μm 的 SiC 颗粒增强 Cu 基复合材料，其抗弯强度为 230MPa，而 $SiC_{3D}/Cu$ 复合材料的抗弯强度值为 225.9MPa，说明 $SiC_{3D}/Cu$ 复合材料可以达到 SiC 颗粒增强 Cu 基复合材料的抗弯性能。

### 10.2.3　抗压强度试验结果及分析

在液压式万能试验机上进行抗压实验，得到的抗压强度值见表 10-2。

**表 10-2　抗压强度试验数据**

| 编号 | 长/mm | 宽/mm | 高/mm | 横截面积/mm² | 压力/kN | 抗压强度/MPa |
|---|---|---|---|---|---|---|
| 1 | 15.52 | 11.42 | 5.08 | 58.01 | 11.6 | 199.9 |
| 2 | 15.48 | 11.26 | 5 | 56.30 | 10.1 | 179.1 |
| 3 | 15.6 | 11.32 | 5.04 | 57.05 | 12.6 | 220.9 |

由试验数据可知，$SiC_{3D}$/Cu 基复合材料的抗压强度值为

$$\sigma_{bc} = \frac{199.9 + 179.1 + 220.9}{3} = 199.9\text{MPa} \tag{10-2}$$

网络结构增强金属基复合材料的抗压强度反映了复合材料相互贯穿、相互缠绕的基体相和增强相的状态以及界面结合力。由式 10-2 可知：$SiC_{3D}$/Cu 复合材料的抗压强度约为 200MPa。$SiC_{3D}$/Cu 复合材料的断口形貌如图 10-3 所示，由图 10-3 断口宏观形貌图可以看出，断口呈 45°开裂。$SiC_{3D}$/Cu 复合材料与 Cu 相比具有高的抗压强度值，与 SiC 骨架相比，具有良好的抗压韧性，该复合材料能同时具有基体 Cu 相和 SiC 增强相的优点，具有优异的抗压性能。

图 10-3 $SiC_{3D}$/Cu 复合材料的断口形貌

### 10.2.4 拉伸试验结果及分析

在拉伸试验机上进行拉伸试验，拉伸实验数据见表 10-3。

**表 10-3 拉伸试验数据**

| 编号 | 宽/mm | 高/mm | 抗拉强度/MPa | 最大力/N |
|---|---|---|---|---|
| 1 | 6.68 | 5 | 17 | 553.2 |
| 2 | 6.48 | 5 | 20 | 663.3 |
| 3 | 7.74 | 5 | 20 | 782.1 |

由试验结果可知，试样的平均抗拉强度

$$\sigma_{b} = \frac{17 + 20 + 20}{3} = 19\text{MPa} \tag{10-3}$$

拉伸试验曲线如图 10-4 所示，可以看出 $SiC_{3D}$/Cu 复合材料的拉伸曲线与金属等韧性材料的拉伸曲线较为相似，而与陶瓷等脆性材料差别很大，说明在拉伸实验中，此类材料表现出良好的韧性。

拉伸过程大致分为三个阶段。在第Ⅰ阶段，复合材料的变形量随着拉伸力的增加而增加，这是因为在拉伸初期，拉伸力比较小，Cu 基体承载了主要拉伸力，发生了较大的弹性变形。在第Ⅱ阶段，随着拉伸力增加，Cu 基体变形量进一步增加，通过 $SiC_{3D}$/Cu 两相界面将载荷传递给 SiC 骨架，由于 SiC 骨架的承载作用复合材料整体变形量的增长率减小；同时 Cu 基体保证了 SiC 骨架不至于在外力作用下发生脆性断裂。无论是在第Ⅰ阶段还是第Ⅱ阶段，材料的变形量都是随着拉伸力的增加而增加。但在第Ⅲ阶段拉伸力出现了

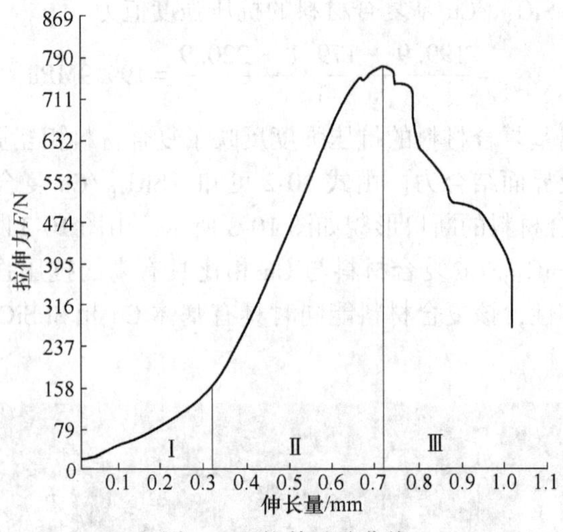


图 10-4　拉伸试验曲线

下降，变形量却仍然在增加，这是因为此时大裂纹在 $SiC_{3D}$/Cu 两相界面处形成并扩展，复合材料承载能力急剧下降。拉伸曲线在下降过程中会间歇性的出现小平台，每个平台的出现都是有一部分 SiC 和 Cu 界面脱离而造成的变形量的急剧增加，未脱离的界面继续传递力使材料的变形速率减缓至此处界面脱离，曲线达到下一个平台，如此直至材料最终断裂。$SiC_{3D}$/Cu 复合材料的界面是影响其断裂的主要因素，界面既成为载荷有效传递的工具，也是材料失效的罪魁祸首，提高材料的拉伸性能要首先改善复合材料的界面性能。$SiC_{3D}$/Cu 复合材料的抗弯强度 $\sigma_{bb}$ = 225. 9MPa，抗压强度 $\sigma_{bc}$ = 199. 9MPa，拉伸强度 $\sigma_{b}$ = 19MPa。SiC 增强相和 Cu 基体相互相贯穿，使其在承受载荷时互为支撑，从而具有优异的力学性能。

## 10. 3　$SiC_{3D}$/Cu 复合材料显微组织

### 10.3.1　SiC 骨架物相分析

SiC 骨架的 XRD 图如图 10-5 所示，由图可知，骨架主要由 SiC 组成，此外在衍射谱中还检测到少量 $SiO_2$ 和 C。$SiO_2$ 是为了阻止 SiC 与金属基体反应而对其进行表面预氧化处理时形成的，C 是在 SiC 骨架烧制过程中添加的烧结促进剂。

### 10.3.2　Cu 合金显微结构

$SiC_{3D}$/Cu 复合材料基体微观组织形貌如图 10-6 所示。由图可以看出，铜合金晶粒呈等轴晶状，根据统计方法得出平均晶粒尺寸约为 150μm。铜合金晶粒内存在大量的孪晶，在同一晶粒中甚至出现了不同取向且相互交错的孪晶。

### 10.3.3　$SiC_{3D}$/Cu 物相分析

对 $SiC_{3D}$/Cu 复合材料进行 X 射线衍射分析得到的衍射图谱如图 10-7 所示。由图可知复合材料由 SiC、Cu、C、$Cu_4Si$、TiC 等相组成，其中 SiC、Cu 为基体相，而 C、$Cu_4Si$、TiC

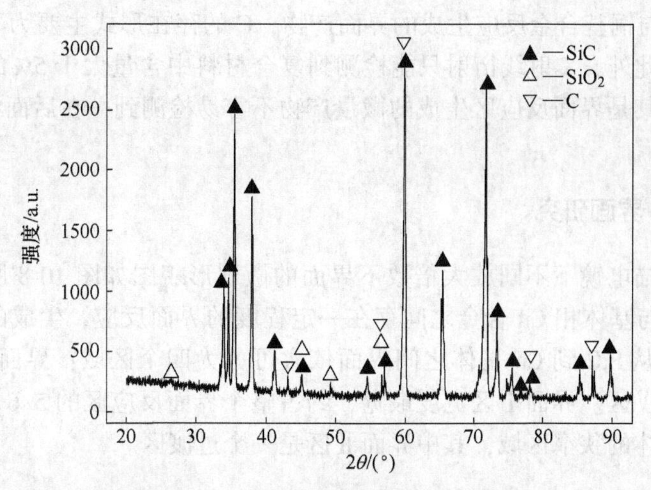


图 10-5 三维网络 SiC 骨架 XRD 图

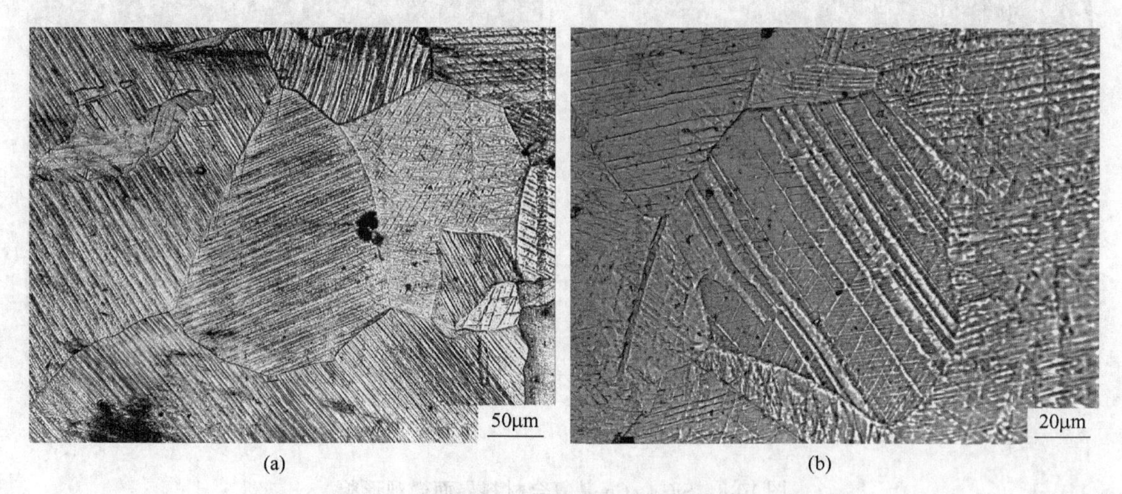


(a) (b)

图 10-6 $SiC_{3D}$/Cu 复合材料基体微观组织形貌

(a) 低倍下的基体组织形貌；(b) 高倍下的基体组织形貌

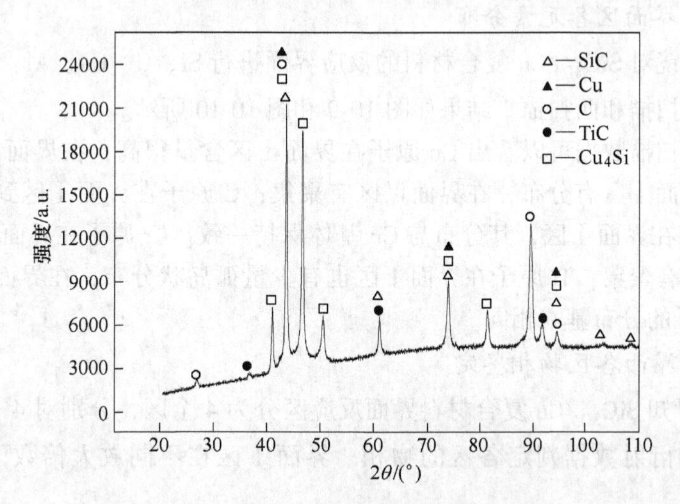


图 10-7 $SiC_{3D}$/Cu 复合材料 XRD 图

等则为 SiC 骨架与铜基合金反应生成的界面产物，C 的存在形式主要为石墨相，但还有其他的存在形式。此外，X 射线衍射只能检测到复合材料中含量大于 5%的物相，对于含量较低的物相，尤其是界面反应区生成的微量产物不容易检测到，在后面将进一步对界面区的物相进行分析。

### 10.3.4　$SiC_{3D}$/Cu 界面研究

复合材料扫描电镜下不同放大倍数下界面的微观形貌图如图 10-8 所示，由图可以看出，增强相 SiC 与基体相 Cu 合金之间存在一定程度的界面反应，生成的界面反应区宽度大约为 200μm。从 SiC 到 Cu 基体之间界面依次可分为四个区域：界面Ⅰ区、界面Ⅱ区、界面Ⅲ区和界面Ⅳ区。界面Ⅰ区宽度最宽，约占整个界面反应区的 5/6，界面Ⅱ、Ⅲ、Ⅳ区均为靠近铜基体的狭窄区域，其中界面Ⅱ区是一个过渡区。

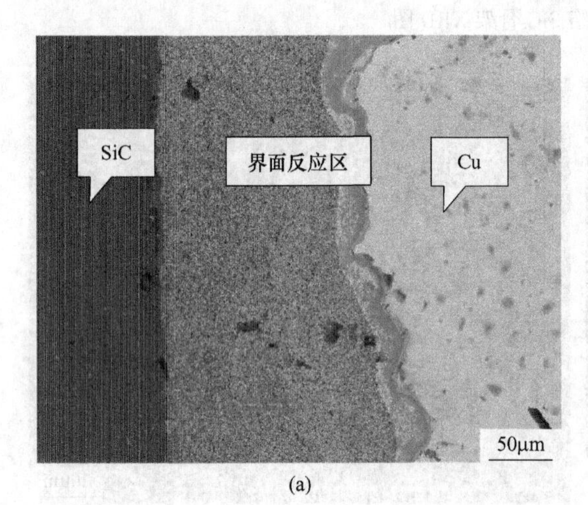

(a)

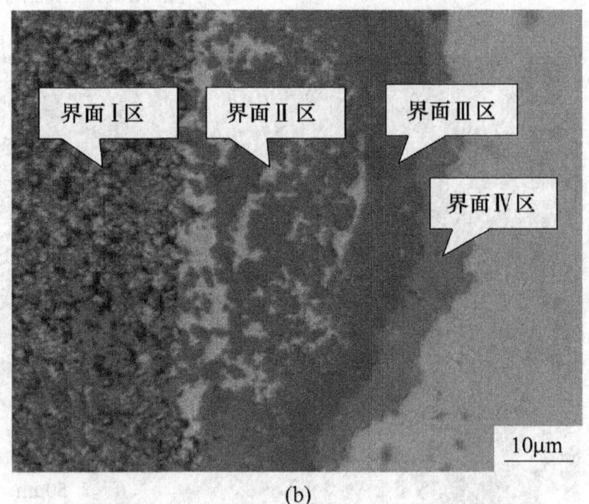

(b)

图 10-8　$SiC_{3D}$/Cu 基复合材料界面微观形貌
（a）低倍下界面的形貌；（b）高倍下界面的形貌

#### 10.3.4.1　界面区各元素分布

利用扫描电镜对 $SiC_{3D}$/Cu 复合材料的反应界面进行 Si、C、Cu、Al、Ti、V 和 Cr 等 7 种元素的成分线扫描和面扫描，结果如图 10-9 和图 10-10 所示。

线扫描及面扫描数据可以看出 Cu 原子在界面Ⅰ区含量很高，在界面Ⅲ、Ⅳ区含量骤减；Si 原子在界面Ⅰ区有分布，在界面Ⅳ区有聚集；C 原子在界面Ⅰ区到Ⅳ区均有分布；Al 原子主要分布在界面Ⅰ区，其分布与 Cu 基体保持一致。Cr 原子在界面Ⅰ区为孤岛状分布，在界面Ⅳ区有聚集；Ti 原子在界面Ⅰ区也有少量孤岛状分布，在界面Ⅲ区大量聚集；V 原子与 Ti 原子的分布基本相同。

#### 10.3.4.2　界面各区物相鉴定

由图 10-8 可知 $SiC_{3D}$/Cu 复合材料界面反应区分为 4 个区，分别对 4 个区进行能谱分析，结合 X 射线衍射数据判定各区的物相。界面Ⅰ区在不同放大倍数下的显微组织如图 10-11 所示。

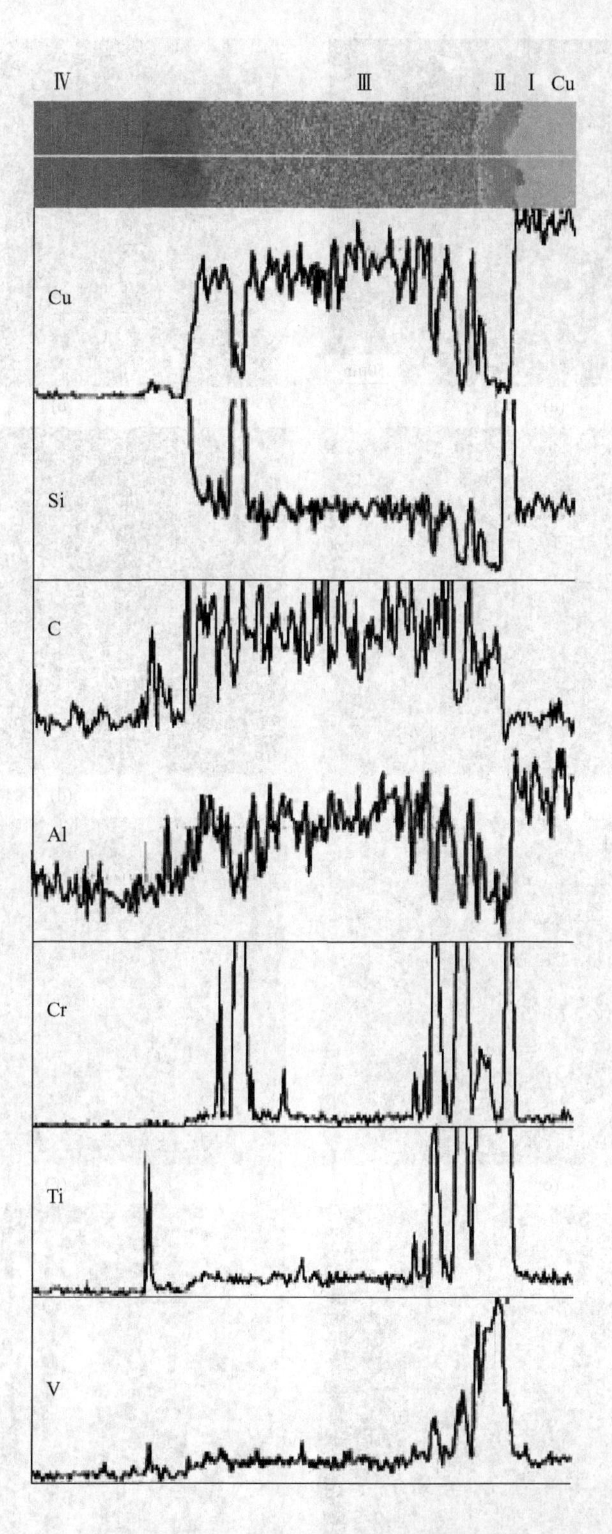


图 10-9 Cu、Si、C、Al、Cr、Ti 和 V 等 7 种元素在界面区的成分线扫描

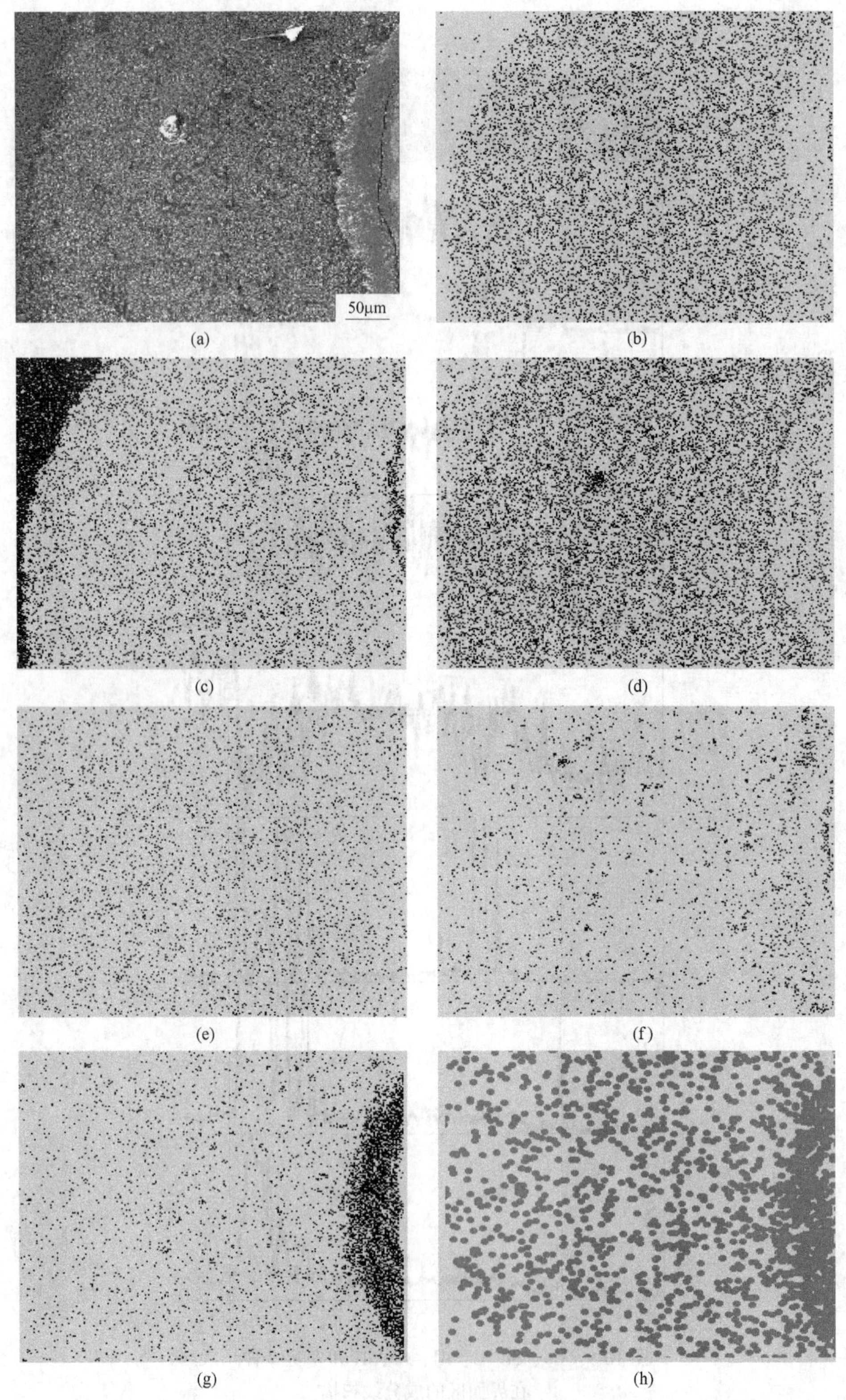


图 10-10　Cu、Si、C、Al、Cr、Ti 和 V 等 7 种元素在界面区的成分面扫描
(a) 界面微观形貌；(b) ~ (h) Cu、Si、C、Al、Cr、Ti 和 V 在界面区的成分面扫描

由图 10-11（a）可以看出，界面Ⅰ区由多种物相组成，根据形态不同将界面Ⅰ区分别编号为 1、2、3、4，进行 EDS 能谱分析，对应图 10-11（a）中界面Ⅰ区内不同位置处的 EDS 能谱如图 10-12 所示。

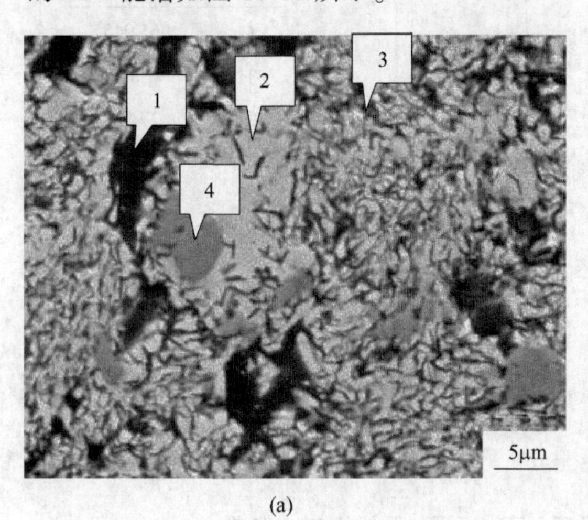


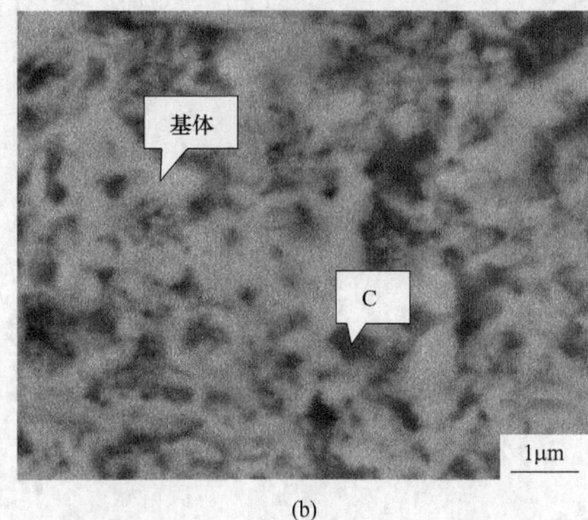


图 10-11 界面Ⅰ区微观形貌

（a）界面Ⅰ区低倍下的微观形貌；（b）界面Ⅰ区 2 处局部放大形貌

由图 10-12（a）、图 10-12（c）可知 1、3 处均为 C，根据两处形貌（图 10-11a）及复合材料的 XRD 物相分析可推断：1、3 分别为块状和条纹状的石墨相；4 处主要由 Cr、Ti 和 C 三种元素组成，因此判定 4 处为 Ti-C 和 Cr-C 的化合物；2 处主要由 Cu、Si、C、Al 四种元素组成，由于 2 处元素多、成分复杂，需对此处进行详细分析。

图 10-11（b）为对应图 10-11（a）中 2 处的局部放大，从图 10-11（b）可以发现在基体上弥散着黑色的小颗粒。根据 Cu-C 二元相图可知，Cu、C 基本不固溶，结合前面 XRD 可以断定此黑色弥散颗粒为 C。由 Cu - Si 二元相图可知，室温下 Si 在 Cu 中有一定的固溶度，在满足一定原子比时还可能有几种 Cu-Si 化合物生成，在 XRD 物相中也检测

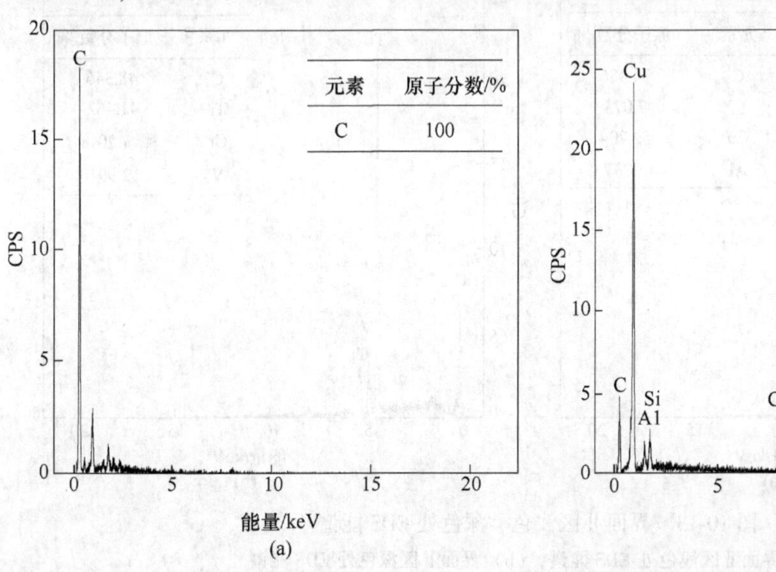


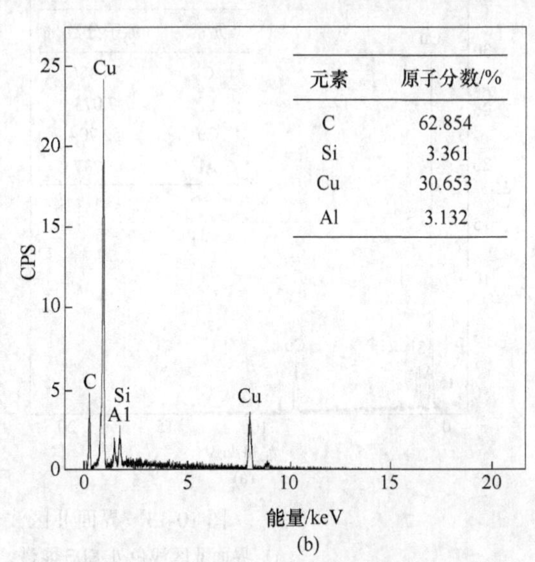

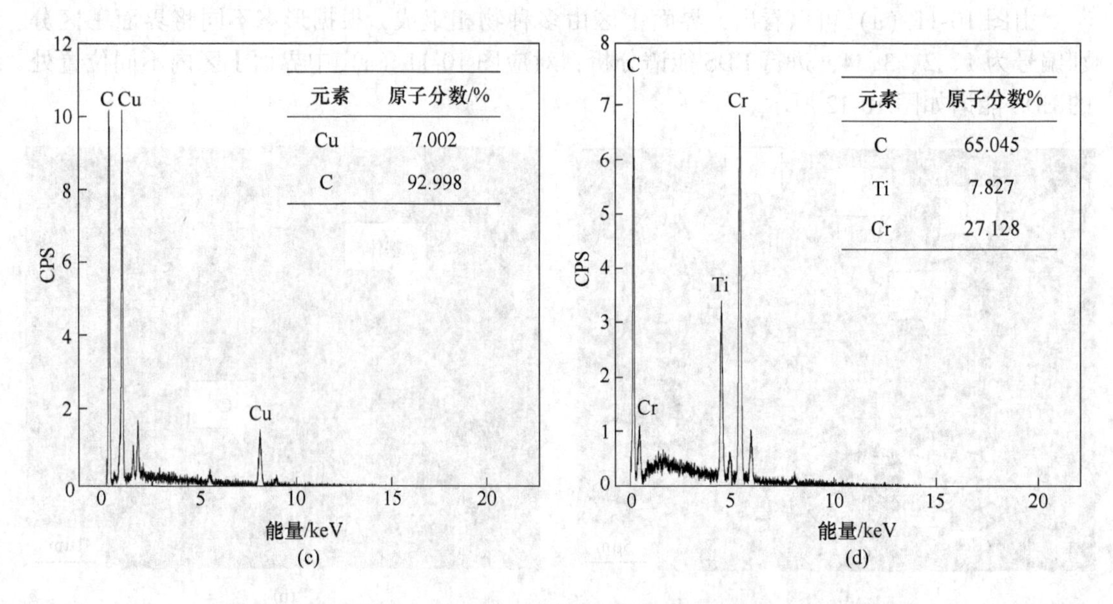


图 10-12 对应图 10-11（a）中界面Ⅰ区内不同位置处的 EDS 能谱

（a）~（d）分别对应图 10-11（a）中的 1、2、3、4 处

出 $Cu_4Si$，可以判断基体为 $Cu_4Si$。由线扫描结果（如图 10-9）并结合 EDS（图 10-12b）能谱分析可知，Al 与 Cu 比例基本保持一致，可说明在整个反应过程中，Al 主要固溶在铜基体中。综合可以得出界面Ⅰ区主要由 C、$Cu_4Si$、Ti-C 和 Cr-C 化合物组成，C 在界面Ⅰ区共有三种不同的显微结构，分别为块状、条纹状石墨相和细小弥散的颗粒状。

界面Ⅱ区浅色、深色处 EDS 能谱如图 10-13 所示。图 10-13（a）、图 10-13（b）分别为界面Ⅱ区（图 10-8b）浅色处及深色处的 EDS 能谱图。由图可知，浅色处与界面Ⅰ区 2 处的组成基本相同，形貌相似；深色处与界面Ⅲ区的组成基本相同，形貌相似，可以推断出，界面Ⅱ区实际上是界面Ⅰ区及界面Ⅲ区的一个过渡区。

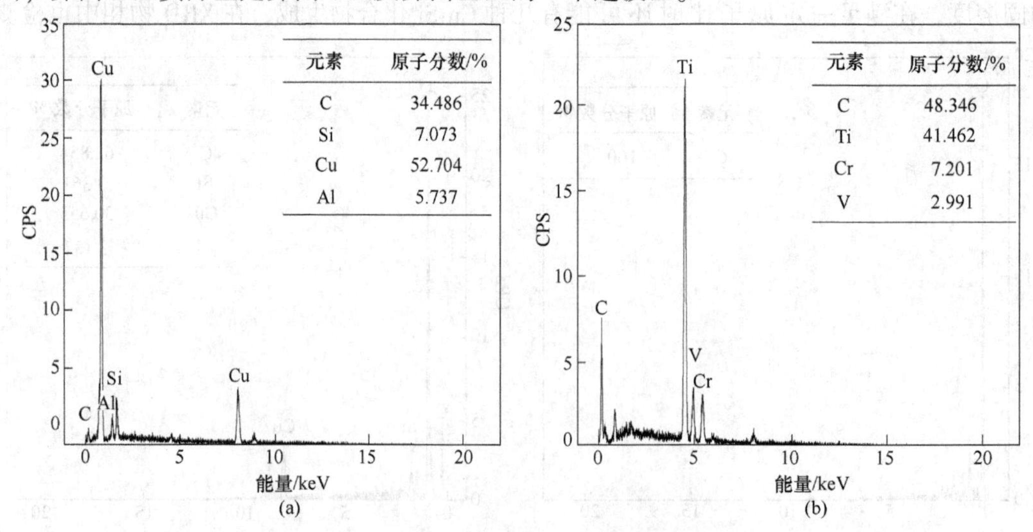


图 10-13 界面Ⅱ区浅色、深色处 EDS 能谱

（a）界面Ⅱ区浅色处 EDS 能谱；（b）界面Ⅱ区深色处 EDS 能谱

界面Ⅲ、Ⅳ区 EDS 能谱如图 10-14 所示。图 10-14（a）、图 10-14（b）分别为图 10-8（b）中界面Ⅲ区和界面Ⅳ区的 EDS 能谱图。由图可知，界面Ⅲ区，V 和 Cr 的含量很少，主要以 Ti、C 两种元素为主，由此可知界面Ⅲ区是以 TiC 为主、并含有 V-C 的碳化物层；界面Ⅳ区以 Cr-Si 的化合物为主，此外在此区内还含有少量的 TiC 和 V-C，这是由于界面Ⅲ区和界面Ⅳ界限不清造成的。界面Ⅲ、Ⅳ区的面扫描如图 10-15 所示，从图中可清楚地看到 C、Ti、Si、Cr、V 元素在这两个区的分布。

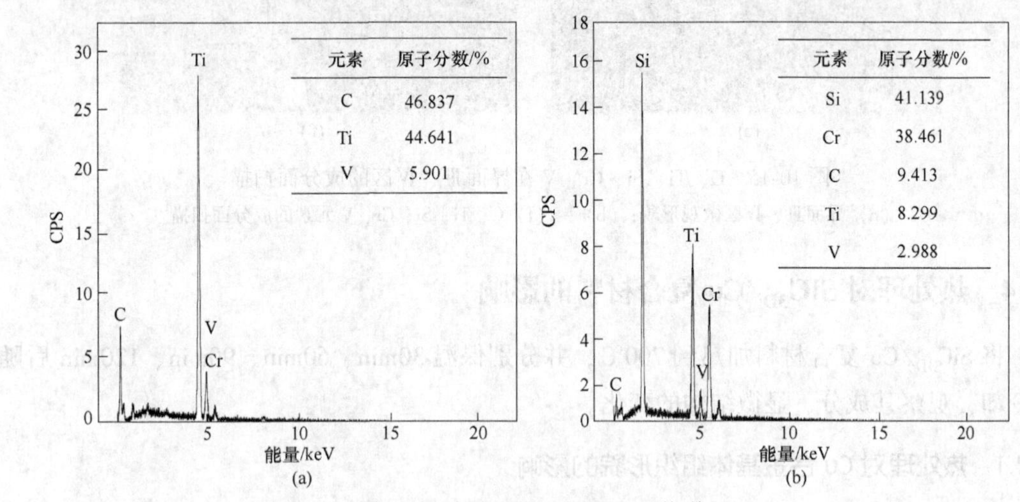


| 元素 | 原子分数/% |
|---|---|
| C | 46.837 |
| Ti | 44.641 |
| V | 5.901 |

| 元素 | 原子分数/% |
|---|---|
| Si | 41.139 |
| Cr | 38.461 |
| C | 9.413 |
| Ti | 8.299 |
| V | 2.988 |

图 10-14 界面Ⅲ、Ⅳ区 EDS 能谱
（a）界面Ⅲ区 EDS 能谱；（b）界面Ⅳ区 EDS 能谱

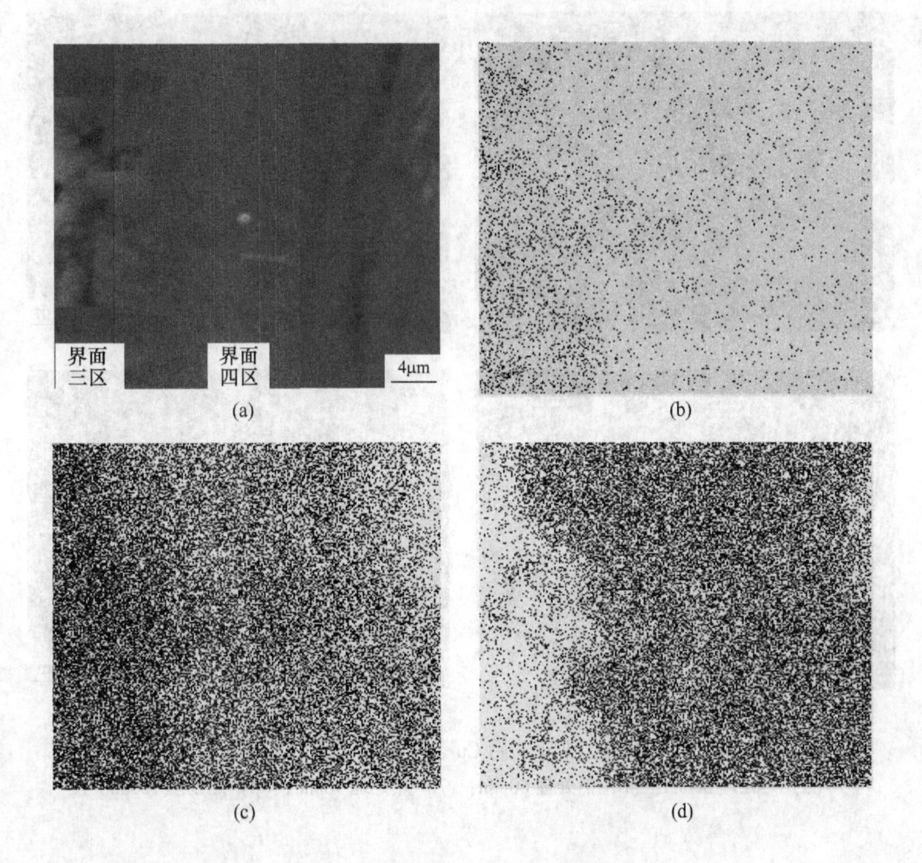

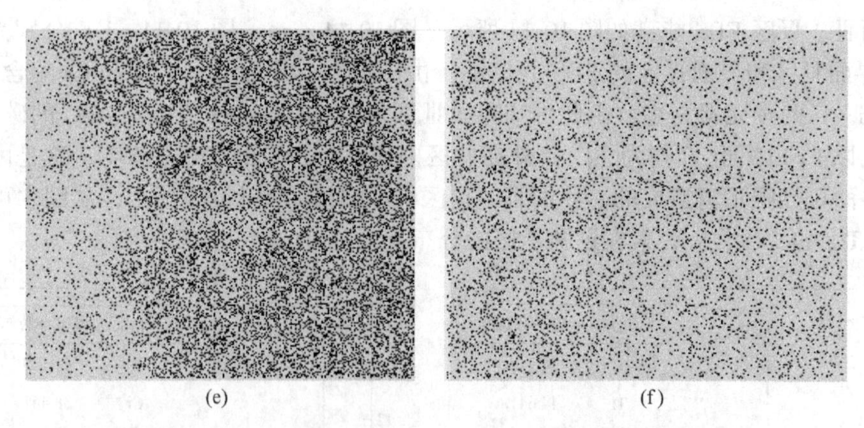

(e) (f)

图 10-15 C、Ti、Si、Cr、V 在界面Ⅲ、Ⅳ区的成分面扫描

（a）界面Ⅲ、Ⅳ区微观形貌；（b）~（f）C、Ti、Si、Cr、V 元素的成分面扫描

## 10.4 热处理对 $SiC_{3D}$/Cu 复合材料的影响

将 $SiC_{3D}$/Cu 复合材料加热到 700℃，并分别保温 30min、60min、90min、120min 后随炉冷却，观察其成分、显微结构的变化。

### 10.4.1 热处理对 Cu 合金基体组织形貌的影响

热处理 30min、60min、90min、120min 后 Cu 合金的显微结构如图 10-16 所示，可以

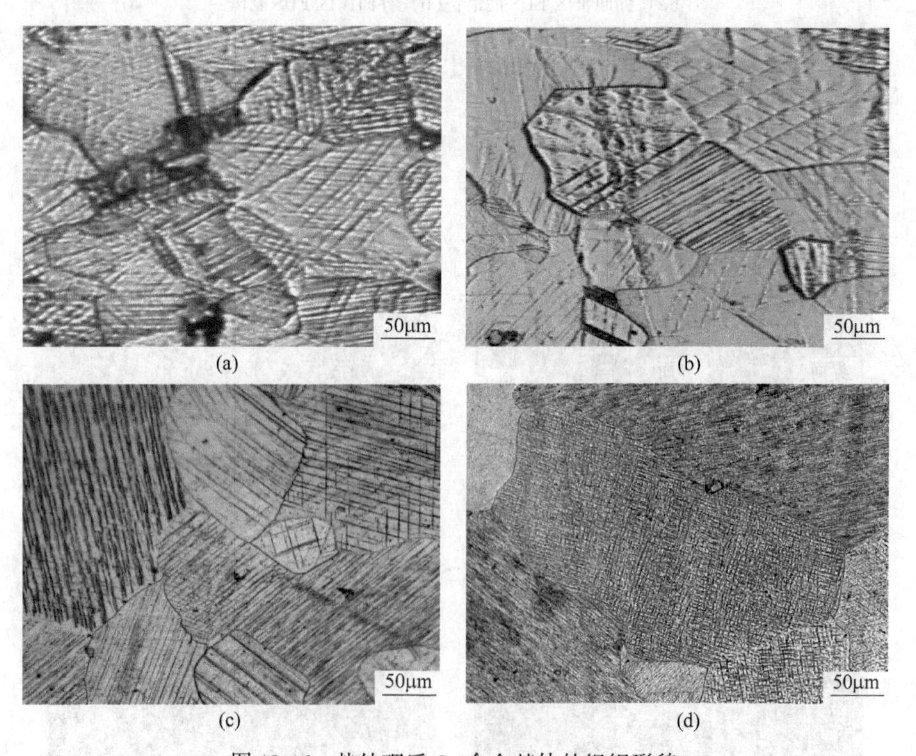


(a) (b) (c) (d)

图 10-16 热处理后 Cu 合金基体的组织形貌

（a）热处理 30min；（b）热处理 60min；（c）热处理 90min；（d）热处理 120min

看出退火后的 Cu 合金与未经退火处理的样品相比，晶粒没有太大差异，均呈等轴晶状；随保温时间的增加，晶粒尺寸有所增加，无热处理时晶粒尺寸约为 150μm，保温 120min 后晶粒尺寸增长到约 200μm；随保温时间增加，晶粒内部的孪晶间距明显减小，说明热处理利于孪晶生成。

### 10.4.2 热处理对复合材料物相的影响

热处理 60min 后，复合材料的 XRD 衍射图谱如图 10-17、图 10-18 所示。由图可知，热处理 60min 的材料衍射峰与未热处理材料的衍射峰基本相同，只是热处理后出现了 $Cu_2O$ 的峰，说明热处理使部分 Cu 基体发生氧化，生成了 $Cu_2O$，对界面区物相没有大的影响。

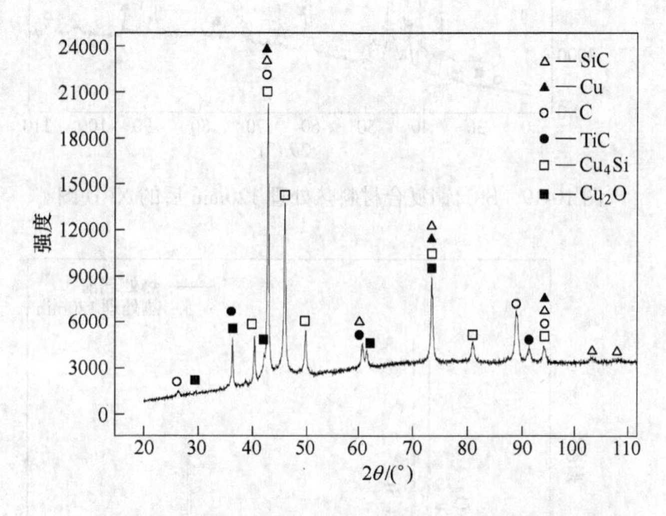


图 10-17 SiC/铜复合材料热处理 60min 后的 XRD 图

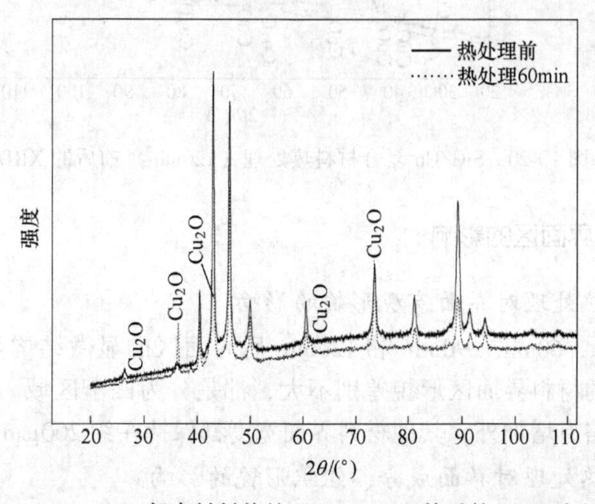


图 10-18 $SiC_{3D}$/Cu 复合材料热处理（60min）前后的 XRD 对比

热处理 120min 后，复合材料的 XRD 衍射图谱如图 10-19、图 10-20 所示。材料的衍射峰与未热处理及热处理 60min 后的材料相比，仍然没有大的变化，只是又新增加了 CuO

的峰，说明 Cu 基体在热处理过程中进一步发生氧化，除了生成 $Cu_2O$ 之外，还生成了 CuO。

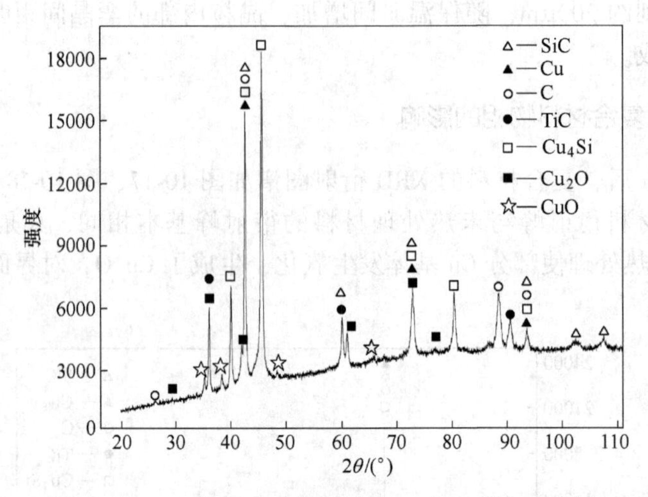


图 10-19　SiC/铜复合材料热处理 120min 后的 XRD 图

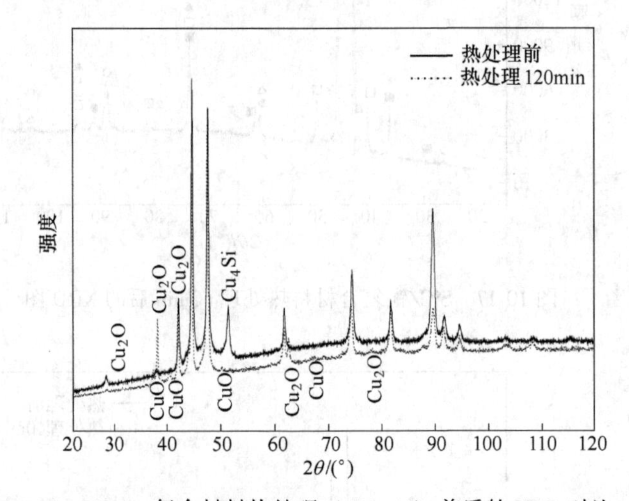


图 10-20　SiC/Cu 复合材料热处理（120min）前后的 XRD 对比

### 10.4.3　热处理对界面区的影响

#### 10.4.3.1　热处理对界面宏观形貌的影响

热处理 30min、60min、90min 和 120min 后界面区的显微结构如图 10-21 所示，可以看出热处理前后的材料界面区形貌差别不大，都是分为四个区域。除 120min 热处理后材料的界面区宽度略有增加外，其他材料界面宽度都保持在约 200μm。

#### 10.4.3.2　热处理对界面成分、组织形貌的影响

选取热处理 60min 及 120min 后的材料进行界面区线扫描，如图 10-22 所示，可以看出除 C 元素在界面 Ⅰ 区的变化较大外，其他元素的分布与热处理前相比没有大的变化。热处理后的材料界面 Ⅰ 区进行大倍率的形貌观察如图 10-23 所示，可以看出热处理 30min、

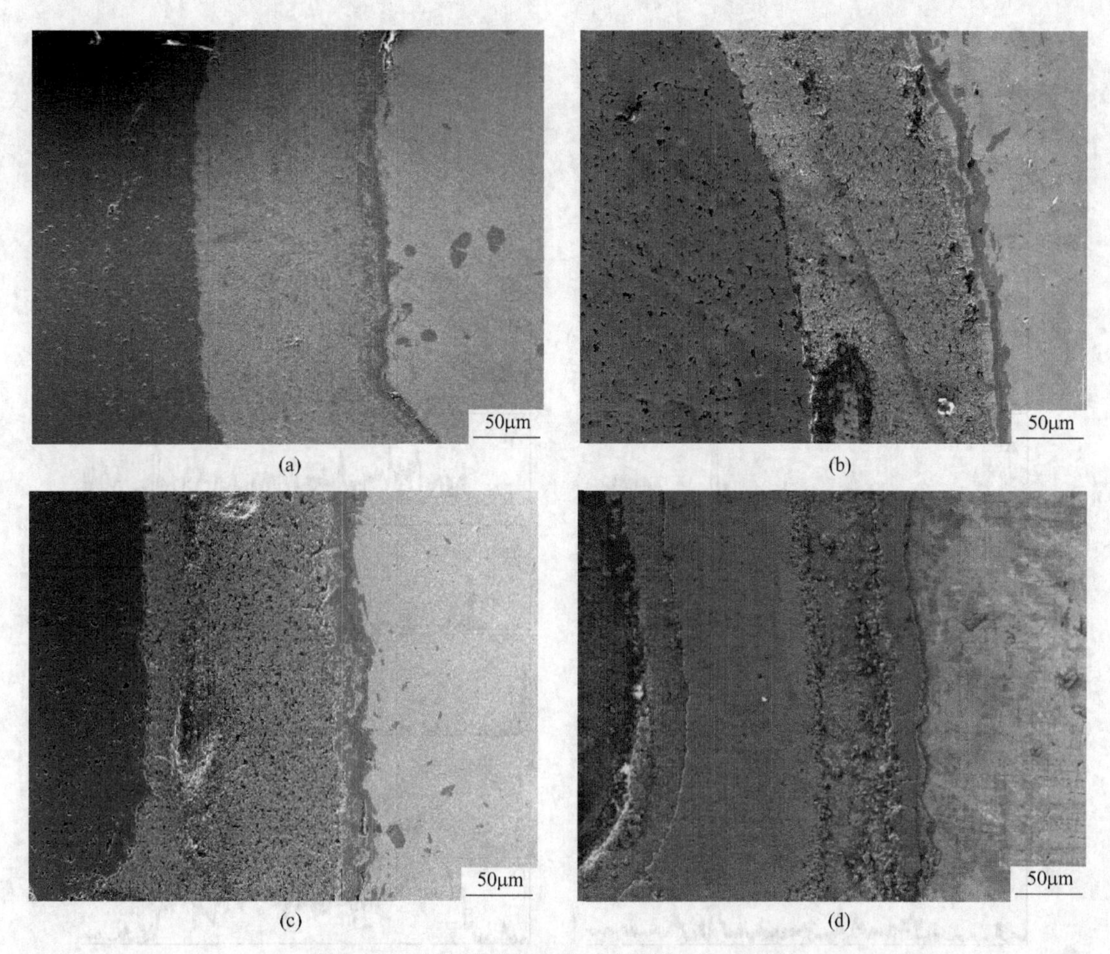


图 10-21 不同热处理时间后材料界面区的形貌

（a）热处理 30min；（b）热处理 60min；（c）热处理 90min；（d）热处理 120min

60min 后与热处理前（图 10-11（a））界面Ⅰ区 C 元素的分布形态没有明显的差别，但热处理 90min 后，块状和条纹状石墨相逐渐消失，并转变为体积较小的颗粒状，热处理 120min 后，块状和条纹状石墨相基本上全部转变为细小且均匀弥散分布的颗粒状。说明在热处理过程中，块状及条纹状的石墨相发生了分解，热处理有利于 C 元素的扩散和弥散分布。

由以上分析可知各界面区 C 的分布稍有变化，其他元素变化不大，说明增强相 SiC 与基体相 Cu 合金之间形成的界面比较稳定。热处理过程中加剧界面反应。

### 10.4.4 计算原子扩散系数

扩散从浓度角度可分为稳态扩散和非稳态扩散。稳态扩散是指扩散过程中的各点浓度不随时间改变，即 $\frac{\partial C}{\partial t}=0$。非稳态扩散是指扩散过程中各点的浓度随时间而变化，即 $\frac{\partial C}{\partial t}\neq 0$。在实际扩散过程中以非稳态扩散最为常见，本文中 Si、C、Cu 等元素的扩散也属于非稳态扩散。菲克第一定律表明在单位时间内通过垂直于扩散方向单位截面积的物质流量

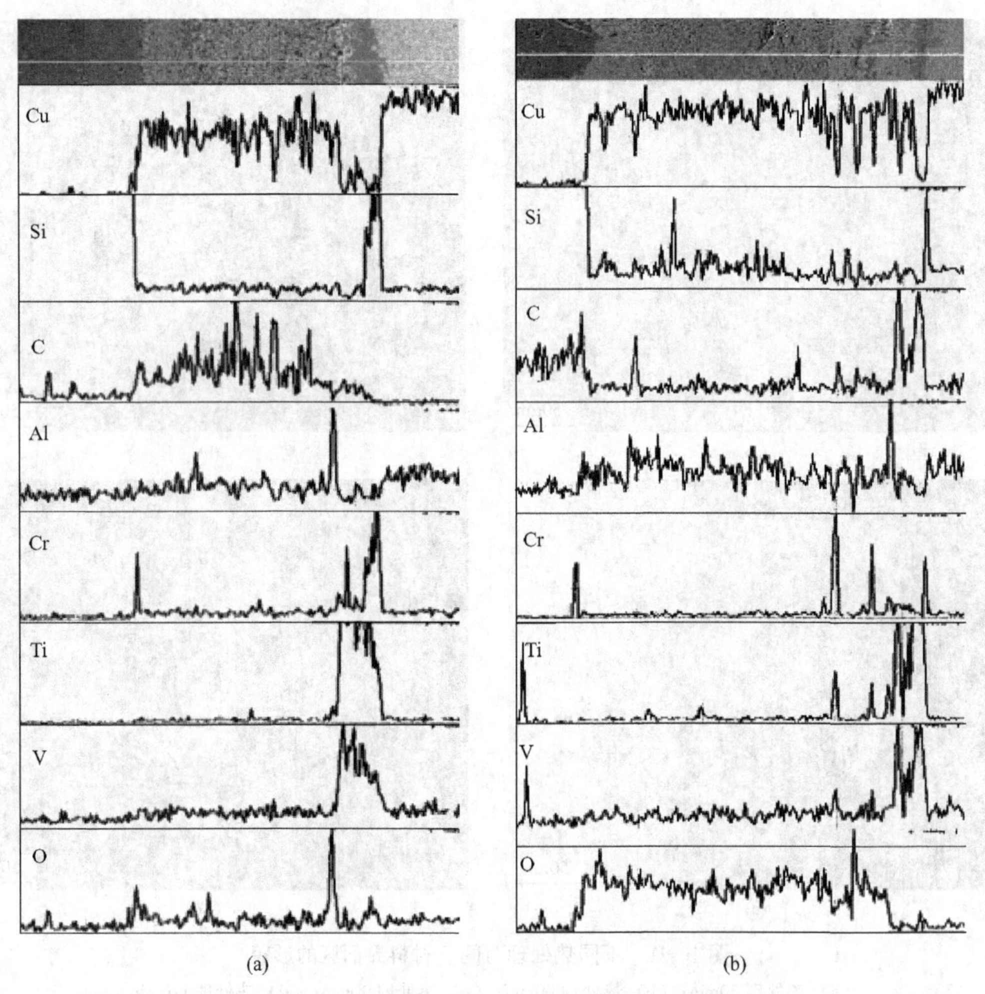


图 10-22　不同时间热处理后界面区元素的成分线扫描

(a) 热处理 60min；(b) 热处理 120min

(即扩散通量) 与该截面处的浓度梯度成正比。无论是稳态扩散还是非稳态扩散，扩散过程中其溶质原子均遵守菲克第一定律：

$$J = -D\frac{\partial C}{\partial x} \tag{10-4}$$

式中，$J$ 为扩散通量，kg/($m^2$ · s) 或原子数/($m^2$ · s)；$D$ 为扩散系数，$m^2$ · s，同种元素扩散系数为一常数；$C$ 为扩散组元的体积浓度，可用体积原子质量 kg/$m^3$ 或体积原子数 $m^{-3}$ 来表示；$\frac{\partial C}{\partial x}$ 为扩散组元浓度沿扩散方向（$x$ 方向）的变化率，即浓度梯度。式中的负号表示扩散方向与浓度梯度方向相反，即扩散由高浓度区向低浓度区进行。在非稳态扩散过程中，各点浓度随时间变化，得到菲克第二定律：

$$\frac{\partial C}{\partial t} = D\frac{\partial^2 C}{\partial x^2} \tag{10-5}$$

菲克第二定律以微分形式给出了浓度与空间、时间的关系，通过建立扩散模型、确定

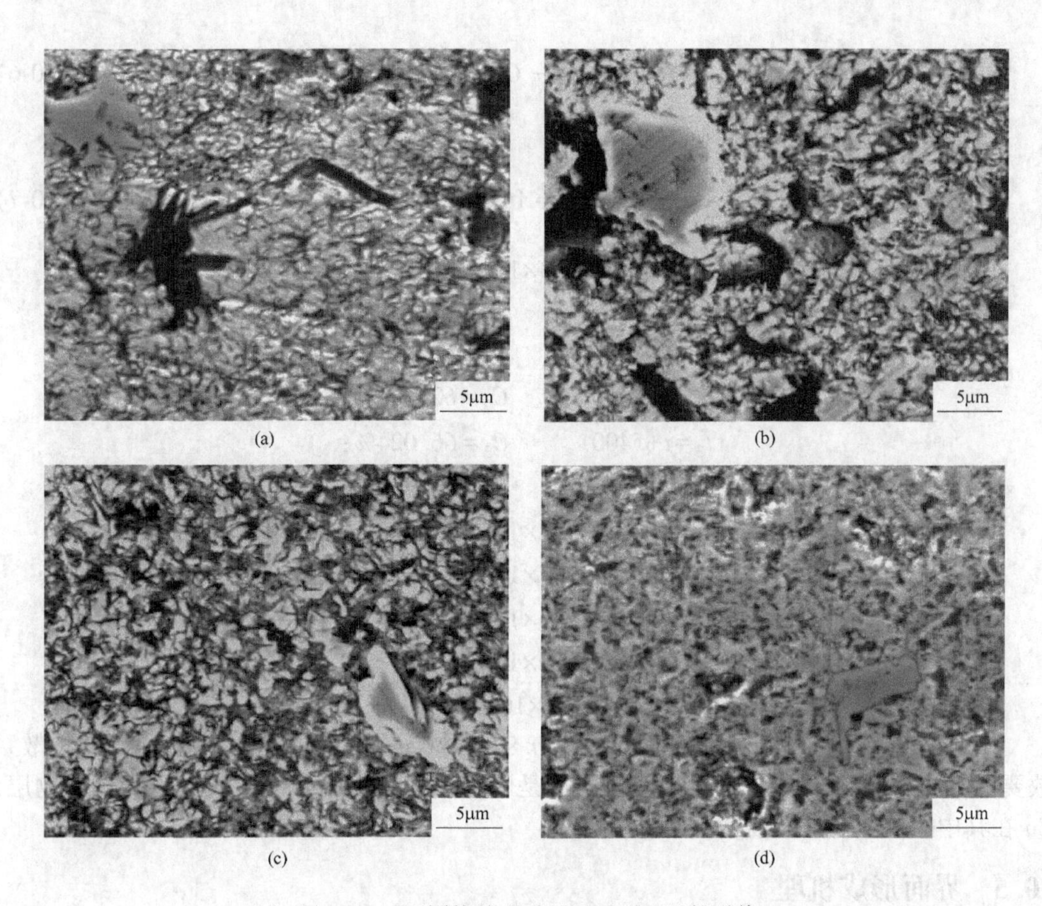


图 10-23 不同热处理时间后界面Ⅰ区的形貌

(a) 热处理 30min；(b) 热处理 60min；(c) 热处理 90min；(d) 热处理 120min

初始条件及求解菲克扩散方程，即可得到任一扩散时间 $t$ 时任一位移 $x$ 处的溶质浓度。在 $SiC_{3D}$/Cu 复合材料的界面反应中，Cu 元素是最重要的参与元素之一，它的扩散行为直接影响复合材料界面的形成，而其他的微量元素如 Ti、Cr、V 等虽然对界面反应贡献也很大，但由于百分含量少，在界面反应过程中大部分都与其他物质生成了稳定的化合物，在其存在区没有明显的浓度梯度，我们着重对 Cu 元素的扩散系数进行计算。Cu 元素在铜基体中含量最高，在 SiC 骨架内含量为零，我们将其在基体中的浓度设为 100%，在 SiC 骨架内的浓度设为零，其扩散也满足半无限长物体中的扩散模型。

不同热处理时间下 Cu 元素在界面Ⅱ区的含量见表 10-4，由于界面Ⅱ区是比较窄的一个区域，在此区定点成分分析时的位移误差较小，且此区和别的区域相比所含元素较少、Cu 含量较高，因此以此区作为计算的参考点。由界面区的形貌可以估测 Cu 基体到此区的位移约为 30μm，以基体作为坐标原点，则表 10-4 中各值即为 $x = 30\mu m$ 处对应的浓度值。根据半无限长物体的扩散方程可得：

**表 10-4 Cu 元素不同热处理时间后界面Ⅱ区的含量**

| 热处理时间/min | 0 | 30 | 60 | 90 | 120 |
|---|---|---|---|---|---|
| 含量/% | 52.704 | 57.459 | 62.104 | 66.024 | 70.392 |

$$C = C_S - (C_S - C_1)\mathrm{erf}\left(\frac{x}{2\sqrt{D_t}}\right) \tag{10-6}$$

初始条件：$C_S = 1$，$C_1 = 0$

得到：
$$C = 1 - \mathrm{erf}\left(\frac{x}{2\sqrt{D_t}}\right) \tag{10-7}$$

将实验中的数据代入公式：$x = 30\mu m = 3\times10^{-5} m$

$t = t$　　$C = 52.704\%$；

$t_1 = t + 1800$　　$C_1 = 57.459\%$；

$t_2 = t + 3600$　　$C_2 = 62.104\%$；

$t_3 = t + 5400$　　$C_3 = 66.024\%$；

$t_4 = t + 7200$　　$C_4 = 70.392\%$；

得到　　$D_1 = 2.85\times10^{-14} m^2/s$

$D_2 = 2.31\times10^{-14} m^2/s$

$D_3 = 2.79\times10^{-14} m^2/s$

$D_4 = 3.09\times10^{-14} m^2/s$

取平均值得　　$D = 2.76\times10^{-14} m^2/s$

Cu 在某些金属（Al）中的扩散系数为 $0.87\times10^{-11} m^2/s$，在本文中计算得到的扩散系数要比 Cu 在金属中的扩散系数小很多，这是因为界面前沿的Ⅲ区和Ⅳ区均为化合物层，Cu 在其中的扩散非常困难。

## 10.5　界面形成机理

### 10.5.1　Cu-C 及 Cu-Si 二元相图

Cu-C 二元相图如图 10-24 所示，低温下 C 在 Cu 中的溶解度极低，最大溶解度（原子分数）不超过 0.04%，因此可以认为在低温下 C 是基本不固溶于 Cu 的。

Cu-Si 二元相图如图 10-25 所示，由相图中可以看出，Si 在 Cu 中有一定的固溶度，可以形成 Cu-Si 固溶体，Si 的最大固溶度（原子分数）为 11.25%。此外，当 Si-Cu 原子比达到某些特定值时，两者之间还会形成多种化合物。其主要的化合物相有：

（1）高温化合物相（>500℃）：

η：$Cu_3Si$ 相，Cu 原子分数范围：75.1%～77.8%，晶系类型：菱方晶系，晶体结构：hR′。

η′：$Cu_3Si$ 相，Cu 原子分数范围：74.8%～76.8%，晶系类型：菱方晶系，晶体结构：hR′。

δ：Cu-Si，Cu 原子分数范围：80.4%～82.4%，晶系类型：四方晶系，晶体结构：f″。

β：Cu-Si，Cu 原子分数范围：82.8%～85.8%，晶系类型：bcc，晶体结构：cI2。

κ：$Cu_7Si$ 相，Cu 原子分数范围：85.5%～88.95%，晶系类型：cph，晶体结构：hp2。

（2）低温化合物相（<500℃）：

η″：$Cu_3Si$ 相，Cu 原子分数范围：75.1%～76.7%，晶系类型：正交晶系，晶体结

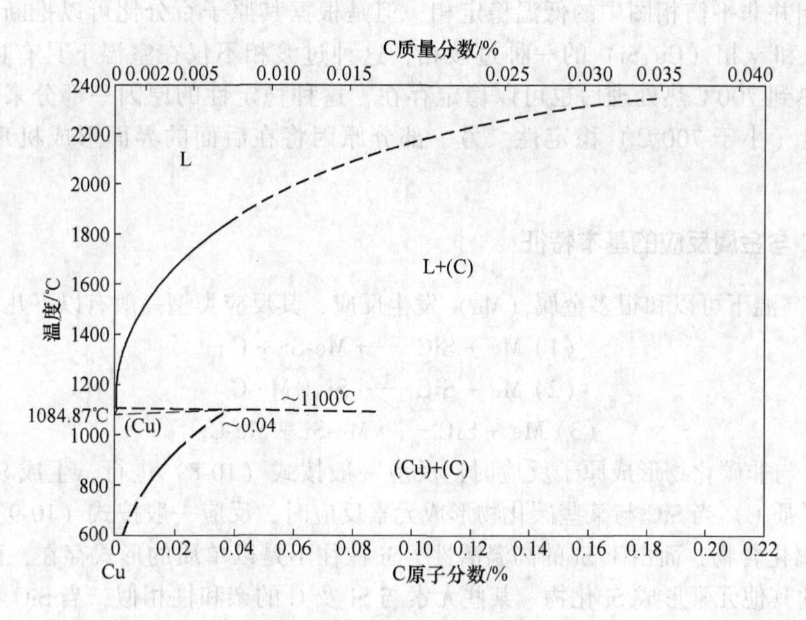


图 10-24 Cu-C 二元相图

构：o″。

ε：$Cu_{15}Si_4$，Cu 原子分数范围：78.7%~78.8%，晶系类型：立方晶系，晶体结构：c″。

γ：$Cu_5Si$ 相，Cu 原子分数范围：82.4%~82.85%，晶系类型：立方晶系，晶体结构：cp20。

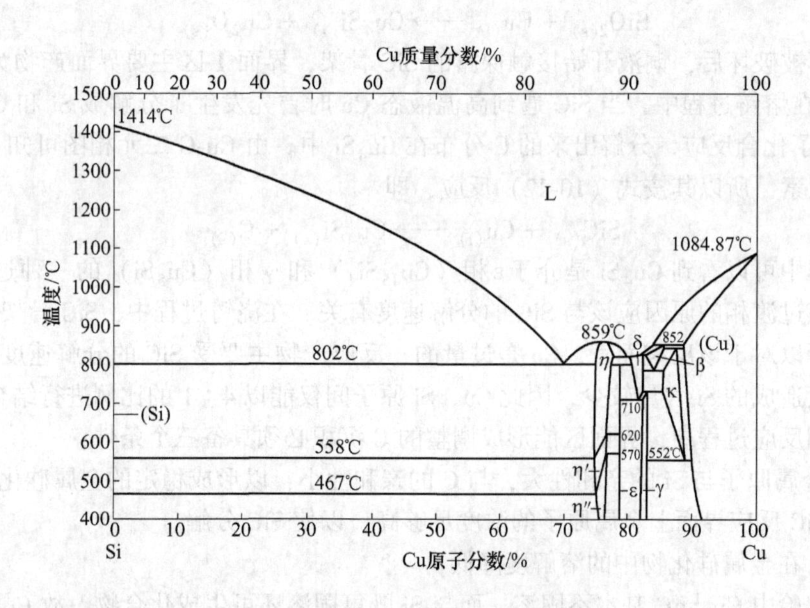


图 10-25 Cu-Si 二元相图

此外，Cu-Si 相图的有关资料还表明：Cu、Si 在某些情况下还可以生成一些亚稳态的过渡相化合物 $Cu_nSi$。根据 XRD 物相分析的结果可知，Cu、Si 之间形成了 $Cu_4Si$ 的化合物，此相并非平衡相图中的低温稳定相，但是根据其原子百分比可以推断它应是ε相（$Cu_{15}Si_4$）和γ相（$Cu_5Si$）的一种过渡相，这种过渡相不仅在室温下具有良好的稳定性，在加热到700℃热处理后也可以稳定存在，这种稳定性的原因一部分来自于ε相和γ相的高温（小于700℃）稳定性，另一部分原因将在后面的界面形成机理中进一步讨论。

### 10.5.2 SiC 与金属反应的基本特征

SiC 在高温下可以和很多金属（Me）发生反应，其反应类型一般有以下几种：

$$(1)\ \mathrm{Me + SiC \longrightarrow Me\text{-}Si + C} \tag{10-8}$$

$$(2)\ \mathrm{Me + SiC \longrightarrow Si + Me\text{-}C} \tag{10-9}$$

$$(3)\ \mathrm{Me + SiC \longrightarrow Me\text{-}Si + Me\text{-}C} \tag{10-10}$$

当 SiC 与非碳化物形成原子反应时，反应一般按式（10-8）进行，生成 Si 的金属化合物以及单质 C。当 SiC 与某些碳化物形成元素反应时，反应一般按式（10-9）进行，生成 C 的金属化合物，而由于 Si 的高温活性，Si 往往不是以单质的形式存在，而是与其亲和力较强的其他元素形成 Si 化物。某些元素与 Si 及 C 的亲和性相似，当 SiC 与此类物质反应时一般按式（10-10）进行，生成 Si 的化合物和 C 的化合物。

### 10.5.3 $SiC_{3D}$/Cu 复合材料界面形成机理

$SiC_{3D}$/Cu 复合材料的界面反应区是浇铸过程中的液相反应、冷却过程中的固相反应和固相扩散共同作用的结果。在浇铸过程中，SiC 骨架表面包覆的一层 $SiO_2$ 膜首先与铜液接触，在高温、液态金属冲刷及 $SiO_2$ 膜本身脆性等因素下，氧化膜按式（10-11）被破坏

$$\mathrm{SiO_{2(s)} + Cu_{(l)} \longrightarrow Cu_4Si_{(s)} + Cu_2O_{(s)}} \tag{10-11}$$

氧化膜被破坏后，铜液开始接触裸露的 SiC 骨架，界面Ⅰ区主要界面产物为 $Cu_4Si$ 和 C，这说明在熔铸过程中，当 SiC 遇到高温液态 Cu 时首先发生了分解成 Si 和 C 原子，Si 与 Cu 发生了化合反应，分解出来的 C 分布在 $Cu_4Si$ 中。由 Cu-C 二元相图可知 Cu 为非碳化物形成元素，所以其按式（10-12）反应，即

$$\mathrm{SiC_{(s)} + Cu_{(l)} \longrightarrow Cu_4Si_{(s)} + C_{(s)}} \tag{10-12}$$

在相图中可以看到 $Cu_4Si$ 是介于ε相（$Cu_{15}Si_4$）和γ相（$Cu_5Si$）的一种过渡的亚稳相，生成该过渡相的原因应该与 SiC 的分解速度有关。在浇铸过程中，SiC 骨架直接与 Cu 液接触，所以对于该反应而言，Cu 是过量的，反应产物主要受 SiC 的分解速度影响，SiC 的分解速度造成的 Si 含量较少，因此 Cu、Si 原子间仅能以 4 : 1 的比例进行结合。SiC/金属界面固相反应过程中，界面区能形成调整的 C 沉积必须具备三个条件：

（1）金属原子与 Si 的亲和性大，与 C 的亲和性小，以形成稳定的金属硅化物。

（2）SiC 反应界面上金属原子的浓度足够高，以使 SiC 分解。

（3）C 在金属硅化物中的溶解度降低。

在本实验中 Cu 与 C 基本不固溶，而与 Si 既可固溶还可生成化合物，故 Cu 与 Si 的亲和性远大于和 C 的亲和性。此外，SiC 骨架直接与 Cu 液接触，因此 SiC 反应界面上的 Cu 原子是过量的。最后，Si 为强石墨化元素，在 Cu-Si 化合物中 C 的含量都极低。因此满足上述三个条件，能够形成 C 沉积。本实验里 C 的存在形态及分布比较复杂，部分 C 以块

状石墨相存在，但是熔铸过程是一个非常短暂的过程，还有一部分 C 来不及聚集成大块的石墨相，Cu 和 Si 一边反应一边凝固将这些 C 向周围排挤，这就造成了 $Cu_4Si$ 周围分布着大量条纹状的石墨相。此外，编者还检测到了弥散分布在 $Cu_4Si$ 化合物中的 C，这是由于 SiC 刚分解出来的 C 还来不及扩散，也没有时间进行结构重排，因此成弥散状分布。在汤文明，茹红强等人对 Fe/SiC 的固相反应进行的研究中也表明，在临近 SiC 界面的反应区中，刚由 SiC 分解形成的 C 表现为无序态，这与我们的结果是相符的。铜基体中还含有少量的 Ti、Cr、V 等元素，这些元素都是较活泼的金属元素，在浇铸及冷却过程中必然也要参与界面反应。SiC 在高温下分解出了大量的 C 和 Si，而 Ti 和 V 都是强碳化物形成元素，它们与 C 之间按式（10-13）、式（10-14）反应，生成稳定的碳化物，并在界面前沿形成一层碳化物“墙”，这层碳化物“墙”降低了 SiC 和 Cu 之间元素的扩散速度，对界面反应起到了阻碍作用。Ti、V 与 C 反应的方程式为

$$SiC_{(s)} + Cu_{(l)} + Ti_{(l)} \longrightarrow Cu_4Si_{(s)} + TiC_{(s)} \tag{10-13}$$

$$SiC_{(s)} + Cu_{(l)} + V_{(l)} \longrightarrow Cu_4Si_{(s)} + VC_{(s)} \tag{10-14}$$

Cr 是中等强度碳化物形成元素，其与 C 的亲和性比 Ti、V 弱，此外 Cr 与 Si 也有很强的亲和性，在有可能生成的几种化合物 Ti-C、V-C、Cr-C 及 Cr-Si 中，Ti-C 和 V-C 的熔点比 Cr-C 和 Cr-Si 高很多，因此在凝固过程中首先凝固，Ti-C 和 V-C 的凝固消耗了大部分的 C，因此 Cr 主要与 Si 形成了 Cr-Si 化合物，其反应方程式为：

$$SiC_{(s)} + Cr_{(l)} \longrightarrow Cr\text{-}Si_{(s)} + C_{(s)} \tag{10-15}$$

XRD 能谱中，编者检测到界面Ⅰ区中有岛状分布的大块 Cr、Ti 的碳化物存在，且 Cr 含量要远高于 Ti 的含量。这是由于 Ti 元素主要都用来与 C 在界面前沿形成碳化物层，且在形成过程中由于 Ti 的不断消耗造成了周围区域的贫 Ti，因此即使原本已经扩散到靠近 SiC 骨架的界面Ⅰ区中的 Ti 也会在浓度梯度的作用下向 TiC 层扩散。相反，已经扩散到界面Ⅰ区中的 Cr 元素此时则有机会与界面Ⅰ区中的 C 结合生成 Cr-C 化合物。另一方面，Si 在界面Ⅰ区虽然也有分布，但在金属 Cu 过量存在的情况下不可能与 Cr 再发生反应。两种因素都有利于 Cr-C 化合物的生成，因此在界面Ⅰ区岛状分布着高 Cr 低 Ti 的碳化物。其反应方程式为

$$SiC_{(s)} + Cr_{(l)} \longrightarrow Si_{(s)} + Cr\text{-}C_{(s)} \tag{10-16}$$

为了更形象的了解 $SiC_{3D}/Cu$ 的界面反应过程，建立了其界面反应模型，如图 10-26 所示。

图 10-26（a）所示为浇铸瞬间 SiC 与铜液接触后表面 $SiO_2$ 膜被破坏。图 10-26 所示为氧化膜被破坏后 SiC 骨架与铜液接触在高温下分解成 Si 和 C，生成 $Cu_4Si$ 等界面产物。由于 SiC骨架的温度较低，生成产物在较大过冷度下凝固，多余的 Si 和 C 在浓度梯度作用下向铜液扩散，Cu 也在浓度梯度作用下向 SiC 骨架内扩散。图 10-26（c）所示为在扩散过程中 C 和 Si 分别与 Cu 液中的微量 Ti、V、Cr 等原子接触并发生反应，随着浇铸时间延长，整个体系的温度下降，熔点较高 TiC 及 V-C 等化合物先在界面前端凝固形成界面Ⅲ区，将未凝固的 Cr、Si 原子等向更前沿推进。随着温度进一步降低，Cr-Si 化合物也发生凝固并形成界面Ⅳ区。热处理后界面区较明显变化是C 原子在界面Ⅰ区的存在形态发

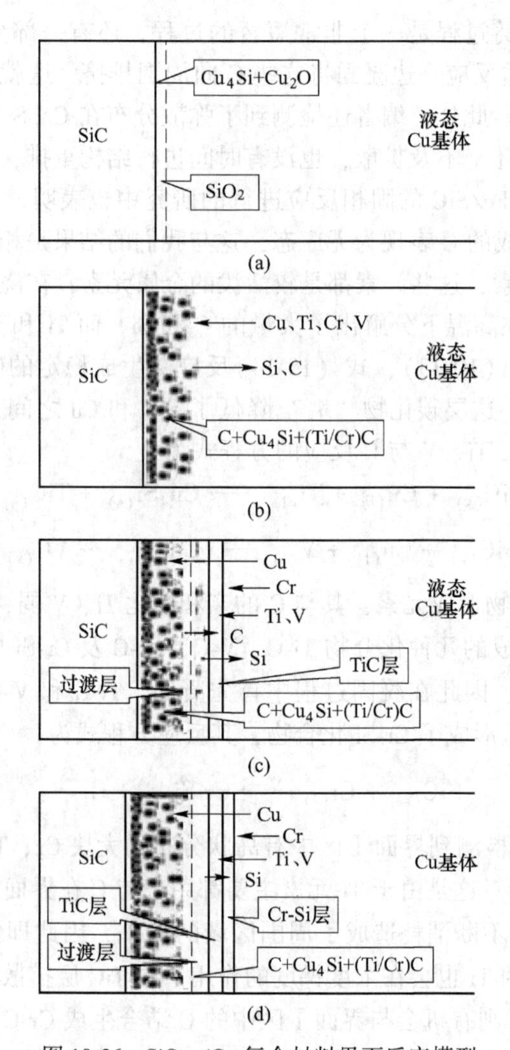


图 10-26　$SiC_{3D}/Cu$ 复合材料界面反应模型

(a) 氧化膜（$SiO_2$ 膜）被破坏；(b) SiC 与 Cu 等金属反应；(c)，(d) 界面区成形及固相扩散

生变化，块状及条纹状的石墨转变为细小且弥散分布的颗粒状石墨，这种现象与界面显微结构有关，界面前沿分布了两层 Ti-C 和 Cr-Si 的化合物层，这两层化合物将界面左右隔离开来，严重地阻碍了左右两边元素的扩散，扩散被抑制也意味着界面反应被抑制。热处理是一个材料吸收能量的过程，在没有其他界面反应可以发生消耗热处理吸收的能量的情况下，C 原子便吸收能量，从聚集态开始向弥散态转化。热处理后 $Cu_4Si$ 中间相能够稳定存在，也是因为界面区Ⅲ和Ⅳ区阻碍了 Cu 原子向 SiC 骨架方向的扩散，Cu、Si 原子比被维持在凝固前的比例，因而此亚稳相可以稳定存在。

## 10.6　$SiC_{3D}/Cu$ 复合材料的摩擦性能

本节采用西安顺通机电研究所生产的 MM1000-Ⅱ型摩擦磨损性能试验机对 $SiC_{3D}/Cu$ 基复合材料进行摩擦性能测试。试验在大气和室温下进行，采用环/环对磨方式，以铸铁环为动环，以 $SiC_{3D}/Cu$ 复合材料为静环。摩擦环形状如图 10-27 所示。在正式试验前摩擦环先进行磨合，使两摩擦环表面良好接触。正式试验时，每次摩擦后都采用精度为0.01g的ALC-1100.2型电子天平称量试样磨损前后的质量，以确定其磨损量。

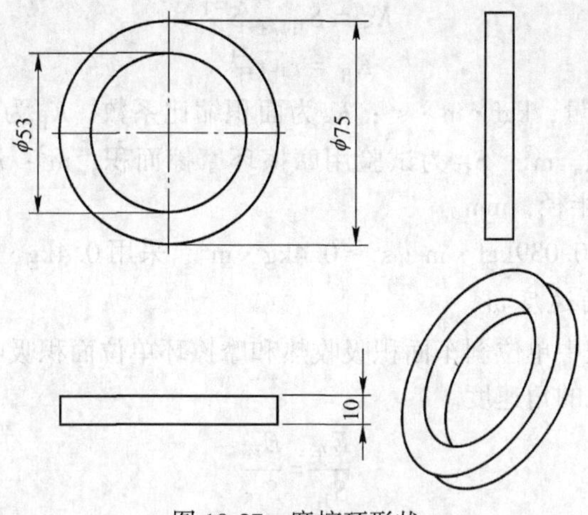


图10-27　摩擦环形状

## 10.6.1　汽车实际制动条件

本试验模拟奥迪轿车刹车过程，汽车实际制动条件见表10-5。

**表10-5　汽车实际制动条件**

| 轴　重 | 1.25t |
|---|---|
| 制动盘数量 | 8 |
| 制动盘尺寸/mm | 外径$\phi$300，内径$\phi$200，有效半径125 |
| 制动盘单片面积/$cm^2$ | 100 |
| 制动盘单片摩擦面积/$cm^2$ | 392.5 |
| 汽车轮径/mm | $\phi$650 |
| 最大刹车速度/$km \cdot h^{-1}$ | 200 |

## 10.6.2　试验参数

10.6.2.1　确定摩擦试验机转动惯量$I_0$

根据GB/T 2780—1991《汽车制动器台架试验方法》及GB/T 520—1999汽车用磨阻材料惯性制动试验方法，经过缩比计算确定试验的惯性负荷$I_0$。

轿车的实际惯量

$$I=\beta(1+\beta)^{-1}(G_a+7\%G_0)r_{车}^2(2g)^{-1} \tag{10-17}$$

式中，$I$为汽车转动惯量，$kgf \cdot m \cdot s^2$；$\beta$为汽车前后轮制动力比，本试验中为7∶3；$G_a$为汽车满载时质量，kg；$G_0$为汽车空载时质量，kg；$r_{车}$为轮胎滚动半径，m；$g$为重力加速度，$m/s^2$；

确定惯量 $I_0$：

$$I_0 = IK_S^{-1} \cdot K_R^{-2} - 0.0035 \tag{10-18}$$

$$K_S = S_{片摩擦}S_{环}^{-1} \tag{10-19}$$

$$K_R = r_{片}r_{环}^{-1} \tag{10-20}$$

式中，$I_0$为试验转动惯量，kgf · m · s²；$K_S$为面积缩比系数；$K_R$为半径缩比系数；$S_{片摩擦}$为制动盘单片摩擦面积，m²；$S_{环}$为试验用摩擦环摩擦面积，m²；$r_{片}$为制动盘有效半径，mm；$r_{环}$为摩擦环有效半径，mm。

计算可得惯量 $I_0$ = 0.039kgf · m · s² ≈ 0.4kg · m²，采用 0.4kg · m²的惯量盘。

10.6.2.2　确定角速度 $\omega$

根据实际刹车过程中单位刹车面积吸收热和摩擦环单位面积吸收热相同来建立等量缩比关系，并确定试验机的角速度。

$$\frac{E_{车}}{S_{片}} = \frac{E_{环}}{S_{环}} \tag{10-21}$$

$$\frac{\frac{1}{2} \times M_{车} \times 10^3 \times v_{车}^2}{N \times S_{片}} = \frac{\frac{1}{2} \times I \times \omega^2}{S_{环}}$$

式中，$M_{车}$ 为汽车轴重，kg；$v_{车}$ 为汽车行驶速度，m/s；$I$ 为试验机转动惯量，kgm²；$\omega$ 为试验机角速度，rad/s；$N$ 为汽车制动盘数量；$S_{片}$为单个汽车制动片面积，mm²；$S_{环}$为试验用摩擦环摩擦面积，mm²。

10.6.2.3　确定转速 $n$

根据实际刹车过程中，车胎与地面接触处线速度与实验环等效半径处线速度相等原则。由公式（10-22）得到转速。

$$n = 60 \times \omega / 2\pi \tag{10-22}$$

当汽车时速为 200km/h，即 $v_{车}$ = 55m/s，计算得：$n$ = 6760r/min。

10.6.2.4　确定线速度 $v$

由式 10-22 和 10-23 可知：

$$v_{车} : n = 常量 \tag{10-23}$$

计算可知，$v_{车}$ = 200km/h，$n$ = 6760r/min，由此我们可以计算出试验中不同转速下对应的汽车线速度。

10.6.2.5　计算制动加速度 $a$ 及制动距离 $l$

整个制动过程基本上满足匀减速运动

$$a = -\frac{v}{t} \tag{10-24}$$

$$l = vt + \frac{1}{2}at^2 = \frac{1}{2}vt$$

式中，$a$ 为加速度；$v$ 为汽车线速度；$t$ 为制动时间；$l$ 为制动距离。

### 10.6.3　试验机模拟制动条件

试验机模拟制动条件见表 10-6。

表 10-6 试验机模拟制动条件

| 动环 | $SiC_{3D}/Cu$ 环 |
|---|---|
| 静环 | 铸铁环 |
| 摩擦环尺寸/mm | 外径 $\phi75$，内径 $\phi53$ |
| 摩擦环有效半径/mm | 32 |
| 摩擦面积/$mm^2$ | 2210 |
| 转动惯量/$kg \cdot m^2$ | 0.4 |
| 汽车速度为 200km/时对应的试验机转速 $n/r \cdot min^{-1}$ | 6760 |

编者选择试验机的最大转速 7000r/min，分别在压力为 0.5MPa、1.0MPa、1.5MPa、2.0MPa，制动初速度为 2000r/min、3000r/min、4000r/min、5000r/min、6000r/min、7000r/min 的条件下进行模拟制动试验。试验机转速与轿车实际速度对应关系见表 10-7。

表 10-7 试验机转速与汽车实际速度对应值

| 试验机转速/$r \cdot min^{-1}$ | 汽车线速度/$m \cdot s^{-1}$ | 汽车行驶速度/$km \cdot h^{-1}$ |
|---|---|---|
| 2000 | 16.44 | 59.17 |
| 3000 | 24.65 | 88.76 |
| 4000 | 32.87 | 118.34 |
| 5000 | 41.09 | 147.93 |
| 6000 | 49.31 | 177.51 |
| 7000 | 57.53 | 207.10 |

## 10.7 试验结果及分析

### 10.7.1 扭矩-时间曲线

不同转速和不同压力下的扭矩-时间曲线如图 10-28、图 10-29 所示。

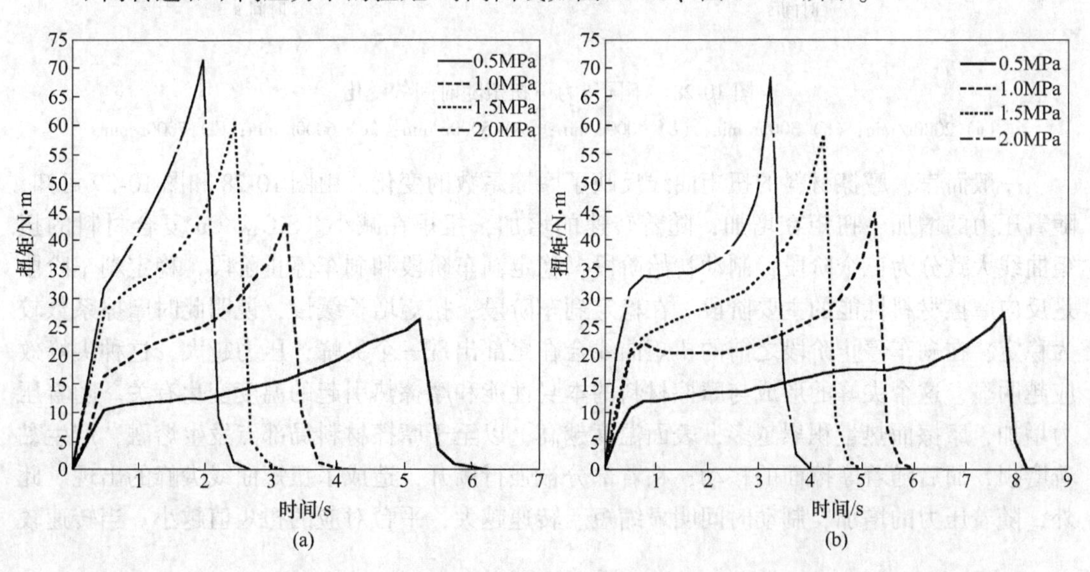

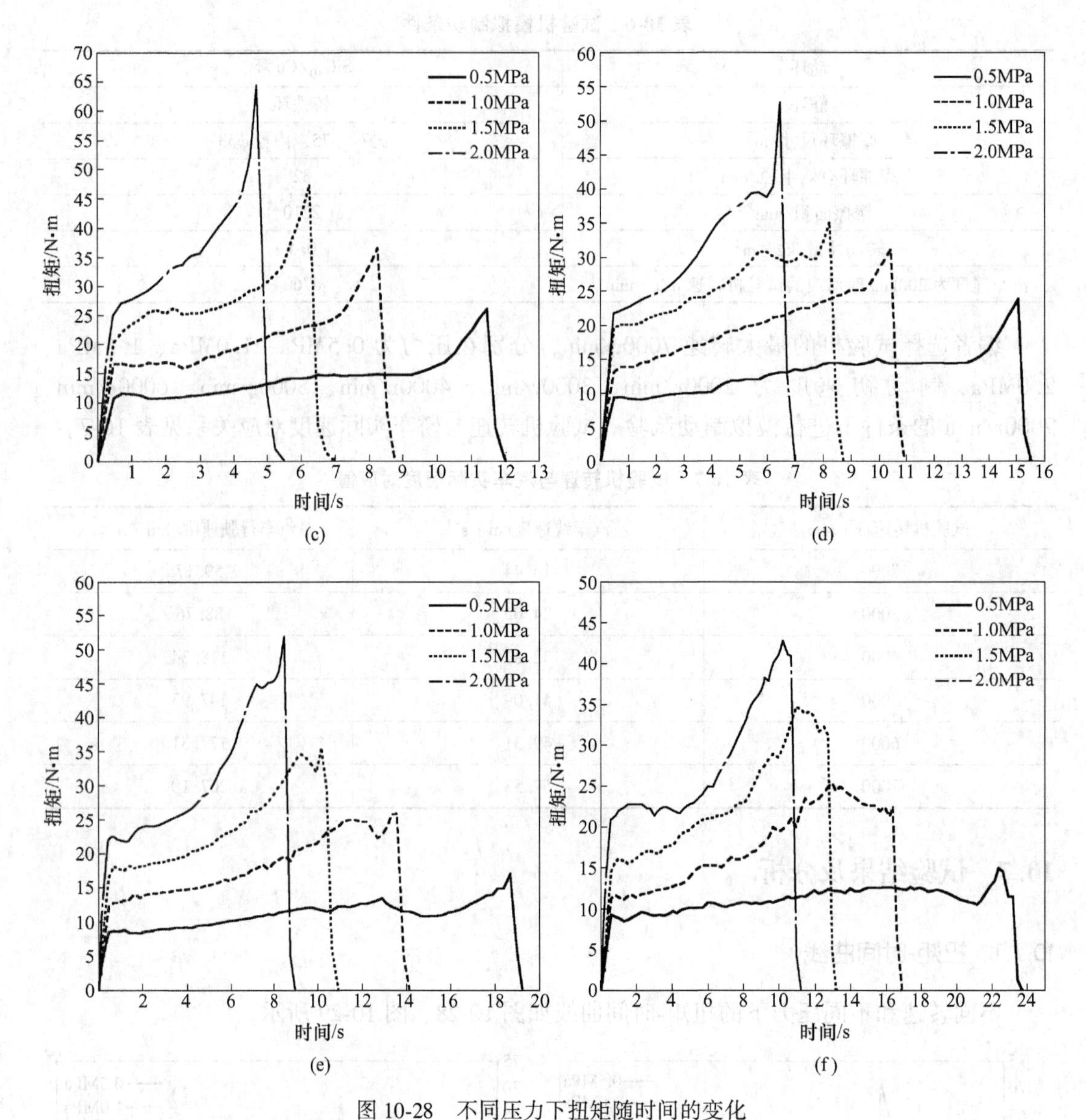


图 10-28　不同压力下扭矩随时间的变化

(a) 2000r/min；(b) 3000r/min；(c) 4000r/min；(d) 5000r/min；(e) 6000r/min；(f) 7000r/min

一般而言，摩擦材料的扭矩曲线反映了摩擦系数的变化。由图 10-28 和图 10-29 可知，随着压力的增加，扭矩在增加，随着转速的增加，扭矩在减小。$SiC_{3D}$/Cu 复合材料的扭矩曲线大致分为三个阶段：制动初始阶段，稳定刹车阶段和刹车停止阶段，稳定刹车阶段是反应摩擦材料性能的主要阶段。在稳定刹车阶段，扭矩增长缓慢，说明此时摩擦系数较为稳定，在刹车停止阶段之前的扭矩曲线会在尾部出现一个尖峰，压力越大，这种尖峰效应越明显，这个尖峰的形成与摩擦材料的本身性能和摩擦热引起的温度变化有关。随着压力增加，摩擦面热量积累越多，表面温度越高，以至于摩擦材料局部点发生熔融，产生黏着磨损，而后随着摩擦面的移动，粘着部分被强行撕开，造成了扭矩曲线尖峰的出现。此外，随着压力的增加，制动时间明显缩短。转速越大，平台对应的扭矩值越小。当转速较

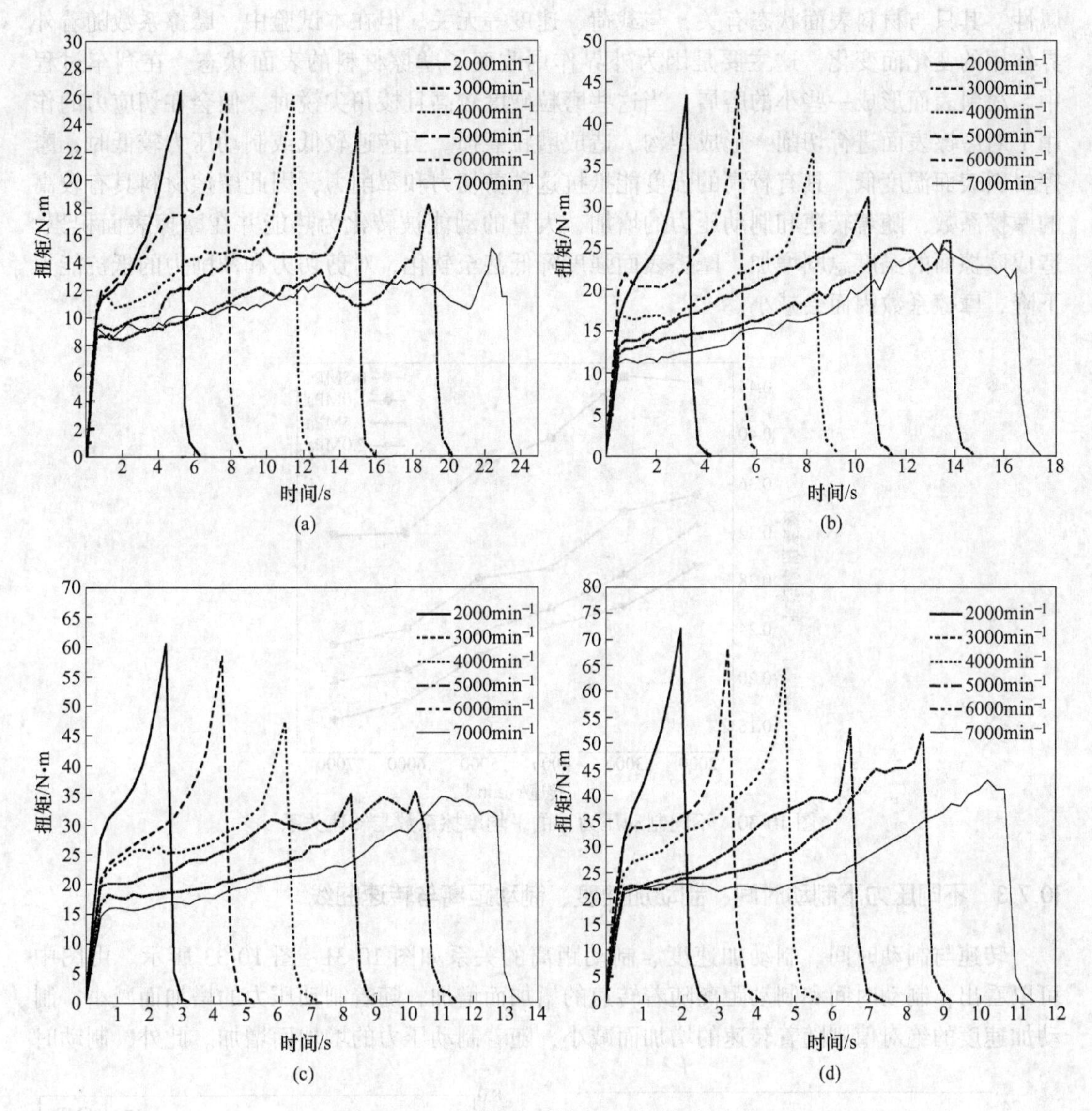


图 10-29 不同转速下的扭矩随时间的变化

(a) 0.5MPa；(b) 1.0MPa (c) 1.5MPa；(d) 2.0MPa

小时，扭矩峰较尖锐，当转速达到 6000~7000r/min 时，这种尖峰效果明显降低，说明材料表面发生黏着后由于高速下的转动惯量大，很容易使黏着的表面被强行脱开。此外尖峰持续的时间变长。由图 10-28 和图 10-29 可以看出：在稳定制动阶段该复合材料在低的制动压力及高的转速下摩擦系数较为稳定。

### 10.7.2 不同压力下平均摩擦系数与转速曲线

摩擦系数与转速、压力的关系如图 10-30 所示，由图中可以看出，$SiC_{3D}$/Cu 复合材料的平均摩擦系数随压力和转速的变化而变化。压力相同时，转速越大，平均摩擦系数越小；转速相同时，压力越大，平均摩擦系数越小。严格来讲，摩擦系数是材料本身的一种属性，其只与材料表面状态有关，与载荷、速度等无关。但在本试验中，摩擦系数随着外界作用的变化而变化，这主要是因为外界作用改变了摩擦材料的表面状态。在刹车过程中，材料表面形成一些小的磨屑，当这些磨粒硬度较高且棱角尖锐时，便会在切应力的作用下对摩擦表面进行切削，形成犁沟，造成磨粒磨损。当转速较低或制动压力较低时，摩擦材料表面温度低，具有较高的强度能抵抗这种剪切力和犁削力，因此摩擦材料具有较高的摩擦系数，随着转速和制动压力的增加，大量的动能被转化为热能并在摩擦表面积累，造成摩擦面的温度急剧增加，摩擦表面强度降低甚至软化，对剪切力和犁削力的抵抗能力下降，摩擦系数因而会减小。

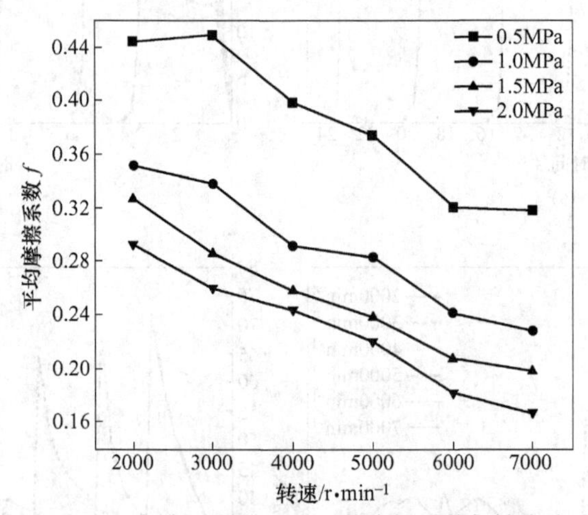


图 10-30　不同制动压力下的平均摩擦系数与转速关系

### 10.7.3　不同压力下制动时间、制动加速度、制动距离与转速曲线

转速与制动时间、制动加速度、制动距离的关系如图 10-31～图 10-33 所示。由图中可以看出：制动时间和制动距离随着转速的增加而增加，随着制动压力的增加而减小；制动加速度的绝对值则随着转速的增加而减小，随着制动压力的增加而增加。此外，制动时

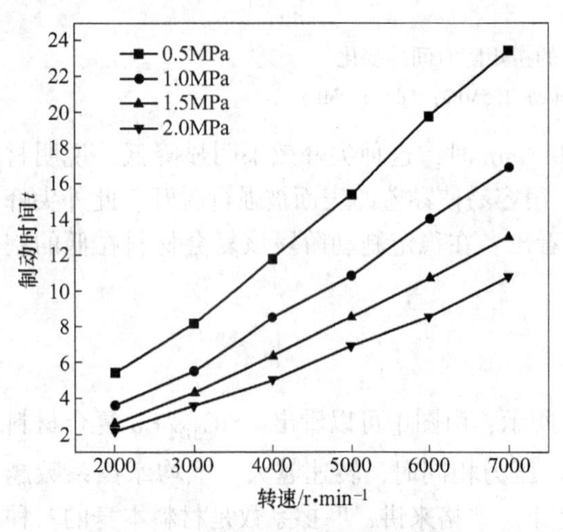


图 10-31　制动时间与转速关系曲线

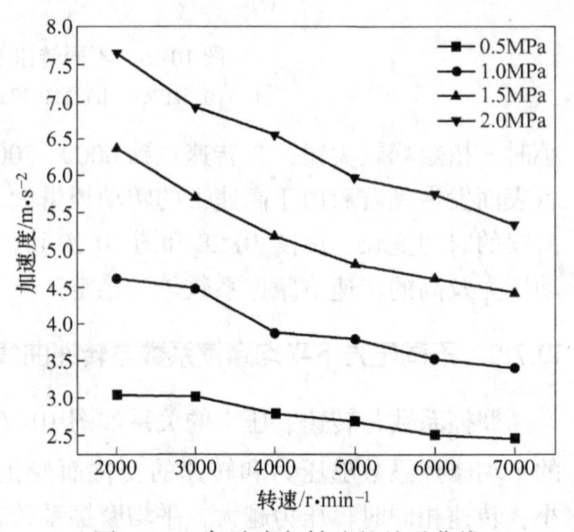


图 10-32　加速度与转速的关系曲线

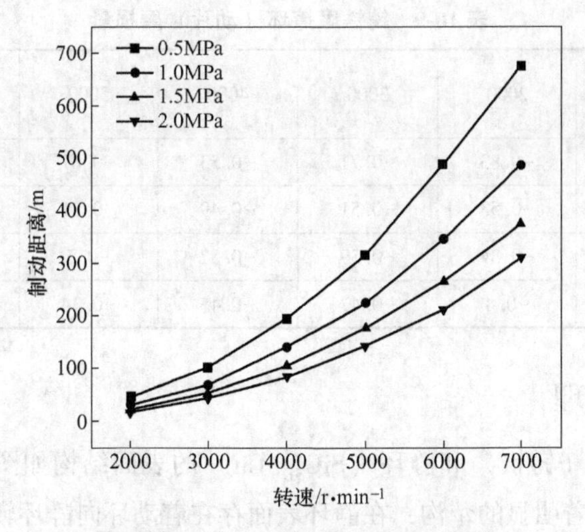


图 10-33 制动距离与转速的关系曲线

间、制动加速度及制动距离随转速的变化而变化明显，而随压力的变化则不太明显，尤其是在低速下，压力对几种参数的影响很小。说明该材料在制动压力较大时，能具有很好的刹车性能。

### 10.7.4 磨损量

静片摩擦环（$SiC_{3D}$/Cu 环）和动片摩擦环（铸铁环）的磨损量值见表 10-8 和表 10-9，由表中可以看到铸铁环的磨损量要远远大于 $SiC_{3D}$/Cu 环的磨损量，且随着压力及转速的增加，铸铁环的磨损量逐渐减小。这是由于本试验中所有的试验都是使用一个样品进行的，随着摩擦次数的增加，摩擦面产生了硬化。此外，由磨损试验后的样品可以看出，铸铁环粘着磨损非常厉害。对于 $SiC_{3D}$/Cu 环可以看到，当压力为 0.5MPa 且转速较低时，其磨损量为负值，当转速增加或加大制动压力时，其磨损量一直都是正值。这说明此时在 $SiC_{3D}$/Cu 环和铸铁环之间发生了物质的迁移，物质迁移产生的原因主要是由于摩擦面热量积累高使局部点达到熔融状态从而引起黏着磨损，随着摩擦面的滑移，粘着点被撕开。铸铁环在高温下强度很小，而 $SiC_{3D}$/Cu 环因为 SiC 骨架的支撑，制约了 Cu 的高温塑性变形及高温软化，所以黏着点的撕裂都是发生在铸铁环表面，即物质迁移主要是由铸铁环向 $SiC_{3D}$/Cu 环方向进行。

表 10-8 $SiC_{3D}$/Cu 摩擦环（静片）磨损量 (g)

| 压力/MPa \ 转速/r·min$^{-1}$ | 2000 | 3000 | 4000 | 5000 | 6000 | 7000 |
|---|---|---|---|---|---|---|
| 0.5 | −0.04 | −0.03 | −0.03 | −0.03 | 0.06 | 0.05 |
| 1.0 | 0.00 | 0.02 | 0.01 | 0.08 | 0.03 | 0.07 |
| 1.5 | 0.03 | 0.04 | 0.01 | 0.06 | 0.03 | 0.04 |
| 2.0 | 0.03 | 0.05 | 0.06 | 0.03 | 0.05 | 0.03 |

表 10-9　铸铁摩擦环（动片）磨损量　(g)

| 压力/MPa \ 转速/r · min$^{-1}$ | 2000 | 3000 | 4000 | 5000 | 6000 | 7000 |
|---|---|---|---|---|---|---|
| 0.5 | -0.83 | -0.71 | -0.53 | -0.67 | -0.7 | -0.5 |
| 1.0 | -0.53 | -0.51 | -0.49 | -0.51 | -0.46 | -0.37 |
| 1.5 | -0.34 | -0.39 | -0.57 | -0.5 | -0.34 | -0.19 |
| 2.0 | -0.4 | -0.47 | -0.45 | -0.34 | -0.31 | -0.32 |

## 10.8　摩擦磨损机理

摩擦实验后动环（铸铁）和静环（$SiC_{3D}/Cu$）的表面结构如图 10-34 所示。由图可知，在动环表面存在着明显的犁沟，在静环表面存在着动环向静环转移的物质。摩擦过程中的磨损机理为：低压低转速下以磨粒磨损为主，高压高转速下以黏着磨损为主。由于动环是较软的铸铁，静环是含有硬度极高的 SiC 的复合材料，摩擦过程中静环产生的高硬度磨削在制动压力的作用下，对动环表面摩擦形成明显的犁沟，此时为磨粒磨损。随着压力和转速的增加，摩擦表面温度迅速升高，局部温度甚至超出了金属的熔点而出现局部熔融点，形成黏着磨损。高温下铸铁的强度降低，但 SiC 骨架的网络结构限制了 Cu 基体的塑性变形及高温软化，因此随着摩擦面的继续滑移，黏着层被从强度较低的铸铁环上撕裂下来，黏覆在 SiC/Cu 表面，因此物质迁移主要是从铸铁环向 $SiC_{3D}/Cu$ 环方向进行。此外，从图中还可以看出，铸铁环表面除了有犁沟外，还有较明显的硬划伤现象，这是因为在摩擦过程中，较软的 Cu 基体首先被磨掉，而后凸起的 SiC 骨架在制动压力的作用下铸铁环进行了划伤。$SiC_{3D}/Cu$ 复合材料具有良好的摩擦磨损性能，但是由于其硬度与铸铁环相差较大，故摩擦磨损的优越性未能充分显现出来。在以后的研究中，我们可以将研究方向定在寻找与之最为匹配的对偶摩擦副上。

(a)　(b)

图 10-34　摩擦实验后动环（铸铁）和静环（SiC/Cu）的表面结构

(a) 动环；(b) 静环

## 10.9 本章小结

将 SiC 制成三维网络 SiC 陶瓷骨架，采用真空无压熔铸的方法将铜合金引入到三维网络 SiC 陶瓷骨架中制备出了 SiC 体积分数大于 50%的 $SiC_{3D}/Cu$ 复合材料。对 $SiC_{3D}/Cu$ 复合材料的力学性能、界面反应、热处理的影响及摩擦磨损性能进行了研究，表明：

（1）$SiC_{3D}/Cu$ 复合材料的抗弯强度 $\sigma_{bb}=226MPa$，抗压强度 $\sigma_{bc}=200MPa$，拉伸强度 $\sigma_b=19MPa$。SiC 增强相和 Cu 基体互相交叉，在承受载荷时互相支撑，从而具有优异力学性能。

（2）$SiC_{3D}/Cu$ 复合材料在熔铸过程中存在着 SiC 与 Cu 的界面反应。界面反应主要分为三个步骤：1）SiC 分解成 Si 和 C；2）SiC 分解出的 Si 和 C 与 Cu 发生反应生成界面产物，主要有 $Cu_4Si$、C、TiC、V-C、Cr-C 以及 Cr-Si 化合物；3）固相扩散。从 SiC 骨架到 Cu 的界面反应区大致分为四个：界面Ⅰ区为 $Cu_4Si$、C 以及少量的 Ti-C 和 Cr-C 化合物，界面Ⅱ区是介于界面Ⅰ区和Ⅲ区之间的过渡区，界面Ⅲ区主要是 TiC、V-C，界面Ⅳ区为 Cr-Si 化合物。界面Ⅲ区和界面Ⅳ区位于界面反应区的前沿，阻碍了界面两端原子扩散，抑制了界面反应。

（3）把 $SiC_{3D}/Cu$ 复合材料加热到 700℃ 分别保温 30min、60min、90min 和 120min，热处理后的样品没有新界面产物，热处理对界面区其他元素的分布影响不大，但却影响了 C 在界面Ⅰ区的分布形态，随着保温时间的增加，块状及条纹状的石墨相逐渐转变为细小且弥散分布的颗粒状。Cu 在热处理的过程中逐步发生氧化，生成 $Cu_2O$ 和 CuO。热处理后 Cu 基体的晶粒尺寸有所增加，孪晶密度增加。通过菲克定律计算 Cu 元素在热处理过程中的扩散系数为 $D=2.76\times10^{-14}\ m^2/s$。

（4）以 $SiC_{3D}/Cu$ 为静环，以铸铁环为动环模拟了轿车刹车试验。表明随着转速增加平均摩擦系数和加速度绝对值减小、制动时间和制动距离增大，随着压力的增加平均摩擦系数、制动时间和制动距离均减小，加速度绝对值增大。低压低转速下磨损机理以磨粒磨损为主，高压高转速下以黏着磨损为主，并发生了主要从铸铁环向 $SiC_{3D}/Cu$ 环方向的物质迁移。三维网络 SiC 骨架在摩擦表面形成硬的微凸体承载作用，SiC 独特的骨架结构限制了 Cu 基体高温下的塑性变形及软化，因此此类复合材料具有良好的摩擦磨损性能。

# 11 $SiC_{3D}$/Al 合金复合材料的显微结构及性能

摩擦材料在实际工况下都要受到加载制动压力、横向剪切力及其他各种力的综合作用，因此摩擦材料要具有高而稳定的摩擦系数和优异的抗磨损性能。对于陶瓷增强金属基复合材料而言，其制备温度一般接近金属基体熔点。制备加工过程中，增强体与金属基体必然会发生不同程度的界面反应，形成不同的界面结构和产物。研究界面特征，采取有效措施进行改善是获得高性能复合材料的关键。

## 11.1 基体铝合金的抗拉强度

抗拉强度是金属由均匀塑性变形向局部集中塑性变形过渡的临界值，也是金属在抗拉条件下的最大承载能力。它表征了塑性材料的最大均匀塑性变形的抗力及脆性材料的断裂抗力。从1∶1尺寸制动盘上取样，并制成标准抗拉杆件。把标准的抗拉杆件放入高温加热炉中快速加热（10℃/min），保温20min，进行高温抗拉试验。分别在室温、75℃、150℃、225℃、300℃的环境中测试抗拉性能，评价制动盘在不同温度环境下的抗拉强度。分析不同温度下，基体与复合材料的抗拉性能，从而确定在实际制动环境中制动盘在不同温度下抗拉性能是否稳定。

### 11.1.1 不同低压铸造温度下铝合金的室温抗拉强度

首先考察了不同铸造温度对制备的制动盘的抗拉性能的影响，特别注意的是，为了考察铸造状态下基体铝合金的抗拉性能，未经过热处理，这样测试的目的是获得最佳的铸造温度参数。

试验方案：金属室温拉伸试验方法　计算标准：GB/T 228—2002；试样形状：板材；试验速度：2mm/min；引伸计标距（$L_e$）：50mm；试样宽度（$b$）：12.5mm；试样厚度（$a$）：5mm。铸造温度690℃时的室温拉伸数据见表11-1，拉伸曲线见图11-1。

**表11-1　铸造温度690℃时的室温拉伸数据**（铸造状态，未热处理）

| 项　目 | 弹性模量 $E$/MPa | 抗拉强度 $R_m$/MPa | 最大力 $F_m$/N | 规定非比例延伸强度 $R_{p0.2}$/MPa | 断后伸长率 $A$/% |
|---|---|---|---|---|---|
| 试样 | 49728.03 | 188.17 | 11760.76 | 1311.48 | 1.55 |

试验方案：金属室温拉伸试验方法　计算标准：GB/T 228—2002；试样形状：板材；试验速度：2mm/min；引伸计标距（$L_e$）：50mm；试样宽度（$b$）：12.5mm；试样厚度（$a$）：5mm。铸造温度700℃时的室温拉伸数据见表11-2，拉伸曲线见图11-2。

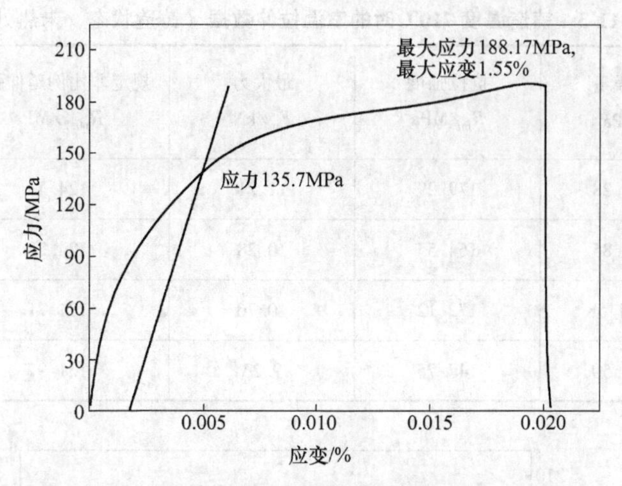


图 11-1 铸造温度 690℃时制动盘铝合金基体拉伸曲线

**表 11-2 铸造温度 700℃时的室温拉伸数据**（铸造状态，未热处理）

| 项　目 | 弹性模量 $E$/MPa | 抗拉强度 $R_m$/MPa | 最大力 $F_m$/kN | 规定非比例延伸强度 $R_{p0.2}$/MPa | 断后伸长率 $A$/% |
|---|---|---|---|---|---|
| 试样 1 | 51871.98 | 181.25 | 11.58 | 138.87 | 1.60 |
| 试样 2 | 43737.63 | 184.78 | 11.55 | 139.99 | 1.67 |
| 试样 3 | 42454.74 | 179.49 | 11.22 | 139.54 | 1.67 |
| 试样 4 | 55972.54 | 187.93 | 11.75 | 136.00 | 1.90 |

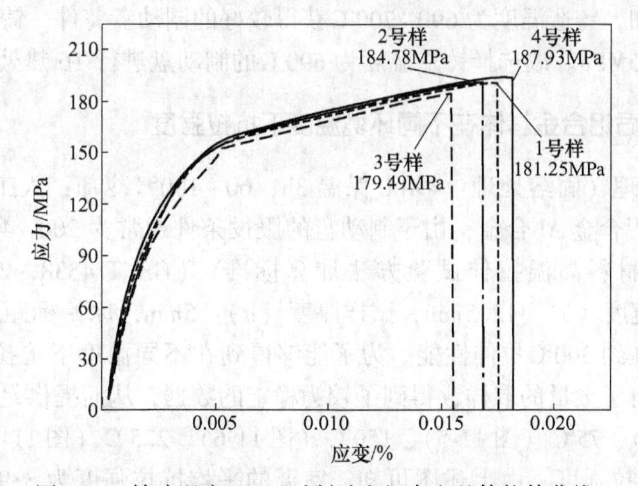


图 11-2 铸造温度 700℃时制动盘铝合金基体拉伸曲线

试验方案：金属室温拉伸试验方法　计算标准：GB/T 228—2002；试样形状：板材；试验速度：2mm/min；引伸计标距（$L_e$）：50mm；试样宽度（$b$）：12.5mm；试样厚度（$a$）：5mm。铸造温度 710℃时的室温拉伸数据见表 11-3，拉伸曲线见图 11-3。

表 11-3　铸造温度 710℃时的室温拉伸数据（铸造状态，未热处理）

| 项　目 | 弹性模量 $E$/MPa | 抗拉强度 $R_m$/MPa | 最大力 $F_m$/kN | 规定非比例延伸强度 $R_{p0.2}$/MPa | 断后伸长率 $A$/% |
|---|---|---|---|---|---|
| 试样 1 | 45827.28 | 179.29 | 11.21 | 124.43 | 1.78 |
| 试样 2 | 47439.85 | 164.55 | 10.28 | 124.23 | 1.29 |
| 试样 3 | 436911.58 | 172.12 | 10.76 | 121.71 | 1.81 |
| 试样 4 | 44914.50 | 147.75 | 9.23 | 121.97 | 0.88 |

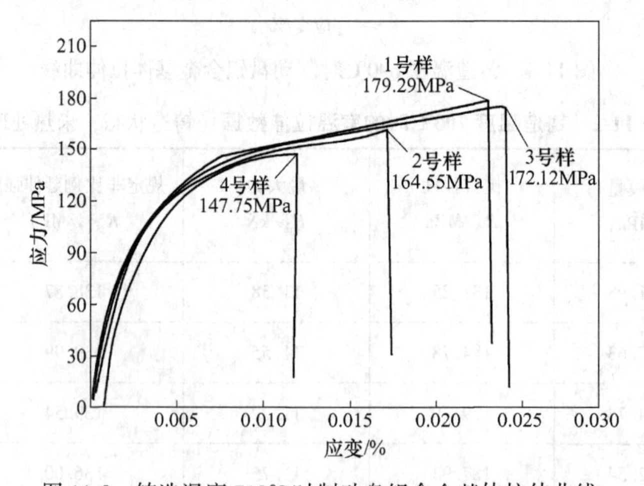


图 11-3　铸造温度 710℃时制动盘铝合金基体拉伸曲线

经过比较得知，铸造温度为 690~700℃获得较好的制动盘铸件，铸造状态平均抗拉强度能达到 188~195MPa。故选择铸造温度为 690℃的制动盘进行 T6 热处理。

## 11.1.2　T6 热处理后铝合金基体在不同环境温度下抗拉强度

经过 T6 热处理（固溶处理：490℃保温 3h，60~100℃冷却；人工时效：175℃保温 4h，空冷）后的铝合金 Al 合金，由于制动盘的服役条件通常为 200~400℃，故我们按照试验方案《金属材料高温拉伸试验方法计算标准》（GB/T 4338—2006），试验速度：2mm/min，试样宽度（$b$）：12.5mm，试样厚度（$a$）：5mm，原始标距（$L_o$）：58mm，测试了基体铝合金在约 300℃拉伸性能。为了能够得到在不同温度下抗拉强度的稳定数据，对每组试验都进行了大量的取样，得到了较为稳定的数据，从而提供足够的依据。其在室温 25℃（图 11-4）、75℃（图 11-5）、150℃（图 11-6）、225℃（图 11-7）、300℃（图 11-8）的环境中的抗拉强度。由上述图可知，室温的平均抗拉强度为 339MPa，75℃的平均抗拉强度为 326MPa，150℃的平均抗拉强度为 319MPa，225℃的平均抗拉强度为 288MPa，300℃的平均抗拉强度为 250MPa。从各温度下的抗拉性能测试数据表明，基体的抗拉强度完全符合欧洲铁路联盟 U541-3《制动—盘形制动及其应用—闸片验收的一般规定》的要求。

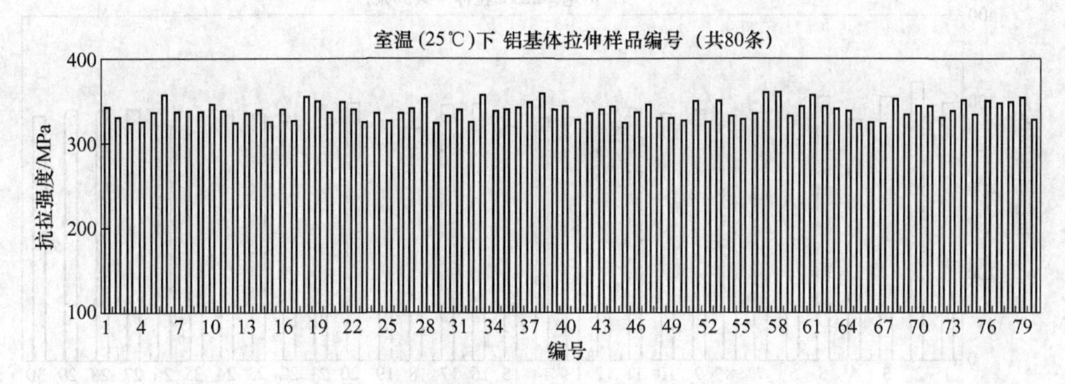


图 11-4 铝合金基体材料 25℃抗拉试样拉伸强度

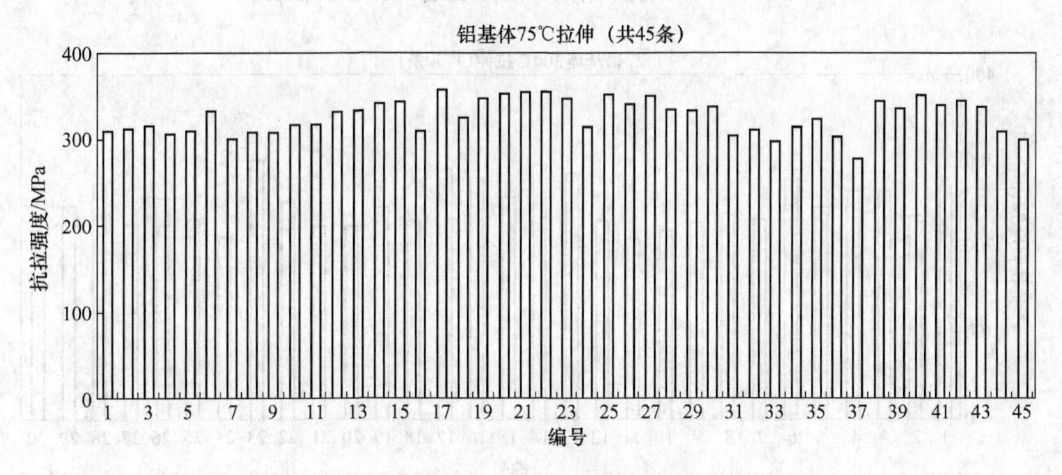


图 11-5 铝合金基体材料 75℃抗拉试样拉伸强度

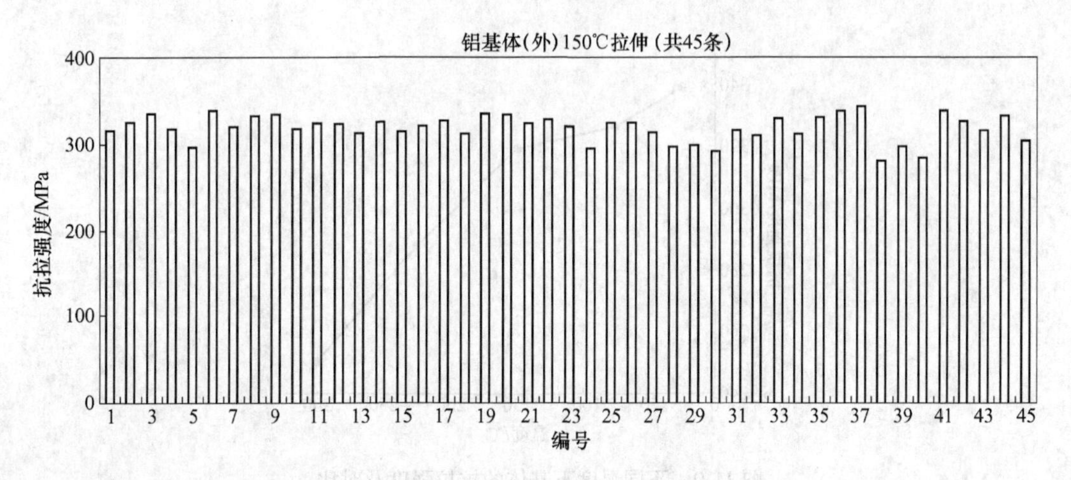


图 11-6 铝合金基体材料 150℃下抗拉试样拉伸强度

从各温度下的抗拉性能测试数据取平均值后，得到随温度变化对铝合金基体材料抗拉强度的影响曲线，见图 11-9。

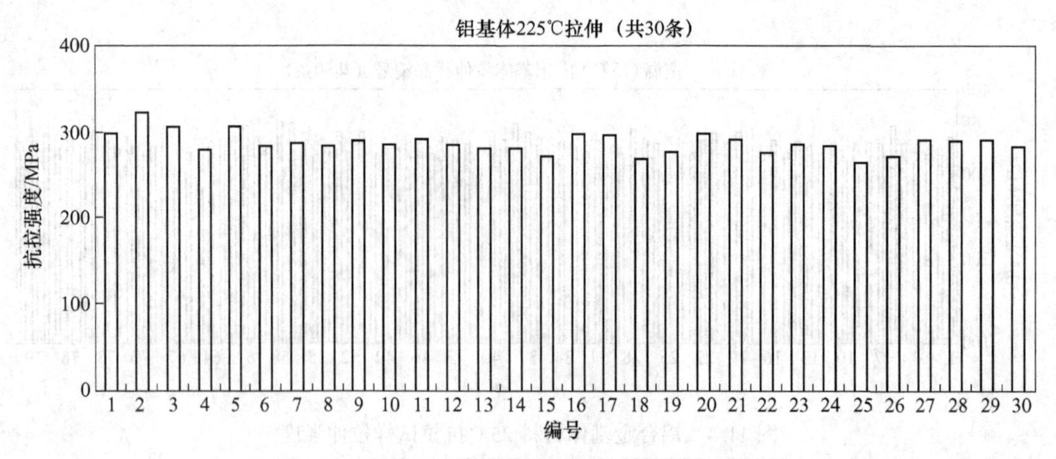


图 11-7　铝合金基体材料 225℃抗拉试样拉伸强度

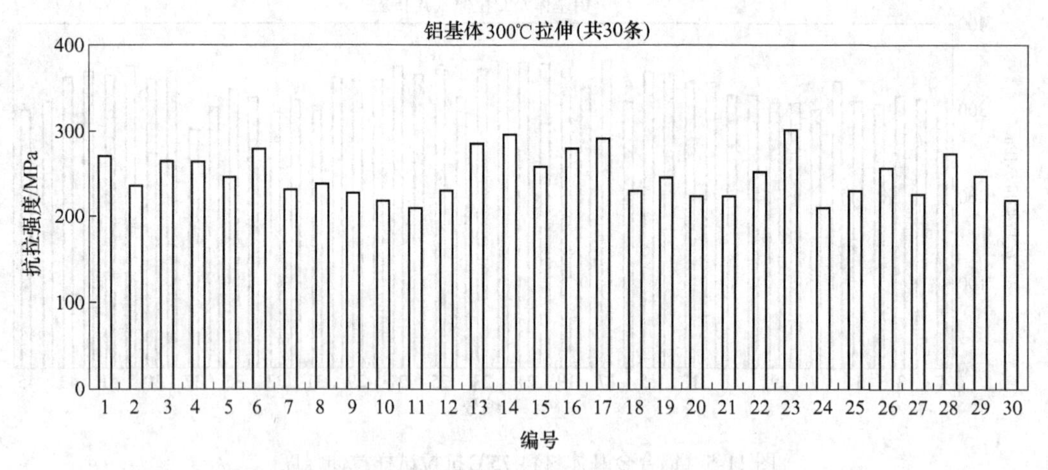


图 11-8　铝合金基体材料 300℃抗拉试样拉伸强度

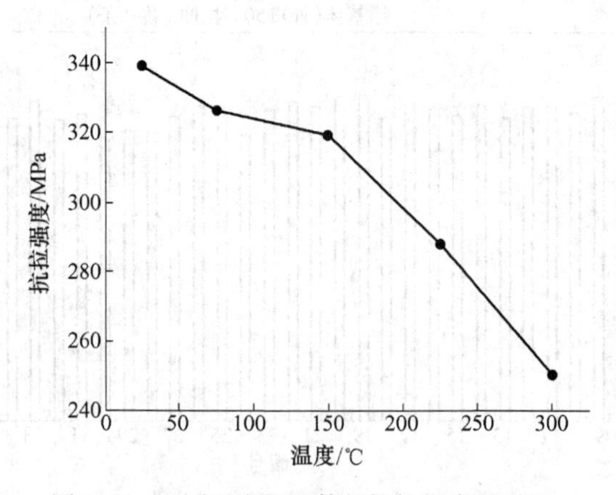


图 11-9　不同温度下基体的抗拉强度及对比

由图 11-9 可知，升高温度，抗拉强度逐渐降低。低于 150℃，抗拉强度下降不明显，高于 150℃，抗拉强度明显下降。并可知基体的抗拉性能随温度的升高而下降。复合材料的抗拉性能随着温度的升高，先降后升再下降。随着温度的升高，晶间切变应力显著降低，晶间滑移量增大。由于晶间滑移的作用，导致相邻晶粒间由于不均匀变形所引起的应力集中减弱。这些都将促使铝合金在高温下塑性的增加，从而使流变应力降低。因此，温度的升高有利于塑性变形，但基体材料的抗拉性能下降。在对高温下 Al-Si-Mg-Cu 铸造合金的微观结构、抗拉强度、断裂行为进行研究时也得到类似的数据。铸造温度 700℃时基体铝合金在 350℃拉伸曲线（铸造状态，T6 热处理）曲线，见图 11-10。由图可知该温度下抗拉强度约为 178MPa。说明基体材料在高温下的抗拉强度并未发生明显下降。铸造温度 700℃时基体铝合金的 350℃拉伸数据见表 11-4。

**表 11-4　铸造温度 700℃时基体铝合金的 350℃拉伸数据**（铸造状态，T6 热处理）

| 项　目 | 最大力 $F_m$/kN | 抗拉强度 $R_m$/MPa | 弹性模量 $E$/MPa |
|---|---|---|---|
| 试样数量 8 个取平均 | 11.17 | 178.75 | 4960.73 |

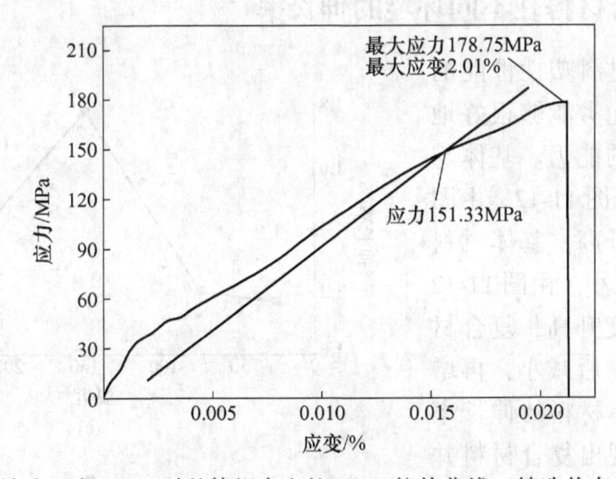


图 11-10　铸造温度 700℃时基体铝合金的 350℃拉伸曲线（铸造状态，T6 热处理）

## 11.2　复合材料在不同环境温度抗拉性能

复合材料的抗拉性能决定了盘体抗拉性能。采用与基体同样的加热处理方法测试复合材料的抗拉性能，即室温、75℃、150℃、225℃、300℃下进行抗拉测试。计算了不同温度下复合材料的平均抗拉强度，得出了复合材料抗拉强度在不同温度下的变化规律。室温的平均抗拉强度为 88MPa，75℃的平均抗拉强度为 70MPa，150℃的平均抗拉强度为 74MPa，225℃的平均抗拉强度为 77MPa，300℃的平均抗拉强度为 62MPa。复合材料的抗拉强度只有基体强度的 1/4 左右，这主要由于 SiC 骨架是孔隙率达到约 40%的三维连续空间拓扑结构，虽然其比强度较高，但是骨架为空心结构，抗拉强度较低，SiC 骨架与铝基体的复合也存在一定的显微缺陷，因此复合材料抗拉强度较低。而复合材料中，由于 SiC 骨架的存在造成 SiC 与铝合金的界面对温度变化不敏感。高温下 SiC 骨架支撑基体，减弱了基体的塑性变形。因此，由于多种因素的存在，复合材料抗拉性能的变化趋势才表现出先下降后升高再下降的现象。

不同温度下复合材料的抗拉强度如图 11-11 所示。

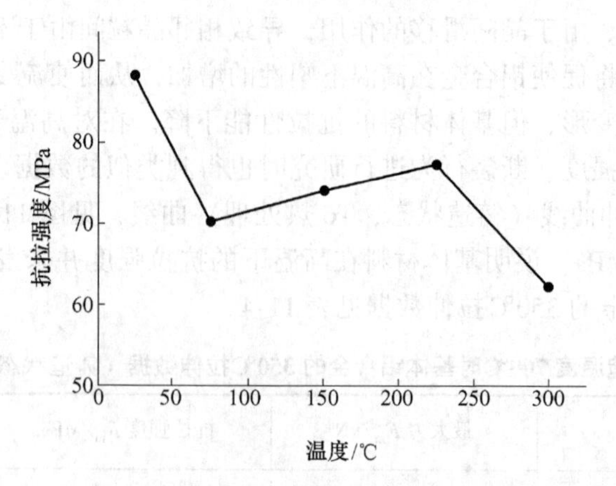


图 11-11　不同温度下复合材料的抗拉强度

## 11.3　基体与复合材料在不同环境的伸长率

伸长率是描述材料塑性性能的指标，塑性性能的优劣能够很好地体现材料塑性变形的能力。基体与复合材料的伸长率见图 11-12。由图可知，随着温度的升高，基体材料伸长率先增大，后减小。由图 11-12（b）可知，随着温度升高，复合材料的伸长率先增大，后减小，再增大。复合材料与基体材料的伸长率变化大致相同，体现出复合材料并未因为 SiC 骨架的存在而丢失优异的塑性性能。基体材料在室温的伸长率达到 1.2%，完全达到了材料本身固有的伸长率，说明浇铸工艺对材料本身性能的影响较小。由图 11-12 还可以看出复合材料与基体材料的伸长率随着温度的增加变化较大。基体材料与复合材料在 150℃时均达到了伸长率最高值，分别为 1.8% 和 0.9%。表明在 150℃时复合材料和基体具有最佳的塑性变形能力。由图 11-12 中伸长率的数值可以看出，基体材料的伸长率在同一温度下远远大于复合材料，这主要是因为 SiC 骨架的存在，复合材料不能发生连续塑性变形。作为制动材料，要求具有塑性形变约 4%，才能保障制动盘旋转时不产生裂纹。因此，复合材料和基体材料塑性有待进一步提高。

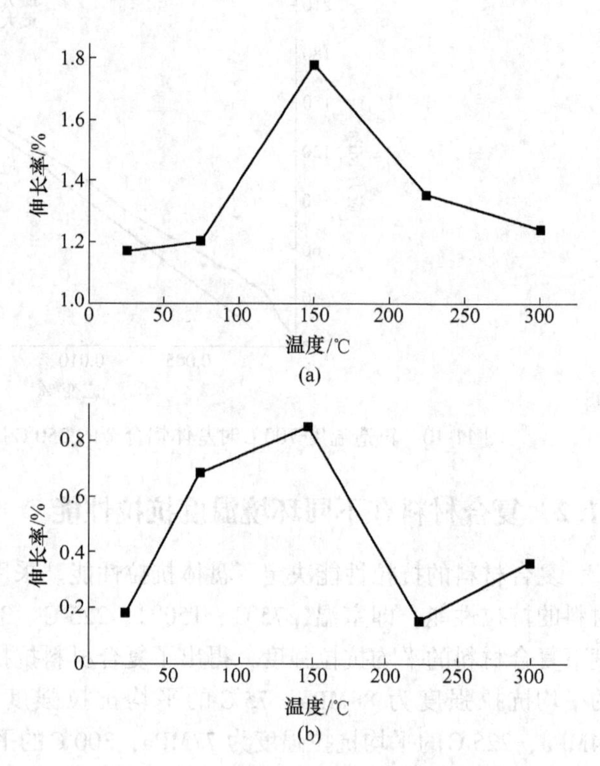


图 11-12　基体和复合材料的伸长率随温度的变化曲线

（a）基体合金；（b）复合材料

## 11.4 690℃铸造态基体铝合金室温压缩实验

考察了不同铸造温度对制动盘的压缩性能的影响，特别注意的是，为了考察铸造状态下基体铝合金的抗拉性能，制备的制动盘未经过热处理，目的是获得最佳铸造温度参数。试验方案：金属材料室温压缩试验方法 计算标准：GB/T 7314—1993；试样形状：板材；试验速度：1mm/min；试样原始直径（$d$）：8mm；试样原始标距（$L_o$）：18mm。铸造温度690℃时基体铝合金压缩曲线，见图11-13。该温度下压缩强度约为487MPa，见表11-5。

**表11-5 铸造温度690℃时基体铝合金的压缩数据**（铸造状态，未热处理）

| 项 目 | 抗压强度 $R_{mc}$/MPa | 压缩弹性模量 $E_c$/MPa | 最大力 $F_{mc}$/N |
|---|---|---|---|
| 试样5 | 487.043 | 5192.731 | 70134.188 |

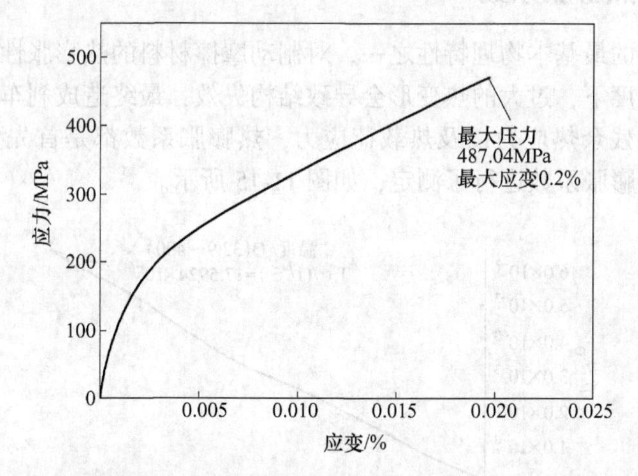


图11-13 铸造温度690℃时基体铝合金的压缩数据（铸造状态，未热处理）

## 11.5 700℃铸造态基体铝合金室温压缩实验

试验方案：金属材料室温压缩试验方法 计算标准：GB/T 7314—1993；试样形状：板材；试验速度：1mm/min；试样原始直径（$d$）：8mm；试样原始标距（$L_o$）：18mm。铸造温度700℃时基体铝合金压缩曲线，见图11-14。该温度下压缩强度约为488MPa，见表11-6。对比图11-13和图11-14可知铸造温度对基体材料的压缩强度的影响不明显。

**表11-6 铸造温度700℃时基体铝合金的压缩数据**（铸造状态，未热处理）

| 项 目 | 抗压强度 $R_{mc}$/MPa | 压缩弹性模量 $E_c$/MPa | 最大力 $F_{mc}$/N |
|---|---|---|---|
| 试样7 | 488.717 | 5644.828 | 703711.250 |

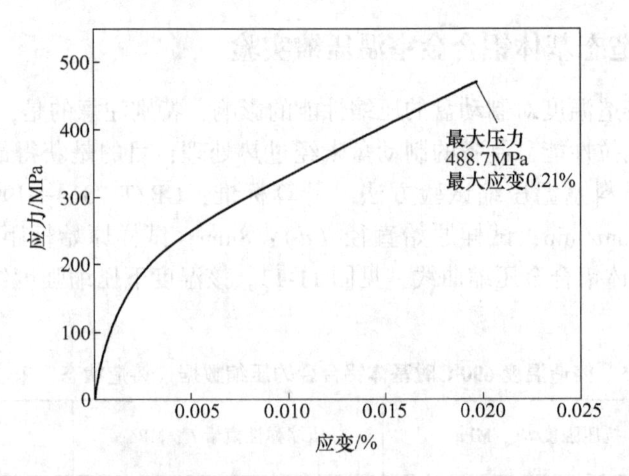


图 11-14　铸造温度 700℃时基体铝合金的压缩数据（铸造状态，未热处理）

## 11.6　复合材料热膨胀系数

热膨胀是材料的最基本物理特性之一，对制动摩擦材料的热膨胀性能研究具有非常重要意义。在一定温度下，过大的热变形会导致结构失效，最终造成刹车制动盘报废。为了研究复合材料中的残余热应力以及热载荷应力，热膨胀系数都是首先要面对的问题。对 $SiC_{3D}$/Al 材料的热膨胀系数进行了测定，如图 11-15 所示。

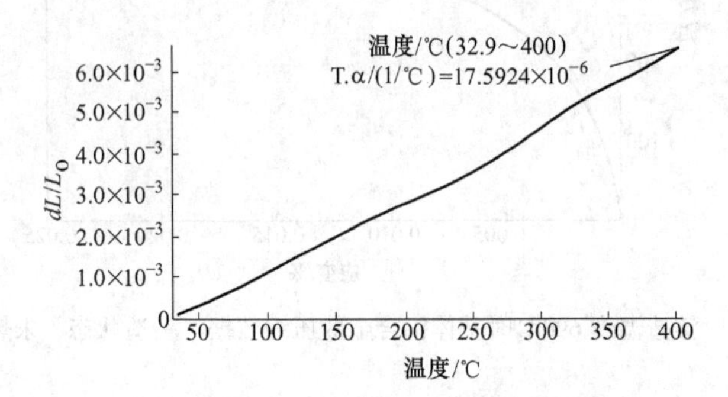


图 11-15　$SiC_{3D}$/Al 合金复合材料的热膨胀系数

由图可知，温度 32.9~400℃，$SiC_{3D}$/Al 合金新型摩擦材料的热膨胀系数为 $17.5924\times10^{-6}$/℃。铝在 20~400℃时的热膨胀系数为 $26.4\times10^{-6}$/℃，SiC 骨架的热膨胀系数为 $2.98\times10^{-6}$/℃。从热膨胀系数的数据可以看出复合材料的热膨胀系数处于铝基体和 SiC 骨架之间，并接近铝基体。作为制动材料的热膨胀性能应该越低越好，弹性模量也越低越好，复合材料综合了铝基体和 SiC 骨架两者的热膨胀性能，这说明此材料适合作为制动盘材料。

## 11.7　复合材料的热疲劳性能

热疲劳是指温度变化引起的材料自由膨胀或收缩受到约束，在材料内部因变形受阻而产生热应力。当温度反复变化时，这种热应力也反复变化，从而使材料受到损伤。由于制动盘在制动过程中会出现温度循环，温度会迅速升高，然后快速下降，温度变化较大。温度的较大变化对于 SiC 骨架与铝基体的结合界面有重要影响。界面结合良好与否直接影响制动盘性能。因此，研究复合材料的热疲劳性能对于制动盘来说具有重要的意义。从 1∶1 尺寸制动盘上取样，制动盘的低压铸造温度为 690℃，T6 热处理。按照图 11-16 取样，制成 8 个标准热疲劳样品，如图 11-17（a）所示。并进行室温约 350℃循环热疲劳测试，热疲劳测试后的样品照片如图 11-17（b）所示。

图 11-16 热震疲劳试验前后样品的照片
（a）试验前；（b）2500 次热震疲劳后

由图可以看出，8 个标准热疲劳试样经过 2500 次的循环热疲劳测试后，均未出现微裂纹等缺陷，SiC 骨架与铝基体的界面结合良好。这表明所述的复合材料具有优异的热疲劳性能，对于制动盘的性能稳定性给予了充分的支持。对比研究发现，$SiC_{3D}$/Al 合金复合材料的热疲劳抗力明显高于铸铁，铸钢和锻钢。灰铸铁一般经过 10000～15000 次热疲劳循环出现裂纹。$SiC_{3D}$/Al 合金出现裂纹的热疲劳循环次数大于 27000～40000 次，故 $SiC_{3D}$/Al 合金的耐热疲劳性能约为灰铸铁的 2.5 倍。因为 $SiC_{3D}$/Al 合金从出现微裂纹到完全开裂，有比较长时间的稳定裂纹扩展期和自修复期，这一特性对实际制动盘应用过程中具有重要的实际意义，也就是说，在实际应用过程中，制动盘即使出现微裂纹，仍可以安全运行相当长的时间。这是 $SiC_{3D}$/Al 合金的显著性能特点之一。由于 2500～5000 次热震疲劳后的样品表面因氧化物覆盖，为了更准确观察其金相显微结构，把热震疲劳试验后的样品进行了打磨处理。对比研究了热震疲劳试验前后 SiC 骨架与铝基体的界面，分析其金相图片的差别，如图 11-17 和图 11-18 所示。研究表明热震疲劳测试前后显微结构未发生明显改变，可以判定这种具有稳定的界面的复合材料能显著提高复合材料的综合性能。

此外，还可以从图 11-18 看出，由于 SiC 骨架的加入使晶核可以依附于表面上形成，故可以看到垂直于 SiC 骨架表面生长的树枝晶。对比图 11-19（a）与图 11-19（c）可以

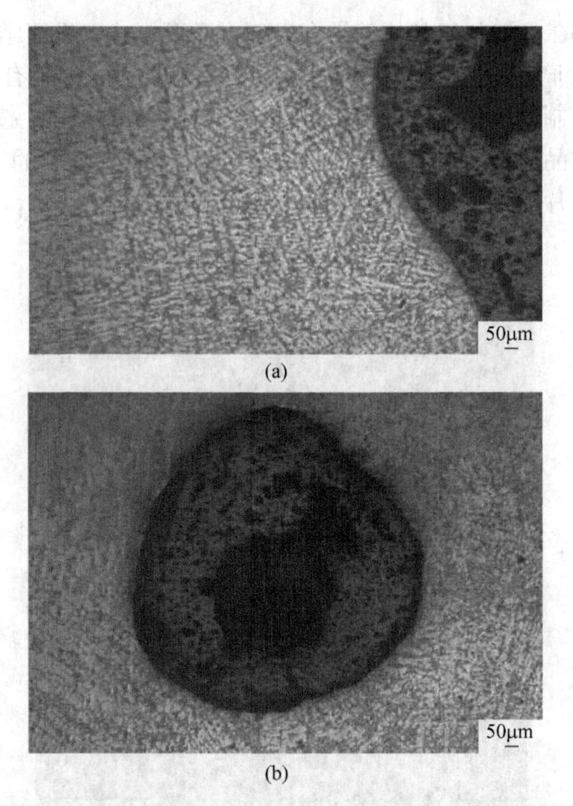


图 11-17　热震疲劳测试前后 $SiC_{3D}$/Al 合金复合材料的金相

（a）热震疲劳测试前；（b）2500 次的热震疲劳测试后

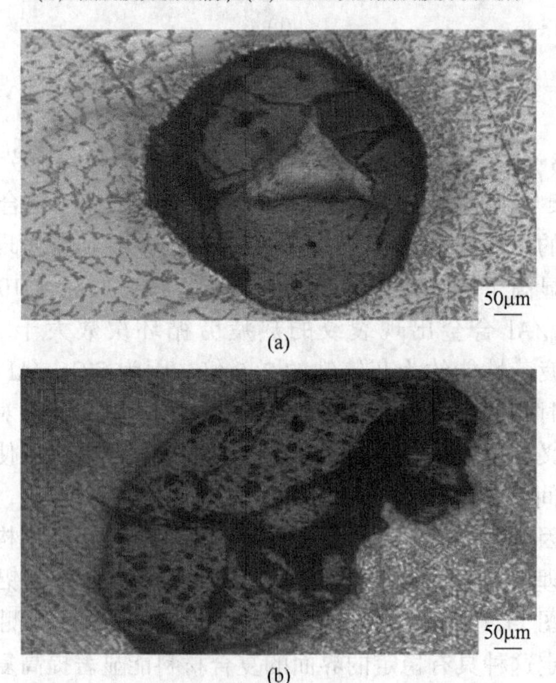


图 11-18　热震疲劳测试前后 $SiC_{3D}$/Al 合金复合材料的金相

（a）热疲劳测试前；（b）5000 次热震疲劳试验后

看出，经过热处理后铝基体中的树枝晶均被打断，变成细小的颗粒弥散分布于铝基体之中，起到弥散强化的作用。由图 11-19（a）、（b）与图 11-19（c）、（d）的对比看出，未经过热处理的复合材料，SiC 骨架与铝基体的结合界面较薄，经过热处理后结合界面增厚。未经过热处理之前，SiC 骨架与铝基体的结合仅仅只是机械结合。经过热处理之后，SiC 骨架与铝基体发生了界面反应，从而使结合面发生了变化。

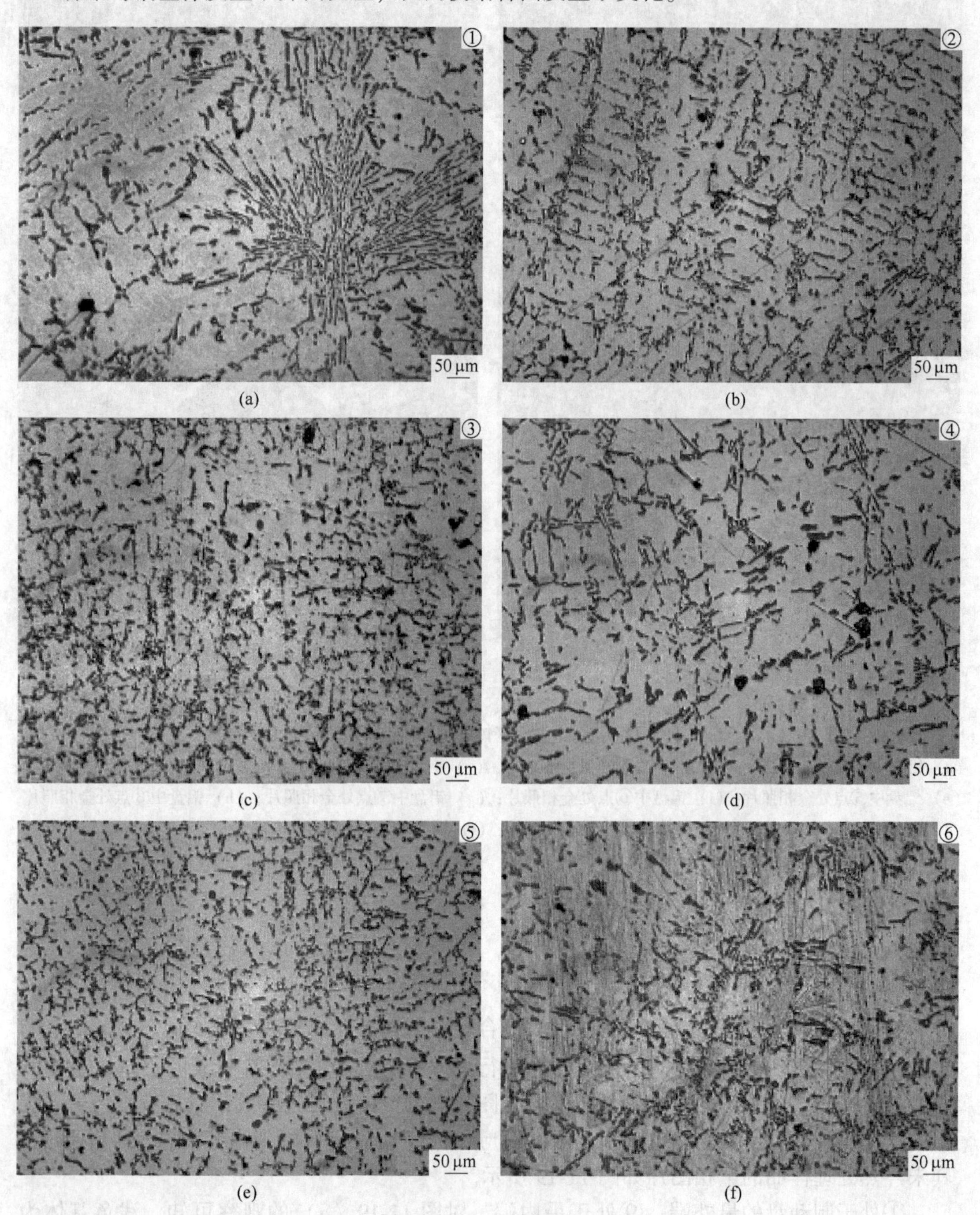

(a) (b)
(c) (d)
(e) (f)

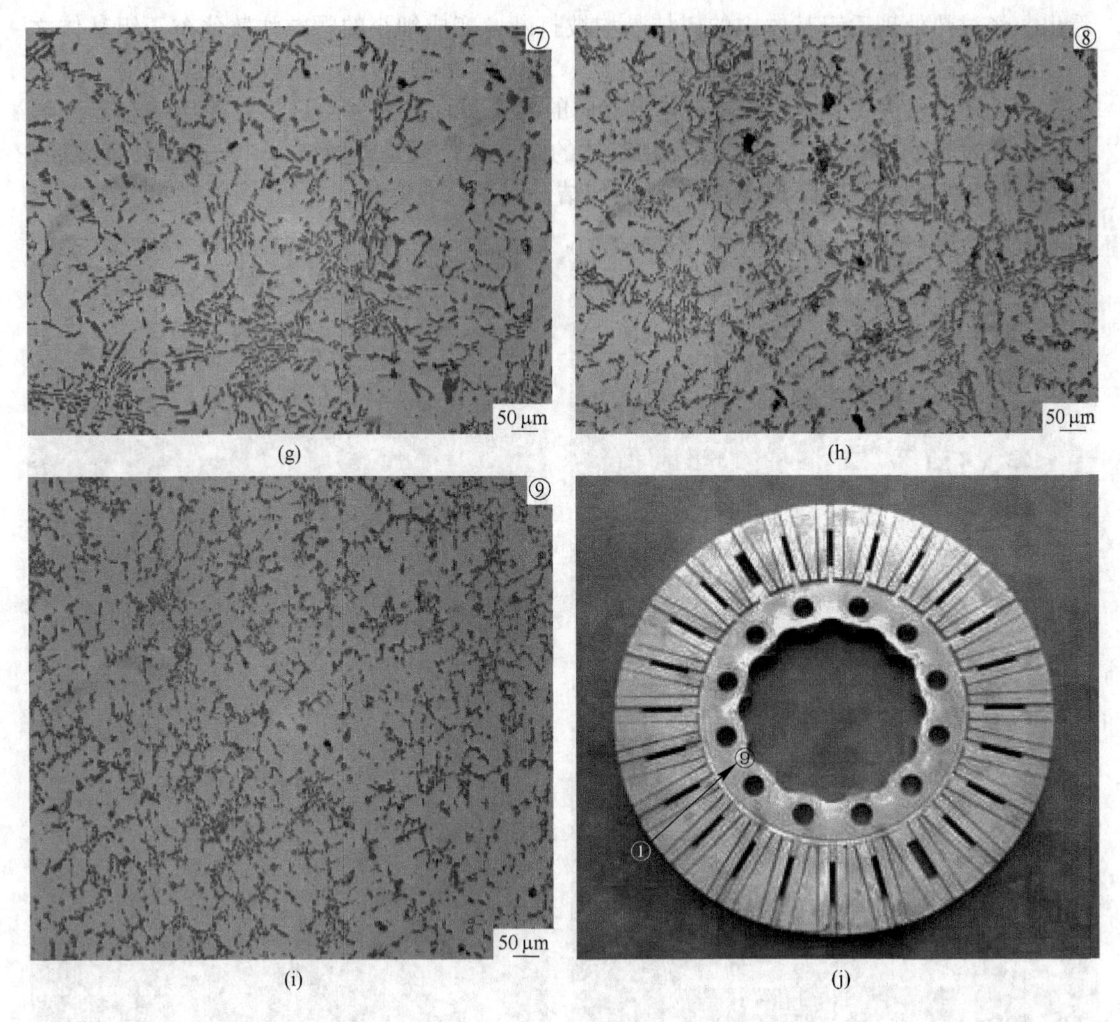


图 11-19　铝合金制动盘基体在不同取样点的金相图片
(a) 铝盘中①点处金相照片；(b) 铝盘中②点处金相照片；(c) 铝盘中③点处金相照片；(d) 铝盘中④点处金相照片；(e) 铝盘中⑤点处金相照片；(f) 铝盘中⑥点处金相照片；(g) 铝盘中⑦点处金相照片；(h) 铝盘中⑧点处金相照片；(i) 铝盘中⑨点处金相照片；(j) 铝盘中①~⑨点取样位置

## 11.8　复合材料的界面

### 11.8.1　铝基体金相

界面结构、性能及结合的紧密程度对复合材料的综合性能起着关键作用。对 $SiC_{3D}$/Al 合金新型摩擦材料的界面进行了研究，并进行了分析。对于未加 SiC 骨架的铝基体金相的研究是铸造工艺中关键的一步，分析其金相图片，调整铸造工艺参数，对后续加入 SiC 骨架的铸造工艺具有重要的参考价值。在实际应用的制动盘上从外到内依次选取 9 个样品，其未经热处理样品的金相图片如图 11-19 所示。

①处于制动盘的最外端，⑨处于最内端。对图 11-19（a）的观察可知，浅色基体为 α-铝的固溶体，灰色条片状为共晶硅，灰色块状为初生硅，黑色的是显微疏松。图 11-19

(d) 中的深灰色块状为夹杂物。从图 11-19 中的 (a) ~ (i) 看出，铝的晶粒较为粗大，呈现出针尖状和条片状，且都含有缺陷（显微疏松、夹杂），因此还需要优化低压铸造工艺。较小的显微疏松可以由热处理改善，而较大的显微疏松甚至缩孔、缩松无法消除，夹杂物也同样无法消除。制动盘在使用过程中，容易在这些缺陷周围产生应力集中，进而形成裂纹源，随之产生微裂纹，长大成为裂纹，最终导致盘体断裂。因此，优化工艺参数消除缺陷对于制动盘的力学性能具有重要意义。

### 11.8.2 $SiC_{3D}$/Al 合金复合材料的 EDS 分析

为了验证界面是否发生反应以及反应强弱，对热处理之后 SiC 骨架与铝基体的界面进行了面扫描分析，其数据如图 11-20 所示。由于未经热处理，因此晶体都经过适当的热处理或者调质处理，块状和条片状、针尖状晶体会变成椭圆状或者球形且会弥散分布于铝基体之中，起到弥散强化的效果，对于材料本身的力学性能会有积极的影响。分析观察图 11-20 可知，铝基体与 SiC 骨架之间有宽度约 40μm 的过渡区，Al 元素未发生明显转移，而 Si 元素由于从高浓度向低浓度的转移造成在铝基体部分产生岛状聚集，Cu 元素也发生了少量转移。这都证明了铝合金中的元素在界面发生了扩散，表明经过热处理之后铝基体与 SiC 骨架结合从单一的机械结合演变为化学与机械共存的结合，增强结合面的结合强度，能够更好传递载荷。

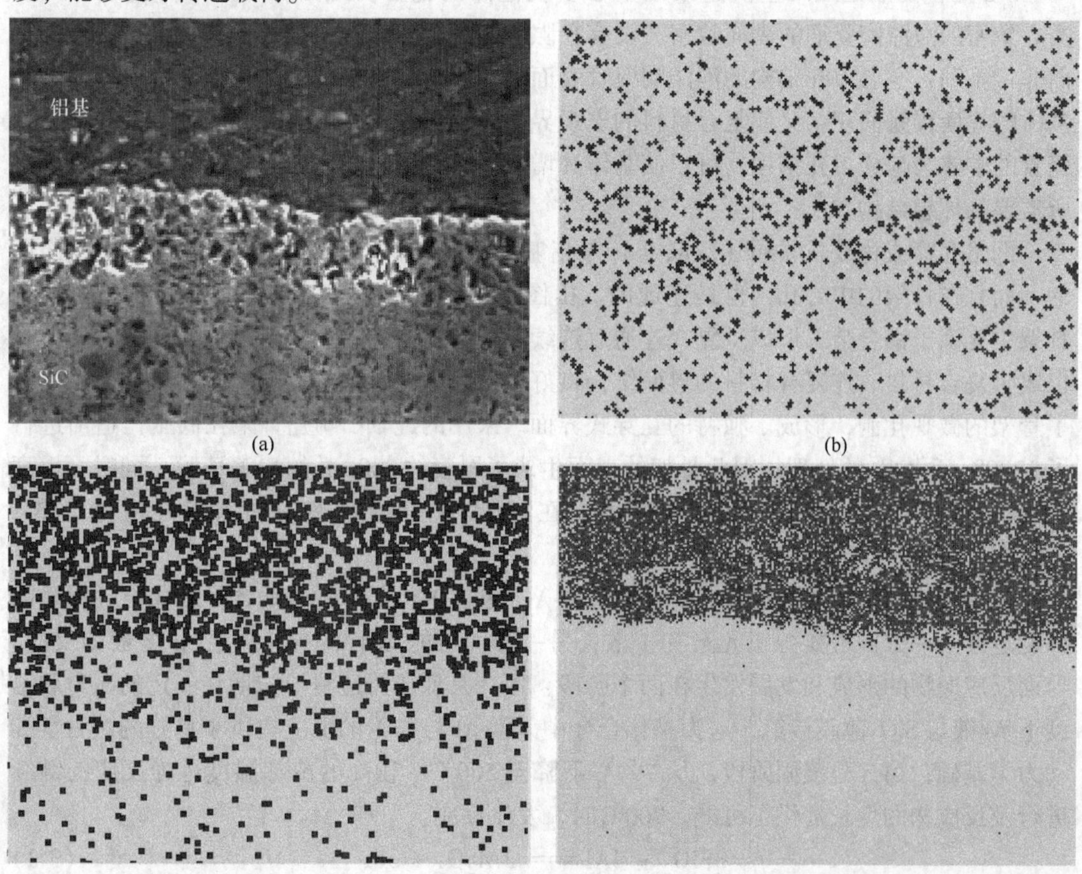


(a) (b) (c) (d)

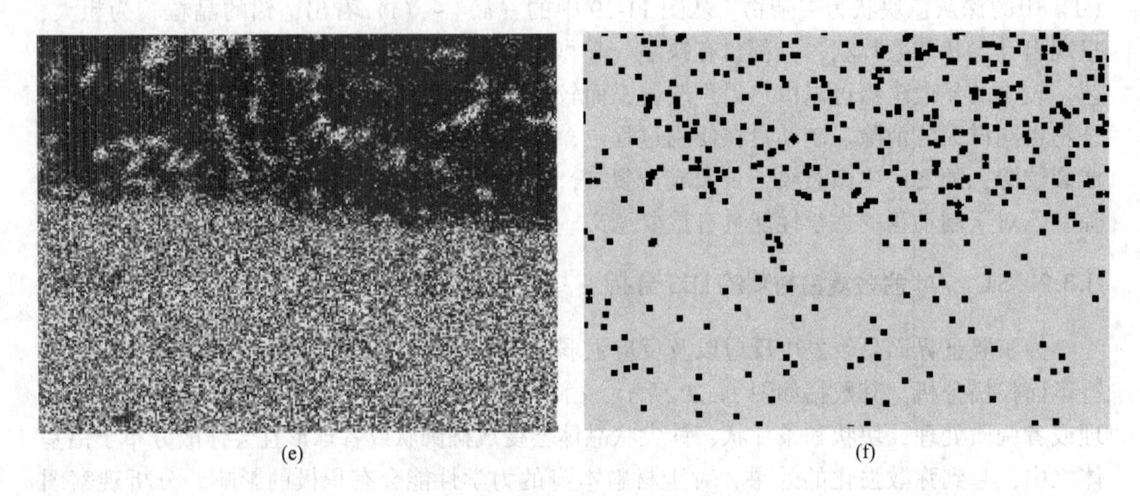

图 11-20　SiC 骨架与铝基体结合界面的面扫描

（a）界面扫描电镜照片；（b）C 元素；（c）O 元素；（d）Al 元素；（e）Si 元素；（f）Cu 元素

### 11.8.3　$SiC_{3D}$/Al 合金复合材料的 SEM 分析

SiC 陶瓷的筋是三维空间连续的空心多孔泡沫陶瓷管，见图 11-21（a）。由图可知，实心致密的泡沫陶瓷筋的表面致密，没有孔隙，减少了界面的结合面积，对机械结合的界面非常不利；空心多孔结构的泡沫陶瓷管表面具有复杂结构，既增加了泡沫陶瓷管与金属基体的界面接触面积，又使复合材料的宏观界面转变成复杂的微观界面。空心多孔泡沫陶瓷管的整体为疏松多孔结构，可以使基体和增强体真正地复合为一个整体，是材料复合时所需要的理想结构。

网络互穿或称复式联通（双联通）是指基体合金不但在陶瓷骨架的泡沫孔外是连通的，而且在骨架的中心孔内也是连通的。由图 11-21（b）可知，在空心多孔的 SiC 陶瓷骨架中充满了铝合金，形成了复式连通双连续相复合材料。材料复合以后，陶瓷骨架自身也成为复合材料。连复合材料的界面结合良好，由于陶瓷骨架的多孔结构，基体合金填满了骨架的微观孔洞，形成了独特的互穿式界面。采用的纯 SiC 陶瓷骨架在低压铸造前进行了 1200℃氧化 6h 的处理，因此骨架的表面生成了厚度约 200μm 的 $SiO_2$ 薄膜。同时，提高 SiC 陶瓷骨架与 Al 合金界面润湿能力，在 700℃铝合金熔液中加入了（质量分数）0.5%~1.0%的 $Y_2O_3$。

对界面线扫描表明，在近 SiC 骨架层中 Al、Si、O 以及 Y 元素的含量变化出现明显的梯度过渡，一方面可能源于元素互扩散；另一方面可能源于 $SiO_2$ 与高温 Al 熔液的反应。界面反应产物的形成和发展发生在两个阶段：第一是低压铸造浸渗初期，一定的压力和温度下 Al 液与 $SiO_2$ 薄膜接触，这为基体合金中元素 Al 与 $SiO_2$ 的反应提供了良好的热力学和动力学基础；第二是凝固阶段，从 700℃下降至 500℃，较高的冷却温度也为反应的继续进行及反应物的生长提供了可能。700℃时，发生反应：

$$3SiO_2 + 4Al = 2Al_2O_3 + 3Si \tag{3-1}$$

因此，陶瓷受到基体合金的包夹作用，从而使得机械结合的界面更加牢固。

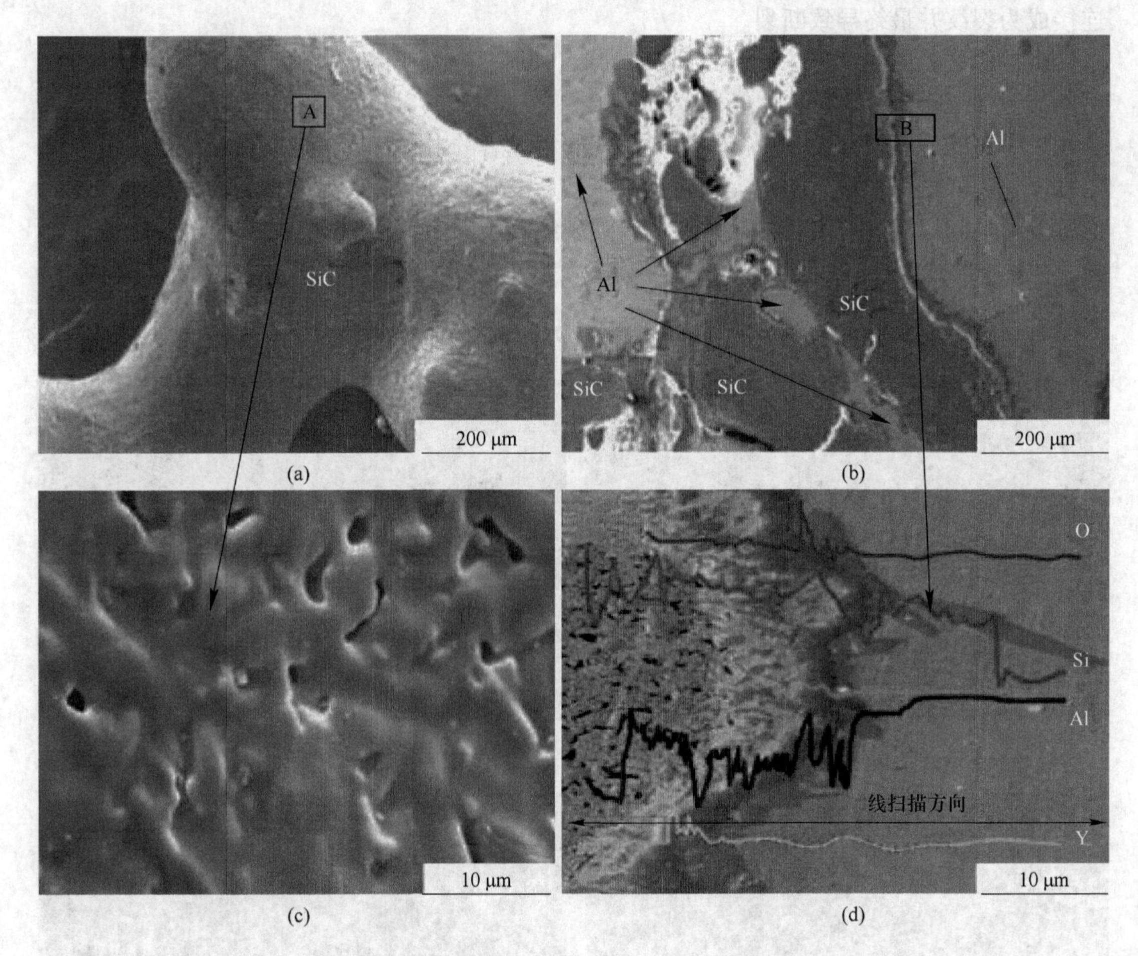


图 11-21 $SiC_{3D}$/Al 合金复合材料的显微结构

(a) SiC 骨架扫描电镜照片；(b) SiC 骨架与铝合金界面扫描电镜照片；

(c) SiC 骨架表面 $SiO_2$ 薄膜 SEM 照片；(d) 复合材料界面线扫描

图 11-22（a）为复合材料铝基体在室温拉伸断口形貌。观察发现，断口包含了中心纤维区和剪切断裂等典型塑性断裂特征，断口中靠近心部的区域较为粗糙，其主要微观特征为韧窝；断口剪切断裂位置中存在显著的“韧带”特征，其微观断裂特征主要为剪切载荷下的穿晶滑移断裂。

当拉伸试验在 125℃下进行时，如图 11-22（b）所示，断口中心区域仍然表现为典型的纤维特征，与室温拉伸断口中心区域的微观特征非常相似；断口中“韧带”显微结构仍然清晰可见。从韧带显微结构高倍形貌像可以更加清晰看到，在晶粒内部存在高密度、小尺寸的韧窝，而在韧带中两薄层晶粒之间晶界区域则存在粗大的孔洞。

当拉伸试验的温度进一步升高至 225℃，断口仍然保持纤维区+剪切断裂区的宏观特征，而断口中发生微孔聚集断裂的区域显著增大，如图 11-22（c）所示。该断裂特征的变化与高温下基体复合材料铝基体强度降低、塑性变形能力提高密切相关。随着变形温度的升高，基体复合材料铝基体的强度逐渐下降，与沉淀相的强度差异逐渐增加。此时，在外应力作用下，碳化硅骨架/基体界面处成为裂纹优先萌生的位置，韧窝由此产生、积聚、连接成为裂纹并最终导致断裂。

当拉伸试验的温度进一步提高到300℃时，断口中“韧带”特征大量消失、微孔集聚型断裂行为变得十分显著。

进一步的观察发现，在韧窝的边界存在非常显著的滑移特征，这表明在该温度下基体的强度显著降低而塑性大幅度提高，韧窝一旦形成则通过韧窝边界基体复合材料铝基体的滑移变形不断汇聚、长大，样品中形成宏观裂纹直至断裂。在300℃时拉伸试验之后的断口，见图11-22（d）。

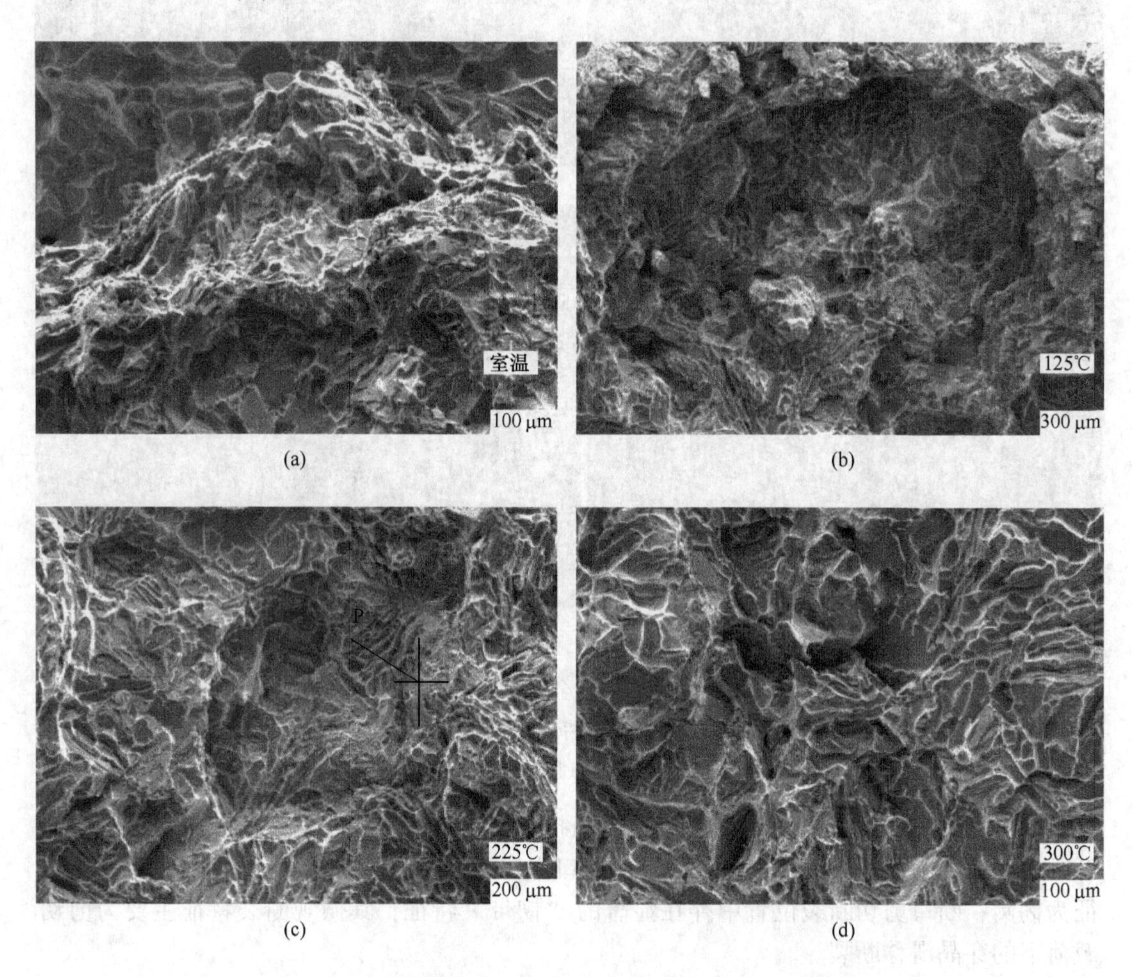


图11-22 $SiC_{3D}$/Al 合金复合材料在不同温度拉伸断口扫描图

（a）室温；（b）125℃；（c）225℃；（d）300℃

呈现于225℃条件下相似的断裂特征，可见拉伸变形温度对复合材料铝基体的变形、断裂特征有显著影响。随着温度的升高，断口中高温滑移特征以及碳化硅骨架/基体界面的滑脱越来越显著。

对图11-22（c）中的P点进行EDS分析的数据见表11-7。经过分析，可能被忽略的峰：2.628keV，2.981keV，11.323keV；处理选项：所有经过分析的元素（已归一化）；重复次数= 5；可知主要元素是C、Al和Si。

表 11-7 图 11-21（c）中的 P 点进行 EDS 分析 （%）

| 元 素 | 质 量 分 数 | 原 子 分 数 |
|---|---|---|
| C K | 20.62 | 311.10 |
| O K | 22.27 | 26.84 |
| Mg K | 0.20 | 0.16 |
| Al K | 40.45 | 28.91 |
| Si K | 111.62 | 10.72 |
| Cu K | 0.84 | 0.26 |
| 总量 |  | 100.00 |

## 11.9 $SiC_{3D}$/Al 复合材料摩擦性能

采用 MM3000 型摩擦磨损性能实验机研究了 $SiC_{3D}$/Al 高铁制动盘和地铁制动盘材料与铜基粉末冶金闸片组成的摩擦副，$SiC_{3D}$/Al 制动盘材料与三维网络碳化硅陶瓷增强铜基闸片材料组成的摩擦副匹配时的摩擦制动特性，分析了高制动能量下在 $SiC_{3D}$/Al 材料上形成的表面膜的显微结构特点。

本试验模拟的是高铁的实际制动过程，模拟高铁的基本参数见表 11-8。

表 11-8 高铁实际制动条件

| 轴 重 | 16t |
|---|---|
| 制动盘尺寸 | 外径 $\phi$670mm，内径 $\phi$410mm，有效半径 $R$270mm |
| 制动盘单片摩擦面积 | 400cm$^2$ |
| 单轴上摩擦片的总面积 | 1600cm$^2$ |
| 高铁轮径 | $\phi$910mm |
| 模拟最大制动速度 | 300km/h |

本次试验参数的确定采用反推法，由高铁速度 $v_{轮}$（本试验中所有数值均指半径最大处）逐步推出所需参数。

制动盘角速度计算示意图如图 11-23 所示，车轮角速度 $\omega_{轮}$的确定，即

$$\omega_{轮} = \frac{v_{轮}}{R_{轮}} \tag{11-1}$$

因车轮与制动盘在同一根车轴上，所以制动盘的角速度 $\omega_{盘}$与高铁车轮的角速度 $\omega_{轮}$相等，即

$$\omega_{盘} = \omega_{轮} \tag{11-2}$$

制动盘的线速度 $v_{盘}$，即

$$v_{盘} = \omega_{盘} R_{盘} \tag{11-3}$$

为了保证试验的真实性，试验制动盘的线速度 $v_{试}$应与制动盘的线速度 $v_{盘}$相等，计算模型如图 11-24 所示，即

$$v_{试} = v_{盘} \tag{11-4}$$

试验制动盘的转数 $n_{试}$，即

$$n_{试} = \frac{v_{试}}{2\pi \gamma_{试}} \tag{11-5}$$

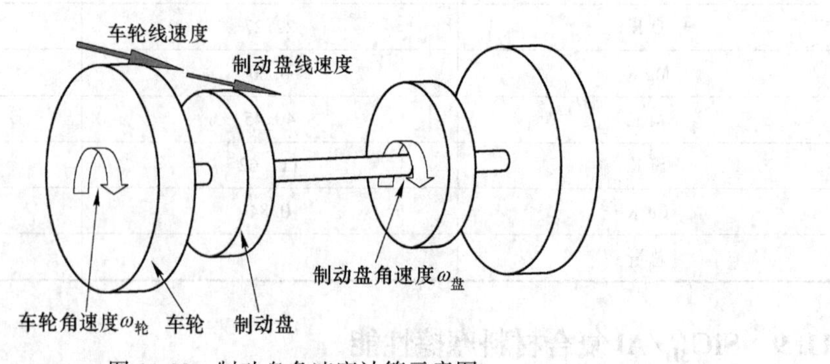


图 11-23 制动盘角速度计算示意图

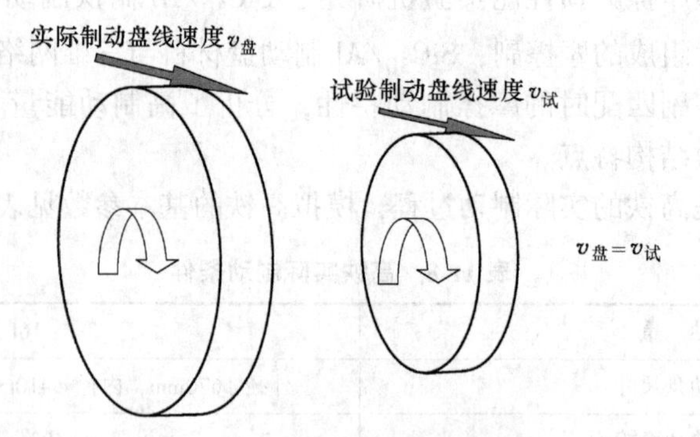


图 11-24 试验制动盘计算示意图

（1）实验机转动惯量。本试验根据高铁实际制动过程中单位面积制动面积吸收热和摩擦磨损试验中试验制动盘单位面积吸收热相同来建立等量缩比关系，确定实验机的转动惯量 $I$（由于高铁实际风阻很大，因此一般取计算值的 70%），即

$$\frac{E_{车}}{S_{盘}} = \frac{E_{试}}{S_{试}} \tag{11-6}$$

$$\frac{\frac{1}{2}M_{车}v_{车} \times 10^3}{S_{盘}} = \frac{\frac{1}{2}I\omega_{试}}{S_{试}} \tag{11-7}$$

式中，$M_{车}$为高铁轴重，t；$v_{车}$为高铁速度，m/s；$I$ 为试验机转动惯量，kg · m$^2$；$\omega_{试}$为试验机转动角速度，rad/s；$S_{盘}$为单轴上摩擦片的总面积，cm$^2$；$S_{试}$为试验制动盘摩擦面积，cm$^2$。

（2）制动距离。整个制动过程基本满足匀减速运动，根据相关力学公式，制动加速度 $a$ 与制动距离 $L$，即

$$a = -\frac{v_o}{t} \tag{11-8}$$

$$L = v_o t + \frac{1}{2}at^2 = \frac{1}{2}v_o t \tag{11-9}$$

式中，$a$ 为制动加速度，$m/s^2$；$v_o$ 为高铁初始速度，m/s；$L$ 为制动距离，m；$t$ 为制动时间，s。

（3）实验机模拟制动条件。本次试验中由于实验机的额定功率和转速等其他条件的限制，摩擦片的摩擦面积定为 $1250mm^2$，由上述的计算方法确定转动惯量是 $1.59kg \cdot m^2$。模拟高铁的实际刹车过程的基本参数见表 11-9。

**表 11-9　试验机模拟制动条件**

| 试验制动盘 | $SiC_{3D}$/Al 合金 |
|---|---|
| 静　片 | $SiC_{3D}$/Cu |
| 试验制动盘尺寸 | 外径 $\phi$200mm，内径 $\phi$76mm |
| 制动试验盘有效半径 | $R$82.5mm |
| 摩擦片摩擦面积 | $1250mm^2$ |
| 转动惯量 | $1.59kg \cdot m^2$ |
| 高铁速度为 300km/h 时对应的试验机转速 $n$ | 5724r/min |

（4）试验计划的确定。本试验方案根据欧洲相关标准制定（制动、盘形制动及其应用、闸片验收的一般规定），只是在室温、干燥环境下进行试验，试验大纲见表 11-10。

**表 11-10　试验大纲**

<table>
<tr><th>序号</th><th>高铁时速<br>/$km \cdot h^{-1}$</th><th>实验机转速<br>/$r \cdot min^{-1}$</th><th>压力<br>/MPa</th><th>次数</th></tr>
<tr><td>S1</td><td>60</td><td>1145</td><td>0.35</td><td>500</td></tr>
<tr><td>S2</td><td>50</td><td>945</td><td rowspan="3">0.35</td><td>3</td></tr>
<tr><td>S3</td><td>120</td><td>2290</td><td>3</td></tr>
<tr><td>S4</td><td>200</td><td>3816</td><td>9</td></tr>
<tr><td>S5</td><td>120</td><td>2290</td><td rowspan="2">0.2</td><td>3</td></tr>
<tr><td>S6</td><td>200</td><td>3816</td><td>6</td></tr>
<tr><td>S7</td><td>120</td><td>2290</td><td>0.5</td><td>3</td></tr>
<tr><td>S8</td><td>200</td><td>3816</td><td>0.5</td><td>6</td></tr>
<tr><td>S9</td><td>80</td><td>1526</td><td rowspan="3">0.35</td><td>3</td></tr>
<tr><td>S10</td><td>160</td><td>3053</td><td>3</td></tr>
<tr><td>S11</td><td>200</td><td>3816</td><td>9</td></tr>
<tr><td>S12</td><td>160</td><td>3053</td><td rowspan="2">0.2</td><td>3</td></tr>
<tr><td>S13</td><td>200</td><td>3816</td><td>6</td></tr>
<tr><td>S14</td><td>160</td><td>3053</td><td rowspan="3">0.5</td><td>3</td></tr>
<tr><td>S15</td><td>200</td><td>3816</td><td>6</td></tr>
<tr><td>S16</td><td>120</td><td>2290</td><td>3</td></tr>
</table>

续表 11-10

| 序号 | 高铁时速 /km · h$^{-1}$ | 实验机转速 /r · min$^{-1}$ | 压力 /MPa | 次数 |
|---|---|---|---|---|
| S17 | 50 | 945 | 0.2 | 3 |
| S18 | 120 | 2290 | | 3 |
| S19 | 200 | 3816 | | 3 |
| S20 | 120 | 2290 | 0.5 | 3 |
| S21 | 200 | 3816 | | 15 |
| S22 | 50 | 945 | 0.35 | 3 |
| S23 | 120 | 2290 | | 3 |
| S24 | 200 | 3816 | | 3 |
| S25 | 120 | 2290 | 0.5 | 3 |
| S26 | 200 | 3816 | | 15 |
| S27 | 80 | 1526 | 0.35 | 3 |
| S28 | 160 | 3053 | | 3 |
| S29 | 120 | 2290 | 0.2 | 3 |
| S30 | 160 | 3053 | 0.5 | 3 |
| S31 | 200 | 3816 | | 15 |
| S32 | 120 | 2290 | | 15 |
| S33 | 80 | 1526 | 0.35 | 500 |
| S34 | 80 | 1526 | 0.2 | 3 |
| S35 | 80 | 1526 | 0.35 | 15 |
| S36 | 80 | 1526 | 0.5 | 3 |
| S37 | 120 | 2290 | 0.2 | 6 |
| S38 | 120 | 2290 | 0.35 | 3 |
| S39 | 120 | 2290 | 0.5 | 6 |
| S40 | 200 | 3816 | 0.2 | 3 |
| S41 | 200 | 3816 | 0.35 | 6 |
| S42 | 200 | 3816 | 0.5 | 3 |
| S43 | 220 | 4198 | 0.2 | 3 |
| S44 | 220 | 4198 | 0.35 | 3 |
| S45 | 220 | 4198 | 0.5 | 3 |
| S46 | 250 | 4770 | 0.2 | 3 |
| S47 | 250 | 4770 | 0.35 | 3 |
| S48 | 250 | 4770 | 0.5 | 3 |
| S49 | 300 | 5724 | 0.2 | 3 |
| S50 | 300 | 5724 | 0.35 | 3 |
| S51 | 300 | 5724 | 0.5 | 3 |

## 11.10 $SiC_{3D}/Al$ 制动盘材料与 $SiC_{3D}/Cu$ 摩擦片试验

### 11.10.1 摩擦系数

摩擦系数是制动系统的综合特性的体现，受到制动过程中各种因素的影响，例如：材料的匹配程度、法向载荷的大小、加载速度、静止接触时间、滑动速度、温度状况等。不同因素造成摩擦系数随着工况条件的变化很大，因而研究摩擦系数的变化及其特征，以便采取有效措施控制制动过程和降低磨损，是一项具有普遍意义的课题。

11.10.1.1 相同压力、速度，不同次数摩擦系数变化

本试验严格按照试验大纲进行，MM3000 摩擦磨损试验机装置见图 11-25。第一次试验 S1 进行 60km/h（压力为 0.35MPa）的制动模拟，为了考察制动盘的疲劳性能，进行了不间断的 500 次模拟制动试验，其摩擦系数的变化如图 11-26（a）所示。进行完第三十二次试验 S32 后，为了模拟 80km/h 的制动疲劳性能，对制动盘摩擦表面进行了一次修整（对摩擦面进行磨床加工，清除其表层损伤部分，如同新盘），同样进行了不间断的 500 次模拟制动试验，其摩擦系数变化如图 11-26 所示。

图 11-25 摩擦磨损实验装置

由图 11-26 可知，盘体摩擦面是 $SiC_{3D}/Al$ 复合材料，与之对磨的摩擦片（摩擦片）是 $SiC_{3D}/Cu$ 复合材料。随着摩擦次数的增加，粗糙表面的接触点逐渐被磨损。采取不间断的摩擦试验，盘体不断蓄热，在后续摩擦试验中可能产生瞬时高温使基体软化，伴随着滑动粗糙峰逐渐消失，实际接触面积扩大。因此摩擦阻力增大，相应摩擦系数增加。经过一定次数的摩擦试验后，两接触表面的粗糙峰基本消失，铝合金和铜合金则均匀分布在摩擦表面，微凸出的碳化硅陶瓷骨架发生相互碰撞而破裂，与软化的基体铝合金或铜合金在摩擦表面分别形成“机械硬化层”。这层硬化层使两摩擦副的接触达到分子级别，分子作用的摩擦力高于机械啮合，因此摩擦力大大增加，相应的摩擦系数也增大。这层硬化层对摩擦副表面起到相对稳定的保护作用，能够长期保持稳定的摩擦系数。在随后的相同压力、速度，不同次数的摩擦试验中（S21、S31、S32、S35），因压力值和转速不同，由于硬化层的存在，使得摩擦系数都相对稳定，仅在一个很小的区间内变化。

11.10.1.2 相同速度、不同压力摩擦系数变化

制动速度在 120km/h、200km/h 时，分别统计了在 0.2MPa、0.35MPa、0.5MPa 下摩

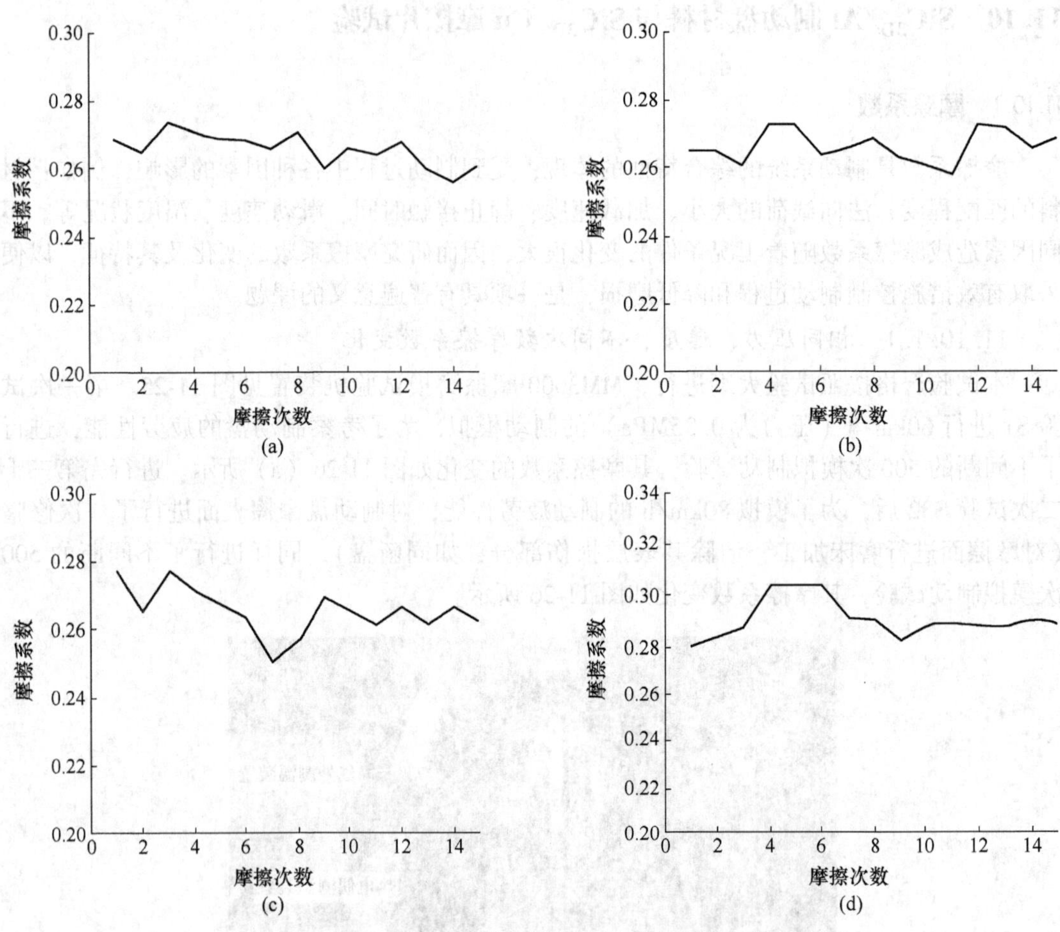


图 11-26　不同试验的摩擦次数和摩擦系数的关系
（a）S21；（b）S26；（c）S31；（d）S32

擦系数的变化，如图 11-27 所示。由图 11-27 可知，制动速度 120km/h，在 0. 2MPa 与 0. 35MPa 时，摩擦系数变化较大（0. 24～0. 34 之间变化），0. 5MPa 时摩擦系数稳定（在 0. 31 左右）。制动速度 200km/h 条件下，在 0. 2MPa 时摩擦系数变化较大（0. 24～0. 29 之间变化），0. 35MPa 时摩擦系数的变化较大，0. 5MPa 时摩擦系数较稳定（0. 27～0. 28 之间）。制动速度 200km/h 相对于 120km/h 在 0. 2MPa 与 0. 35MPa 时变化都较小。低压力下摩擦系数的波动较大，高压力下摩擦系数相对稳定。低压力的摩擦系数有时超过高压力的数值，反映出压力不是决定摩擦系数的主要因素。当压力较小时，同等速度制动，制动时间较长，产生热量较多，盘体蓄热时间充足。反复摩擦试验后低压力下制动时摩擦表面温度并不比高压力下制动时表面温度低。当温度达到一定值，表面金属软化，发生黏着磨损，这种现象在低压力并且长期不断试验的条件下出现的概率高于高压力。因此，在一定的摩擦试验中，低压力的摩擦系数高于高压力。高速下摩擦系数的变化小于低速下，制动速度 200km/h 的变化只有 120km/h 时的一半。

为了探究其变化幅度是否与扭矩相关，分析了同一压力下、不同速度平均扭矩的变化，即在 0. 2MPa、0. 35MPa、0. 5MPa 的压力下，制动速度分别为 120km/h、160km/h、

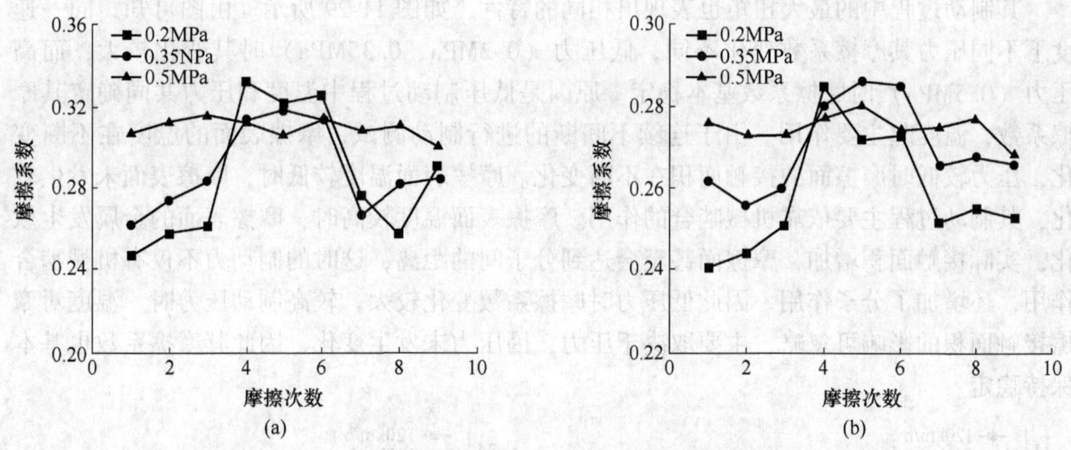


图 11-27 相同速度、不同压力摩擦系数的变化

（a）120km/h；（b）200km/h

200km/h 时平均扭矩变化，如图 11-28 所示。由图 11-28 可以清晰地看出，在 0.2MPa、0.35MPa、0.5MPa 且制动速度分别为 120km/h、160km/h、200km/h 时，扭矩相差不大且在一定的范围内稳定变化，这说明高速下的摩擦系数比低速下的摩擦系数稳定。

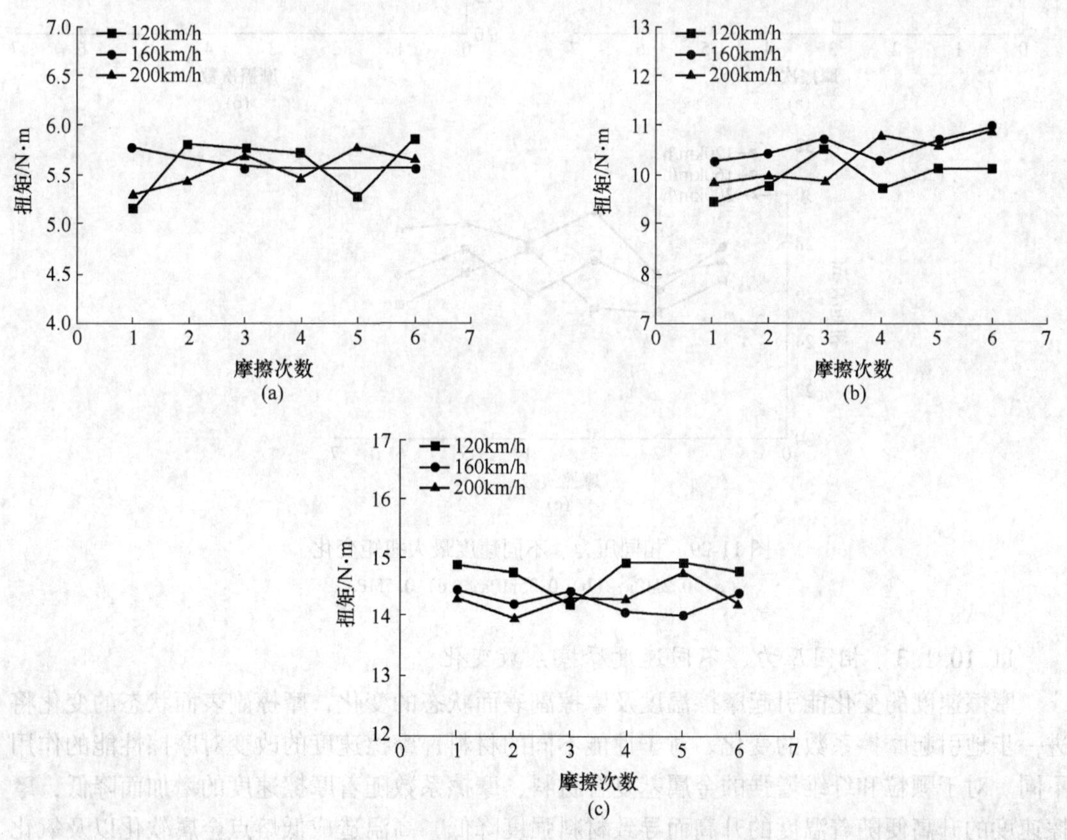


图 11-28 相同压力、不同速度平均扭矩变化

（a）0.2MPa；（b）0.35MPa；（c）0.5MPa

其制动过程中的最大扭矩也表现出相同的特性，如图 11-29 所示。由图可知，同一速度下不同压力其摩擦系数变化不同，低压力（0.2MPa、0.35MPa）时其变化较大，而高压力（0.5MPa）时摩擦系数基本稳定。原因是低压制动过程中温度和压力共同确定其摩擦系数，温度起主要作用。由于连续不间断的进行制动测试，摩擦表面的温度在不断变化，压力较低时摩擦面的接触面积在不断变化。摩擦表面温度较低时，摩擦表面未发生软化，其制动过程主要依靠机械啮合的作用。摩擦表面温度较高时，摩擦表面的金属发生软化，实际接触面积增加，摩擦面甚至会达到分子间的距离，这时的制动力不仅有机械啮合作用，还增加了分子作用。因此低压力时摩擦系数变化较大。较高制动压力时，温度对摩擦接触面积的影响可忽略，主要取决于压力，因压力未发生变化，因此其摩擦系数也基本保持稳定。

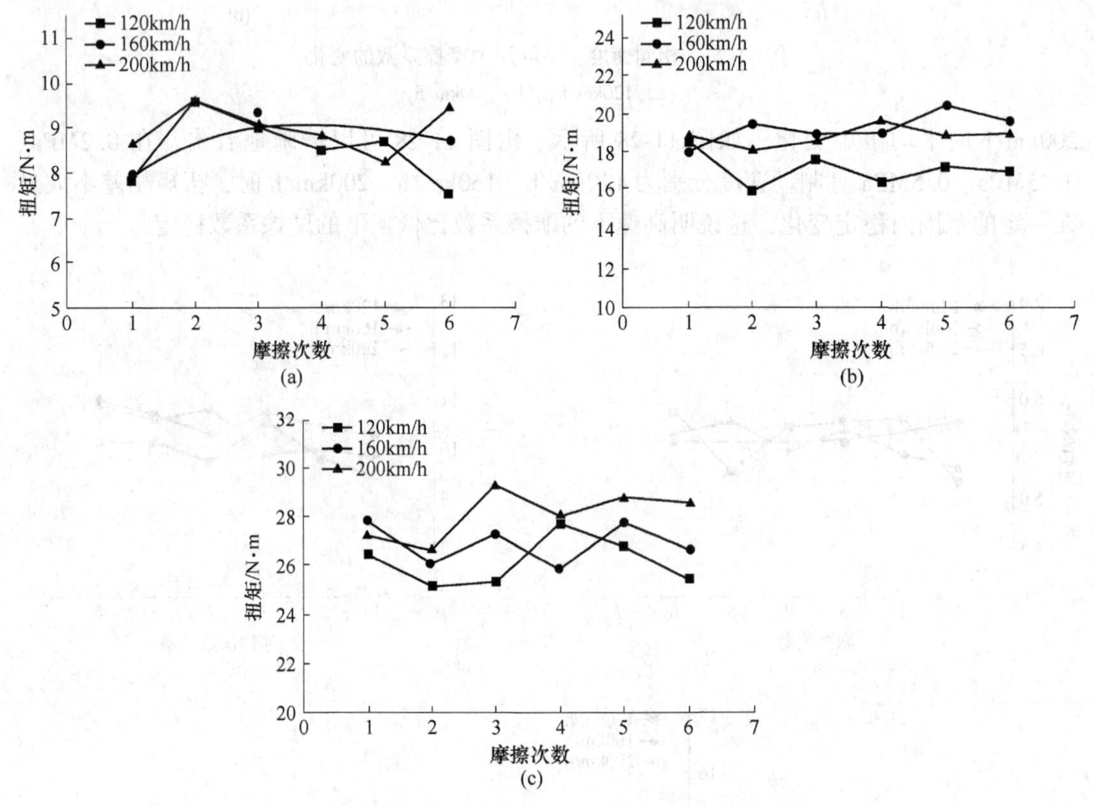


图 11-29　相同压力、不同速度最大扭矩变化

（a）0.2MPa；（b）0.35MPa；（c）0.5MPa

### 11.10.1.3　相同压力、不同速度摩擦系数变化

摩擦速度的变化能引起摩擦温度及摩擦副表面状态的变化，摩擦副表面状态的变化将进一步地引起摩擦系数的变化。对于性能不同的材料，摩擦速度的改变对摩擦性能的作用不同。对于颗粒和纤维增强的金属基复合材料，摩擦系数随着摩擦速度的增加而降低，摩擦速度的升高便随着温度的升高而导致材料强度降低，高温造成低熔点金属软化以及氧化物膜的形成，有利于降低摩擦系数。对相同压力、不同速度下摩擦系数的变化进行了分析，即压力分别是 0.2MPa、0.35MPa、0.5MPa 时，摩擦系数随着速度的变化，如图 11-

30所示。由图11-30（a）、（b）、（c）可知，当压力为0.2MPa、0.35MPa时，摩擦系数先增大后减小，摩擦系数最高的那点对应的速度均为80km/h。当压力为0.5MPa时，摩擦系数随着速度的增加而下降。由图11-30（d）可知，压力为0.2MPa、0.35MPa对应的摩擦系数的下降速率基本一致，而压力为0.5MPa对应的摩擦系数下降的速率比0.2MPa、0.35MPa高。

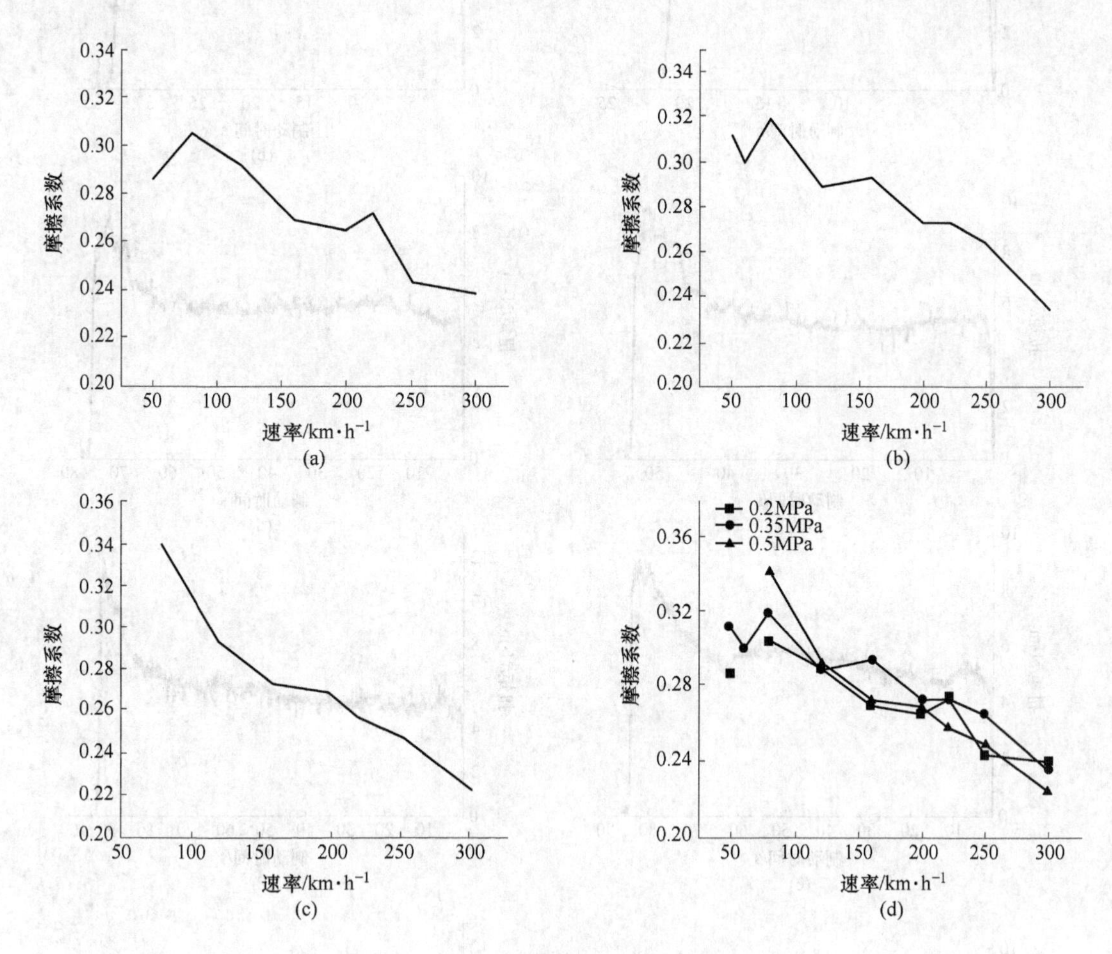


图11-30 相同压力、不同速度的摩擦系数变化及对比

（a）0.2MPa；（b）0.35MPa；（c）0.5MPa；（d）不同速度下摩擦系数变化

### 11.10.2 扭矩分析

本书中的扭矩特指制动盘停止所需的力。力矩的稳定性能够良好的反映出制动盘性能的优异，稳定的力矩变化是平稳制动的体现，较大力矩的变化会使乘客感觉不适。因此，研究力矩的变化对于评定制动盘性能的优劣具有重要意义。

#### 11.10.2.1 相同压力、不同速度下扭矩的变化

对0.2MPa、0.35MPa、0.5MPa压力下不同速度时力矩随时间的变化进行了对比，其数据如图11-31~图11-33所示。

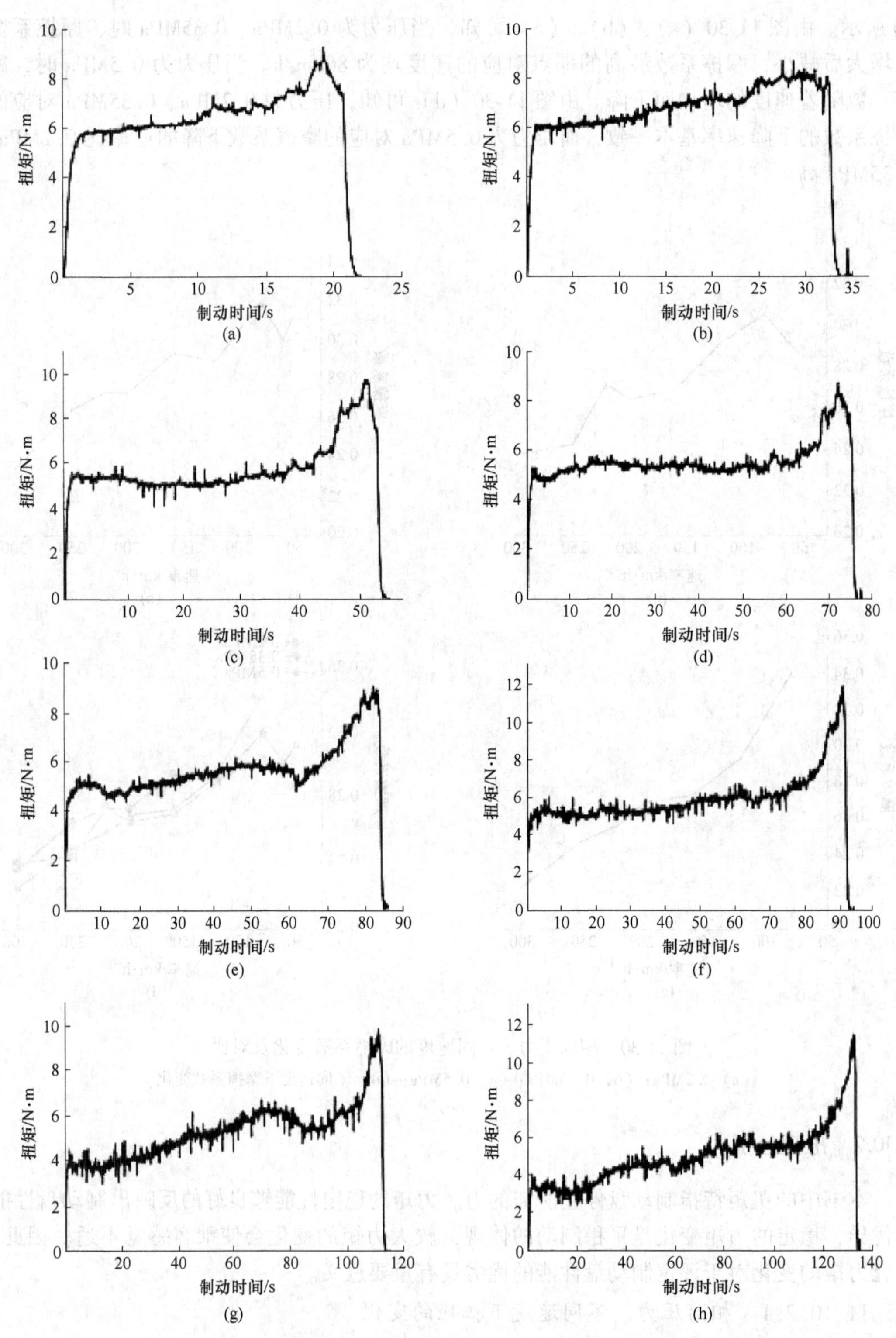


图 11-31 在 0.2MPa 压力时不同速度下扭矩随制动时间的变化

(a) 50km/h；(b) 80km/h；(c) 120km/h；(d) 160km/h；(e) 200km/h；
(f) 220km/h；(g) 250km/h；(h) 300km/h

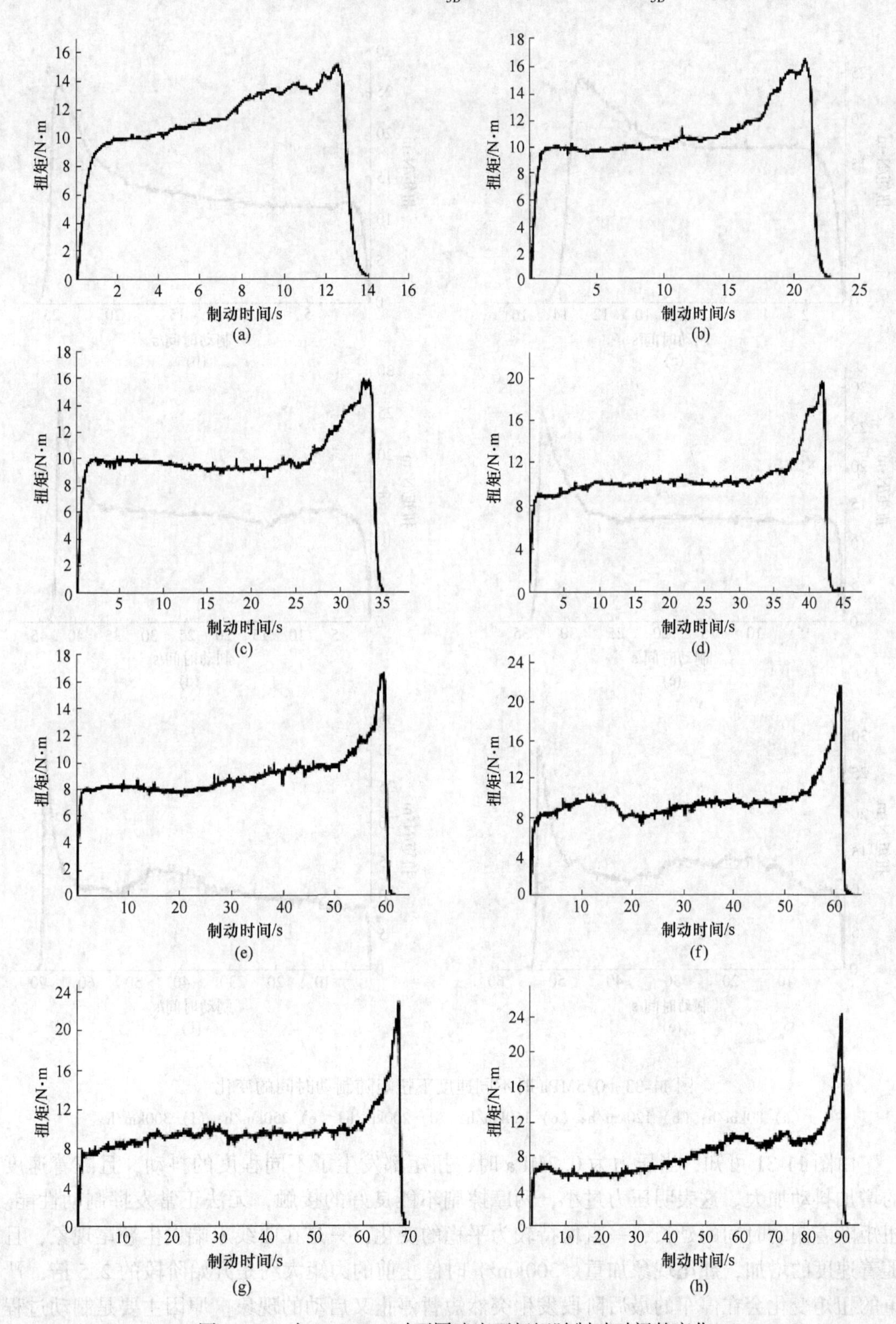


图 11-32 在 0.35MPa 时不同速度下扭矩随制动时间的变化

(a) 50km/h；(b) 80km/h；(c) 120km/h；(d) 160km/h；(e) 200km/h；
(f) 220km/h；(g) 250km/h；(h) 300km/h

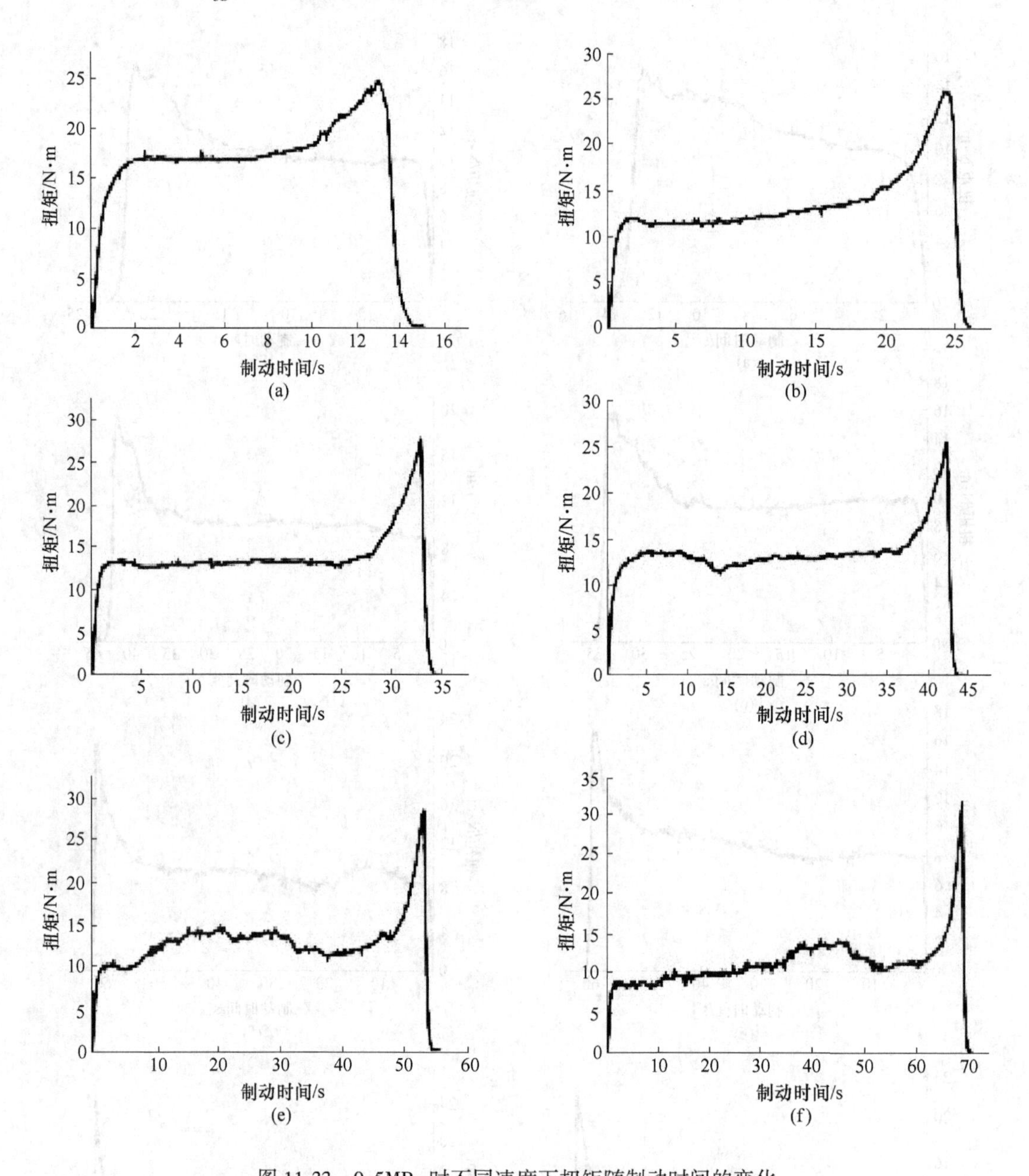


图 11-33 0.5MPa 时不同速度下扭矩随制动时间的变化

(a) 80km/h；(b) 120km/h；(c) 160km/h；(d) 200km/h；(e) 250km/h；(f) 300km/h

由图 11-31 可知，当压力为 0.2MPa 时，扭矩都发生了不同程度的抖动，且随着速度的增加抖动加大。这表明压力过小，两摩擦副不能良好的接触，无法正常发挥制动性能。扭矩随着制动时间的延长，一直保持较为平稳的变化，只是在曲线末端发生翘尾现象，且随着速度的增加，翘尾现象加重。300km/h 时停止前的力矩大约是开始阶段的 2.5 倍，严重的扭矩变化会在停车的最后阶段发生突然短暂停止又启动的现象。原因主要是制动过程中，两摩擦副表面温度升高，造成基体软化，两软化的基体相接触发生黏着磨损，即短暂停止的现象。又因盘体散热很快，只是发生轻微的黏着磨损，未发生冷焊现象。在惯性的作用下，发生黏着磨损的区域被撕裂，继续发生转动并最终停止。姜澜，姜艳丽等人对连续 SiC/Fe-40Cr 复合材料对 SiC/2618 铝合金复合材料的干摩擦磨损性能的实验研究和数值分析中也研究了力矩随速度的变化，其力矩曲线表现出同样的现象，在曲线末尾出现翘尾现象。由图 11-31 可知，0.35MPa 时扭矩的变化与 0.2MPa 相比明显变小，但翘尾现象更加严重，曲线末端的扭矩值是初始阶段的 3 倍。扭矩随着时间的延长开始出现小的变化，不同于 0.2MPa 时平稳增长。

由图 11-33 可知，当压力为 0.5MPa 时，扭矩曲线基本不发生变化。高速时扭矩值变化更加频繁且大，曲线末端的扭矩值与初始值相比也增加了 3 倍，与 0.35MPa 相比相差不大，表明随着压力的增大扭矩值的变化有一极限值。300km/h 时扭矩曲线同样发生了变化，体现了制动盘高速转动时即使高压力下同样会发生抖动，抖动的现象不是因为试验参数选择的不同造成的，而是材料本身带来的特征，需要对两摩擦材料表面进行优化处理，才能有效地改善抖动现象。

11.10.2.2 相同速度、不同压力下扭矩变化

对 80km/h（低速）、160km/h（中速）、300km/h（高速）时不同压力下扭矩随制动时间的变化进行了对比，如图 11-34～图 11-36 所示。

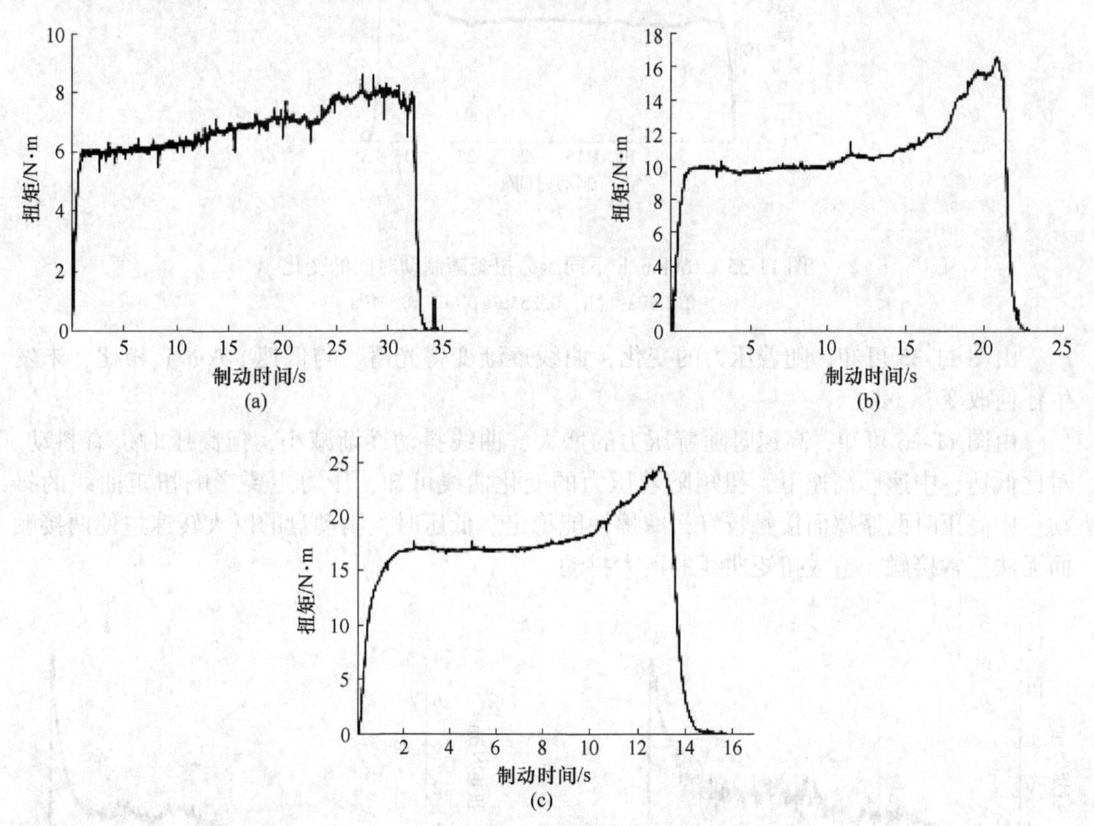


图 11-34 80km/h 不同压力下扭矩随制动时间变化

（a）0.2MPa；（b）0.35MPa；（c）0.5MPa

由图 11-34 可知，随着压力的增大扭矩曲线变化逐渐减小至平滑，翘尾现象并未随着压力增大而加重。说明随着压力增大，制动性能更加稳定。

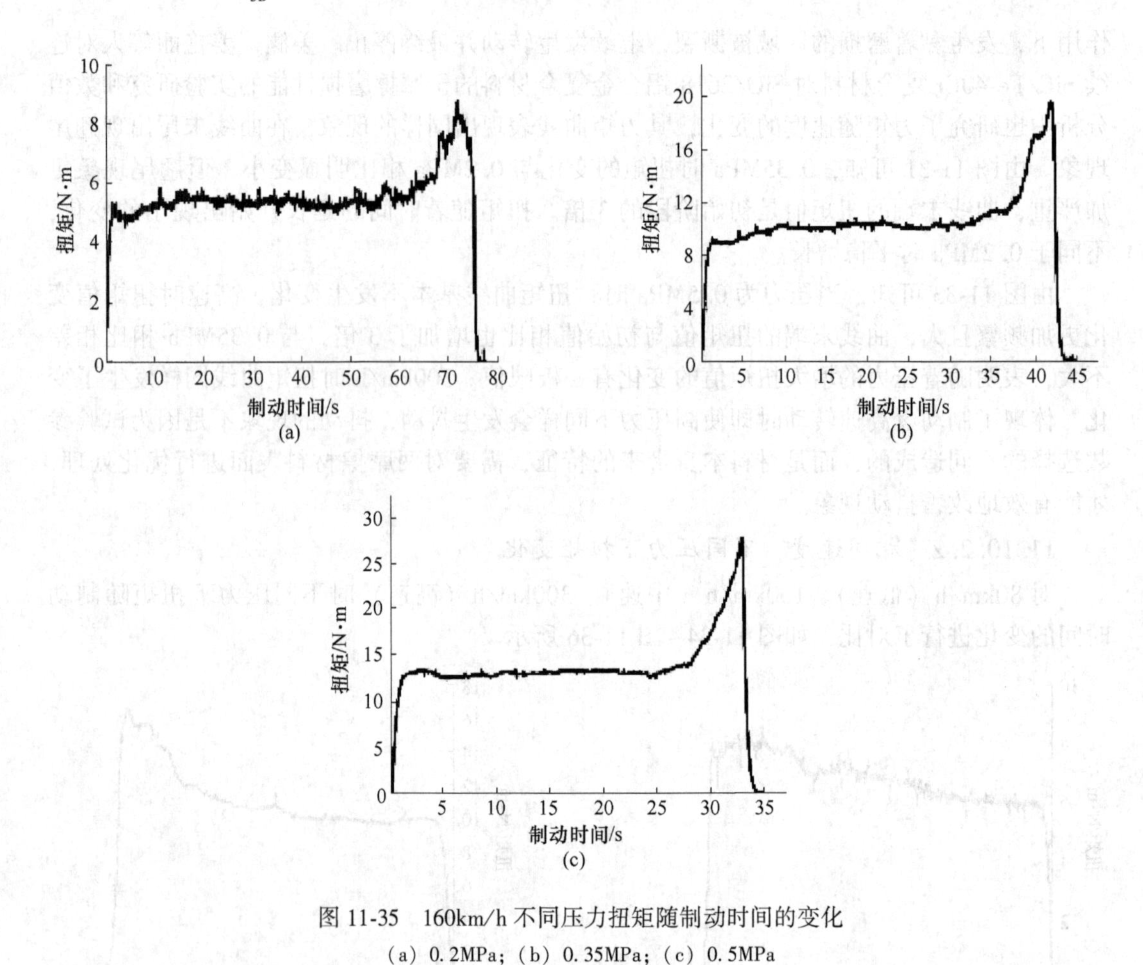


图 11-35　160km/h 不同压力扭矩随制动时间的变化
(a) 0.2MPa；(b) 0.35MPa；(c) 0.5MPa

由图 11-35 可知，随着压力的变化，曲线逐渐变得光滑。与低速 80km/h 相比，未发生任何改变。

由图 11-36 可知，高速时随着压力的增大，曲线抖动逐渐减小，但高压时仍有抖动。对比低速、中速、高速下，扭矩随着压力的变化曲线可知，压力主要影响扭矩曲线的抖动。中高压时两摩擦面接触较好，摩擦性能稳定。低压时，制动盘的巨大转速迫使两接触面无法正常接触，造成扭矩曲线的巨大抖动。

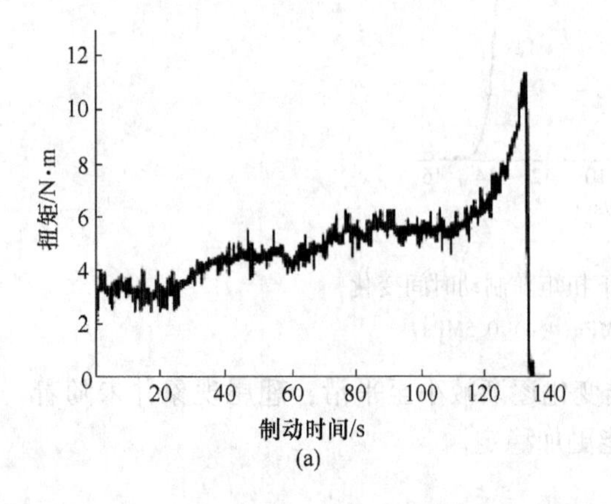


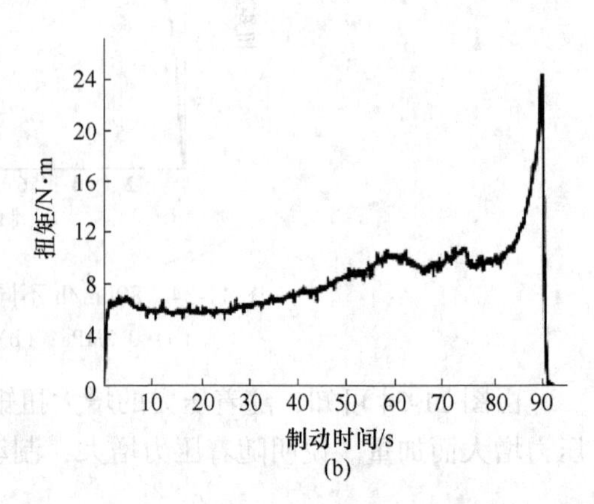

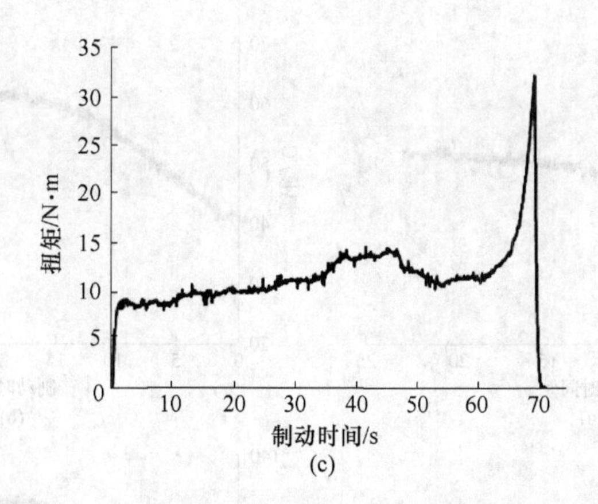


图 11-36 在 300km/h 时不同压力下扭矩随制动时间的变化

(a) 0.2MPa；(b) 0.35MPa；(c) 0.5MPa

### 11.10.3 制动压力对摩擦表面温度影响

温度是影响制动盘性能的关键因素。由于本实验采用的制动盘是铝基体（Al 合金），而 Al 合金的熔点只有 510℃，在整个制动过程中温度逐渐升高，过高的温度会使制动盘软化，丧失制动性能。因此，控制本试验制动盘温度升高具有重要意义。试验盘温度的测量采用的是红外测温，测温点的位置在直径 200mm 处。对 0.2MPa、0.35MPa、0.5MPa 三种压力下温度随速度的变化分别进行了对比，如图 11-37～图 11-39 所示。

由图 11-37 可知，低速时（50km/h、80km/h、120km/h）温度随着制动时间的延长逐渐增大，一定时间后，温度不再发生较大变化，出现稳定平台。原因是摩擦产生的热量和散热处于平衡状态。中速时（160km/h、200km/h）温度随着制动时间的延长在较短的时间内达到最大值，然后逐渐下降。原因是与低速制动时相比，高速制动的初始阶段，摩擦面产生更多的热量，大量的热量来不及散失，摩擦面温度迅速升高。随着制动时间的延长，散热大于产热，温度下降。高速时（220km/h、250km/h、300km/h）温度随着制动时间的延长逐渐增大，然后出现制动热和散热的平衡，最后逐渐下降。制动的初始阶段，产热大于散热，温度逐渐升高。中间阶段，产热与散热达到动态平衡，温度保持不变。末尾阶段，散热大于产热，温度逐渐下降。总的来说，0.2MPa 时随着速度增加，制动盘温度始终未超过 180℃，对制动盘性能的影响较小。

由图 11-38 可知，低速时（50km/h、80km/h、120km/h）、中速时（160km/h、200km/h）温度的变化与 0.2MPa 时大致相同。高速时（220km/h、250km/h、300km/h）温度达到最大值后即下降。这种现象的产生是由于中压时两摩擦面的接触良好，制动效能高，在制动的初始阶段使制动盘的速度下降明显，产生大量热，达到温度最高值。接下来的制动时间内，摩擦产生的热量少于散热，制动盘的温度逐渐下降。图 11-38（h）中温度在下降的过程中出现了升高的阶段。这是因为下降的初始阶段，散热大于产热，散热主要是空气的流通带走热量和盘体的蓄热。而一定时间后，盘体的蓄热能力达到极限，只能依靠空气的流通带走热量，而这部分只占较少的一部分。摩擦产生的热量再次高于散热，温度曲线出现了升高阶段。随着时间的推移，摩擦产生的热量不足以维持盘体热量的散

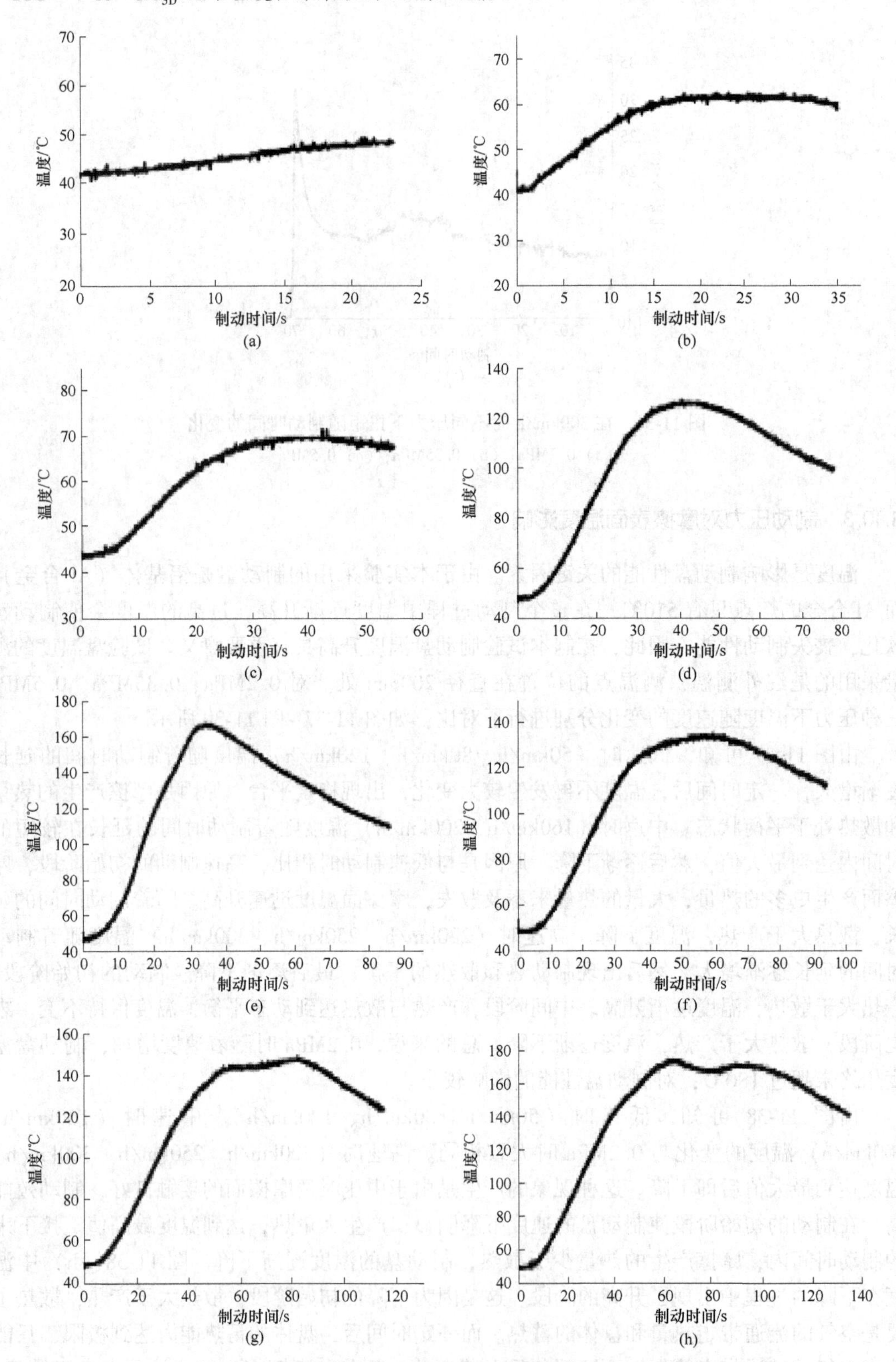


图 11-37　在 0.2MPa 时不同速度下温度随制动时间的变化

(a) 50km/h；(b) 80km/h；(c) 120km/h；(d) 160km/h；(e) 200km/h；
(f) 220km/h；(g) 250km/h；(h) 300km/h

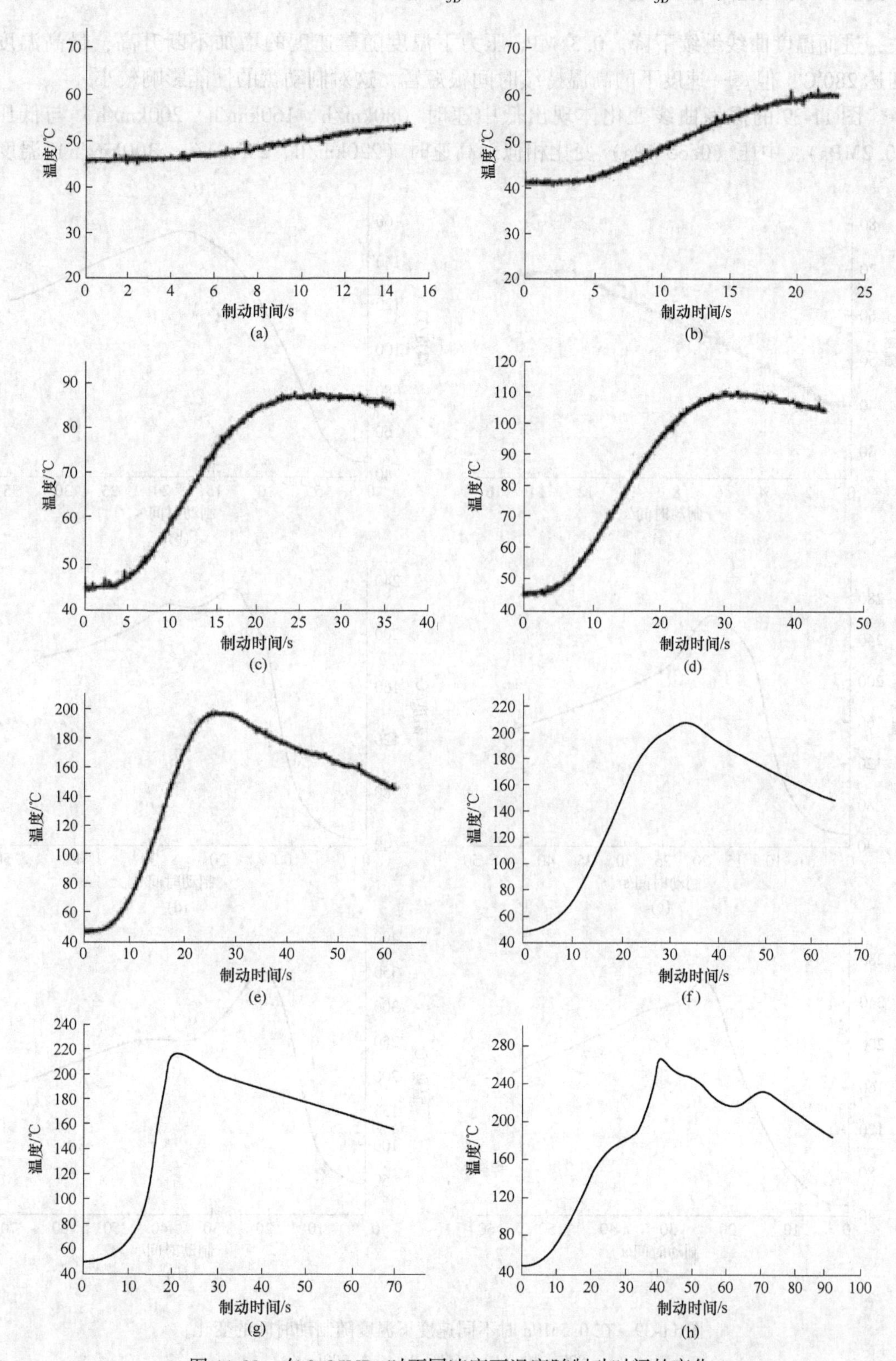


图 11-38　在 0.35MPa 时不同速度下温度随制动时间的变化

(a) 50km/h；(b) 80km/h；(c) 120km/h；(d) 160km/h；
(e) 200km/h；(f) 220km/h；(g) 250km/h；(h) 300km/h

失，进而温度曲线继续下降。0.35MPa 压力下温度随着速度的增加不断升高，最高温度到达 280℃，但每一速度下的高温持续时间很短暂，这对制动盘的性能影响较小。

图 11-39 的温度曲线变化体现出低中速时（80km/h、160km/h、200km/h）与低压（0.2MPa）、中压（0.35MPa）变化相似。高速时（220km/h、250km/h、300km/h）温度

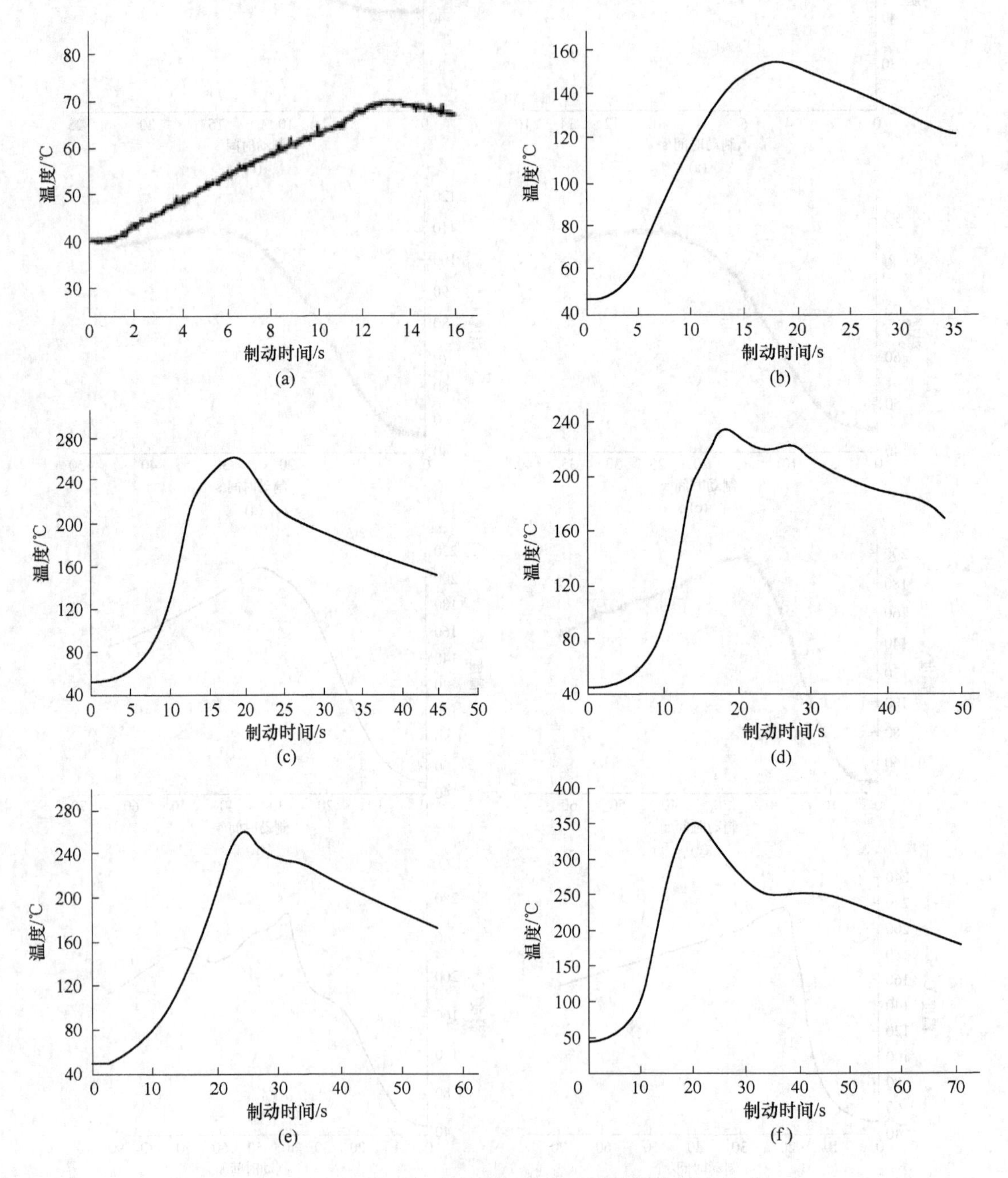


图 11-39　在 0.5MPa 时不同速度下温度随制动时间的变化

（a）80km/h；（b）160km/h；（c）200km/h；

（d）220km/h；（e）250km/h；（f）300km/h

在下降的过程中均出现了热量吸收与散热的平稳期，其原因与 0.35MPa 时 300km/h 温度曲线下降过程中出现温度升高阶段大致相同。由图 11-39（f）可知，温度在 300℃以上的时间大约 10s，且最高温度达到 370℃。这种长期高温对盘体的性能影响较大，会造成基体软化，容易导致黏着磨损的发生，对盘体表面的伤害较大。对 0.2MPa、0.35MPa、0.5MPa 三种压力下温度的变化曲线分析可知，除了在 0.5MPa、300km/h 时温度超过 300℃，其余均在 300℃以下，这表明了制动盘具有良好的散热性能。

### 11.10.4 制动距离

制动距离是衡量制动性能优劣的一项重要指标。在意外情况下，高速列车紧急制动距离越短，高速列车才能越安全，旅客安全系数越高。根据我国铁道部的铁路技术管理规程和关于《铁路技术管理规程》有关问题的通知，我国现行的高速列车紧急制动距离限值标准见表 11-11。

表 11-11 高速列车紧急制动距离限值标准

| 最高速度 $v_{max}$/km · h$^{-1}$ | 200 | 220 | 250 | 300 |
|---|---|---|---|---|
| 紧急制动距离限值 $S_{max}$/m | 2000 | 2400 | 3150 | 4600 |

确定了不同速度、压力条件下的制动距离，其与高速列车紧急制动距离限值标准对比见图 11-40。

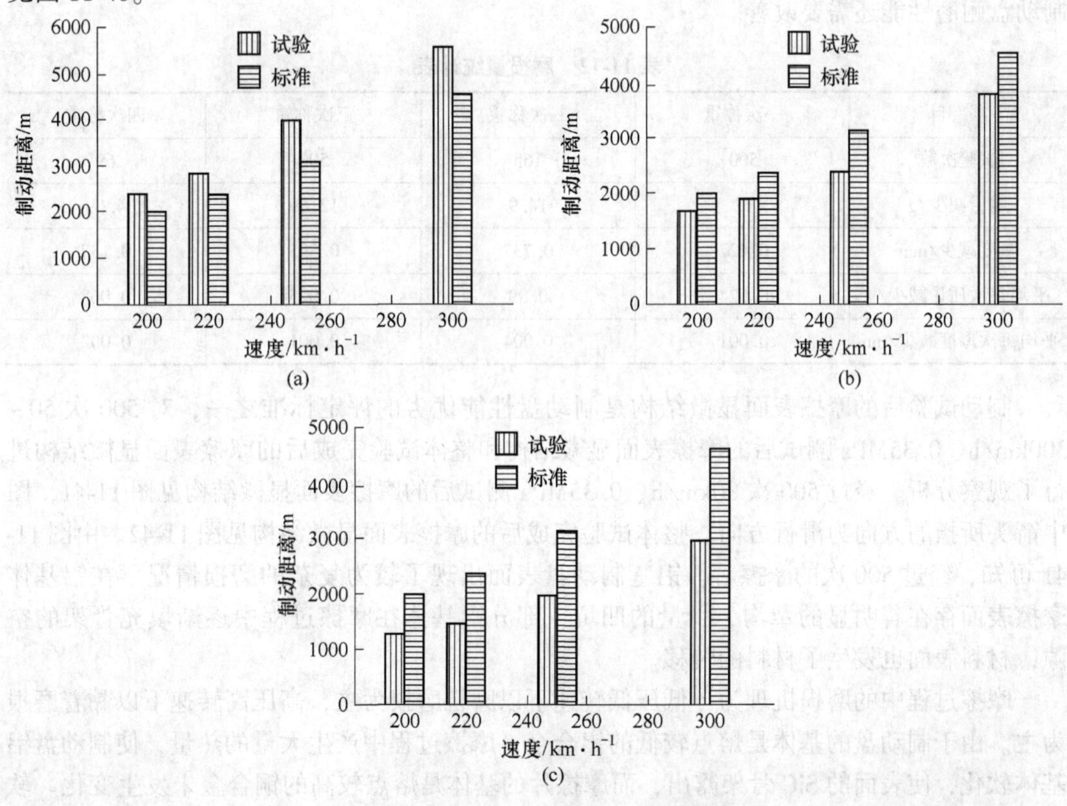


图 11-40 不同压力下试验值与标准值对比

（a）0.2MPa；（b）0.35MPa；（c）0.5MPa

图 11-40（a）表明低压力（0.2MPa）试验值均大于标准值，低压下不能满足制动距离的要求，需要加大制动压力。0.2MPa 时，300km/h、250km/h、220km/h、200km/h 对应的制动距离为 5542m、3993m、2842m、2417m。0.35MPa 时，300km/h、250km/h、220km/h、200km/h 对应的制动距离为 3625m、2380m、1833m、1611m。0.5MPa 时，300km/h、250km/h、220km/h、200km/h 对应的制动距离为 2833m、1240m、1375m、1111m。中压力（0.35MPa）和高压力（0.5MPa）的试验值均低于标准值，随着速度升高制动距离与标准值相差越大，图 11-40（b）、（c）表现得更直观。本试验制动盘需要中高压下进行制动才能满足制动距离要求。

### 11.10.5 摩擦磨损机理

磨损是零部件失效的一种基本形式，即指零部件几何尺寸（体积、质量）变小。过大的磨损量会造成完全丧失原定功能，有严重的隐患，继续使用会失去可靠性及安全性。A. Daoud 等人详细研究了速度、压力的变化对磨损率的影响。S. Anoop 等人对碳化硅颗粒增强铝基制动片的干滑移摩擦行为的影响因素表明，温度影响最大，负载次之，温度速率联合作用影响最小。因此，磨损量也作为一项重要的指标被用于检测制动盘的综合性能。根据试验大纲的要求进行了 4 次称重，其数据见表 11-12。由表 11-12 可知，一次称重和三次称重的数值相同。二次称重和四次称重都是在不同速度、压力测试之后进行，平均每次磨损量均高于一次称重和三次称重。一次、二次、三次、四次的平均重量减少值偏大，制动盘耐磨性能还需要改善。

表 11-12 磨损量统计表

| 项　目 | 一次称重 | 二次称重 | 三次称重 | 四次称重 |
|---|---|---|---|---|
| 试验次数 | 500 | 165 | 500 | 69 |
| 质量减少/g | 12 | 14.9 | 12.59 | 4.69 |
| 厚度减少/mm | 0.427 | 0.737 | 0.593 | 0.137 |
| 平均每次质量减少/g | 0.024 | 0.09 | 0.025 | 0.068 |
| 平均每次厚度减少/mm | 0.001 | 0.004 | 0.001 | 0.002 |

制动试验后的摩擦表面显微结构是制动盘性能优劣的评定标准之一，对 500 次 50~300km/h、0.35MPa 测试后的摩擦表面显微结构和整体试验完成后的摩擦表面显微结构进行了观察分析。经过 500 次 80km/h、0.35MPa 测试后的摩擦表面显微结构见图 11-41，图中箭头所指的方向为滑行方向。整体试验完成后的摩擦表面显微结构见图 11-42。由图 11-41 可知，经过 500 次的摩擦后，铝基制动盘表面出现了较为复杂的磨损情况。在铝基体摩擦表面存在着明显的犁沟，少量的凹坑，部分铝基体在摩擦过程中逐渐填充骨架的空隙，材料表面也发生了材料的转移。

摩擦过程中的磨损机理为：低压低转速下以磨粒磨损为主，高压高转速下以黏着磨损为主。由于制动盘的基体是熔点较低的铝合金，摩擦过程中产生大量的热量，使制动盘铝基体软化，使表面的 SiC 骨架露出，而摩擦片的基体是熔点较高的铜合金未发生变化。软化的铝基体不能对 SiC 骨架形成较好的保护，在与摩擦片的摩擦过程中发生断裂，在两摩

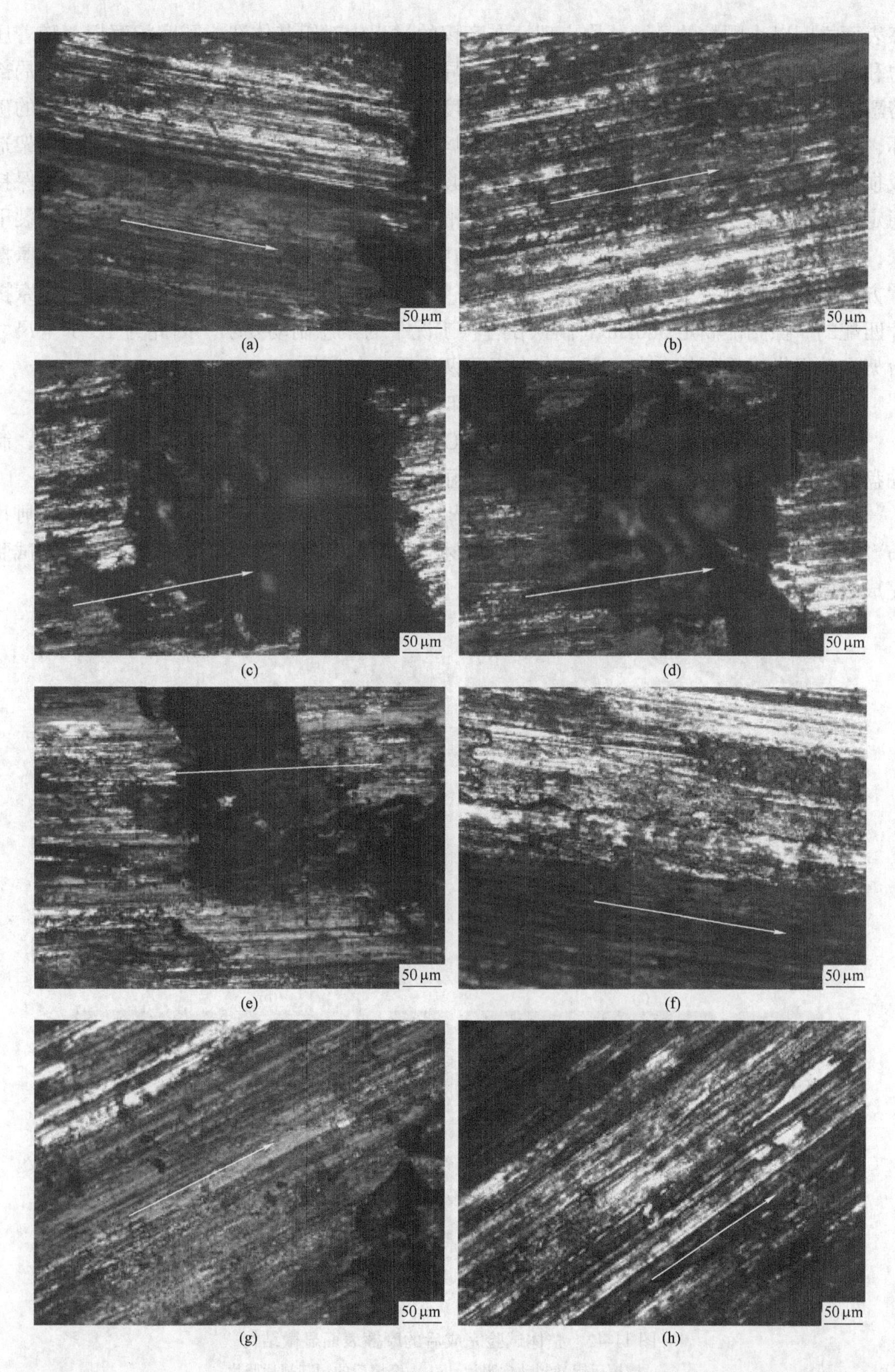


图 11-41 500 次 50~300km/h、0.35MPa 压力下紧急制动测试后的摩擦表面显微结构（箭头是滑行方向）
(a) 50km/h；(b) 80km/h；(c) 120km/h；(d) 160km/h；(e) 200km/h；(f) 220km/h；(g) 250km/h；(h) 300km/h

擦表面之间以小颗粒的显微结构出现，在摩擦的过程中对铝基体造成了磨粒磨损。随着压力和转速的增加，摩擦表面温度迅速升高，局部温度甚至超出了铝基体的熔点而出现局部熔融点，形成黏着磨损。高温下铝基体的强度严重降低，由于低压低速下对 SiC 骨架的破坏，使其不能良好的维持铝基的强度，铜的熔点较高，在低压低速下未能对碳化硅骨架造成损伤，使 SiC 骨架的网络结构在高温时能够限制 Cu 基体的塑性变形及高温软化，保持稳定的摩擦性能。因此，随着摩擦面的继续滑移，黏着层被从熔点较低的铝基体上撕裂下来，黏覆在 $SiC_{3D}$/Cu 复合材料表面，因此物质主要是从铝基体向 $SiC_{3D}$/Cu 复合材料摩擦片方向转移。经过一系列的摩擦磨损实验后，发现 $SiC_{3D}$/Al 制动盘材料与 $SiC_{3D}$/Cu 摩擦片匹配的摩擦副能满足 380km/h 高铁在各种工况下的紧急制动要求。因此为 1∶1 全尺寸台架实验提供了重要的参考。但是存在以下两个重要的问题：

（1）在超过 250km/h 速度实施紧急制动时，摩擦噪声过大；

（2）$SiC_{3D}$/Al 制动盘材料耐磨性不如 $SiC_{3D}$/Cu 复合材料摩擦片。在摩擦过程中，制动盘的磨损明显高于闸片，制动盘表面有明显的犁沟。

因此，考虑更换摩擦片材料。经过筛选，利用现役的 380km/h 高铁粉末冶金闸片（产自科诺尔集团公司）与 $SiC_{3D}$/Al 制动盘材料匹配成摩擦副进行了以下测试。整体试验完成后的摩擦表面显微结构如图 11-42 所示。

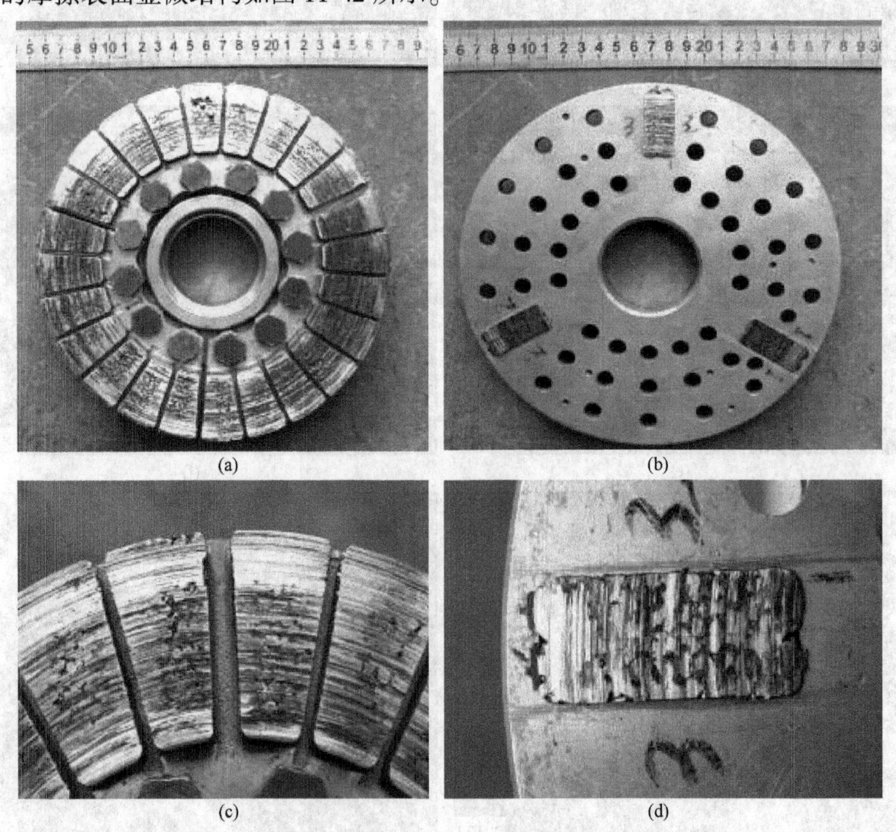

(a) (b) (c) (d)

图 11-42 整体试验完成后的摩擦表面显微结构

（a）摩擦后铝基制动盘照片；（b）摩擦后的铜基闸片照片；
（c）摩擦后的铝基制动盘局部放大照片；（d）摩擦后铜基闸片局部放大照片

## 11.11 $SiC_{3D}$/Al 制动盘材料与现役粉末冶金高铁摩擦片试验

### 11.11.1 试验确定

本试验方案根据欧洲相关标准制定（制动、盘形制动及其应用、闸片验收的一般规定），只是在室温、干燥环境下进行试验，试验大纲见表 11-13。为了适合中国国情，春运等期间可能会出现超载，适当增加了轴重后，制定了表 11-14。

表 11-13 试验大纲

| 实验程序 | | | 标准 | | | | 实验机参数 | | |
|---|---|---|---|---|---|---|---|---|---|
| | | | 速度 /km·h$^{-1}$ | 摩片上压强/MPa | 初始温度 /℃ | 取样测试 | 转动惯量 | 压强 /MPa | 转速 /r·min$^{-1}$ |
| 0.1-0.x | | | 80 | 0.059 | <100 | 10次停车制动，磨合面积超70% | 0.82 | | 1757 |
| | | | | | | 称重，称厚 | | | |
| 1.1 | 1.2 | 1.3 | 60 | 0.59 | <100 | | 0.82 | 0.059 | 1171 |
| 2.1 | 2.2 | 2.3 | 90 | 0.59 | <100 | | 0.82 | 0.059 | 1757 |
| 3.1 | 3.2 | 3.3 | 120 | 0.59 | <100 | | 0.82 | 0.059 | 2343 |
| 4.1 | 4.2 | 4.3 | 140 | 0.59 | <100 | | 0.82 | 0.059 | 2734 |
| 5.1 | 5.2 | 5.3 | 160 | 0.59 | <100 | | 0.82 | 0.059 | 3124 |
| 6.1 | 6.2 | 6.3 | 180 | 0.59 | <100 | 低速停车制动 | 0.82 | 0.059 | 3513 |
| 7.1 | 7.2 | 7.3 | 60 | 0.295 | <100 | | 0.82 | 0.0295 | 1171 |
| 8.1 | 8.2 | 8.3 | 90 | 0.295 | <100 | | 0.82 | 0.0295 | 1757 |
| 9.1 | 9.2 | 9.3 | 120 | 0.295 | <100 | | 0.82 | 0.0295 | 2343 |
| 10.1 | 10.2 | 10.3 | 140 | 0.295 | <100 | | 0.82 | 0.0295 | 2734 |
| 11.1 | 11.2 | 11.3 | 160 | 0.295 | <100 | | 0.82 | 0.0295 | 3124 |
| 12.1 | 12.2 | 12.3 | 180 | 0.295 | <100 | 拆开，称重，厚度 | 0.82 | 0.0295 | 3513 |
| 13.1 | 13.2 | 13.3 | 200 | 0.295 | <100 | | 0.82 | 0.0295 | 3903 |
| 14.1 | 14.2 | 14.3 | 250 | 0.295 | <100 | | 0.82 | 0.0295 | 4879 |
| 15.1 | 15.2 | 15.3 | 300 | 0.295 | <100 | | 0.82 | 0.0295 | 5855 |
| 16.1 | 16.2 | 16.3 | 350 | 0.295 | <100 | | 0.82 | 0.0295 | 6831 |
| 17.1 | 17.2 | 17.3 | 380 | 0.295 | <100 | 高速停车制动 | 0.82 | 0.0295 | 7417 |
| 18.1 | 18.2 | 18.3 | 200 | 0.5 | <100 | | 0.82 | 0.05 | 3903 |
| 19.1 | 19.2 | 19.3 | 250 | 0.5 | <100 | | 0.82 | 0.05 | 4879 |
| 20.1 | 20.2 | 20.3 | 300 | 0.5 | <100 | | 0.82 | 0.05 | 5855 |
| 21.1 | 21.2 | 21.3 | 350 | 0.5 | <100 | | 0.82 | 0.05 | 6831 |
| 22.1 | 22.2 | 22.3 | 380 | 0.5 | <100 | | 0.82 | 0.05 | 7417 |
| | | | | | | 称重，厚度 | | | |
| 23 | | | 7 | | <50 | 坡道连续制动10min | | | |
| 24 | | | 7 | | <50 | 制动后对车轮施加转矩，至车轮开始转动，然后缓解，重复5次 | | | |

表 11-14　试验大纲

| 标准 | | | | | | | 实验机参数 | | |
|---|---|---|---|---|---|---|---|---|---|
| 实验程序 | | | 速度 /km·h$^{-1}$ | 摩片上压强/MPa | 初始温度 /℃ | 取样测试 | 转动惯量 | 压强 /MPa | 转速 /r·min$^{-1}$ |
| 0. 1-0. x | | | 80 | 0. 059 | <100 | 10 次停车制动，磨合面积超 70% | 1 | | 1757 |
| | | | | | | 称重，称厚 | 1 | | |
| 1. 1 | 1. 2 | 1. 3 | 60 | 0. 59 | <100 | | 1 | 0. 059 | 1171 |
| 2. 1 | 2. 2 | 2. 3 | 90 | 0. 59 | <100 | | 1 | 0. 059 | 1757 |
| 3. 1 | 3. 2 | 3. 3 | 120 | 0. 59 | <100 | | 1 | 0. 059 | 2343 |
| 4. 1 | 4. 2 | 4. 3 | 140 | 0. 59 | <100 | | 1 | 0. 059 | 2734 |
| 5. 1 | 5. 2 | 5. 3 | 160 | 0. 59 | <100 | | 1 | 0. 059 | 3124 |
| 6. 1 | 6. 2 | 6. 3 | 180 | 0. 59 | <100 | 低速停车制动 | 1 | 0. 059 | 3513 |
| 7. 1 | 7. 2 | 7. 3 | 60 | 0. 295 | <100 | | 1 | 0. 0295 | 1171 |
| 8. 1 | 8. 2 | 8. 3 | 90 | 0. 295 | <100 | | 1 | 0. 0295 | 1757 |
| 9. 1 | 9. 2 | 9. 3 | 120 | 0. 295 | <100 | | 1 | 0. 0295 | 2343 |
| 10. 1 | 10. 2 | 10. 3 | 140 | 0. 295 | <100 | | 1 | 0. 0295 | 2734 |
| 11. 1 | 11. 2 | 11. 3 | 160 | 0. 295 | <100 | | 1 | 0. 0295 | 3124 |
| 12. 1 | 12. 2 | 12. 3 | 180 | 0. 295 | <100 | 拆开，称重，厚度 | 1 | 0. 0295 | 3513 |
| 13. 1 | 13. 2 | 13. 3 | 200 | 0. 295 | <100 | | 1 | 0. 0295 | 3903 |
| 14. 1 | 14. 2 | 14. 3 | 250 | 0. 295 | <100 | | 1 | 0. 0295 | 4879 |
| 15. 1 | 15. 2 | 15. 3 | 300 | 0. 295 | <100 | | 1 | 0. 0295 | 5855 |
| 16. 1 | 16. 2 | 16. 3 | 350 | 0. 295 | <100 | | 1 | 0. 0295 | 6831 |
| 17. 1 | 17. 2 | 17. 3 | 380 | 0. 295 | <100 | 高速停车制动 | 1 | 0. 0295 | 7417 |
| 18. 1 | 18. 2 | 18. 3 | 200 | 0. 5 | <100 | | 1 | 0. 05 | 3903 |
| 19. 1 | 19. 2 | 19. 3 | 250 | 0. 5 | <100 | | 1 | 0. 05 | 4879 |
| 20. 1 | 20. 2 | 20. 3 | 300 | 0. 5 | <100 | | 1 | 0. 05 | 5855 |
| 21. 1 | 21. 2 | 21. 3 | 350 | 0. 5 | <100 | | 1 | 0. 05 | 6831 |
| 22. 1 | 22. 2 | 22. 3 | 380 | 0. 5 | <100 | | 1 | 0. 05 | 7417 |
| | | | | | | 称重，厚度 | | | |
| 23 | | | 7 | | <50 | 坡道连续制动 10min | | | |
| 24 | | | 7 | | <50 | 制动后对车轮施加转矩，至车轮开始转动，然后缓解，重复 5 次 | | | |

### 11.11.2　粉末冶金摩擦片磨损

只是在室温、干燥环境下进行了按照表 11-13 和表 11-14 试验后，得到的粉末冶金摩擦片的减重数据，见表 11-15。按照表 11-13 实验的第 1 个循环周期，摩擦片磨损了 10.58mm，第 2 个循环周期磨损了 10.68mm，第 3 个循环周期磨损了 10.95mm。按照表 11-13 实验的第 1 个循环周期，摩擦片磨损了 10.5mm，第 2 个循环周期磨损了 10.6mm，第 3 个循环周期磨损了 10.4mm。最后按照表 11-14 重复实验，第 1 个循环周期，摩擦片磨损了 10.08mm，第 2 个循环周期磨损了 9.82mm，第 3 个循环周期磨损了 10.1mm。直至粉末冶金摩擦片因完全磨损而消耗结束实验。

**表 11-15 粉末冶金摩擦片的减重**

表格 1：实验测量

| 项 目 | 次数 | 质量/g | 厚度/mm | | | 备 注 |
|---|---|---|---|---|---|---|
| | | | Ⅰ | Ⅱ | Ⅲ | |
| 静盘 | 0 | | 10.58 | 10.68 | 10.95 | |
| | 1 | 636.07 | | | | |
| | 2 | 635.73 | 10.5 | 10.6 | 10.4 | 21kN（60~180km/h），10.5kN（60~180km/h） |
| | 3 | 635.73 | 10.08 | 9.82 | 10.1 | 21kN（220~380km/h），10.5kN（220km/h 后由于样品太薄而停止） |
| 动盘 | 0 | | | | | |
| | 1 | | | | | |
| | 2 | | | | | |
| | 3 | | | | | |

### 11.11.3 扭矩变化

对 80km/h（低速）、160km/h（中速）、300km/h（高速）时不同压力下扭矩随制动时间的变化进行了对比。这里只给出了典型的 160km/h（中速）下的扭矩曲线（图 11-43）。对比 $SiC_{3D}$/Al 制动盘材料与 $SiC_{3D}$/Cu 摩擦片匹配的摩擦副后发现，$SiC_{3D}$/Al 制动盘材料与粉末冶金摩擦片匹配的摩擦副的制动曲线相比无明显的“翘尾”，说明该匹配的摩擦副具有更加优异的摩擦性能。

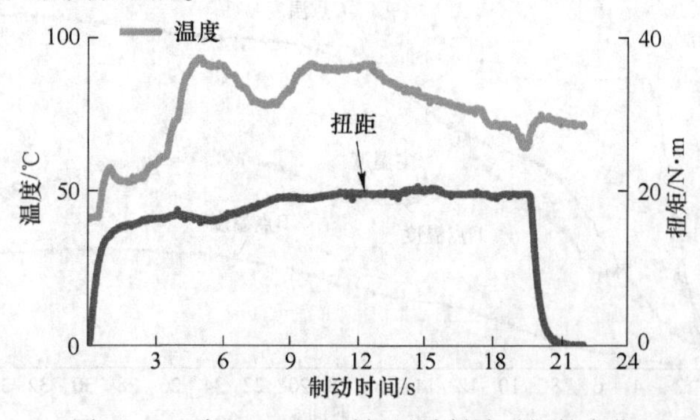


图 11-43 在 160km/h 时扭矩随制动时间的变化

### 11.11.4　摩擦温度变化

对 80km/h（低速）、200km/h（中速）、300km/h（高速）时在 0.5MPa 制动压力下摩擦表面温升随制动时间的变化进行了对比。这里只给出了典型的 200km/h（中速）下的制动盘温升曲线（见图 11-44），和摩擦片的温升曲线（见图 11-45）。对比 $SiC_{3D}$/Al 制动盘材料与 $SiC_{3D}$/Cu 摩擦片匹配的摩擦副，发现 $SiC_{3D}$/Al 制动盘材料与粉末冶金摩擦片匹配的摩擦副的温升曲线相比更加平滑，由摩擦热导致的最高温度低于 $SiC_{3D}$/Al 制动盘材料比之 $SiC_{3D}$/Cu 摩擦片匹配的摩擦副在相同测试工况下的温度。

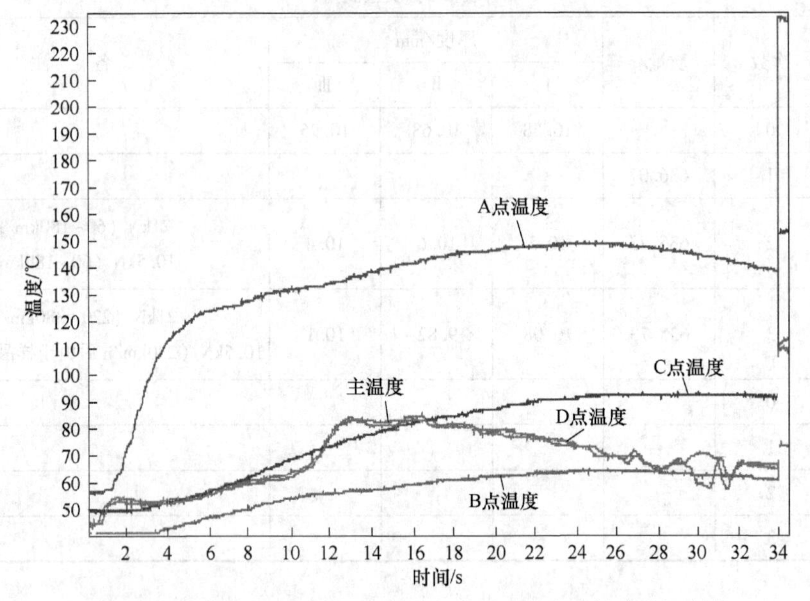


图 11-44　在 200km/h 时制动盘的摩擦表面温度随制动时间变化

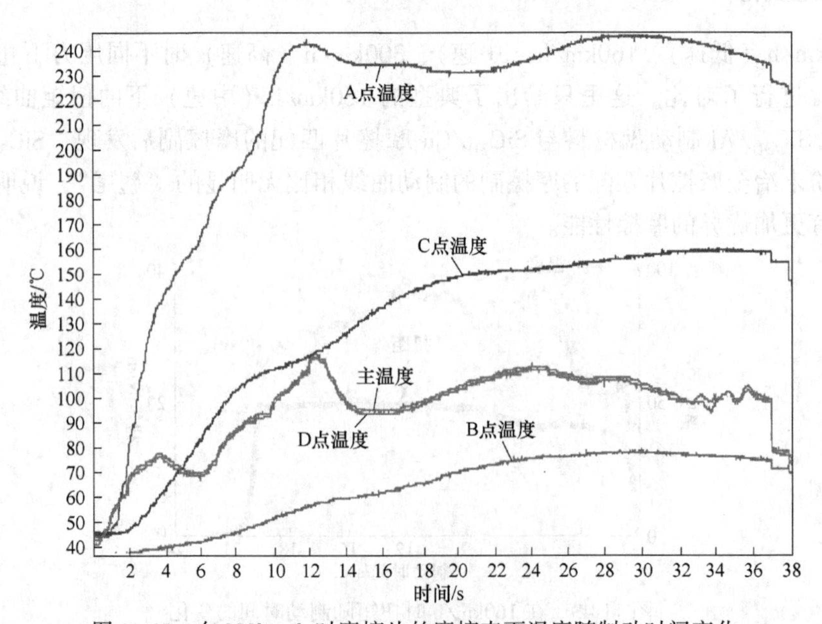


图 11-45　在 200km/h 时摩擦片的摩擦表面温度随制动时间变化

### 11.11.5 摩擦系数随制动初速度和制动压力变化

研究了在 0. 5MPa 和 0. 65MPa 制动压力下，摩擦系数随制动初速度 40~200km/h 的变化。图 11-46 给出了典型的摩擦系数随制动初速度 40~200km/h 的变化曲线。由图 11-46 可知，较大制动压力摩擦系数较低。

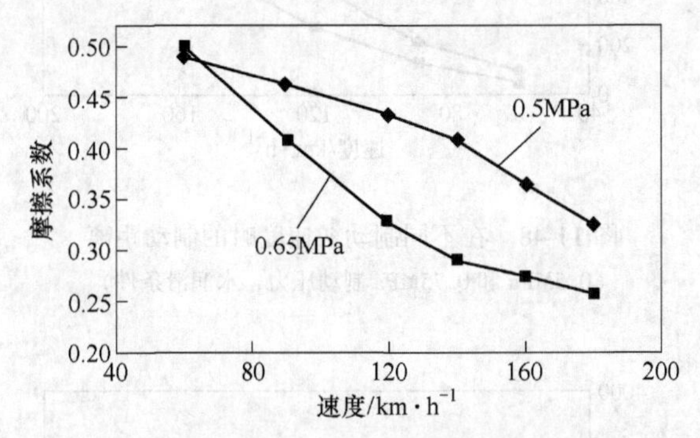


图 11-46 在不同制动初速度时摩擦片的摩擦系数变化

(0. 5MPa 和 0. 65MPa 制动压力)

图 11-47 给出了典型的摩擦系数随制动初速度 220~350km/h 的变化曲线，与图 11-46 不同的是加入了喷雾装置对比模拟水雾等潮湿环境下 $SiC_{3D}$/Al 制动盘材料与粉末冶金摩擦片匹配的摩擦副的摩擦性能，适应水润环境。

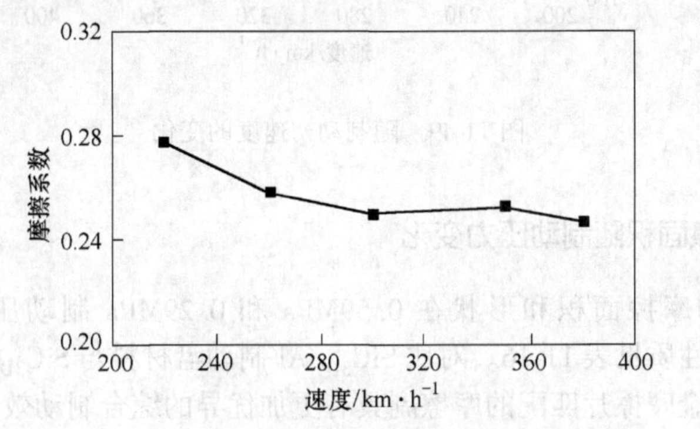


图 11-47 在不同制动初速度时摩擦片的摩擦系数变化

(0. 5MPa 制动压力，水润滑条件)

### 11.11.6 制动盘摩擦表面温升随制动初速度变化

研究了在 0. 5MPa 和 0. 75MPa 制动压力和水润滑条件下，制动初速度 40~200km/h 时制动盘的制动距离。图 11-48 给出了制动盘的制动距离曲线。说明具有更加优异的摩擦性能。

### 11.11.7 制动距离随制动初速度变化

研究了在 0. 5MPa 制动压力下，制动初速度 220~380km/h 时的制动距离，见图 11-49。

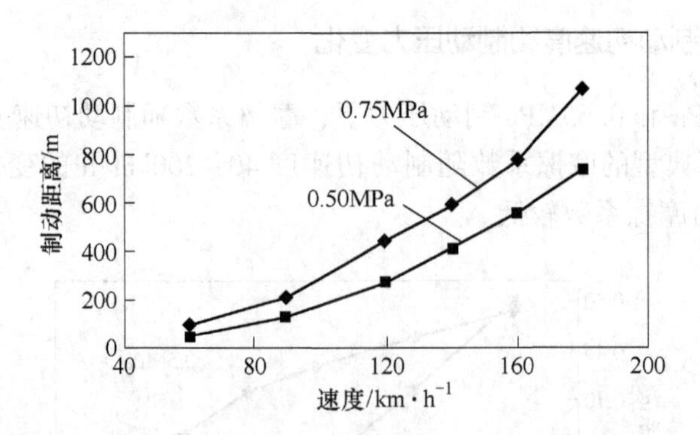


图 11-48　在不同制动初速度时的制动距离
（0.5MPa 和 0.75MPa 制动压力，水润滑条件）

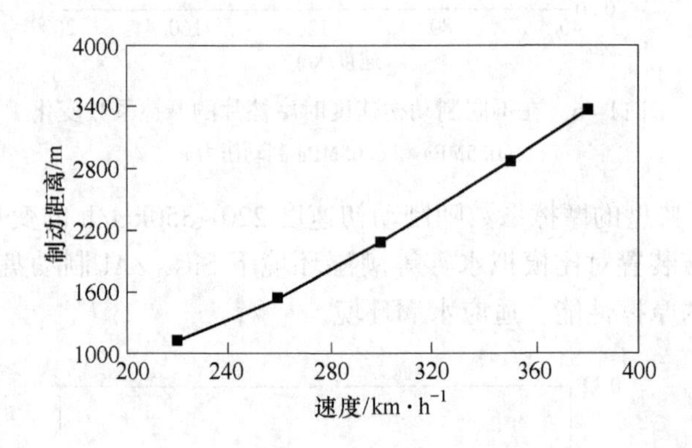


图 11-49　随制动初速度的变化

### 11.11.8　不同的摩擦面积随制动压力变化

研究了不同的摩擦面积和形状在 0.59MPa 和 0.29MPa 制动压力下，制动初速度 180km/h 时的摩擦性质见表 11-16。对比 $SiC_{3D}$/Al 制动盘材料与 $SiC_{3D}$/Cu 摩擦片匹配的摩擦副发现，粉末冶金摩擦片匹配的摩擦副具有更加优异的综合制动效能。

利用 SEM 对在 200km/h 初速度紧急制动后的制动盘摩擦表面分析，SEM 照片见图 11-50（a）。可见，粉末冶金摩擦片大量减少了犁沟的产生，并对 SiC 骨架和铝合金基体界面有修复作用。对 SiC 和 Al 合金界面进行 EDS 分析的数据见图 11-50（b），主要元素为 Al，Si，C，O，Mg 等，说明发生了氧化摩擦。

### 11.11.9　摩擦机理

多次制动后，相当于对制动盘多次退火，不但能保证制动盘摩擦性能满足，还可以进一步减少热应力到约 200MPa，以保证制动盘的力学性能。力学性能提高的原因为柱状碳化硅的剥离磨损产生的细小磨屑（通常为纳米颗粒，粒径在 300~500nm），因为数量很少（太多则造成严重磨粒磨损），故将具有自修复功能，能自动修复摩擦接触面的缺陷。

**表 11-16 在 200km/h 时摩擦片的摩擦表面温度随制动时间变化**

| 编　号 | 180km/h，0.59MPa | | | | 180km/h，0.295MPa | | | | 静盘厚度减小量 $\Delta L$/mm | 静盘质量减小量 $\Delta m$/mm |
|---|---|---|---|---|---|---|---|---|---|---|
| | 平均摩擦系数 $\mu$ | 平均刹车时间 $t$/s | 平均刹车距离 $S$/m | 最高温度 $T$/℃ | 平均摩擦系数 $\mu$ | 平均刹车时间 $t$/s | 平均刹车距离 $S$/m | 最高温度 $T$/℃ | 低速 | 低速 |
| A（动 F；静 D） | 0.26 | 29.73 | 743.25 | — | 0.32 | 42.68 | 1067.08 | — | — | — |
| B（动 F；静 E） | 0.29 | 26.95 | 673.75 | — | 0.28 | 47.09 | 1177.17 | — | 0 | 0.39 |
| C（3D 动 A；静 E） | 0.34 | 23.34 | 583.42 | 328.20 | 0.28 | 61.27 | 1872.24 | 268.3 | 0.01 | 0.17 |
| D（动 B；静 F） | 0.27 | 28.92 | 723.08 | 257.70 | 0.27 | 49.32 | 1232.92 | 204.7 | 0.1 | 0.3 |
| E（3D 动 B；静 E） | 0.32 | 24.54 | 613.42 | 299.30 | 0.33 | 39.85 | 996.33 | 265 | 0.008 | 0.55 |
| F（动 C；静 F） | 0.29 | 26.16 | 653.92 | 302.60 | 0.30 | 43.95 | 1098.83 | 246.1 | 0.075 | 0.45 |
| G（动 B；静 D） | 0.30 | 26.21 | 655.33 | 318.60 | 0.34 | 39.40 | 985.00 | 240.4 | 0.048 | 0.26 |
| H（动 A；静 E） | 0.32 | 24.37 | 609.17 | 327.50 | 0.44 | 32.52 | 812.92 | 293.9 | 0.079 | 0.55 |
| I（动 A；静 F） | 0.31 | 25.24 | 631.00 | 293.80 | 0.33 | 41.20 | 1030.08 | 214 | 0.062 | 0.38 |
| J（3D 动 B；静 F） | 0.30 | 26.46 | 661.58 | 314.80 | 0.30 | 47.30 | 1182.42 | 256.2 | 0.008 | 0.27 |
| K（3D 动 B；静 D） | 0.33 | 24.63 | 615.67 | 337.00 | 0.31 | 45.18 | 1129.50 | 289.8 | 0.008 | 0.23 |
| L（3D 动 A；静 D） | 0.34 | 23.88 | 596.92 | 241.30 | 0.32 | 44.74 | 1118.58 | 204.1 | 0.034 | 0.2 |

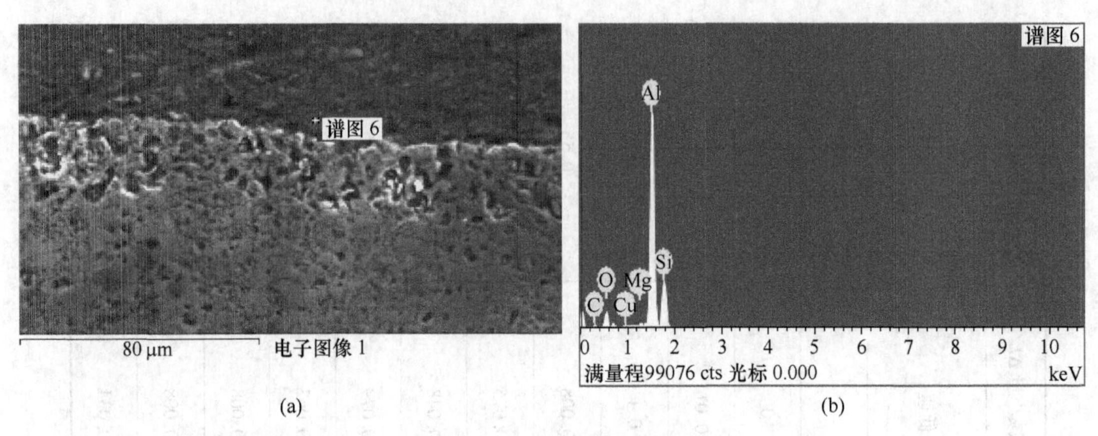

(a)　(b)

图 11-50　在 200km/h 时制动盘的摩擦表面 SEM 形貌和 EDS 分析

（a）SEM；（b）EDS

润滑自修复原理：纳米粒子在摩擦副间像滚珠自由滚动，起到微轴承作用，对摩擦表面进行抛光和强化，并支撑负荷，使承载能力提高，摩擦因数降低。纳米微粒具有较高的扩散能力和自扩散能力，易在 Al 表面形成具有极佳抗磨性能的渗透层或扩散层。扩散层具有自修复能力，并根据摩擦力大小和摩擦副间隙能自动调整自修复保护层的厚度，使摩擦副间隙最佳化，显著改善摩擦副表面的物理化学性能，大幅度延长摩擦副零件的使用寿命。这种摩擦现象也被称作“第三体摩擦”，对提高制动盘的寿命非常有益。

## 11.12　本章小结

（1）铝基体在室温、75℃、150℃、225℃、300℃的环境中的平均抗拉强度为 339MPa、326MPa、319MPa、288MPa、250MPa。由以上数据可知，抗拉强度完全达到材料本身的标准抗拉强度，表明铸造工艺对其抗拉性能影响较小，体现出铝基体本身具有较好的均匀塑性变形能力。复合材料在室温、75℃、150℃、225℃、300℃的环境中的平均抗拉强度为 88MPa、70MPa、74MPa、77MPa、62MPa。复合材料在室温抗拉强度的标准值为 70MPa，从数据可以看出复合材料的抗拉强度不仅在室温下达到标准值，即使在高温环境下也达到标准值，体现出复合材料优异的抗拉性能。

（2）铝基体和复合材料的伸长率变化趋势大致相同，而铝基体本身的伸长率并未因浇铸而发生变化，复合材料的伸长率在同一温度下远远小于铝基体，主要是因为 SiC 骨架的存在，造成不能发生连续性的塑性变形而导致的数据。复合材料与铝基体在 150℃时均达到了伸长率的最高值，表明在 150℃时复合材料和铝基体具有最佳的塑性变形能力。

（3）由对复合材料热膨胀系数的测定，表明复合材料的热膨胀系数处于铝基体和 SiC 骨架之间，并且接近于铝基体，是一个较为理想的数值。这意味着复合材料综合了铝基体和 SiC 骨架两者的热膨胀性能，这对于复合材料的性能有重要影响。8 个标准热疲劳试样经过 2500 次的热疲劳测试后，均未出现缺陷，SiC 骨架与铝基体的界面结合良好，表明复合材料具有优异的热疲劳性能，对于制动盘的性能稳定性给予了充分的支持。

（4）复合材料的界面问题是影响性能的重要的一块，本章对铝基体的金相、复合材料的金相、界面的结合处进行了相关分析，表明铝基体中还存在少量的缺陷，需要优化加工工艺。铝基体与SiC骨架接触的部分发生了轻微的化学反应，增强了界面的结合强度，更有利于复合材料发挥优异的性能。

（5）一般来说，材料具有较大的导热系数可减少摩擦热产生的温差，降低热应力。材料具有较大的比热容量可减少定量的热量引起的温升值，也会降低热应力。材料的弹性模量小、热膨胀系数小均可减小温差引起的热应力，表现出良好的抗热疲劳性能和长使用寿命。另外，材料的强度较高，抵抗应力应变的能力较强。但强度过高，也会造成材料缺乏变形的空间，导致硬性碰撞、剪切和噪声。材料的密度大，单位体积下的质量多，定量的热量引起的单位体积材料的温升值小，所形成的温差小、产生的热应力也愈小。因此，判断制动盘刹车性能的优劣，需要考虑多反面的因素，不能单独片面的追求某一性能的过强，而忽视其他性能。摩擦磨损和热疲劳是制动盘失效的主要方式，这两种失效方式除了与使用工况有关外，还与材料的各项性能指标有关，如强度、导热系数、比热、伸长率、热膨胀系数、热疲劳性能、弹性模量、密度等。

（6）相同速度、相同压力下，随着摩擦次数的增加，摩擦系数逐渐增大，并达到稳定。相同速度、不同压力下，高压力的摩擦系数较低压力稳定。压力不是影响摩擦系数变化的主要因素，压力主要影响扭矩曲线的起伏。

（7）对于低速，高速下的摩擦系数的变化较小。相同压力、不同速度下，摩擦系数随着速度的增加而降低。三种压力条件下，扭矩曲线均发生了严重的翘尾现象，且速度相同时，三种压力的翘尾程度大致相同。对于$SiC_{3D}$/Al制动盘材料与$SiC_{3D}$/Cu摩擦片匹配的摩擦副，其“翘尾”现象不可避免，只能采取措施减轻“翘尾”现象。

（8）温度在本次试验中只有0.5MPa、300km/h时超过300℃，表明制动盘具有良好的散热性。制动距离均小于国家标准。磨损量略微偏高，需进行优化。在制动过程中，低压低转速下磨损机理以磨粒磨损为主，高压高转速下以黏着磨损为主，并发生了主要从铝基制动盘向$SiC_{3D}$/Cu复合材料摩擦片方向物质迁移。对比$SiC_{3D}$/Al制动盘材料与$SiC_{3D}$/Cu摩擦片匹配的摩擦副，$SiC_{3D}$/Al制动盘材料与粉末冶金摩擦片匹配的摩擦副的制动曲线无明显的“翘尾”；$SiC_{3D}$/Al制动盘材料与粉末冶金摩擦片匹配的摩擦副的温升曲线更加平滑，摩擦热导致的最高温度低于同测试工况下的$SiC_{3D}$/Al制动盘材料与$SiC_{3D}$/Cu摩擦片匹配的摩擦副，说明$SiC_{3D}$/Al制动盘材料与粉末冶金摩擦片匹配的摩擦副具有更加优异摩擦性能。

# 12 SiC 网络陶瓷结构增强 Fe 的摩擦行为

## 12.1 引言

本章研究了 SiC 网络陶瓷-金属，即 $SiC_{3D}$-Fe 和 $SiC_{3D}$-Cu 这两种复合材料的摩擦性能。具体为在不改变刹车盘和闸片外形的前提下，利用有限元法研究 SiC 的含量、SiC 分布以及复合层的厚度等因素对制动盘和闸片组成的摩擦副在 CRH 动车组在紧急制动过程中的温度、热量、热应力和刹车盘、闸片变形的影响。在有限元法模拟的基础上，找到刹车盘和刹车片的薄弱部位，在制备制动盘和闸片的过程中通过改变 SiC 的含量、SiC 分布以及 SiC 复合层的厚度来满足 CRH 动车组在紧急制动工况下的各项指标，并避免其在紧急制动过程中的提前失效，延长制动盘和闸片使用寿命。建立了 SiC 网络陶瓷增强 Fe 的 $SiC_{3D}$/Fe 复合材料模型（$SiC_{3D}$/Fe 复合材料用于制动盘），借助有限元分析方法，对 $SiC_{3D}$/Fe 复合材料的摩擦行为进行计算，重点研究了该复合材料在 CRH 高速列车速度为 380km/h 实施紧急制动的摩擦磨损行为。讨论了 SiC 网络陶瓷体积百分比、排列方式和 SiC 与金属的界面结合状态对复合材料摩擦行为的影响。同时分析了复合材料 Fe 基体，SiC-Fe 界面在 CRH 高速列车速度为 380km/h 实施紧急制动的微观变形特征及其演变规律。

## 12.2 模拟计算工况

速度为 380km/h 条件下实施紧急制动；制动空走时间：1. 3s；车轮直径：860mm；制动加速度：$-0.733m/s^2$；轴重：13. 5t。

## 12.3 有限元分析模型

在讨论 SiC 网络排列方式和体积分数对复合材料摩擦环的摩擦磨损性能影响时，重点研究了不同三维方向，即三维二向（图 12-1a）、三维三向（图 12-1b）、三维四向（图 12-1c）、三维五向（图 12-1d）。这几种不同网络结构的 SiC 陶瓷在复合材料中的排列方式以及体积分数分别为 20%、30%、40%和 50%时对摩擦环摩擦行为的影响。计算中，SiC 网络为增强材料，弹性模量 $E_p$ 为 460GPa，泊松比 $\nu$ 为 0. 20。基体合金被作为黏塑性材料，其变形行为由能够合理描述摩擦环行为的循环黏塑性本构模型来描述。

## 12.4 不同 SiC 网络结构对复合材料摩擦行为影响模拟结果

三维二向的 SiC 网络单胞增强体与 Fe 复合材料的摩擦稳定性以及摩擦磨损性能均不如三维三向、三维四向和三维五向的 SiC 网络单胞增强体与 Fe 复合材料。故三维二向的 SiC 网络单胞增强体的摩擦学行为这里不作描述。下面讨论三维三向 SiC 网络单胞模型的摩擦行为。三维三向网络单胞增强体在紧急制动工况下的应力、应变以及摩擦温度计算结果如图 12-2 所示。由图 12-2（a）可看出，紧急制动条件下，复合材料摩擦表面出现了明

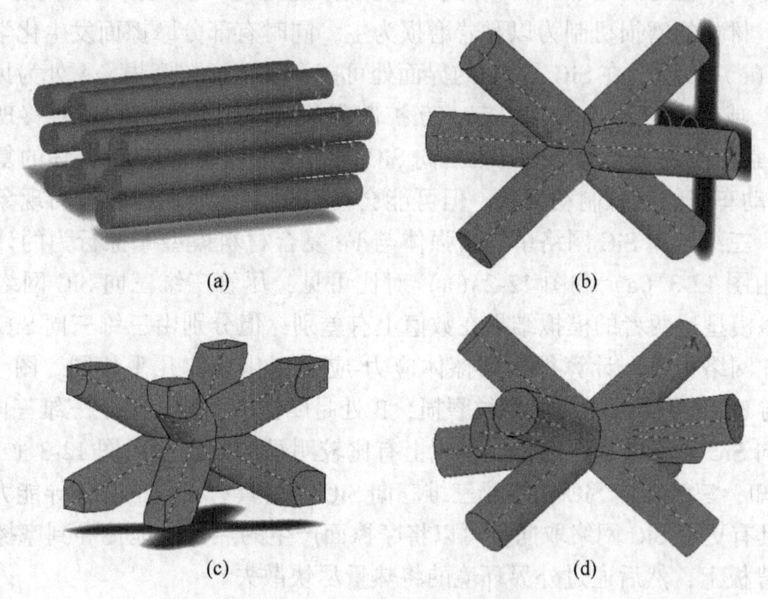


图 12-1 SiC 网络陶瓷骨架模型

（a）三维一向；（b）三维三向；（c）三维四向；（d）三维五向

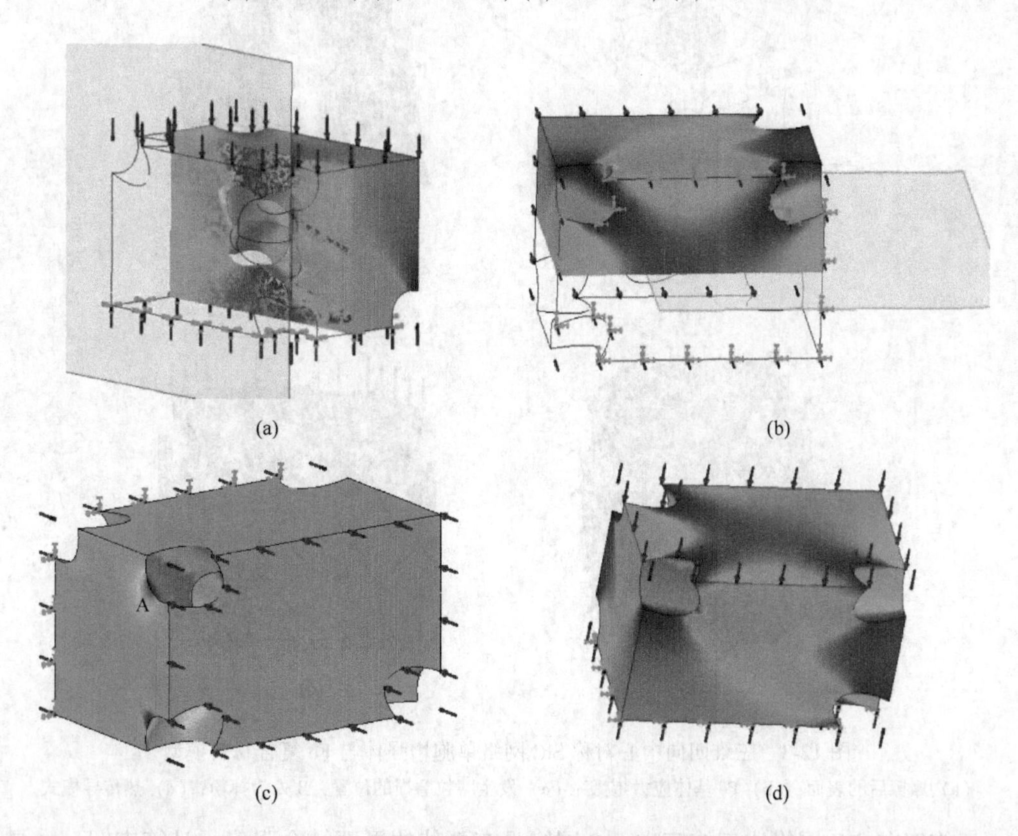


图 12-2 三维三向 SiC 网络单胞增强体与 Fe 复合材料模型

（a）复合材料摩擦后的表面；（b）Fe 基体应力-应变；（c）Fe 基体磨粒磨损，A 处为掉粉；（d）Fe 热传导模式

显磨损。随着刹车压力的增加，材料的表面变软并且熔化，出现了局域高温，即“闪温”现象。此时，材料的磨损机制为以黏着磨损为主，同时有部分摩擦面发生化学磨损。

图 12-2（c）表明，在 SiC 与 Fe 的界面处可能会发生磨粒磨损，A 处为掉粉。动环和静环“咬合”或者说“冷焊”在一起，互扩散现象明显，并且有材料转移现象，即动片中的 Fe 等元素扩散到了静片中。三维三向 SiC 网络单胞增强体与 Fe 基体的复合材料模型能满足 CRH 动车组的紧急制动要求。但可能会在摩擦面上出现掉粒掉粉现象，摩擦系数不会太稳定。三维四向 SiC 网络单胞增强体与 Fe 复合材料模型摩擦行为的计算结果如图 12-3 所示。由图 12-3（a）和图 12-2（a）对比可见，尽管三维三向 SiC 网络模型和三维四向 SiC 网络模型这两者的模拟结果在数值上有差别，但分别由三维三向 SiC 网络模型和三维四向 SiC 网络相模型计算得到摩擦体应力-应变变化规律几乎相同。图 12-3（c）表明，在 SiC 与 Fe 的界面可能发生磨粒磨损，B 处是摩擦应力集中处。三维三向 SiC 网络模型和三维四向 SiC 网络模型在热传导模式上有比较明显的区别。由图 12-3（d）和图 12-2（d）对比可知，三维四向 SiC 网络比三维三向 SiC 网络具有更佳的热传导能力，原因为三维四向 SiC 具有更多 SiC 网络取向，可以将摩擦面产生的热较快地传导到摩擦片的另外一面，或者钢背板上，然后通过外界环境的将热量尽快散失。

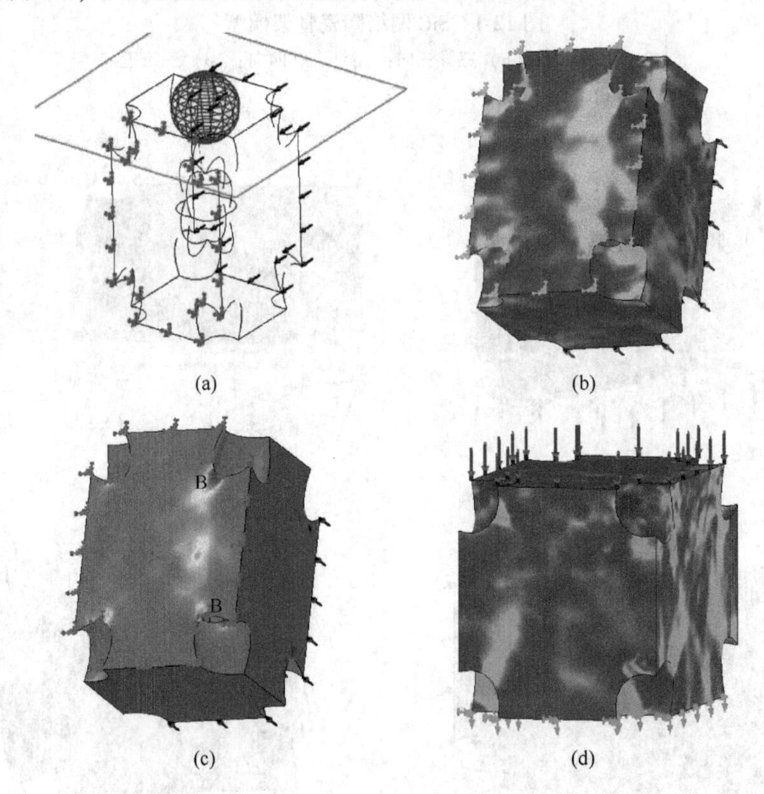


图 12-3　三维四向中心对称 SiC 网络单胞增强体与 Fe 复合材料模型

（a）摩擦后的表面；（b）Fe 基体应力-应变；（c）发生磨粒磨损的位置，B 处为掉粉；（d）热传导模式

三维四向 SiC 网络比三维三向 SiC 网络具有更佳的界面结合强度，计算表明，在最大摩擦力作用下 Fe 基体应变为 $1\times10^{-6}$mm，应力为 85MPa。

三维五向 SiC 网络单胞增强体与 Fe 复合材料模型的摩擦行为计算结果如图 12-4 所

示。由图 12-4（a）、图 12-3（a）和图 12-2（a）对比可见，三维三向、三维四向和三维五向 SiC 网络模型的摩擦体应力-应变变化规律几乎相同。图 12-4（c）表明，三维五向 SiC 与 Fe 的界面处可能发生磨粒磨损的几率比图 12-3（a）和图 12-2（a）都大，原因为三维五向 SiC 的空间取向更多，容易形成更多的应力集中区。取向更多的 SiC 的优点为导热性更快，而这可能造成温度梯度较大反而影响材料的整体性能。综上所述，具有最佳摩擦性能的模型为三维四向 SiC 网络单胞增强体与 Fe 复合材料模型。

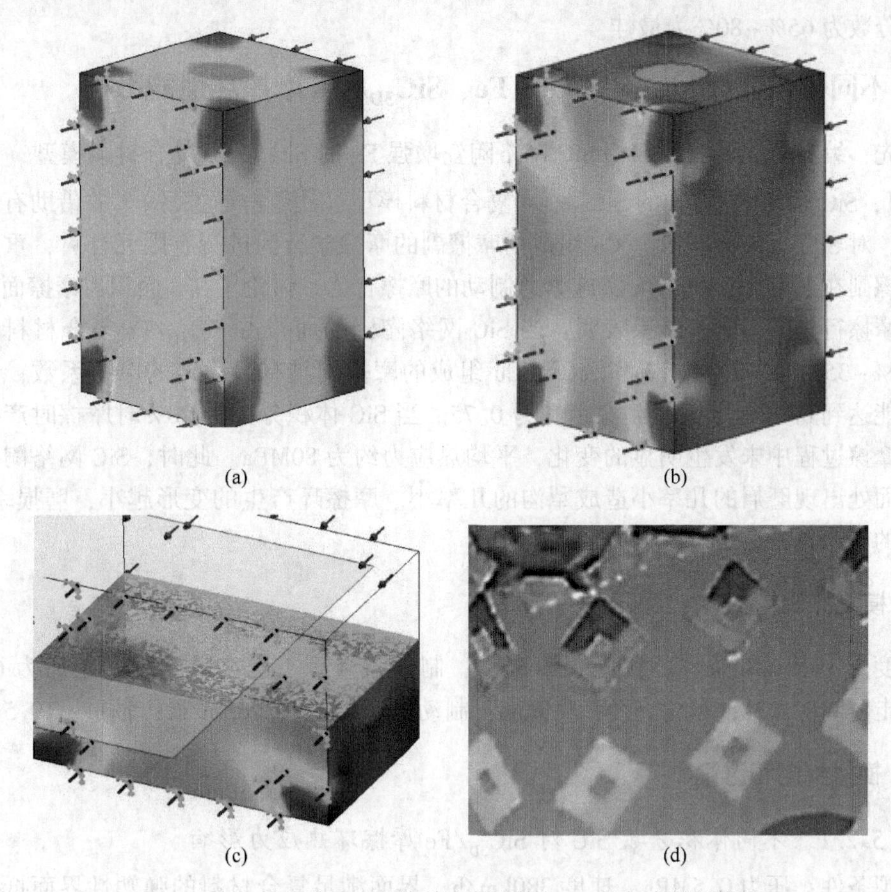


图 12-4 三维五向 SiC 网络单胞增强体与 Fe 的复合材料模型

（a）摩擦后的表面；（b）Fe 基体应力-应变；（c）发生磨粒磨损的位置，SiC 与 Fe 界面处为掉粉；（d）热传导模式

编者计算了弹性界面模型下不同界面弹性模量时复合材料应变 $\varepsilon_r$ 随循环周次 $N$ 的变化情况。利用 SiC 与 Fe 的界面层材料的抗剪能力、抗拉强度、界面层弹性模量以及界面层厚度等力学性能参数来表征界面结合的强弱。利用界面层材料的弹性量高低来反映复合材料中基体和 SiC 网络相之间的界面结合状态的好坏。当界面层弹性模量 $E_i$ 高于基体弹性模量 $E_m$，界面层厚度大于或者等于 250μm 时视为完好界面。反之，视作有缺陷的界面。本节计算选用增强相增强弹塑性材料模型。计算表明：

（1）当复合材料的界面抵抗变形的能力高于复合材料基体弹性时，在紧急制动后，摩擦材料热应力为 195MPa。

（2）当复合材料的界面抵抗变形的能力低于复合材料基体弹性时，在紧急制动后，摩擦材料热应力为 105MPa。

(3) 从计算结果可以看出，随着界面层材料屈服强度 $\sigma_{yi}$ 或硬化模量 $H_i$ 的减小，摩擦材料热应力将减小。因为界面的屈服将弱化 SiC 网络相与基体间的应力传递效果，因此设计增强相和合金基体比例时，必须要满足复合材料的弹塑性界面抵抗变形的能力要低于复合材料基体弹性的原则。

(4) 在生产中则通过严格控制 SiC 陶瓷与 Fe 的比例来满足复合材料的弹塑性界面抵抗变形的能力要低于复合材料基体弹性的原则，即 SiC 体积分数为 20%~35%为最佳，Fe 的体积分数为 65%~80%为最佳。

## 12.5　不同体积分数 SiC 对 $SiC_{3D}$/Fe、$SiC_{3D}$/Cu 摩擦环性能影响

首先，编者建立了三维四相 SiC 网络陶瓷增强 Fe 的 $SiC_{3D}$/Fe 复合材料模型（用于动摩擦环），SiC 网络增强 Cu 的 $SiC_{3D}$/Cu 复合材料模型（用于静摩擦环）。并借助有限元分析方法，对 $SiC_{3D}$/Fe 和 $SiC_{3D}$/Cu 组成的摩擦副的摩擦学行为进行有限元计算，重点研究了该摩擦副在速度为 380km/h 实施紧急制动的摩擦行为。讨论了 SiC 面积占摩擦面分数对摩擦环摩擦行为的影响。结果表明：当 SiC 网络陶瓷的面积占 $SiC_{3D}$/Fe 复合材料摩擦面积的 20%~35%时，$SiC_{3D}$/Fe 和 $SiC_{3D}$/Cu 组成的摩擦副具有最稳定的摩擦系数，干摩擦状态下能达到 0.32，摩擦系数稳定性为 0.75。当 SiC 体积分数为 20%时摩擦时产生的热应力在摩擦过程中未发生明显的变化，平均热应力约为 80MPa。此时，SiC 网络陶瓷与金属的界面处出现磨屑的几率小造成犁沟的几率小。摩擦环产生的变形越小，磨损率越小，摩擦环的寿命越长。

### 12.5.1　模拟计算的工况

速度为 380km/h 条件下实施紧急制动；制动盘计算工况：紧急制动距离为 6400m；制动空走时间：1.3s；车轮直径：860mm；制动加速度：$-0.733m/s^2$；轴重：19.5t。

### 12.5.2　模拟数据和讨论

#### 12.5.2.1　不同体积分数 SiC 对 $SiC_{3D}$/Fe 摩擦环热应力影响

模拟条件：压力 0.5MPa，速度 380km/h，界面满足复合材料的弹塑性界面抵抗变形的能力低于复合材料基体弹性的原则。计算模型如图 12-5（a）所示。在讨论三维四向 SiC 体积占摩擦材料体积分数对复合材料摩擦副的摩擦磨损性能影响时，重点研究了 SiC 体积分数分别为 20%、35%、40%和 50%时对 $SiC_{3D}$/Fe 摩擦环热应力的影响，如图 12-5（b）~（e）所示。由图可见，SiC 含量对 $SiC_{3D}$/Fe 复合材料的摩擦环热应力行为影响显著，随着 SiC 体积分数的增加，热应力则增加。当 SiC 体积分数为 20%时，摩擦时产生的热应力在摩擦过程中未发生明显的变化，平均热应力约为 80MPa；当 SiC 体积分数为 35%时，平均热应力约为 120MPa；当 SiC 体积分数为 50%时，平均热应力约为 280MPa。因此，SiC 体积分数控制在 20%~35%为热应力最小。

#### 12.5.2.2　不同体积分数 SiC 对 $SiC_{3D}$/Fe 摩擦环热应变影响

编者研究了 SiC 体积占复合材料体积分数分别为 20%、35%、40%和 50%时对 $SiC_{3D}$/Fe 摩擦环热应变的影响，如图 12-6 所示。

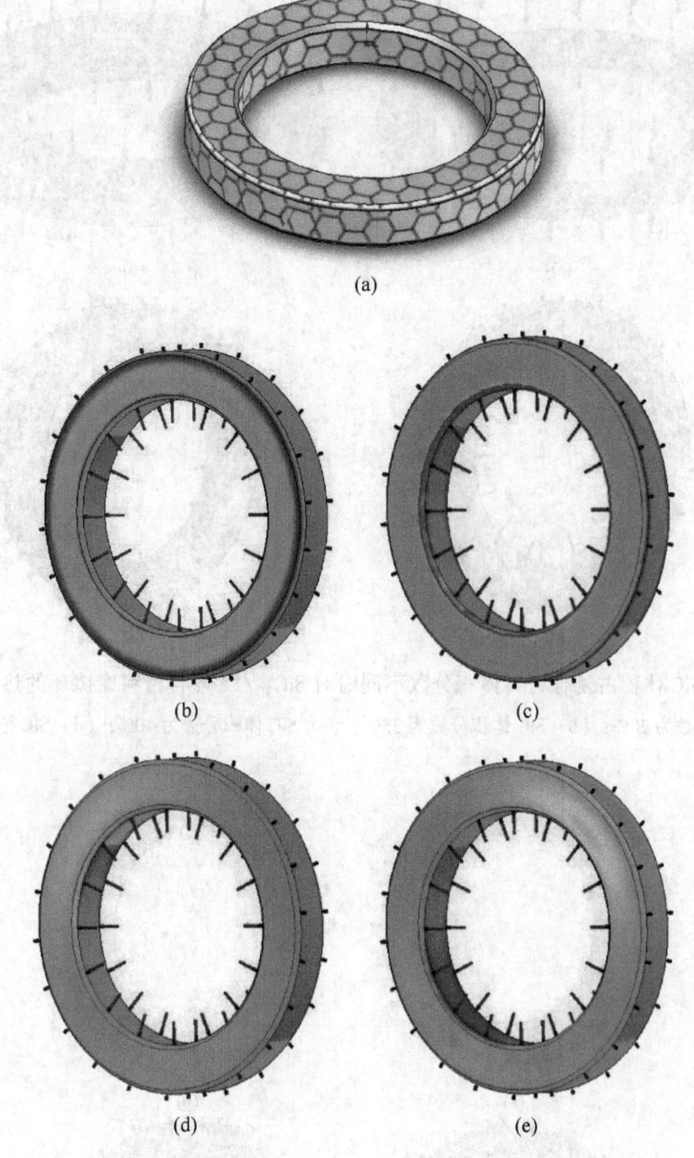

(a) (b) (c) (d) (e)

图 12-5 SiC 体积分数对 $SiC_{3D}$/Fe 复合材料摩擦环的热应力影响

（a）三维四向 SiC-Fe 计算模型；（b）SiC 体积分数为 20%；（c）SiC 体积分数为 35%；（d）SiC 体积分数为 40%；（e）SiC 体积分数为 50%

由图可见，SiC 体积分数对 $SiC_{3D}$/Fe 摩擦环热应变行为影响不明显，随着 SiC 体积分数的增加，热应变则减少。当 SiC 体积分数为 20%时，摩擦时产生的热应力在摩擦过程中未发生明显的变化，平均热应变约为 12μm；当 SiC 体积分数为 35%时，平均热应力约为 9μm；当 SiC 体积分数为 50%时，平均热应变约为 5μm。

12.5.2.3 不同面积分数 SiC 对 $SiC_{3D}$/Fe 摩擦环摩擦系数影响

编者研究了 SiC 面积占摩擦面总面积分数分别为 20%、35%、40% 和 50% 时，对 $SiC_{3D}$/Fe 摩擦环摩擦系数的影响，如图 12-7 所示。

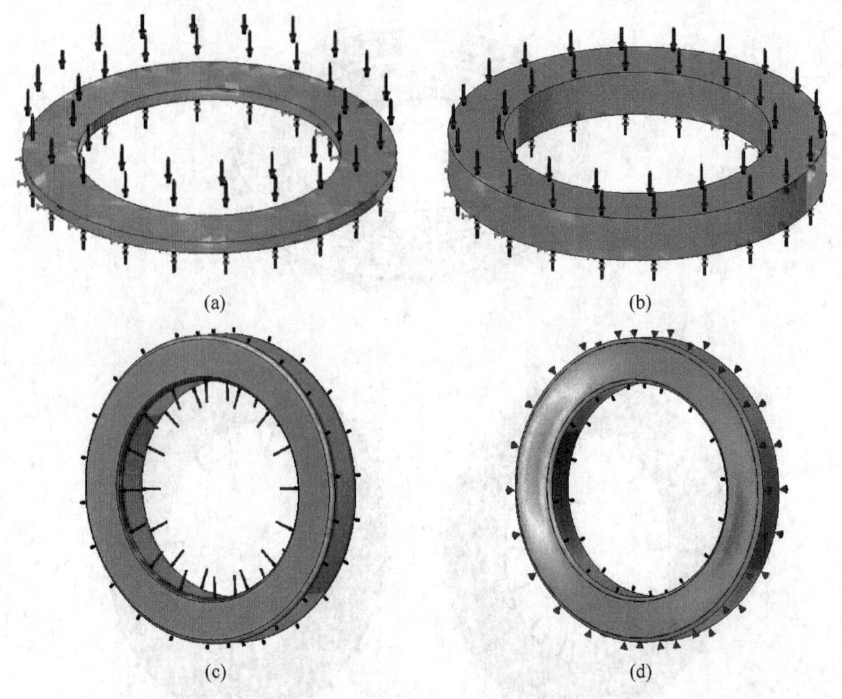

图 12-6　SiC 体积占复合材料体积分数不同时对 $SiC_{3D}$/Fe 复合材料摩擦环的热应变影响

（a）SiC 体积分数为 20%；（b）SiC 体积分数为 35%；（c）SiC 体积分数为 40%；（d）SiC 体积分数为 50%

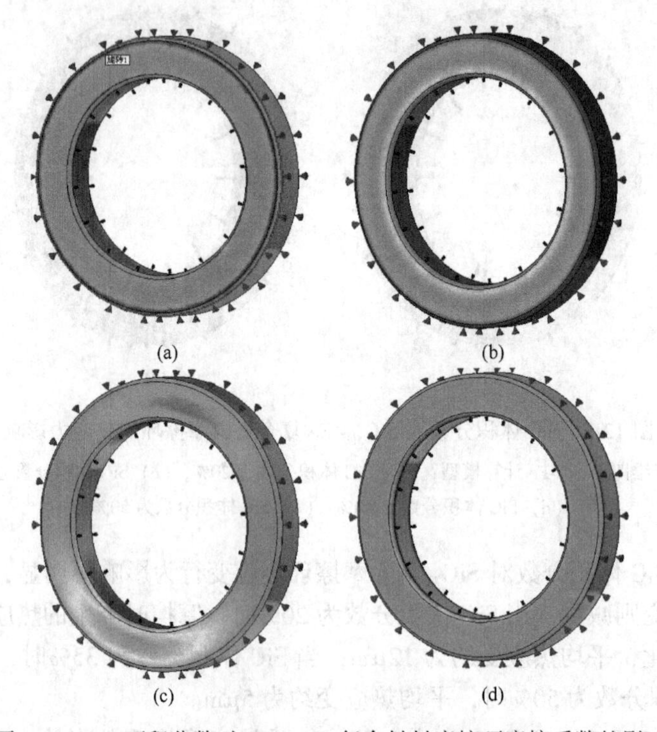

图 12-7　SiC 面积分数对 $SiC_{3D}$/Fe 复合材料摩擦环摩擦系数的影响

（a）SiC 面积分数为 20%，干摩擦状态下能达到 0.32，摩擦系数稳定性为 0.75；（b）SiC 面积分数为 35%，干摩擦状态下能达到 0.31，摩擦系数稳定性为 0.71；（c）SiC 面积分数为 40%，干摩擦状态下能达到 0.29，摩擦系数稳定性为 0.62；（d）SiC 面积分数为 50%，干摩擦状态下能达到 0.28，摩擦系数稳定性为 0.55

由图可见，SiC 面积占摩擦面总面积分数对 $SiC_{3D}$/Fe 摩擦环摩擦系数影响明显，随着 SiC 面积占摩擦面总面积分数的增加，摩擦系数减少。当 SiC 面积分数为 20%，摩擦系数很稳定，为 0.75，在摩擦过程中未发生明显的变化，平均摩擦系数约为 0.32；当 SiC 面积分数为 35%时，平均摩擦系数约为 0.31；当 SiC 面积分数为 50%时，平均摩擦系数约为 0.28。

12.5.2.4　20%$SiC_{3D}$/Fe 摩擦环摩擦面温度

编者计算了 SiC 面积分数为 20%时，$SiC_{3D}$/Fe 摩擦环摩擦面的温度，如图 12-8 所示。

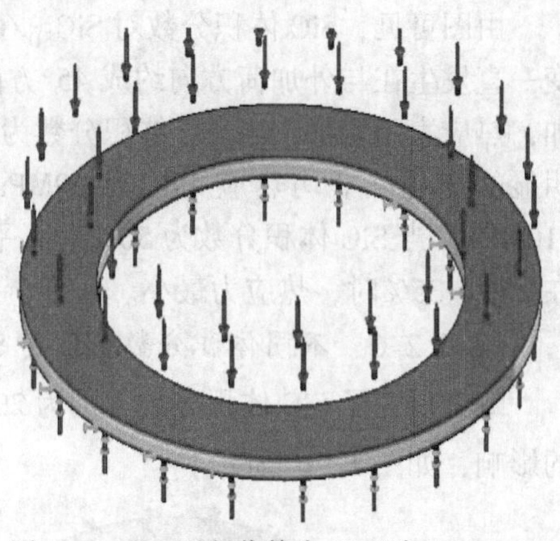

图 12-8　SiC 面积分数为 20%时，$SiC_{3D}$/Fe 摩擦环摩擦面的温度

由图可见，当 SiC 面积分数为 20%时，摩擦环摩擦面的温度平均为 450℃。

12.5.2.5　不同体积分数 SiC 对 $SiC_{3D}$/Cu 摩擦环热应力影响

编者重点研究了 SiC 体积分数分别为 20%、35%、40%和 50%时对 $SiC_{3D}$/Cu 摩擦环热应力的影响，如图 12-9 所示。

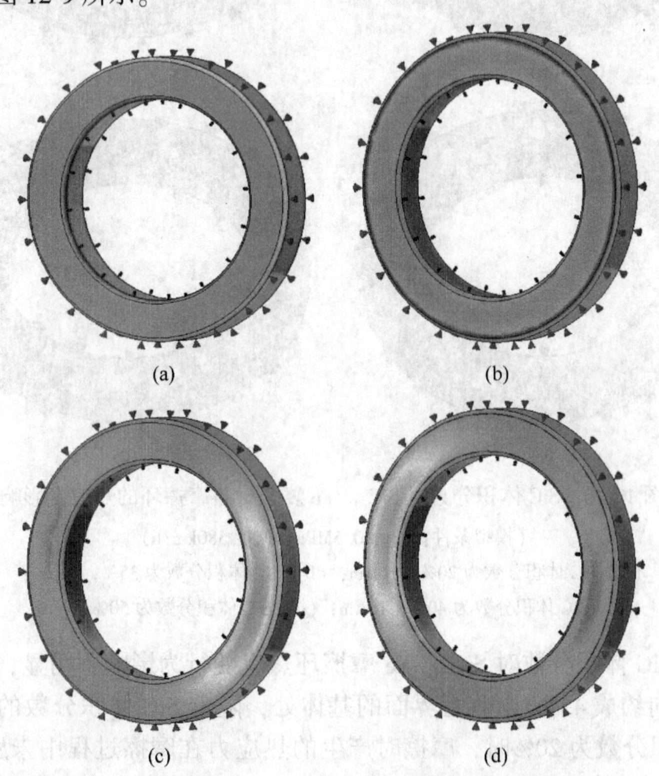


图 12-9　SiC 体积分数对 $SiC_{3D}$/Cu 复合材料摩擦环的热应力影响

（模拟条件：压力 0.5MPa，速度 380km/h）

（a）SiC 体积分数为 20%；（b）SiC 体积分数为 35%；

（c）SiC 体积分数为 40%；（d）SiC 体积分数为 50%

由图可见，SiC 体积分数对 $SiC_{3D}/Cu$ 复合材料的摩擦环热应力行为影响显著，最大应变一直发生在与外加荷方向约成 45°方向临近界面的基体处，随着 SiC 体积百分含量的增加，热应力则增加。当 SiC 体积分数为 20%时，摩擦时产生的热应力在摩擦过程中未发生明显的变化，平均热应力约为 60MPa；当 SiC 体积分数为 35%时，平均热应力约为 110MPa；当 SiC 体积分数为 50%时，平均热应力约为 250MPa。因此，SiC 体积分数控制在 20%~35%时，热应力最小。

12.5.2.6 不同体积分数 SiC 对 $SiC_{3D}/Cu$ 摩擦环热应变影响

编者研究了 SiC 体积分数分别为 20%、35%、40%和 50%时对 $SiC_{3D}/Fe$ 摩擦环热应变的影响，如图 12-10 所示。

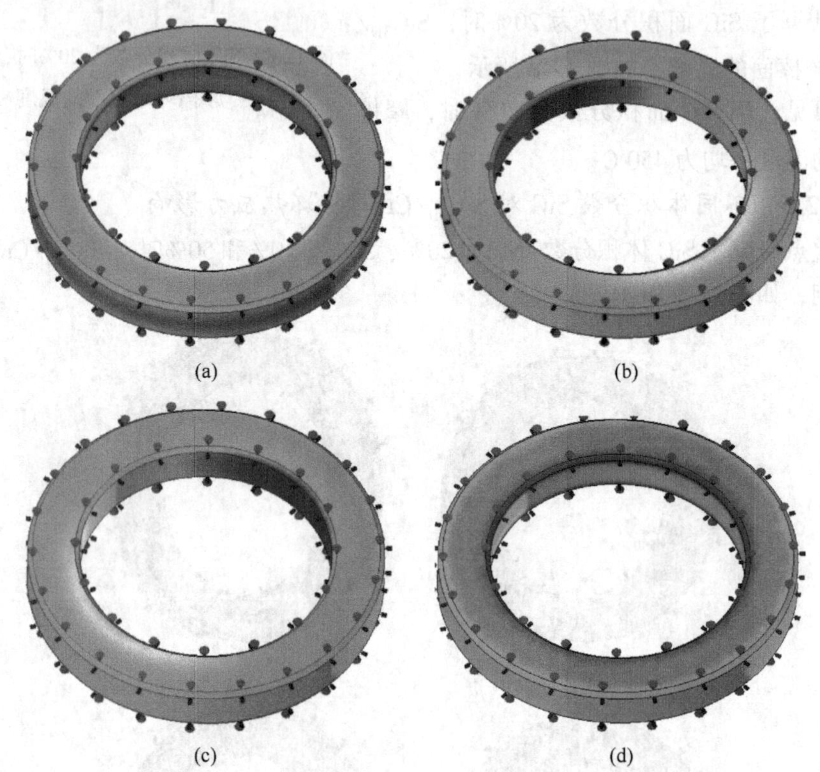

图 12-10 SiC 体积分数对 $SiC_{3D}/Fe$ 复合材料摩擦环的热应变影响

（模拟条件：压力 0.5MPa，速度 380km/h）

（a）SiC 体积分数为 20%，16μm；（b）SiC 体积分数为 35%，12μm；

（c）SiC 体积分数为 40%，10μm；（d）SiC 体积分数为 50%，7μm

由图可见，SiC 体积分数对 $SiC_{3D}/Fe$ 摩擦环热应变行为影响不明显，最大应变一直发生在与外加荷方向约成 45°方向临近界面的基体处，随着 SiC 体积分数的增加，热应变则减少。当 SiC 体积分数为 20%时，摩擦时产生的热应力在摩擦过程中未发生明显的变化，平均热应变约为 16μm；当 SiC 体积分数为 35%时，平均热应力约为 12μm；当 SiC 体积分数为 50%时，平均热应变约为 7μm。

12.5.2.7 不同面积分数 SiC 对 $SiC_{3D}/Cu$ 摩擦环摩擦系数的影响

SiC 面积占摩擦面总面积分数分别为 20%、35%、40%和 50%时对 $SiC_{3D}/Cu$ 摩擦环的摩擦系数的影响，如图 12-11 所示。由图可见，SiC 面积占摩擦面总面积分数对 $SiC_{3D}/Fe$ 摩擦环摩擦系数影响明显，随着 SiC 面积分数的增加，摩擦系数减少。

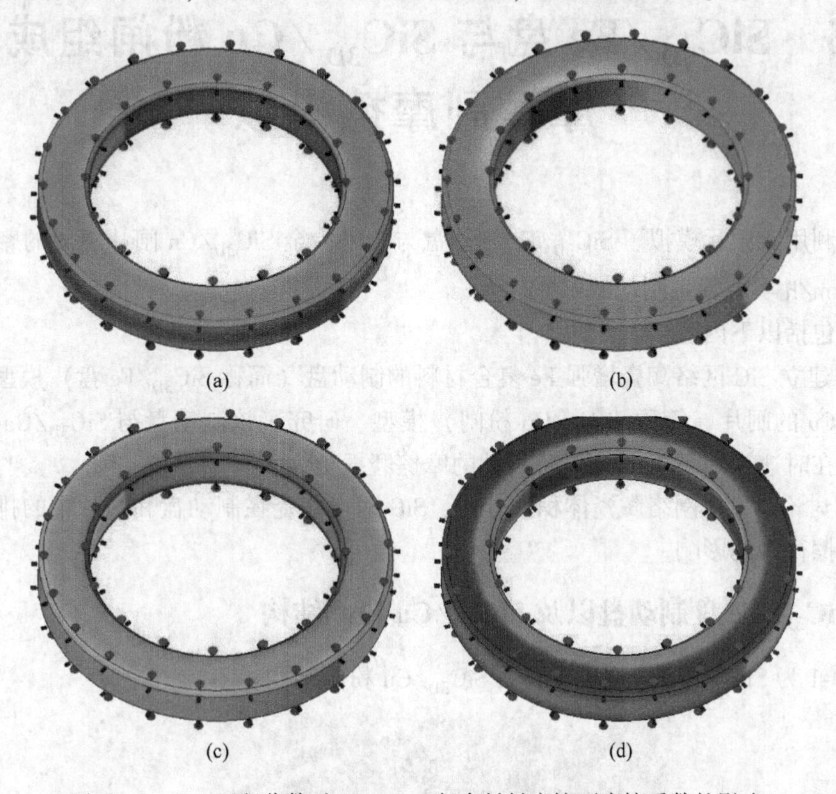


图 12-11　SiC 面积分数对 $SiC_{3D}/Cu$ 复合材料摩擦环摩擦系数的影响

（模拟条件：压力 0.5MPa，速度 380km/h）

（a）SiC 面积分数为 20%，干摩擦状态下能达到 0.33，摩擦系数稳定性为 0.78；

（b）SiC 面积分数为 35%，干摩擦状态下能达到 0.32，摩擦系数稳定性为 0.73；

（c）SiC 面积分数为 40%，干摩擦状态下能达到 0.30，摩擦系数稳定性为 0.67；

（d）SiC 面积分数为 50%，干摩擦状态下能达到 0.29，摩擦系数稳定性为 0.60

当 SiC 面积分数为 20%时，摩擦系数很稳定，为 0.78，在摩擦过程中未发生明显的变化，平均摩擦系数约为 0.33；当 SiC 面积分数为 35%时，平均摩擦系数约为 0.32；当 SiC 面积分数为 50%时，平均摩擦系数约为 0.29。

# 13 $SiC_{3D}$/Fe 盘与 $SiC_{3D}$/Cu 粉闸组成的摩擦副摩擦模拟

编者利用有限元模拟了 $SiC_{3D}$/Fe 制动盘与粉末冶金 $SiC_{3D}$/Cu 闸片组成的摩擦副在速度为 380km/h 实施紧急制动的摩擦行为。

具体包括以下内容：

（1）建立 SiC 网络陶瓷增强 Fe 复合材料的制动盘（简称 $SiC_{3D}$/Fe 盘）模型，粉末冶金 $SiC_{3D}$/Cu 的闸片（简称 $SiC_{3D}$/Cu 粉闸）模型。研究了该制动盘与 $SiC_{3D}$/Cu 粉闸组成的摩擦副在时速 380km/h 实施紧急制动的摩擦磨损行为。

（2）讨论了 SiC 网络陶瓷体积百分比，SiC 网络陶瓷在制动盘和闸片中的排列方式对摩擦副摩擦行为的影响。

## 13.1 $SiC_{3D}$/Fe 盘制动盘以及 $SiC_{3D}$/Cu 粉闸结构

图 13-1 为 $SiC_{3D}$/Fe 盘制动盘以及 $SiC_{3D}$/Cu 粉闸结构。

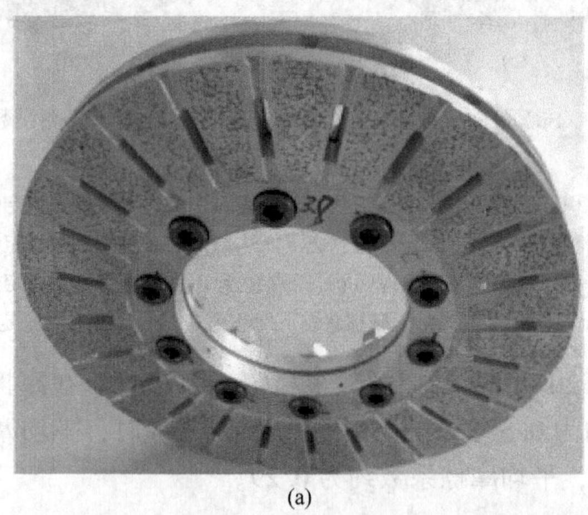

(a)

(b)

图 13-1　$SiC_{3D}$/Fe 制动盘与粉末冶金 $SiC_{3D}$/Cu 闸片组成的摩擦副

（a）$SiC_{3D}$/Fe 盘；（b）$SiC_{3D}$/Cu 粉闸

## 13.2 $SiC_{3D}$/Fe 盘制动盘以及 $SiC_{3D}$/Cu 粉闸闸片采用的材料的计算参数

$SiC_{3D}$/Fe 盘制动盘所用材料钢的力学及物理性能参数见表 13-1。

**表 13-1 Fe 的力学及物理性能参数**

| 抗拉强度 $\sigma_b$/MPa | 屈服强度 $\sigma_s$/MPa | 伸长率 $\delta_5$/% | 断面收缩率 $\psi$/% | 冲击功 $A_{kv}$/J | 冲击韧性值 $\alpha_{kv}$/J·$cm^{-2}$ | 硬度 | 试样毛坯尺寸 /mm |
|---|---|---|---|---|---|---|---|
| ≥835（85） | ≥540（55） | ≥10 | ≥40 | ≥47 | ≥59（6） | ≤179 | 15 |

$SiC_{3D}$/Cu 粉闸所用材料铜的物理性质，熔点约为 1083.4℃，沸点为 2567℃，密度为 8.92g/$cm^3$，屈服强度为 120MPa，抗拉强度为 330MPa，伸长率为 35%，高温时硬度为 56，低温时硬度为 140。

SiC 密度为 3.20~3.25 g/$cm^3$，显微硬度为 2840~3320kg/$mm^2$。

$SiC_{3D}$/Cu 粉闸、$SiC_{3D}$/Fe 盘制动盘，以及 $SiC_{3D}$/Fe 盘制动盘和 $SiC_{3D}$/Cu 粉闸闸片组成摩擦副计算模型如图 13-2 所示。

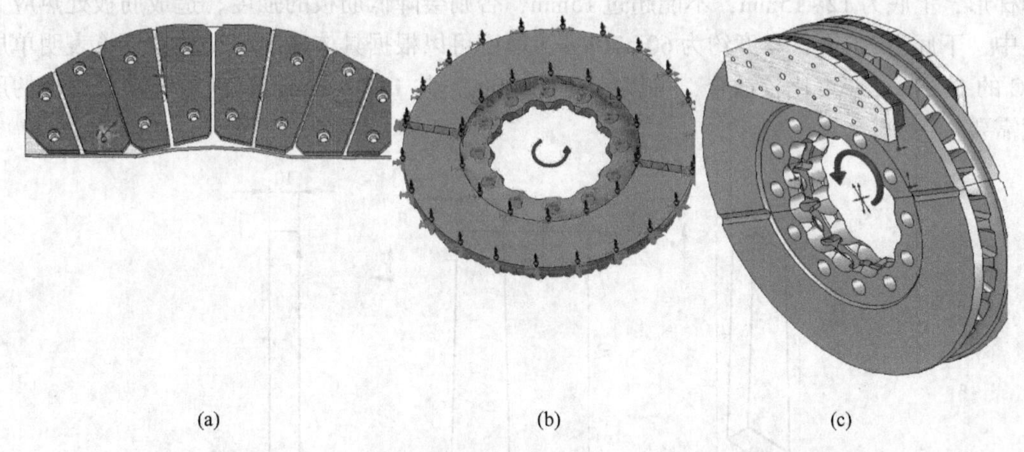

(a) (b) (c)

图 13-2 $SiC_{3D}$/Fe 盘和 $SiC_{3D}$/Cu 粉闸组成的摩擦副计算模型
（a）闸片计算模型；（b）制动盘计算模型；（c）SiC/Fe 盘制动盘和 SiC/Cu 粉闸闸片组成的摩擦副计算模型

## 13.3 紧急制动条件

速度为 380km/h 条件下实施紧急制动；制动空走时间：1.3s；车轮直径：860mm；制动加速度：-0.733m/$s^2$；轴重：13.5t；目标值：速度为 380km/h 条件下实施紧急制动，紧急制动距离为 8143m，平均摩擦系数 0.28~0.32。

## 13.4 载荷

计算中的载荷主要有两种，一是热流密度，另外一种是与空气的对流换热。而在温度上升不是很高的情况下，可以将辐射忽略。本文计算忽略辐射。由于制动盘实际上是一种能量转换器，将列车的动能转化成为热能，本文将动能转换成的热能以热流密度的方式加载到制动盘的摩擦环上。每盘承担的制动质量，即轴重除以盘数，这里取一节车厢的轴重计算，为 13.5t，即每盘承担质量为 $M=13500/4=3375\text{kg}$。制动盘转速为 245rad/s，速度 $v_0=380\text{km/h}=105\text{m/s}$，若全部动能被摩擦系统吸收，即为 $W=1/2\times Mv_0^2=1/2\times 3375\times 105^2=18.60\text{MJ}$。而任意时间产生的热量为 $Q=1/2\times M(v_0^2-v^2)$，其中 $v$ 是任意时刻的速度，将热量 $Q$ 对时间求导，再除以摩擦面积即得到任意时刻的热流密度函数，即：$q(t)=(\text{d}Q/\text{d}t)/A$，而对流换热系数选择 0.70~0.95。根据国标中汽车对流换热系数标准，我们选择对流系数为 0.70，即空气带走大约 30%的热量，其余 70%的热量都由制动系统吸收。此外，为了计算最苛刻的环境，即对流不够充分时，我们取对流换热系数 0.95，即空气只带走大约 5%的热量，其余 95%的热量都由制动系统吸收。

## 13.5 制动盘的计算与分析

### 13.5.1 制动盘的碳化硅骨架摆放位置（一）

计算得到的一种碳化硅骨架设计尺寸如图 13-3 所示。由图可知，碳化硅骨架可以选择梯形，上底为 12~15mm，不能超过 15mm，否则会降低筋板的强度，造成筋板处热应力集中，下底为 20mm，高度约为 60~70mm，厚度可以根据具体情况作调整，计算表明单层 SiC 的 10±3mm 厚度比较适合，可以放置 2 层 SiC，共 14~20mm，以满足制动盘磨损的厚度需要。

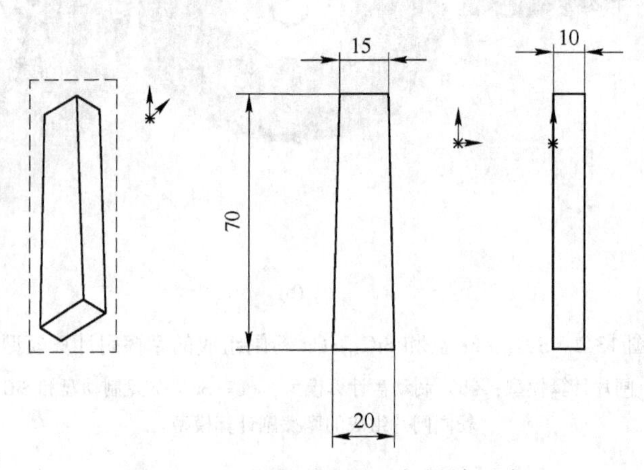


图 13-3 一种的碳化硅骨架设计尺寸

一种碳化硅骨架在制动盘中的位置设计尺寸如图 13-4 所示，具体为碳化硅骨架在两条散热筋之间。

#### 13.5.1.1 制动盘温度场

制动过程是一个非常复杂的多种物理场耦合的过程，本文采用有限元方法分析制动盘在一次制动过程中温度和应力变化情况，主要有以下几点假设：

（1）在一定旋转范围内，转动速度不变（在此每 30°加载一次载荷，因此假设旋转 30°的时间之内，转速不变）。

（2）压力均匀施加在闸片背部，且保持不变。

（3）制动过程平稳，为匀减速过程。制动盘质量的重心在轴线上，不因制动盘材料

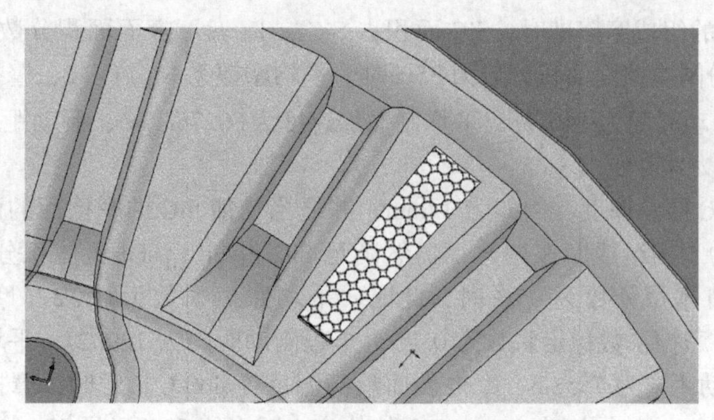

图 13-4 一种碳化硅骨架在制动盘中的位置

质量不均匀导致制动盘在旋转时偏离轴线。

（4）忽略材料磨损的影响，认为动能全部转化为摩擦热而被摩擦副吸收。制动盘的两个制动面产生的热负荷相等，即温度场对称于制动盘中心片面。

（5）制动盘及闸片的材料热物理参数随温度变化，其变化曲线见国标。

（6）制动盘吸收热量后，通过其表面以对流方式进行散热，同时向制动盘轴向和径向进行传导，忽略辐射的影响。

（7）制动初始温度为室温，不考虑气候等因素。

（8）只考虑平坡行走，紧急制动时的情况。

（9）在需要的位置建立多个局部坐标系，每次加载热流密度和对流换热系数时选定所需的坐标系进行计算，由于坐标系的不同，所选取节点位置也不相同，实现了热源的移动。

编者选择了 SiC 层总厚度为 20mm 进行紧急制动模拟，$SiC_{3D}$/Fe 盘与 $SiC_{3D}$/Cu 粉闸组成的摩擦副紧急制动计算结果见表 13-2。由此可知，随 SiC 面积在 $SiC_{3D}$/Fe 盘与 $SiC_{3D}$/Cu 粉闸摩擦面的面积分数的减少，平均摩擦系数在增加，全程制动时间在减少，平均制动减速的在增加，制动距离在减少，摩擦表面的最高温度不怎么变化。

**表 13-2 $SiC_{3D}$/Fe 盘与 $SiC_{3D}$/Cu 粉闸组成的摩擦副紧急制动计算结果**

| 编号 | 摩擦副组成 | | 平均摩擦系数（干摩擦） | 摩擦系数稳定性 | 全程制动时间/s | 平均制动减速度/m·s$^{-2}$ | 制动距离/m | 摩擦面最高温度/℃ |
|---|---|---|---|---|---|---|---|---|
| | 制动盘（$SiC_{3D}$/Fe 盘） | 闸片（$SiC_{3D}$/Cu 粉闸） | | | | | | |
| | SiC 面积占 $SiC_{3D}$/Fe 盘摩擦面面积分数/% | SiC 面积占 $SiC_{3D}$/Cu 粉闸摩擦面面积分数/% | | | | | | |
| 1 | 45 | 45 | 0.23 | 0.61 | 163.5 | 0.65 | 8687 | 450 |
| 2 | 40 | 40 | 0.27 | 0.66 | 156.6 | 0.68 | 8274 | 460 |
| 3 | 35 | 40 | 0.30 | 0.73 | 147.9 | 0.72 | 8035 | 470 |
| 4 | 35 | 35 | 0.31 | 0.76 | 143.8 | 0.74 | 7813 | 450 |
| 5 | 30 | 35 | 0.32 | 0.78 | 140.5 | 0.76 | 7601 | 430 |
| 6 | 30 | 30 | 0.32 | 0.70 | 138.4 | 0.77 | 7374 | 470 |

当编号为 5 的组成摩擦副时，SiC 面积占 $SiC_{3D}$/Fe 盘摩擦面面积分数为 30%，SiC 面积占 $SiC_{3D}$/Cu 粉闸摩擦面面积分数为 35%时，平均摩擦系数为 0.32，摩擦系数稳定系数为 0.76，全程制动时间为 140.5s，平均制动加速度为 $-0.76m/s^2$，制动距离为 7601m，摩擦表面最高温度为 430℃。

如果减少 SiC 层总厚度，例如为 14mm，并适当增加 SiC 的摩擦面的面积，例如增加 5%，采用编号为 5 的组成摩擦副时，仍然满足 SiC 占 $SiC_{3D}$/Fe 盘体积分数为 30%，SiC 占 $SiC_{3D}$/Cu 粉闸体积分数为 35%时，此时，平均摩擦系数为 0.32（摩擦系数与厚度 20mm 时相当），摩擦系数稳定系数为 0.75，全程制动时间为 139.2s，平均制动加速度为 $-0.77m/s^2$，制动距离为 7558m，摩擦表面最高温度为 460℃。此时，摩擦产生热的热应力最大值为 190MPa，比厚度为 20mm SiC 的热应力减少约 50%（见 13.4 节）。

由此可知，适当减少 SiC 层厚度，并保持 SiC 总体积不变，适当增大 SiC 摩擦面的面积有助于摩擦性能的稳定，并大幅度减少热应力的产生。

最初，编者计算了 SiC 面积占 $SiC_{3D}$/Fe 盘摩擦面面积分数为 45%，SiC 面积占 $SiC_{3D}$/Cu 粉闸摩擦面面积分数为 45%组成的摩擦副，SiC 在整个盘面连续分布，计算结果表明，其刹车距离比 8500m 要长。因此，降低 SiC 面积占 $SiC_{3D}$/Fe 盘摩擦面面积分数，以及让碳化硅在摩擦面非连续分布，并重新作了计算。

下面进行了温度场计算结果与分析，限于篇幅，只给出具有最佳摩擦性能的编号为 5 的摩擦副在制动过程中摩擦面的温度随时间变化图片。

10s、30s、74s（温度最高时刻）和 140.5s（制动结束时刻），盘面的温度场分布情况如图 13-5 所示，此时制动加速度为 $-0.76m/s^2$，紧急制动距离为 7601m。由图可以看出，开始一段时间，制动盘表面温度呈带状分布，然后经历了一个由团状热斑不断向周围扩散的过程，这是因为散热筋处的散热效果较好，而高温团状则分布在各个散热筋之间。

编号 5 摩擦副的摩擦表面盘片的最高温度随制动时间变化曲线如图 13-6 所示。可以看出，制动开始后，温度快速上升，在 74s 左右达到最高温度 450℃，然后逐渐下降，直到停车时，变为 380℃。这说明，开始制动时，流入制动盘的热量远大于制动盘向空气中散失的热量，短时间内盘面热量来不及向盘的内部传导，因此制动盘快速升温，而这个趋势逐渐变得平缓，升温一直持续到约 74s，此后，流入制动盘的热量小于制动盘向外流失的热量，热量由盘面向盘内部扩散，开始降温。高温区一直是在摩擦环的表面上。

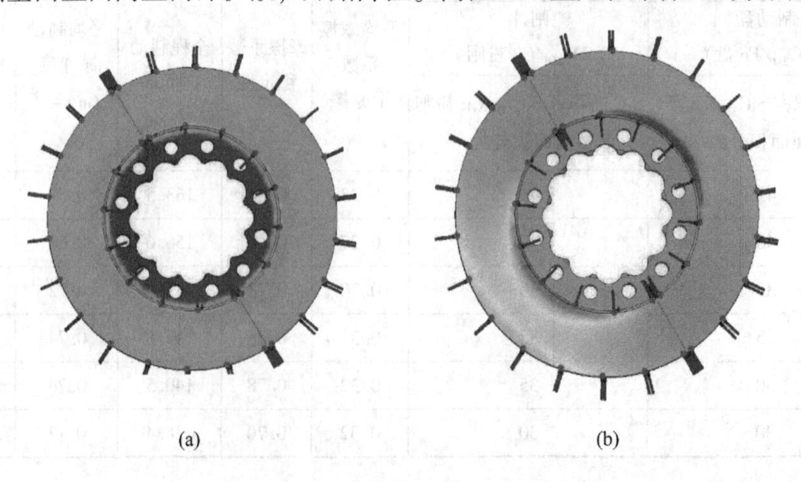

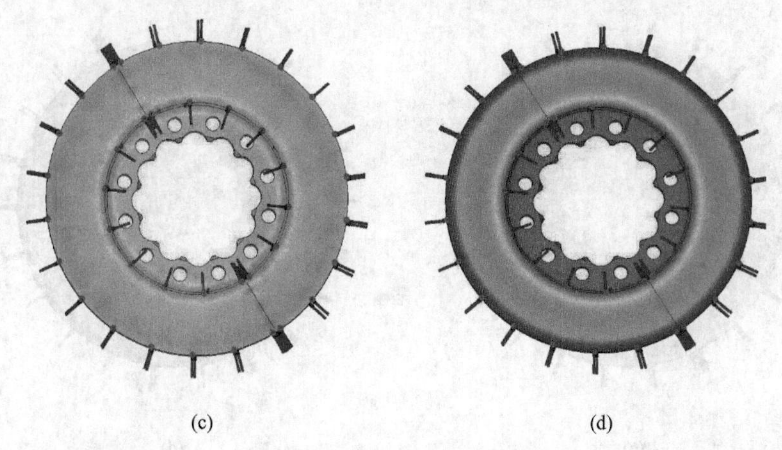


图 13-5　10s、30s、74s 和 140.5s $SiC_{3D}$/Fe 盘摩擦面的温度场（编号 5 摩擦副）

（a）10s（$SiC_{3D}$/Fe 盘摩擦面温度约 100℃）；（b）30s（$SiC_{3D}$/Fe 盘摩擦面温度约 240℃，200°~260°圆周方向为 $SiC_{3D}$/Cu 粉闸闸片所在处）；（c）74s（温度最高时刻，摩擦面温度约 450℃）；（d）140.5s（制动结束时刻，摩擦面温度降低，最终约 380℃）

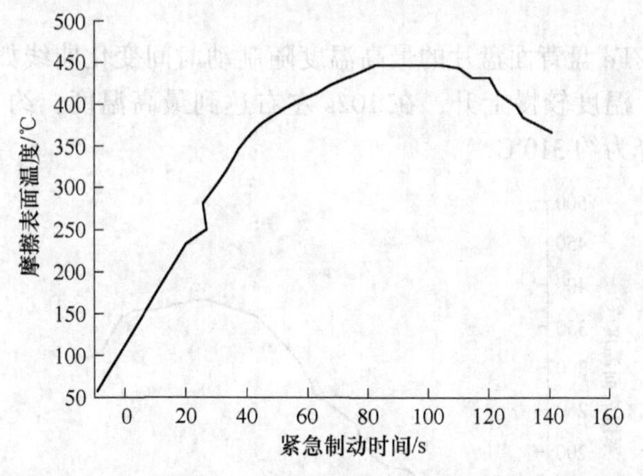


图 13-6　编号 5 的 $SiC_{3D}$/Fe 盘摩擦面（与闸片接触面）盘片的最高温度随制动时间变化曲线

10s、30s、89s（温度最高时刻）和 140.5s（制动结束时刻）制动盘背面的温度场如图 13-7 所示。由图 13-7 可以看出，在温度最高时刻 89s 时，筋板处的温度达到最高。

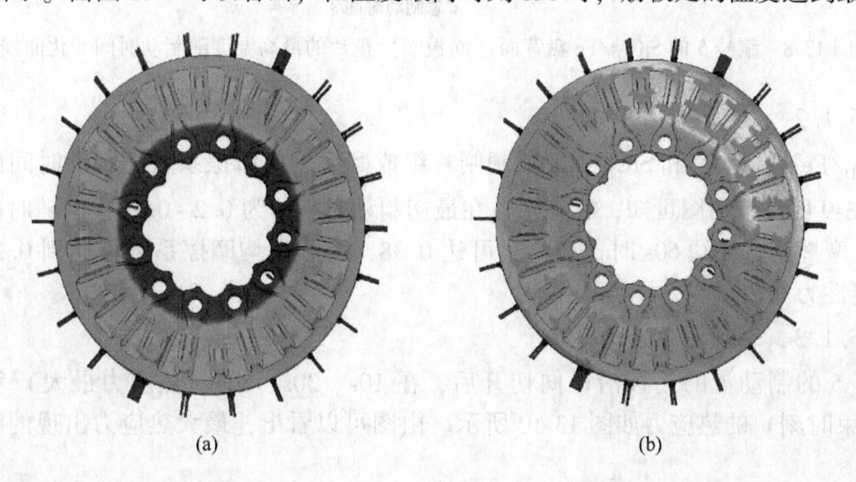

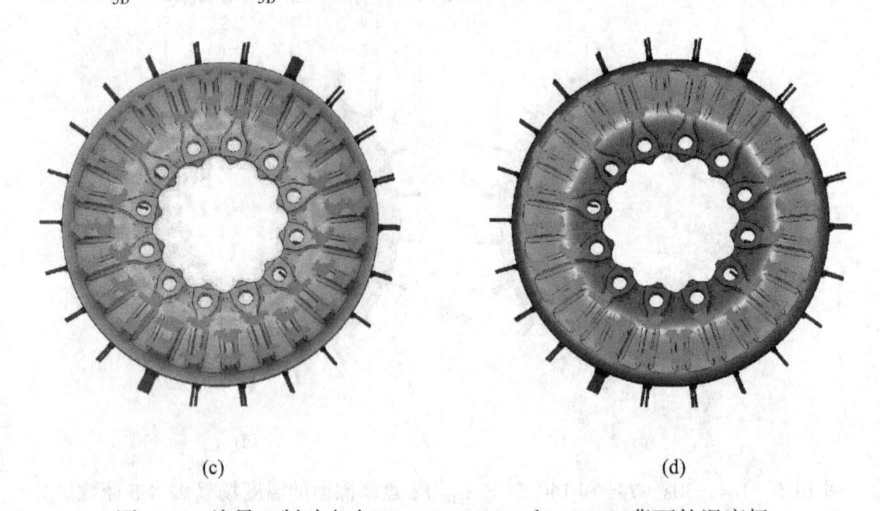


图 13-7　编号 5 制动盘在 10s、30s、89s 和 143.5s 背面的温度场

（a）10s（$SiC_{3D}$/Fe 盘背面温度约 70℃）；（b）30s（$SiC_{3D}$/Fe 盘背面温度约 160℃，20°~80°圆周方向为 SiC/Cu 粉闸闸片所在处）；（c）89s（温度最高时刻，此最高温度对应的时间比摩擦面晚，最高温约 390℃）；（d）140.5s（制动结束时刻，摩擦面温度降低，最终约 310℃）

编号 5 的 $SiC_{3D}$/Fe 盘背面盘片的最高温度随制动时间变化曲线如图 13-8 所示。可以看出，制动开始后，温度较慢上升，在 102s 左右达到最高温度，约 390℃，然后逐渐下降，直到停车时，降为约 310℃。

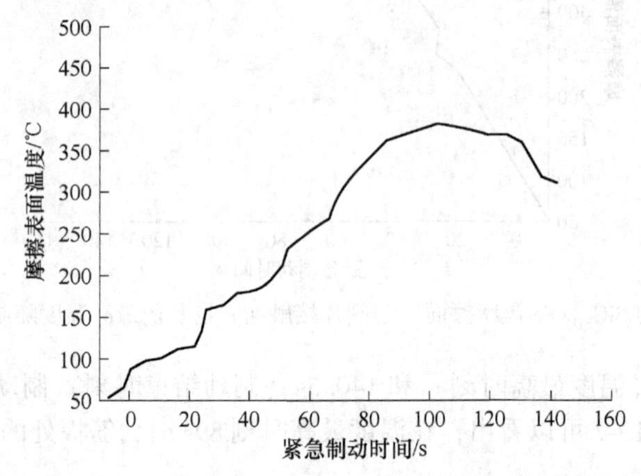


图 13-8　编号 5 的 $SiC_{3D}$/Fe 盘背面（筋板面）盘片的最高温度随制动时间变化曲线

13.5.1.2　制动盘摩擦系数

$SiC_{3D}$/Fe 盘制动盘和 $SiC_{3D}$/Cu 粉闸闸片组成摩擦副的摩擦系数随制动时间的变化曲线如图 13-9 所示。由图可知，摩擦系数在最初制动时，约为 0.2~0.23，但随时间延长逐渐增大，摩擦系数在约 60s 时比较高，可达 0.38，全程平均摩擦系数可达到 0.32，摩擦系数稳定性为 0.78。

13.5.1.3　制动盘热应力

编号 5 的制动盘的筋板沿径向切开后，在 10s、30s、80s（热应力最大）和 140.5s（制动结束时刻）的热应力如图 13-10 所示。由图可以看出，最大热应力出现的时间大概

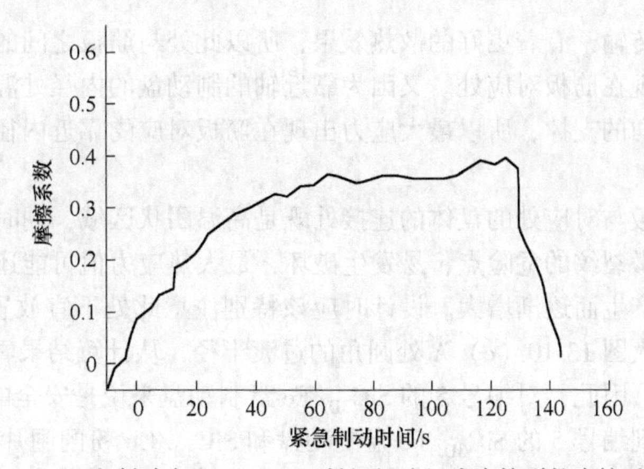


图 13-9 编号 5 的 $SiC_{3D}$/Fe 盘制动盘和 $SiC_{3D}$/Cu 粉闸闸片组成摩擦副的摩擦系数随制动时间的变化

是在制动后第 80s 左右。最大热应力分布在筋板所对应的盘体正表面上，且靠近盘的内侧。因为筋板所对应的摩擦环面始终是温度最高的区域，盘面的膨胀最大，与筋板对应处

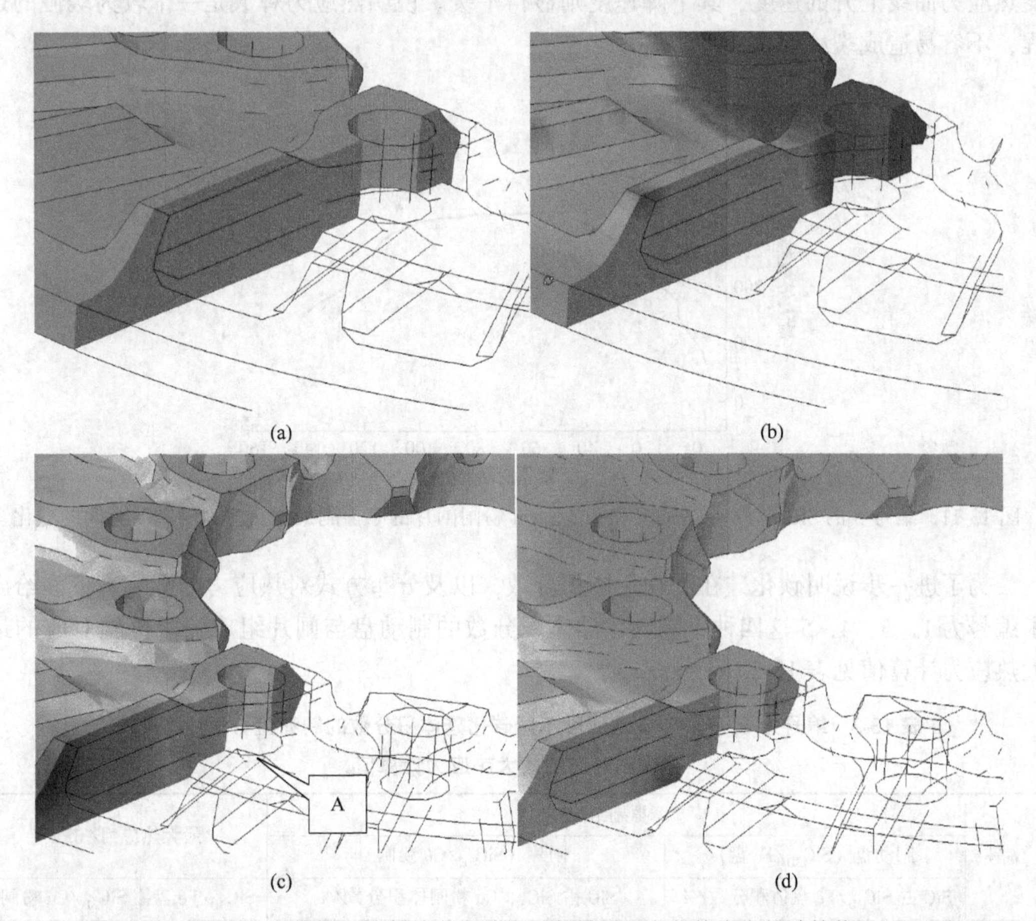


图 13-10 编号 5 的制动盘的筋板随制动时间变化热应力的计算值

（a）10s（$SiC_{3D}$/Fe 盘背面温度约 70℃）；（b）30s（$SiC_{3D}$/Fe 盘背面温度约 160℃，散热筋纵截面处为 $SiC_{3D}$/Cu 粉闸闸片所在处）；（c）80s（热应力最大为 315MPa，出现位置为最大热应力分布在筋板所对应的盘体正表面上，且靠近盘的内侧）；（d）140.5s（制动结束时刻，摩擦面温度降低，最终约 310℃）

盘体的热量向筋板传输，有着更好的散热效果，所以此处与筋板之间的部分有很大的温度差，最大热应力出现在筋板对应处。又因为靠近轴的制动盘的内径处温度一直很低，变化很小，且有轴的径向的支撑，所以最大应力出现在筋板对应的靠近内径的盘体处，其最大值时为 315MPa。

由此可知，筋板与对应处的盘体的连接处既是高温团状区域，同时也是热应力最大的区域，此处为产生微裂纹的危险点，易发生破坏，最大热应力值可能还会随着循环周次增加因摩擦环效应的产生而逐渐增大。设计时应该特别注意此处不宜放置 SiC，在此处消除热应力的产生，增大图 13-10（c）A 处圆角的过渡半径，从计算结果看 315MPa 还不能造成制动盘的微裂纹。因此，对编号 5 的 $SiC_{3D}$/Fe 盘制动盘来说是安全的。

为了更直观得到编号 5 的 $SiC_{3D}$/Fe 盘制动盘和 $SiC_{3D}$/Cu 粉闸闸片组成摩擦副的最大热应力随制动时间的变化，做了一次紧急制动全过程的非线性模拟，得到的计算值如图 13-11 所示。可以看出，当制动开始后，随着温度的升高，热应力逐渐变大。在 50~80s 之间，达到极大值时，热应力为 300~350MPa。在 100~140s 之间，热应力缓慢下降。相比热应力曲线上升的速度，其下降速度则显得平缓。说明热应力释放是一个较为缓慢的过程，不容易造成裂纹。

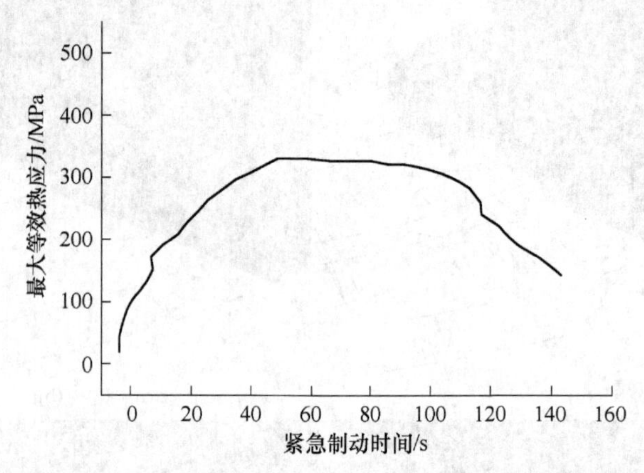


图 13-11 编号 5 的 $SiC_{3D}$/Fe 盘制动盘和 $SiC_{3D}$/Cu 粉闸闸片的摩擦副最大热应力随制动时间的变化

为了进一步说明碳化硅在制动盘体积分数，以及分布方式对热应力的影响。下面给出了编号为 1，3，4，5 这四种不同碳化硅体积分数的制动盘与闸片组成的摩擦副对应的最大热应力计算值见表 13-3。

**表 13-3 编号为 1，3，4，5 这四种不同碳化硅体积分数的制动盘与闸片组成的摩擦副对应的最大热应力计算值**

| 编号 | 摩擦副组成 | | 最大热应力/MPa | |
|---|---|---|---|---|
| | 制动盘（$SiC_{3D}$/Fe 盘） | 闸片（$SiC_{3D}$/Cu 粉闸） | | |
| | SiC 占 $SiC_{3D}$/Fe 盘体积分数/% | SiC 占 $SiC_{3D}$/Cu 粉闸体积分数/% | $SiC_{3D}$/Fe 盘 | $SiC_{3D}$/Cu 粉闸 |
| 1 | 45 | 45 | 454 | 397 |
| 3 | 35 | 40 | 385 | 323 |
| 4 | 35 | 35 | 353 | 248 |
| 5 | 30 | 35 | 305 | 229 |

编号为 1，3，4，5 四种不同碳化硅体积分数的制动盘与闸片组成摩擦副的最大热应力如图 13-12 所示。计算的速度为 380km/h 的高速列车制动盘，在一次制动过程中温度及应力变化的情况。从计算结果来看，最大等效应力值为 305MPa，远小于 $SiC_{3D}$/Fe 常温下的最大许用应力 805MPa。

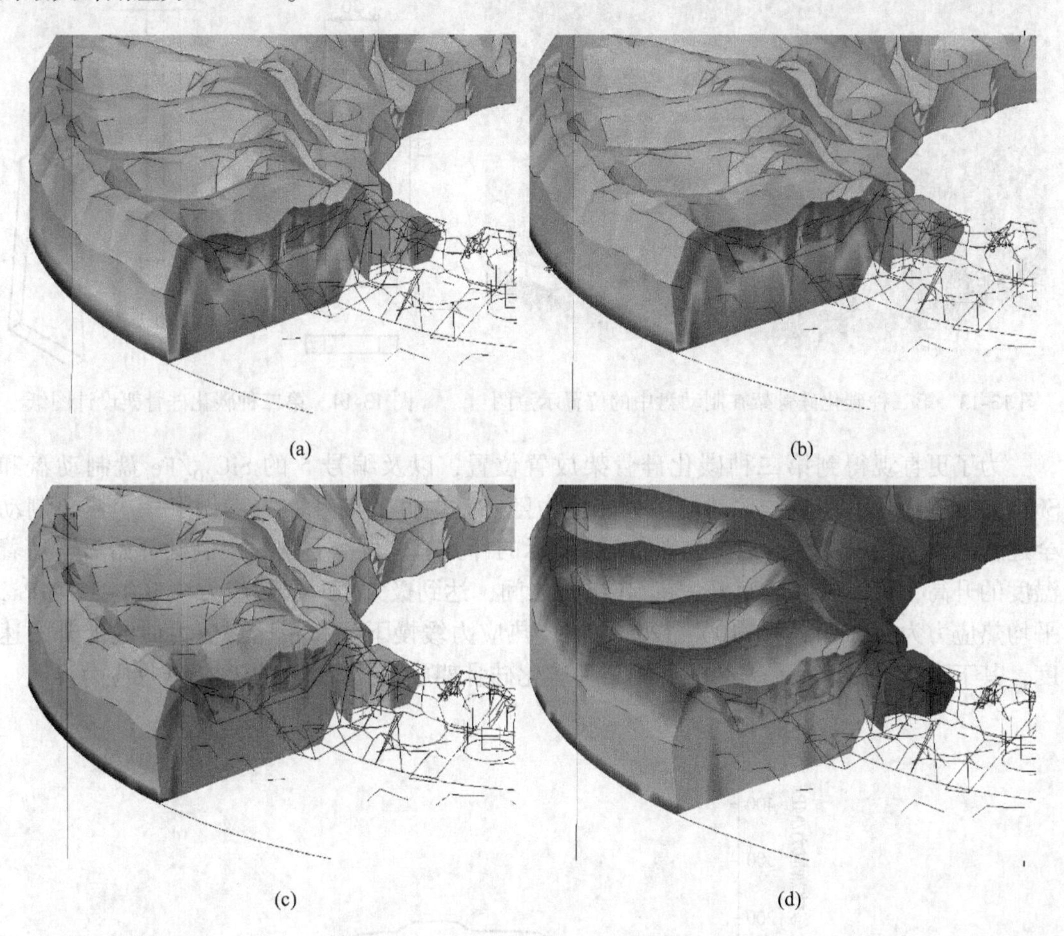

图 13-12 编号为 1，3，4，5 这四种不同碳化硅体积分数的制动盘与闸片组成摩擦副的最大热应力
（a）编号 1 最大热应力 454MPa；（b）编号 3 最大热应力 385MPa；
（c）编号 4 最大热应力 353MPa；（d）编号 5 最大热应力 305MPa

以上计算数据表明：紧急制动距离控制在目标值（速度为 380km/h 的条件下实施紧急制动，紧急制动距离为 8143m，平均摩擦系数 0.28~0.32）要求的范围内。但是其热应力还偏大，因此，编者改变了制动盘中碳化硅骨架的摆放位置，做了下面的计算。

### 13.5.2 制动盘的碳化硅骨架摆放位置（二）

第二种碳化硅骨架在制动盘中的位置设计尺寸示意图如图 13-13 所示，具体位置为碳化硅骨架在散热筋的正上方，碳化硅骨架的对称中心线与散热筋对称中心线重合。计算得到的碳化硅骨架设计尺寸示意图如图 13-14 所示。碳化硅骨架可以选择梯形，上底为 25~30mm，下底为 45~50mm，高度为 115~120mm，厚度可以根据具体情况作调整，对比碳化硅骨架位置 1 可知，碳化硅梯形面积在增加，因此计算表明 10±3mm 厚度比较适合，厚度不能超过 14mm，该厚度小于第一种位置的碳化硅厚度。否则严重影响散热筋的强度，可以摆放 2 层 5~7mm 厚的碳化硅骨架（制动盘厚度 23mm）。

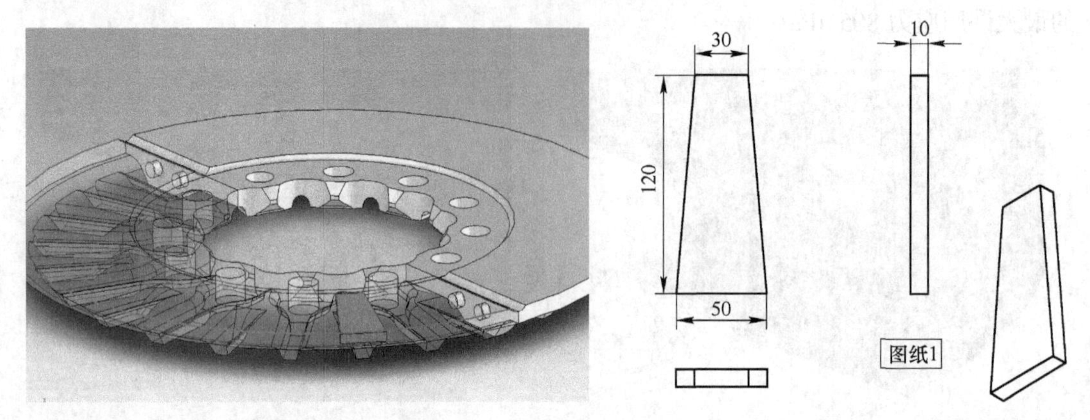


图 13-13　第二种碳化硅骨架在制动盘中的位置示意图　　　图 13-14　第二种碳化硅骨架设计图纸

为了更直观得到第二种碳化硅骨架放置位置，以及编号 5 的 $SiC_{3D}$/Fe 盘制动盘和 $SiC_{3D}$/Cu 粉闸闸片组成摩擦副的最大热应力随制动时间的变化，编者做了一次紧急制动全过程的非线性模拟，得到了如图 13-15 所示的计算值。可以看出，当制动开始后，随着温度的升高，热应力逐渐变大，在 50~80s 之间，达到极大值时，热应力在 100~170MPa，平均热应力为 120MPa；在 100~120s 之间，热应力缓慢下降，相比热应力曲线上升的速度，其下降速度则显得平缓。说明第二种碳化硅骨架放置位置能大幅度降低热应力。

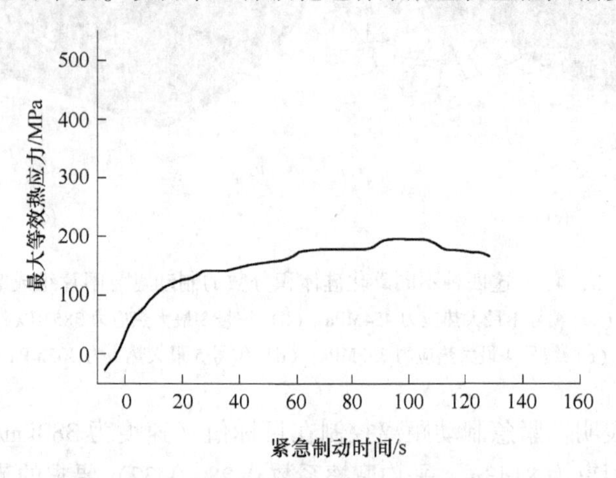


图 13-15　摩擦副的最大热应力随制动时间的变化

第二种碳化硅骨架放置位置，且编号 5 的 $SiC_{3D}$/Fe 盘制动盘和 $SiC_{3D}$/Cu 粉闸闸片组成摩擦副的摩擦系数随制动时间的变化曲线如图 13-16 所示。对比图 13-9 可知，第二种碳化硅骨架放置在散热筋正上方，其摩擦系数有了较大提高。摩擦系数在最初制动时，约为 0. 2~0. 27，但随时间延长逐渐增大，摩擦系数在约 40s 时比较高，可达 0. 40，全程平均摩擦系数可达到 0. 33，摩擦系数稳定性为 0. 85。

为了进一步说明碳化硅在制动盘体积分数，以及分布方式对热应力的影响。我们给出

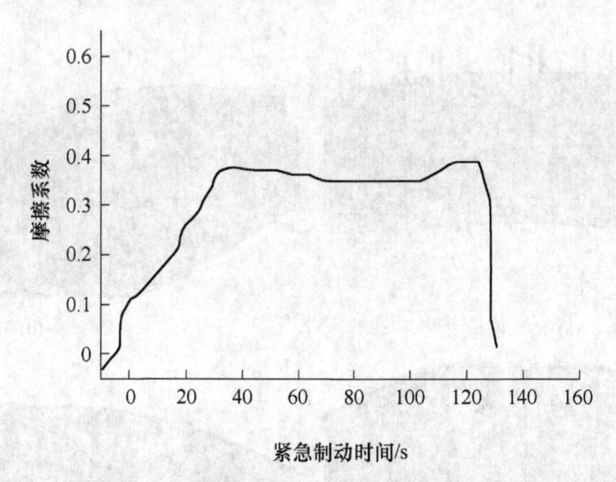


图 13-16 摩擦副的摩擦系数随制动时间的变化

了编号为 1，3，4，5 这四种不同碳化硅体积分数的制动盘与闸片组成的摩擦副对应的最大热应力计算值，见表 13-4，对比表 13-3 可知，我们通过改变碳化硅骨架的放置位置，大大降低了热应力的产生，获得了较高的摩擦系数。

**表 13-4 编号为 1，3，4，5 这四种不同碳化硅体积分数的制动盘与闸片组成的摩擦副对应的最大热应力计算值**

| 编号 | 摩擦副组成 | | 最大热应力/MPa | |
|---|---|---|---|---|
| | 制动盘（$SiC_{3D}$/Fe 盘） | 闸片（$SiC_{3D}$/Cu 粉闸） | | |
| | SiC 占 $SiC_{3D}$/Fe 盘体积分数/% | SiC 占 $SiC_{3D}$/Cu 粉闸体积分数/% | $SiC_{3D}$/Fe 盘 | $SiC_{3D}$/Cu 粉闸 |
| 1 | 45 | 45 | 247 | 191 |
| 3 | 35 | 40 | 197 | 162 |
| 4 | 35 | 35 | 183 | 133 |
| 5 | 30 | 35 | 155 | 105 |

## 13.6 闸片的计算分析

### 13.6.1 闸片温度场

闸片的温度场计算结果如图 13-17 所示。计算表明，在闸片制动过程中，闸片与轮毂间所产生的摩擦力可以使接触表面变形、黏着点撕裂，使硬质点或是磨屑产生犁削效应，消耗在亚表层材料内的能量远大于接触面上的能量，占摩擦热的绝大部分且大部分转化为热量而被摩擦偶件吸收。闸片工作时的热量产生于闸片和轮毂表面的摩擦，这部分热量一部分通过各种途径散发出去，剩余部分在闸片内部积累，使其含热量增加，从而使温度升高。

### 13.6.2 闸片热应力

对 $SiC_{3D}$/Cu 粉闸闸片的热应力计算表明，消耗在闸片亚表层材料内的能量远大于接

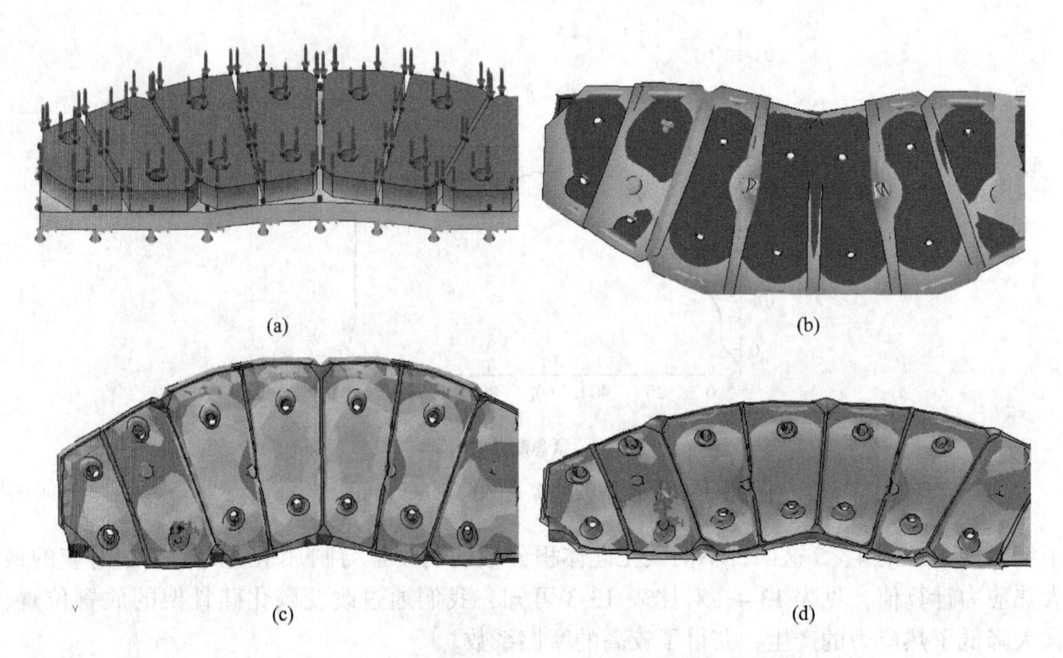

图 13-17 $SiC_{3D}$/Cu 粉闸闸片以及背板在紧急制动工况的温度场

（a）紧急制动后摩擦面表面温度场，最高温度 450~470℃；（b）钢背板温度，最高温度为 280~320℃；（c）制动结束后，闸片的温度，降为 330~350℃；（d）制动结束后，背板的温度，降为 130~150℃

触面上的能量，摩擦热的大部分转化为热量而被制动盘吸收。剩余部分在闸片内部积累，使其含热量增加，从而使温度升高。本节将计算速度为 380km/h 的高速列车在一次紧急制动过程中，闸片热应力场变化范围与 SiC 占 $SiC_{3D}$/Cu 粉闸体积分数有关系，当从 SiC 占 $SiC_{3D}$/Cu 粉闸体积分数由 45%减少到 30%时，热应力由 397MPa 减少到 257MPa。同时，闸片热应力场变化范围与制动盘的 SiC 位置也有关系，采用 13.5.2 节 SiC 在制动盘位置 2 的制动盘做摩擦副时，SiC 占 $SiC_{3D}$/Cu 粉闸体积分数由 45%减少到 30%时，热应力由 191MPa 减少到 105MPa。闸片热应力场变化范围与 SiC 占 $SiC_{3D}$/Cu 粉闸体积分数之间的关系见表 13-5。

**表 13-5 闸片热应力场变化范围与 SiC 占 $SiC_{3D}$/Cu 粉闸体积分数之间的关系**

| 编号 | 摩擦副组成 | | $SiC_{3D}$/Cu 粉闸的热应力/MPa | |
|---|---|---|---|---|
| | 制动盘（$SiC_{3D}$/Fe 盘） | 闸片（$SiC_{3D}$/Cu 粉闸） | | |
| | SiC 占 $SiC_{3D}$/Fe 盘体积分数/% | SiC 占 $SiC_{3D}$/Cu 粉闸体积分数/% | 与 6.5.1 节 SiC 在制动盘位置 1 | 与 6.5.2 节 SiC 在制动盘位置 2 |
| 1 | 45 | 45 | 397 | 191 |
| 2 | 40 | 40 | 354 | 184 |
| 3 | 35 | 40 | 323 | 162 |
| 4 | 35 | 35 | 248 | 133 |
| 5 | 30 | 35 | 229 | 105 |
| 6 | 30 | 30 | 257 | 154 |

编号为5的闸片和背板的热应力计算结果如图13-18所示。可以看出，闸片的热应力远小于$SiC_{3D}/Cu$粉闸所能承载的应力650MPa，因此，闸片能经受住紧急制动产生摩擦热的热冲击。

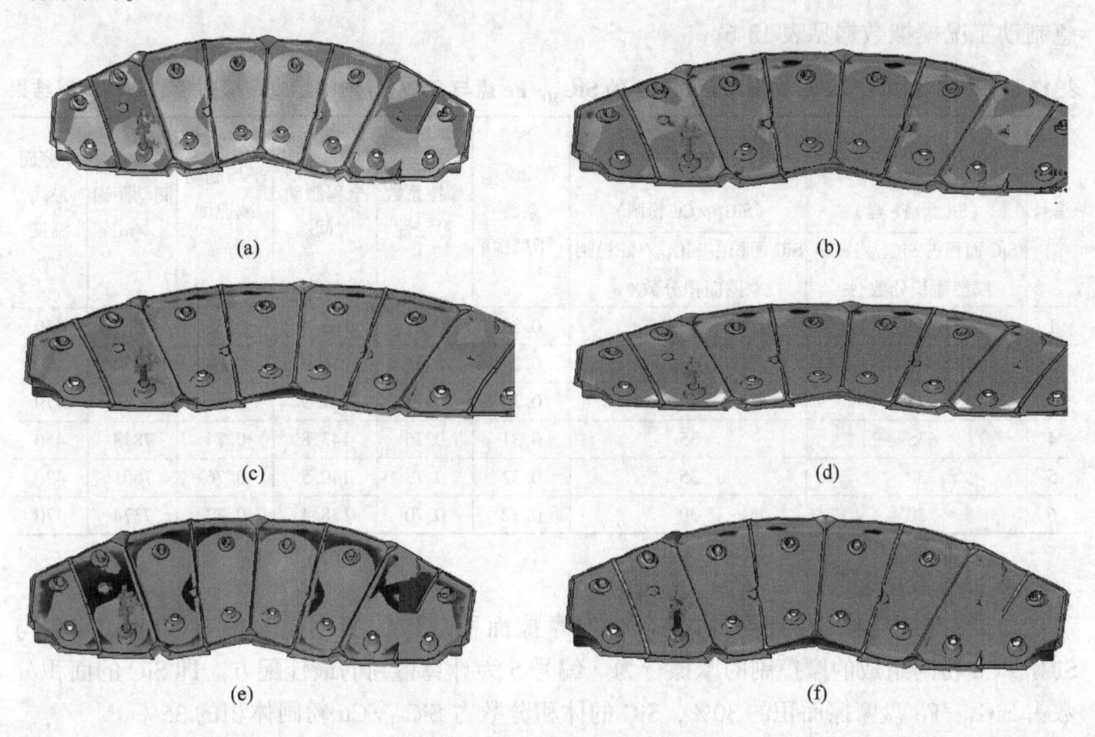

图13-18　闸片和背板各方向的热应力计算值

（a）闸片$X$轴方向的热应力105MPa（与13.5.2节SiC在制动盘位置2的制动盘做摩擦副）；
（b）闸片$Y$轴方向的热应力91MPa（与13.5.2节SiC在制动盘位置2的制动盘做摩擦副）；
（c）闸片$Z$轴方向的热应力85MPa（与13.5.2节SiC在制动盘位置2的制动盘做摩擦副）；
（d）背板$X$轴方向的热应力130MPa；（e）背板$Y$轴方向的热应力76MPa；（f）背板$Z$轴方向的热应力50MPa

### 13.6.3　闸片的碳化硅骨架摆放位置

图13-19　按照与闸片摩擦生成的热量流失方向一致原则进行碳化硅分布为最佳

最佳的碳化硅网格在闸片中的排布方式如图13-19所示。浅色部分为碳化硅。深色部分为Cu基体。编者发现，网络碳化硅在闸片内的分布应该与闸片摩擦生成的热量流失方向一致，并且与铆钉的孔相距5~10mm，以避免降低铆接的强度。同时，闸片从左往右第3至第6块为主要承载热应力的闸片，碳化硅骨架可根据实际工艺做得稍大一些从而减少拼接，其骨架体积分数可以稍高一些，为35%~40%；左数第1、第2，以及第7、第8块，其碳化硅骨架体积分数可以降低到20%~25%，这样可以减少对制动盘的磨损。但是以闸片整体碳化硅体积分数来看，应该满足表6-5中编号为5的标准。即SiC占$SiC_{3D}/Cu$粉闸体积分数为35%。

### 13.6.4 闸片的摩擦系数

对 13.5.1.1 节 SiC 在制动盘位置 1 的 $SiC_{3D}$/Fe 盘与 $SiC_{3D}$/Cu 粉闸组成的摩擦副的紧急制动工况模拟数据见表 13-6。

**表 13-6 对 13.5.1.1 节 SiC 在制动盘位置 1 的 $SiC_{3D}$/Fe 盘与 SiC/Cu 粉闸组成摩擦副紧急制动计算结果**

| 编号 | 摩擦副组成 | | 平均摩擦系数（干摩擦） | 摩擦系数稳定性 | 全程制动时间/s | 平均制动减速度/m·s$^{-2}$ | 制动距离/m | 摩擦面最高温度/℃ |
|---|---|---|---|---|---|---|---|---|
| | 制动盘（$SiC_{3D}$/Fe 盘） | 闸片（$SiC_{3D}$/Cu 粉闸） | | | | | | |
| | SiC 面积占 $SiC_{3D}$/Fe 盘摩擦面积分数/% | SiC 面积占 $SiC_{3D}$/Cu 粉闸摩擦面积分数/% | | | | | | |
| 1 | 45 | 45 | 0.23 | 0.61 | 163.5 | 0.65 | 8687 | 450 |
| 2 | 40 | 40 | 0.27 | 0.66 | 156.6 | 0.68 | 8274 | 460 |
| 3 | 35 | 40 | 0.30 | 0.73 | 147.9 | 0.72 | 8035 | 470 |
| 4 | 35 | 35 | 0.31 | 0.76 | 143.8 | 0.74 | 7813 | 450 |
| 5 | 30 | 35 | 0.32 | 0.78 | 140.5 | 0.76 | 7601 | 430 |
| 6 | 30 | 30 | 0.32 | 0.70 | 138.4 | 0.77 | 7374 | 470 |

表 13-6 数据表明：

(1) SiC 网络陶瓷的面积占复合材料摩擦面积分数的变化显著影响 $SiC_{3D}$/Fe 盘与 $SiC_{3D}$/Cu 粉闸组成的摩擦副的摩擦行为。编号 5 为计算得到的最佳配方。即 SiC 的面积分数占 $SiC_{3D}$/Fe 盘摩擦面积的 30%，SiC 的体积分数占 $SiC_{3D}$/Cu 粉闸体积的 35%。

(2) 采用编号 5 的摩擦副，当制动盘上最大正压力为 0.50MPa，平均正压力为 0.45MPa 时，摩擦副的全程平均摩擦系数达到 0.32（干摩擦状态下），摩擦系数稳定性为 0.78，紧急制动全程制动时间为 140.5s，平均制动加速度为 $-0.76m/s^2$，紧急制动距离为 7601m。

对 13.5.2 小节 SiC 在制动盘位置 2 的 $SiC_{3D}$/Fe 盘与 $SiC_{3D}$/Cu 粉闸组成的摩擦副的紧急制动工况摩擦性能模拟数据见表 13-7。

**表 13-7 对 13.5.2 节 SiC 在制动盘位置 2 的 $SiC_{3D}$/Fe 盘与 $SiC_{3D}$/Cu 粉闸组成摩擦副紧急制动摩擦性能计算**

| 编号 | 摩擦副组成 | | 平均摩擦系数（干摩擦） | 摩擦系数稳定性 | 全程制动时间/s | 平均制动减速度/m·s$^{-2}$ | 制动距离/m | 摩擦面最高温度/℃ |
|---|---|---|---|---|---|---|---|---|
| | 制动盘（$SiC_{3D}$/Fe 盘） | 闸片（$SiC_{3D}$/Cu 粉闸） | | | | | | |
| | SiC 占 $SiC_{3D}$/Fe 盘体积分数/% | SiC 占 $SiC_{3D}$/Cu 粉闸体积分数/% | | | | | | |
| 1 | 45 | 45 | 0.24 | 0.65 | 161.9 | 0.68 | 8252 | 450 |
| 2 | 40 | 40 | 0.28 | 0.71 | 154.3 | 0.71 | 8034 | 460 |
| 3 | 35 | 40 | 0.31 | 0.78 | 145.3 | 0.74 | 7977 | 470 |
| 4 | 35 | 35 | 0.32 | 0.81 | 141.1 | 0.76 | 7436 | 450 |
| 5 | 30 | 35 | 0.33 | 0.85 | 138.5 | 0.78 | 7220 | 430 |
| 6 | 30 | 30 | 0.31 | 0.72 | 138.4 | 0.76 | 7332 | 470 |

表13-7数据表明：

(1) SiC网络陶瓷的面积占复合材料摩擦面积分数的变化显著影响着$SiC_{3D}$/Fe盘与$SiC_{3D}$/Cu粉闸组成的摩擦副的摩擦行为。编号5为计算得到的最佳配方。即SiC的面积分数占$SiC_{3D}$/Fe盘摩擦面积的30%，SiC面积分数占$SiC_{3D}$/Cu粉闸摩擦面积的35%。

(2) 采用编号5的摩擦副，采用13.5.1节SiC在制动盘位置1的制动盘，当制动盘上最大正压力为0.50MPa，平均正压力为0.45MPa时，该组摩擦副的全程平均摩擦系数达到0.33（干摩擦状态下），摩擦系数稳定性为0.85，紧急制动全程制动时间为138.5s，平均制动减速度约为0.78m/s$^2$，紧急制动距离为7220m。

对13.5.2节SiC在制动盘位置2的$SiC_{3D}$/Fe盘与$SiC_{3D}$/Cu粉闸组成的摩擦副的紧急制动工况热应力模拟数据见表13-8。

**表13-8 对13.5.2节SiC在制动盘位置2的$SiC_{3D}$/Fe盘与$SiC_{3D}$/Cu粉闸组成摩擦副紧急制动热应力计算**

| 编号 | 摩擦副组成 | | 最大热应力/MPa | | 摩擦面最高温度/℃ |
|---|---|---|---|---|---|
| | 制动盘（$SiC_{3D}$/Fe盘） | 闸片（$SiC_{3D}$/Cu粉闸） | | | |
| | SiC占$SiC_{3D}$/Fe盘体积分数/% | SiC占$SiC_{3D}$/Cu粉闸体积分数/% | $SiC_{3D}$/Fe盘 | $SiC_{3D}$/Cu粉闸 | |
| 1 | 45 | 45 | 247 | 191 | 450 |
| 2 | 40 | 40 | 229 | 184 | 460 |
| 3 | 35 | 40 | 197 | 162 | 470 |
| 4 | 35 | 35 | 183 | 133 | 450 |
| 5 | 30 | 35 | 155 | 105 | 430 |
| 6 | 30 | 30 | 206 | 154 | 470 |

表13-8数据表明：

采用编号5的摩擦副，采用13.5.1节SiC在制动盘位置2的制动盘，当制动盘上最大正压力为0.50MPa，平均正压力为0.45MPa时，SiC占$SiC_{3D}$/Fe盘体积分数为30%，SiC占$SiC_{3D}$/Cu粉闸体积分数为35%，$SiC_{3D}$/Fe盘的热应力减少到155MPa，$SiC_{3D}$/Cu粉闸的热应力减少到105MPa。

最后，编者还计算了如果对流换热系数为0.70时，此时，制动盘和闸片的热应力都相应减少30%，平均热应力最低可以降低到70MPa，这完全不会对制动盘和闸片产生破坏。

# 14 $SiC_{3D}$/Fe 盘与 $SiC_{3D}$/Cu 铸闸闸片组成的摩擦副摩擦行为模拟

编者利用有限元模拟了 $SiC_{3D}$/Fe 制动盘与真空气压铸造 $SiC_{3D}$/Cu 铸闸闸片组成的摩擦副在速度为 380km/h 实施紧急制动的摩擦行为。

具体包括以下内容：

（1）建立 SiC 网络陶瓷增强 Fe 复合材料的制动盘（简称 SiC/Fe 盘）模型，真空气压铸造 $SiC_{3D}$/Cu 铸闸的闸片（简称 $SiC_{3D}$/Cu 粉闸）模型。研究了该制动盘与 $SiC_{3D}$/Cu 铸闸组成的摩擦副在速度为 380km/h 实施紧急制动的摩擦磨损行为。

（2）讨论了 SiC 网络陶瓷面积占制动盘和闸片摩擦面积分数，SiC 网络陶瓷在制动盘和闸片中的排列方式对摩擦副摩擦行为的影响。

（3）讨论了 SiC 体积占制动盘和闸片摩擦体积分数，SiC 网络陶瓷在制动盘和闸片中的排列方式对摩擦副热应力的影响。

## 14.1 制动盘的计算与分析

材质和计算参数与 13.2 节、13.3 节和 13.4 节相同。$SiC_{3D}$/Cu 铸闸闸片为金属铜与 $SiC_{3D}$ 的复合，这与 $SiC_{3D}$/Cu 粉闸闸片不同。

### 14.1.1 制动盘的碳化硅摆放位置（一）

以梯形碳化硅块放置如图 13-4 所示的位置。碳化硅块的尺寸参考图 13-3，可根据生产工艺做必要调整。

#### 14.1.1.1 制动盘温度场

$SiC_{3D}$/Fe 盘与 $SiC_{3D}$/Cu 铸闸组成的摩擦副的紧急制动工况模拟的计算结果见表 14-1。由表可知，随 SiC 面积在 $SiC_{3D}$/Fe 盘与 $SiC_{3D}$/Cu 铸闸摩擦面积分数的减少，平均摩擦系数增加，全程制动时间减少，制动距离减少，但摩擦表面的最高温度变化不明显。

当编号 6 组成摩擦副时，SiC 面积占 $SiC_{3D}$/Fe 盘摩擦面积分数为 30%，SiC 面积占 $SiC_{3D}$/Cu 铸闸摩擦面积分数为 30%时，平均摩擦系数为 0.31，摩擦系数稳定系数 0.76，全程制动时间 141.1s，平均制动加速度为 $-0.76m/s^2$，制动距离 7813m，摩擦表面最高温度 460℃。

限于篇幅，编者给出了具有最好综合摩擦性能的编号为 6 的 $SiC_{3D}$/Fe 盘与 $SiC_{3D}$/Cu 铸闸组成的摩擦副的温度场计算值如图 14-1 所示。由图可以看出，开始一段时间，制动盘表面温度呈带状分布，然后经历了一个由团状热斑不断向周围扩散的过程，这是因为有散热筋处的散热效果较好，而高温团状则分布在各个散热筋之间。10s 时摩擦面温度大约 140℃，30s 时大约 220℃，78s（温度最高时刻）时温度大约为 460℃，141.1s（制动结束时刻）时温度大约为 380℃。此时制动加速度为-0.76m/$s^2$，紧急制动距离为 7813m。

**表 14-1 $SiC_{3D}$/Fe 盘与 $SiC_{3D}$/Cu 铸闸组成的摩擦副的紧急制动工况模拟的摩擦性能计算值**

| 编号 | 摩擦副组成 | | 平均摩擦系数（干摩擦） | 摩擦系数稳定性 | 全程制动时间/s | 平均制动减速度/m·$s^{-2}$ | 制动距离/m | 摩擦面最高温度/℃ |
|---|---|---|---|---|---|---|---|---|
| | 制动盘（$SiC_{3D}$/Fe 盘） | 闸片（$SiC_{3D}$/Cu 铸闸） | | | | | | |
| | SiC 面积占 $SiC_{3D}$/Fe 盘摩擦面积分数/% | SiC 面积占 $SiC_{3D}$/Cu 粉闸摩擦面积分数/% | | | | | | |
| 1 | 45 | 45 | 0.23 | 0.51 | 166.5 | 0.63 | 8690 | 450 |
| 2 | 40 | 40 | 0.25 | 0.56 | 157.1 | 0.67 | 8536 | 470 |
| 3 | 35 | 40 | 0.28 | 0.63 | 150.2 | 0.71 | 8233 | 495 |
| 4 | 35 | 35 | 0.30 | 0.61 | 145.4 | 0.73 | 7925 | 440 |
| 5 | 30 | 35 | 0.31 | 0.65 | 143.5 | 0.75 | 7916 | 450 |
| 6 | 30 | 30 | 0.31 | 0.76 | 141.1 | 0.76 | 7813 | 460 |

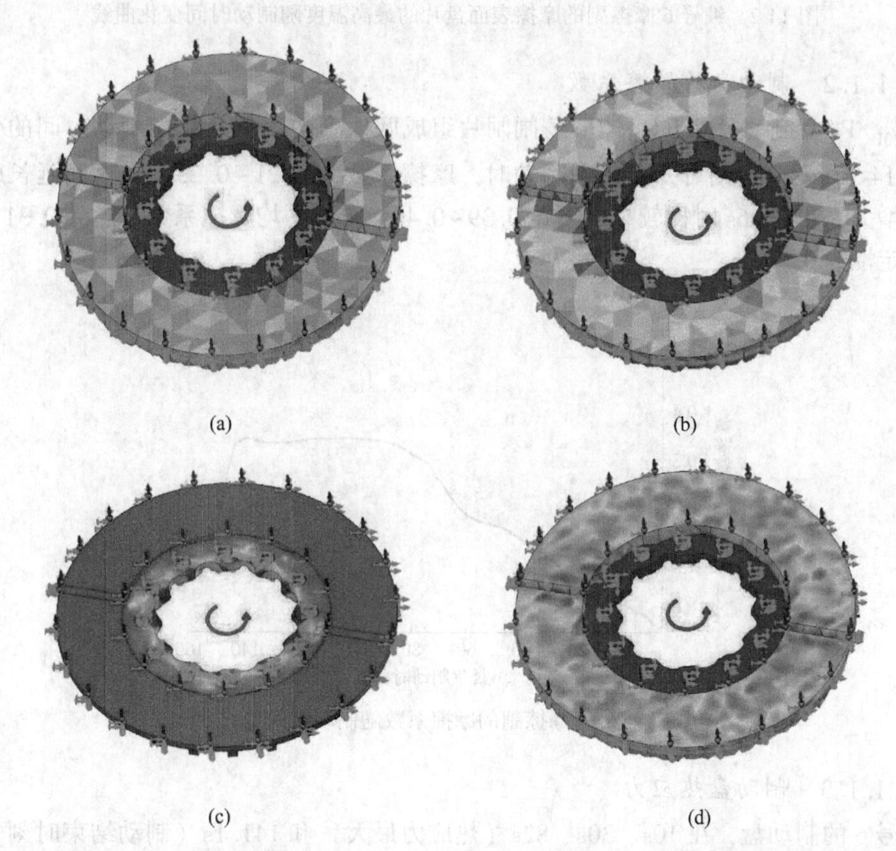

图 14-1 编号 6 摩擦副在 10s、30s、78s 和 141.1s 时 $SiC_{3D}$/Fe 盘摩擦面的温度

（a）10s；（b）30s；（c）78s（温度最高时刻）；（d）141.1s（制动结束时刻）

编号 6 摩擦副的摩擦表面盘片的最高温度随制动时间变化曲线如图 14-2 所示。可以看出，制动开始后，温度快速上升，在 110s 左右达到最高温度 460℃，然后逐渐下降，直到停车时，变为 380℃。制动盘快速升温后变得平缓，升温一直持续到约 78s，此后，流

入制动盘的热量小于制动盘向外流失的热量，热量由盘面向盘内部扩散，因此开始降温，但相比之下比较平缓，一直到停车结束。高温区一直是在摩擦环的表面上。

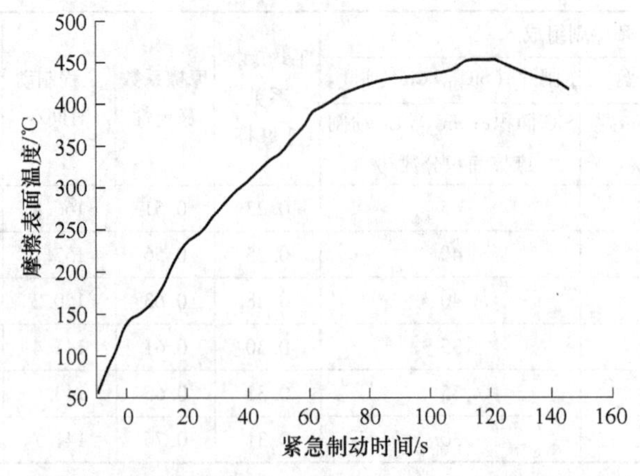


图 14-2 编号 6 摩擦副的摩擦表面盘片的最高温度随制动时间变化曲线

14.1.1.2 制动盘的摩擦系数

$SiC_{3D}$/Fe 盘制动盘和 $SiC_{3D}$/Cu 铸闸闸片组成摩擦副的摩擦系数随制动时间的变化曲线如图 14-3 所示。由图可知，在刚制动时，摩擦系数为 0.21~0.23，随时间延长摩擦系数逐渐增大，在约 66s 时比较高，可达 0.39~0.40，全程平均摩擦系数可达到 0.31，摩擦系数稳定性为 0.76。

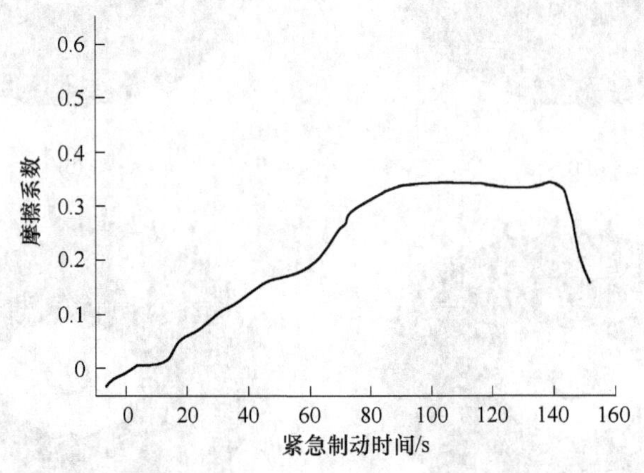


图 14-3 编号 6 摩擦副的摩擦系数随制动时间变化曲线

14.1.1.3 制动盘热应力

编号 6 的制动盘，在 10s、30s、82s（热应力最大）和 141.1s（制动结束时刻）的热应力图片如图 14-4 所示。由图可看出，最大热应力出现的时间大概是在制动后第 80s 左右。最大热应力分布在筋板所对应的盘体正表面上，且靠近盘的内侧。这与第 6 章计算 $SiC_{3D}$/Fe 盘与 $SiC_{3D}$/Cu 粉闸组成的摩擦副的制动盘结果差不多。

为了更直观得到编号 6 的 $SiC_{3D}$/Fe 盘制动盘和 $SiC_{3D}$/Cu 铸闸闸片组成摩擦副的最大热应力随制动时间的变化，编者做了一次紧急制动全过程的非线性模拟，得到了如图 14-5 所示的计算值。由图可以看出，当制动开始后，随着温度的升高，热应力逐渐变大，在

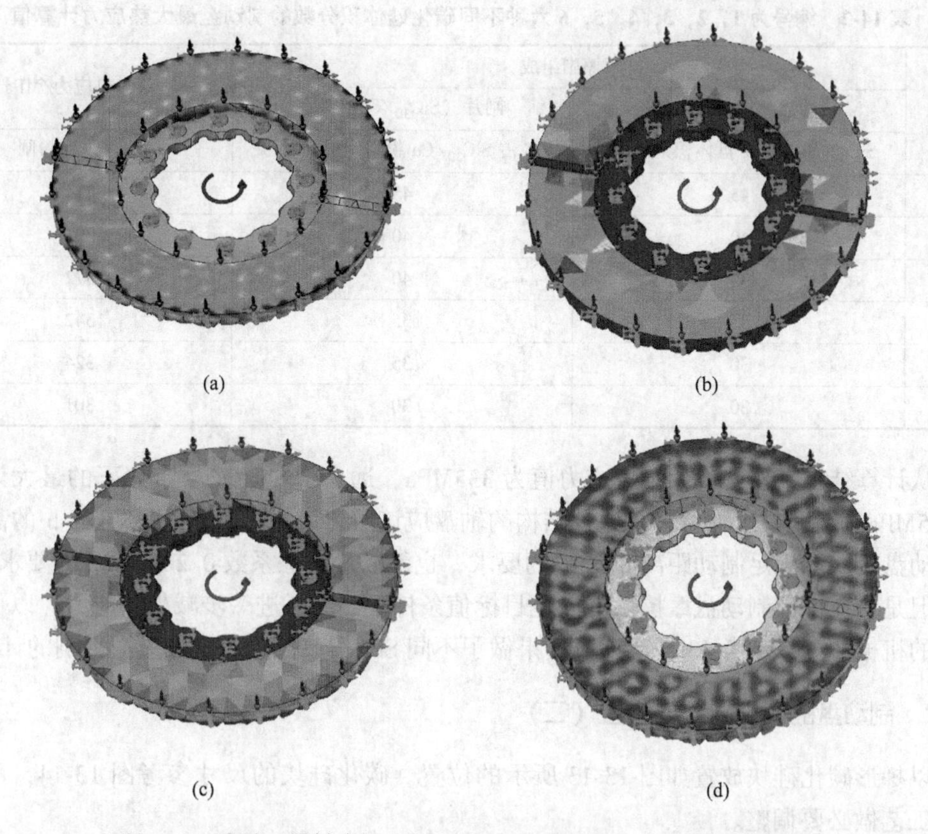


图 14-4 编号 6 的制动盘，在 10s、30s、82s 和 141.1s 时的热应力
（a）10s；（b）30s；（c）104s（制动盘热应力最大 335MPa）；（d）141.1s（制动结束时刻）

86~105s 之间，热应力达到极大值时，为 320~370MPa；在 100~140s 之间，热应力缓慢下降，相比热应力曲线上升的速度，其下降速度则显得平缓。

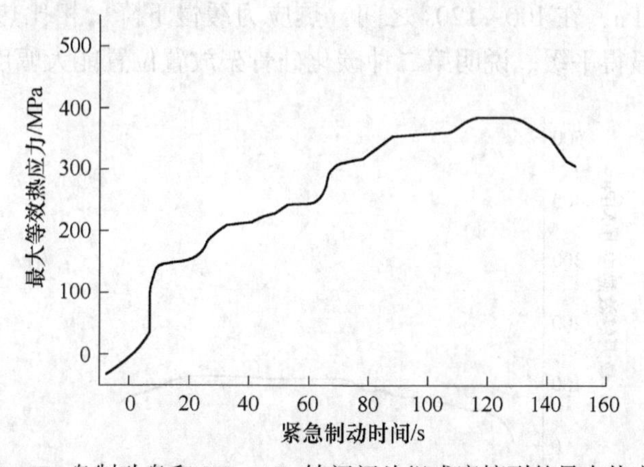


图 14-5 编号 6 的 $SiC_{3D}$/Fe 盘制动盘和 $SiC_{3D}$/Cu 铸闸闸片组成摩擦副的最大热应力随制动时间的变化

为了进一步说明碳化硅在制动盘体积分数，以及分布方式对热应力的影响。编者给出了编号为 1，2，3，4，5，6 这六种不同碳化硅体积分数的制动盘与 $SiC_{3D}$/Cu 铸闸闸片组成的摩擦副对应的最大热应力计算值，见表 14-2。

**表 14-2　编号为 1，2，3，4，5，6 六种不同碳化硅体积分数的制动盘最大热应力计算值**

| 编号 | 摩擦副组成 | | 最大热应力/MPa |
|---|---|---|---|
| | 制动盘（$SiC_{3D}$/Fe 盘） | 闸片（$SiC_{3D}$/Cu 铸闸） | |
| | SiC 占 $SiC_{3D}$/Fe 盘体积分数/% | SiC 占 $SiC_{3D}$/Cu 粉闸体积分数/% | $SiC_{3D}$/Cu 粉闸 |
| 1 | 45 | 45 | 414 |
| 2 | 40 | 40 | 391 |
| 3 | 35 | 40 | 372 |
| 4 | 35 | 35 | 342 |
| 5 | 30 | 35 | 324 |
| 6 | 30 | 30 | 301 |

从计算结果来看，最大等效应力值为 335MPa，远小于 $SiC_{3D}$/Fe 常温下的最大许用应力 805MPa，因此，这种材料，这种结构的轴盘应该可以应用于速度为 380km/h 的高速列车制动盘上，能满足制动距离 8143m 的要求，也能满足摩擦系数 0.28~0.32 的要求。

但是，在保证制动盘摩擦性能满足目标值条件下，为了进一步减少热应力，以保证制动盘的机械性能。参考 13.5 节计算结果做了不同 SiC 摆放位置对于热应力影响的计算。

### 14.1.2　制动盘的碳化硅摆放位置（二）

以梯形碳化硅块放置如图 13-13 所示的位置。碳化硅块的尺寸参考图 13-14，可根据生产工艺做必要调整。

为了更直观得到第二种碳化硅骨架放置位置，以及编号 6 的 $SiC_{3D}$/Fe 盘制动盘和 $SiC_{3D}$/Cu 铸闸闸片组成摩擦副的最大热应力随制动时间的变化，编者做了一次紧急制动全过程的非线性模拟，得到了如图 14-6 所示的计算值。可以看出，当制动开始后，随着温度的升高，热应力逐渐变大，在 50~80s 之间，达到极大值时，热应力在 90~140MPa，平均热应力为 110MPa，在 100~120s 之间，热应力缓慢下降，相比热应力曲线上升的速度，其下降速度则显得平缓。说明第二种碳化硅骨架放置位置能大幅度降低热应力。

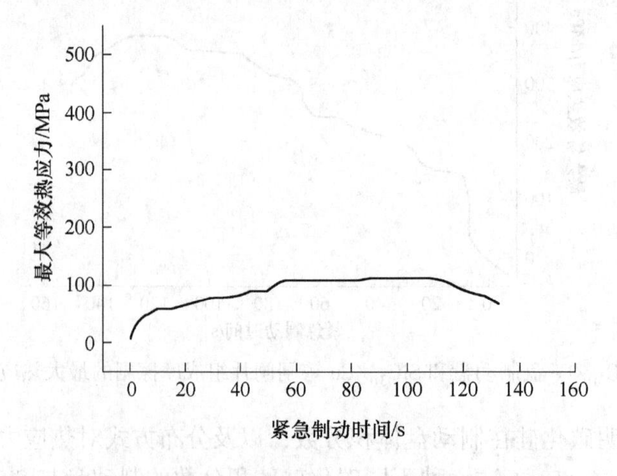


图 14-6　摩擦副的最大热应力随制动时间的变化

第二种碳化硅骨架放置位置，以及编号 6 的 $SiC_{3D}$/Fe 盘制动盘和 $SiC_{3D}$/Cu 铸闸闸片组成摩擦副的摩擦系数随制动时间的变化曲线如图 14-7 所示。对比图 14-3 可知，第二种碳化硅骨架放置在散热筋正上方，其摩擦系数有了较大提高。摩擦系数在最初制动时，为 0.23~0.27，但随时间延长逐渐增大，摩擦系数在约 120s 时比较高，可达 0.38，全程平均摩擦系数可达到 0.32，摩擦系数稳定性为 0.77。

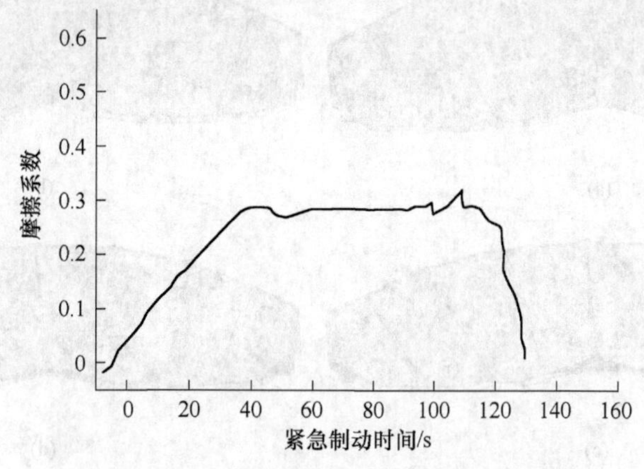


图 14-7 摩擦副的摩擦系数随制动时间的变化

## 14.2 闸片的计算分析

### 14.2.1 闸片温度场

编者给出具有最佳摩擦性能的见表 14-1 中编号 6 的闸片在紧急制动时的温度随制动时间的变化，分别给出 10s、30s、最高温度时刻 93s，以及制动结束时刻 141.1s 的温度计算值，如图 14-8 所示。由图可知，制动时间到 93s 时，闸片达到最高温度 460℃，然后开始降温，当制动结束时，闸片温度为 390℃。远低于闸片所能承受的最高温度 800℃。

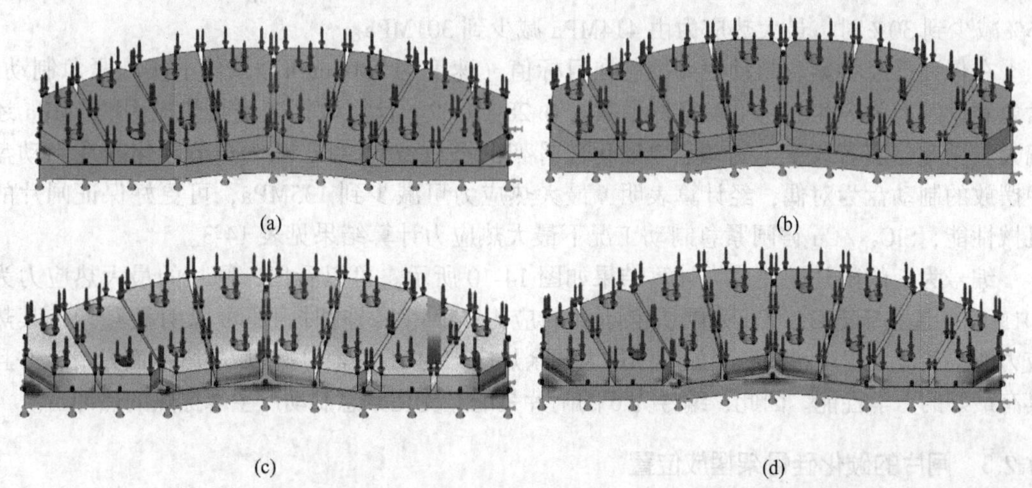


图 14-8 编号 6 的摩擦副在 10s、30s、93s 和 141.1s 时闸片温度计算值

(a) 10s；(b) 30s；(c) 93s（最高温度时刻，对应温度 460℃）；(d) 141.1s（制动结束时刻，温度为 390℃）

编者给出表 14-1 中编号 6 的钢背板在紧急制动时的温度随制动时间的变化，分别给出 10s、30s、最高温度时刻 93s，以及制动结束时刻 141.1s 的温度计算值，如图 14-9 所示。由图可知，制动时间到 104s 时，闸片达到最高温度 260℃，然后开始降温，当制动结束时，闸片温度为 230℃。远低于钢背板所能承受的最高温度 800℃。

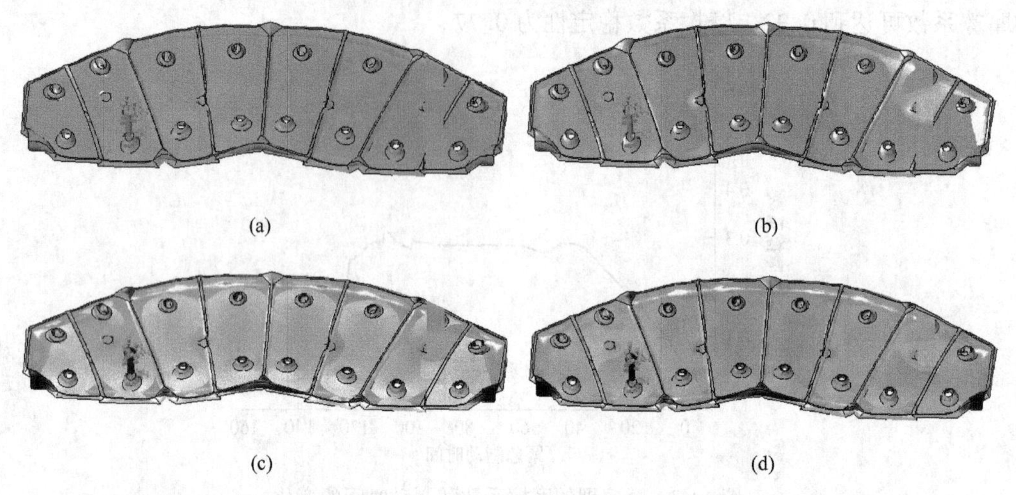

图 14-9　编号 6 摩擦副在 10s、30s、104s 和 141.1s 时钢背板的温度计算值
(a) 10s；(b) 30s；(c) 104s（背板达到最高温度 260℃）；(d) 141.1s（制动结束时刻，温度为 230℃）

### 14.2.2　闸片热应力

对 $SiC_{3D}$/Cu 铸闸闸片的热应力计算表明，消耗在闸片亚表层材料内的能量远大于接触面上的能量，摩擦热的大部分转化为热量而被制动盘吸收。剩余部分在闸片内部积累，使其含热量增加，从而使温度升高。

本节将计算速度为 380km/h 的高速列车在一次紧急制动过程中，闸片热应力变化范围与 SiC 占 $SiC_{3D}$/Cu 铸闸体积分数之间的关系，当从 SiC 占 $SiC_{3D}$/Cu 铸闸体积分数由 45%减少到 30%时，最大热应力由 414MPa 减少到 301MPa。

在保证已经将紧急制动距离控制在目标值（速度为 380km/h）条件下实施紧急制动，紧急制动距离为 8143m，平均摩擦系数为 0.28~0.32。计算数据表明其热应力 301MPa 还偏大，因此，编者改变了制动盘中碳化硅骨架的摆放位置。以 14.1.2 节碳化硅在制动盘中摆放的制动盘为对偶，经计算表明，最大热应力可减少到 135MPa，可更好保证闸片的机械性能，$SiC_{3D}$/Cu 铸闸紧急制动工况下最大热应力计算结果见表 14-3。

编号为 6 的闸片的热应力计算结果如图 14-10 所示。可以看出，闸片的最大热应力为 301MPa，远小于 $SiC_{3D}$/Cu 铸闸所能承载的应力 750MPa。同时，还可以明显看到，其热应力能得到最大程度释放，释放后的最大残余热应力为 26MPa，摩擦后的摩擦面光滑，并且具有最好的力学性能。因此，编号为 6 的闸片是能经受住紧急制动产生摩擦热的热冲击。

### 14.2.3　闸片的碳化硅骨架摆放位置

最佳的碳化硅网格在闸片中的排布方式可以参考图 13-19。浅色部分为碳化硅。深色部分为 Fe 基体。经研究发现，网络碳化硅在闸片内的分布应该与闸片摩擦生成的热量流失方向一致，并且与铆钉的孔相距5~10mm，以避免降低铆接的强度。同时，闸片从左往右第3至第6块为主要承载热应力的闸片，碳化硅骨架可根据实际工艺做的稍大一些从而减少拼接，其骨架体积分数可以稍高一些，为30%~35%；左数第1、第2，以及第7、第8块，其碳化硅骨架体积分数可以降低到12%~20%，这样可以减少对制动盘的磨损。但是以闸片整体碳化硅体积分数来看，应该满足表14-2中编号为6的标准，即SiC占$SiC_{3D}$/Cu粉闸体积分数为30%，SiC面积占$SiC_{3D}$/Fe盘体积分数为30%。

**表14-3 $SiC_{3D}$/Cu铸闸紧急制动工况下最大热应力计算结果**

| 编号 | 摩擦副组成 | | 最大热应力/MPa | |
|---|---|---|---|---|
| | 制动盘（$SiC_{3D}$/Fe盘） | 闸片（$SiC_{3D}$/Cu铸闸） | $SiC_{3D}$/Cu粉闸 | |
| | SiC占$SiC_{3D}$/Fe盘体积分数/% | SiC占$SiC_{3D}$/Cu粉闸体积分数/% | 以13.5.1节碳化硅在制动盘中摆放的制动盘为对偶 | 以13.5.2节碳化硅在制动盘中摆放的制动盘为对偶 |
| 1 | 45 | 45 | 414 | 198 |
| 2 | 40 | 40 | 391 | 176 |
| 3 | 35 | 40 | 372 | 168 |
| 4 | 35 | 35 | 342 | 156 |
| 5 | 30 | 35 | 324 | 146 |
| 6 | 30 | 30 | 301 | 135 |

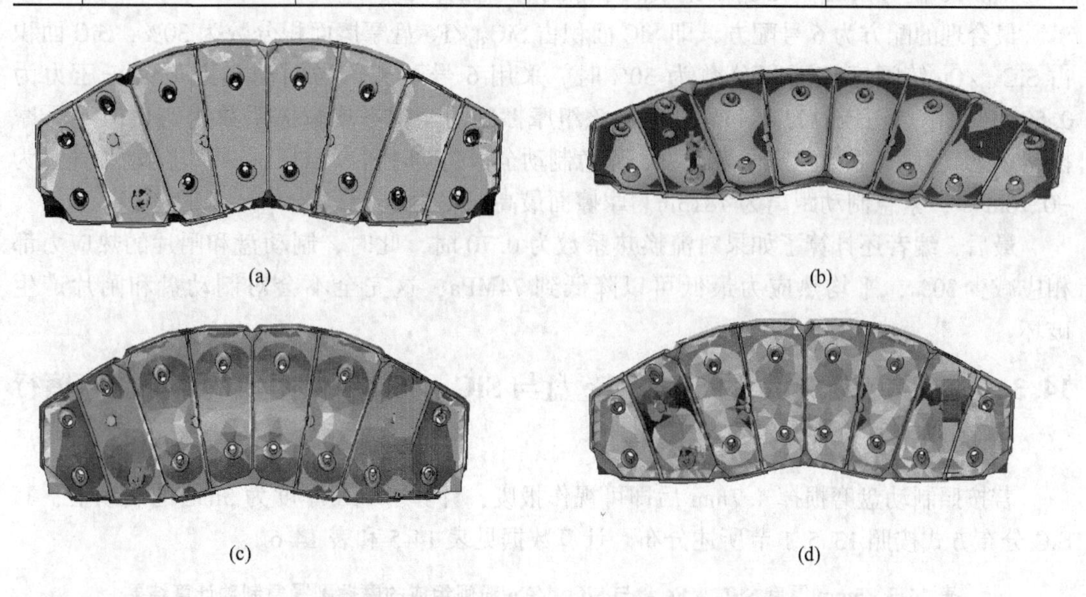

图14-10 编号为6的闸片的热应力计算结果
（a）10s；（b）30s；（c）95s（热应力达到最大301MPa）；
（d）闸片冷却后的残余热应力（最大值为26MPa，评估安全系数为2.1）

## 14.2.4 闸片的摩擦系数

编者对$SiC_{3D}$/Fe盘与$SiC_{3D}$/Cu铸闸组成的摩擦副的紧急制动工况摩擦系数模拟的数据见表14-4。

表 14-4　$SiC_{3D}$/Fe 盘与 $SiC_{3D}$/Cu 铸闸组成的摩擦副紧急制动计算结果

| 编号 | 摩擦副组成 | | 平均摩擦系数（干摩擦） | 摩擦系数稳定性 | 全程制动时间/s | 平均制动减速度/$m \cdot s^{-2}$ | 制动距离/m | 摩擦面最高温度/℃ |
|---|---|---|---|---|---|---|---|---|
| | 制动盘（$SiC_{3D}$/Fe 盘） | 闸片（$SiC_{3D}$/Cu 铸闸） | | | | | | |
| | SiC 面积占 $SiC_{3D}$/Fe 盘摩擦面积分数/% | SiC 面积占 $SiC_{3D}$/Cu 粉闸摩擦面积分数/% | | | | | | |
| 1 | 45 | 45 | 0.23 | 0.51 | 166.5 | 0.63 | 8690 | 450 |
| 2 | 40 | 40 | 0.25 | 0.56 | 157.1 | 0.67 | 8536 | 470 |
| 3 | 35 | 40 | 0.28 | 0.63 | 150.2 | 0.71 | 8233 | 495 |
| 4 | 35 | 35 | 0.30 | 0.61 | 145.4 | 0.73 | 7925 | 440 |
| 5 | 30 | 35 | 0.31 | 0.65 | 143.5 | 0.75 | 7916 | 450 |
| 6 | 30 | 30 | 0.31 | 0.76 | 141.1 | 0.76 | 7813 | 460 |

表 14-4 数据表明：

SiC 网络陶瓷的面积占 $SiC_{3D}$/Fe 盘与 $SiC_{3D}$/Cu 铸闸复合材料摩擦面面积分数显著影响 $SiC_{3D}$/Fe 盘与 $SiC_{3D}$/Cu 铸闸组成的摩擦副的摩擦行为。

最合理的配方为 6 号配方，即 SiC 面积占 $SiC_{3D}$/Fe 盘摩擦面积分数为 30%，SiC 面积占 $SiC_{3D}$/Cu 铸闸摩擦面积分数为 30% 时。采用 6 号配方，当制动盘上最大正压力为 0.50MPa，平均正压力为 0.45MPa 时，该组摩擦副的全程平均摩擦系数达到 0.31（干摩擦状态下），摩擦系数稳定性为 0.76，紧急制动全程制动时间为 141.1s，平均制动加速度为 $-0.76m/s^2$，紧急制动距离为 7813m。摩擦面最高温度为 460℃。

最后，编者还计算了如果对流换热系数为 0.70 时，此时，制动盘和闸片的热应力都相应减少 30%，平均热应力最低可以降低到 74MPa，这完全不会对制动盘和闸片产生破坏。

## 14.3　SiC 厚度为 5mm 的 $SiC_{3D}$/Fe 盘与 $SiC_{3D}$/Cu 铸闸组成的摩擦副摩擦行为模拟

若按照制动盘磨损掉 4.7mm 后即可视作报废，计算了 SiC 厚度为 5mm 的制动盘，其 SiC 分布方式按照 13.5.1 节所述分布。计算数据见表 14-5 和表 14-6。

表 14-5　5mm 厚度 $SiC_{3D}$/Fe 盘与 $SiC_{3D}$/Cu 粉闸组成的摩擦副紧急制动计算结果

| 摩擦副组成 | | 平均摩擦系数（干摩擦） | 摩擦系数稳定性 | 全程制动时间/s | 平均制动减速度/$m \cdot s^{-2}$ | 制动距离/m | 最大热应力/MPa | | 摩擦面最高温度/℃ |
|---|---|---|---|---|---|---|---|---|---|
| 制动盘（$SiC_{3D}$/Fe 盘） | 闸片（$SiC_{3D}$/Cu 铸闸） | | | | | | $SiC_{3D}$/Fe 盘 | $SiC_{3D}$/Cu 粉闸 | |
| SiC 占 $SiC_{3D}$/Fe 盘体积分数/% | SiC 占 $SiC_{3D}$/Cu 粉闸体积分数/% | | | | | | | | |
| 30 | 30 | 0.31 | 0.73 | 140.1 | 0.77 | 7325 | 50 | 65 | 490 |

**表 14-6　5mm 厚度 $SiC_{3D}$/Fe 盘与 $SiC_{3D}$/Cu 铸闸组成的摩擦副紧急制动计算结果**

| 摩擦副组成 | | 平均摩擦系数（干摩擦） | 摩擦系数稳定性 | 全程制动时间/s | 平均制动减速度 /m·s$^{-2}$ | 制动距离 /m | 最大热应力/MPa | | 摩擦面最高温度 /℃ |
|---|---|---|---|---|---|---|---|---|---|
| 制动盘（$SiC_{3D}$/Fe 盘） | 闸片（$SiC_{3D}$/Cu 铸闸） | | | | | | $SiC_{3D}$/Fe 盘 | $SiC_{3D}$/Cu 粉闸 | |
| SiC 占 $SiC_{3D}$/Fe 盘体积分数/% | SiC 占 $SiC_{3D}$/Cu 粉闸体积分数/% | | | | | | | | |
| 30 | 30 | 0.30 | 0.76 | 140.7 | 0.75 | 7463 | 43 | 71 | 470 |

以上说明，碳化硅厚度为 5mm 时，对制动盘和闸片的摩擦性能影响不大，但却能大大降低热应力的产生，以上结果可做生产中的参考。

利用有限元模拟了 $SiC_{3D}$/Fe 制动盘与粉末冶金 $SiC_{3D}$/Cu 闸片组成的摩擦副，以及 $SiC_{3D}$/Fe 制动盘与真空压力熔铸 $SiC_{3D}$/Cu 闸片组成的摩擦副在速度为 380km/h 时，实施紧急制动的摩擦磨损行为，得出以下结论：

（1）SiC 网络体积单元能够反映复合材料的摩擦行为的微观细节。

（2）三维四向的网络 SiC 能有效降低复合材料在紧急制动工况下的磨损率。

（3）SiC 网络陶瓷的体积分数变化，以及 SiC 网络的排列方式显著影响摩擦环的摩擦行为。当 SiC 网络的体积分数占复合材料体积的 20%~35%时，复合材料具有最稳定的摩擦系数，干摩擦状态下能达到 0.31，摩擦系数稳定性为 0.614。

（4）SiC 与金属的界面结合越好，界面处出现磨屑的几率小，则造成犁沟的几率小，摩擦环产生的变形越小，寿命越长。

（5）具有合理 SiC 网络体积分数，排列方式和 SiC 与金属的界面结合状态等参数值的预测结果能指导实验以及生产实践。

（6）SiC 网络陶瓷在制动盘的分布位置显著影响着 $SiC_{3D}$/Fe 盘与 $SiC_{3D}$/Cu 粉闸组成的摩擦副的摩擦行为。编号 5 为计算得到的最佳配方。即 SiC 的面积占 $SiC_{3D}$/Fe 盘摩擦面积分数为 30%，SiC 面积占 $SiC_{3D}$/Cu 粉闸摩擦面积分数为 35%。

（7）采用编号 5 的摩擦副，采用 13.5.1 节 SiC 在制动盘位置 1 的制动盘，当制动盘上最大正压力为 0.50MPa，平均正压力为 0.45MPa 时，该组摩擦副的全程平均摩擦系数达到 0.33（干摩擦状态下），摩擦系数稳定性为 0.78，紧急制动全程制动时间为 138.5s，平均制动加速度约为 $-0.78m/s^2$，紧急制动距离为 7220m，$SiC_{3D}$/Fe 盘的热应力减少为 155MPa，$SiC_{3D}$/Cu 粉闸的热应力减少为 105MPa。

（8）如果对流换热系数为 0.70 时，其热应力都相应减少 30%，平均热应力最低可以降低到 70MPa，这完全不会对制动盘和闸片产生破坏。

（9）SiC 网络陶瓷的体积分数变化显著影响 $SiC_{3D}$/Fe 盘与 $SiC_{3D}$/Cu 铸闸组成的摩擦副的摩擦行为。最合理的配方为 6 号配方，即 SiC 的面积占 $SiC_{3D}$/Fe 盘摩擦面积分数的 30%，SiC 的面积占 $SiC_{3D}$/Cu 铸闸摩擦面积分数为 30%。采用 6 号配方，当制动盘上最大正压力为 0.50MPa，平均正压力为 0.45MPa 时，该组摩擦副的全程平均摩擦系数达到 0.31（干摩擦状态下），摩擦系数稳定性为 0.76，紧急制动全程制动时间为 141.1s，平均制动减速度为 $0.76m/s^2$，紧急制动距离为 7813m。

（10）SiC 网络陶瓷在 $SiC_{3D}$/Fe 盘和 $SiC_{3D}$/Cu 铸闸中的排列方式显著影响 $SiC_{3D}$/Fe

盘与组成的摩擦副的热应力大小。当网络碳化硅在 $SiC_{3D}$/Fe 盘制动盘和 $SiC_{3D}$/Cu 铸闸闸片内的分布与制动盘和闸片摩擦生成的热量流失方向一致时，温度在整个摩擦面均匀分布，最高温度约 460℃，能最大限度减少局域高温造成的冷焊，以及“过铜”，“过钢”现象，使得制动盘和闸片的热应力得到较好释放，并减少到最小。$SiC_{3D}$/Fe 盘上最大热应力为 335MPa，$SiC_{3D}$/Cu 铸闸上最大热应力为 301MPa。若继续降低 SiC 在 $SiC_{3D}$/Cu 铸闸的体积百分比，则闸片的热应力过大，会导致闸片损伤，会大大增加“过铜”。

若采用以 14.1.2 节碳化硅在制动盘中摆放的制动盘为对偶，经计算表明，最大热应力可减少到 135MPa，可更好保证闸片的力学性能。

（11）SiC 网络陶瓷与金属的界面状态结合显著影响 $SiC_{3D}$/Cu 铸闸的磨损率和服役寿命。SiC 与金属的界面结合越好，则 SiC 与金属的界面处出现磨屑的几率小，造成犁沟的几率小，$SiC_{3D}$/Cu 铸闸寿命越长。

（12）如果对流换热系数为 0.70 时，其热应力都相应减少 30%，平均热应力最低可以降低到 74MPa，这完全不会对制动盘和闸片产生破坏。

（13）碳化硅厚度为 5mm 时，对制动盘和闸片的摩擦性能影响不大，但却能大大降低热应力的产生。

## 参考文献

[1] Backhaus-Ricoult M. Solid state reactions between silicon carbide and (Fe, Ni, Cr)-alloys: reaction paths, kinetics and morphology [J]. Acta Metal Mater, 1992, 40 (1): 95-103.

[2] Baleva M, Darakchieva V, Goranova E, et al. Microstructures characterization of structure obtained by iron-silicon solid state reaction [J]. Mater Sci Eng , 2000, 8B (1): 131-134.

[3] Borg R J, Lai D Y. Diffusion in α-Fe-Si alloys [J]. J Appl Phys, 1970, 41: 5193-5200.

[4] Chawla K K. Composite Materials Science and Engineering [M]. New York: Springer-Verlag World Publ Corp, 1987: 110.

[5] Chial S O, Osamura K. A computer simulation of strength of metal matrix composites with a reaction layer at the interface [J]. Metall Trans, 1987, 18A (2): 673-679.

[6] Chou T C, et al. Solid state of SiC with Co, Ni, and Pt [J]. Mater Res, 1991, 6 (4): 796-809.

[7] Chou T C, Joshi A, Wadsworth J. Solid state reactions of SiC with Co, Ni, Pt [J]. Mater Res, 1991, 6 (3): 796-809.

[8] Chou T C, Joshi A. Anomdous solid state reaction between SiC and Pt [J]. Mater Res, 1990, 5 (2): 601-606.

[9] Chou T C, Joshi A. Interfacial debonding by solid-state reaction of SiC with Ni and Co [J]. Scripta Metall Mater, 1993, 29 (1): 255-260.

[10] Chou T C, Joshi A. Selectivity of Silicon Carbide/ Stainless Steel Solid State Reaction and Discontinious Decomposition of Silicon Carbide [J]. J Am Ceram Soc, 1991, 74 : 1364-1372.

[11] Choy K L, Durodola J F, Derby B, et al. Effect of $TiB_2$, TiC and TiN protective coatings on tensile strength and fracture behaviors of SiC monofilament fibres [J]. Composites, 1995, 26A: 531-539.

[12] Costello J A, Tressler R E. Oxidation Kinetics of silicon carbide crystals and ceramics: part 1, in dry oxygen [J]. Am Ceram Soc, 1986, 69 (3): 674-681.

[13] Djanarthany S, Viala J C, Bouix J. Development of SiC/TiAl composites processing and interfacial phenomena [J]. Mater Sci Eng, 2001, 300A (1): 211-218.

[14] Donnay J D H, Ondik H M. Crystal Data Determinative Tables, 3rd . Vol. 2. Inorganic Compounds [M]. The US Department of Commerce: National Bureau of Standard and the Joint Committee on Powder Difraction Standards, 1973.

[15] Geib K M, Wilmsen C W , Mahan J E, et al. Fe reaction with β-SiC [J]. Appl Phys, 1987, 61 (22): 5299-5302.

[16] Gorsse S, Petitcorps Y L. A new approach in the understanding of the SiC/Ti reaction zone composition and morphology [J]. Composites, 1998, 29A (2): 1221-1227.

[17] Gotman I, Gutmanas E Y. Microstructure and thermal stability of coated $Si_3N_4$ and SiC [J]. Acta Metall Mater, 1992, 40: 121-131.

[18] Gudea, Mehere H. Diffusion in the D03-type intermetallic phase $Fe_3Si$ [J]. Philos Mag, 1997, 76: 1-29.

[19] Gutmanas E Y, Gotman I. Coating of non-oxide ceramics by interaction with metal powders [J]. Mater Sci Eng, 1992, 157A: 233-241.

[20] Höchst H, Nieles D W, Zajac G W, et al. Electric structure and thermal stability of Ni/SiC (110) interfaces [J]. Van Sci Technol, 1988, 2B (3): 1320-1325.

[21] Hornbogen E. Microstructure and Wear [M]. 1981.

[22] Howe J M. Bonding Structure and Properties of Metal/Ceramic Interfaces: Part 1. Chemical Reaction and

Interfacial Structure [J]. International Materials Reviews, 1993, 38 (5): 233-256.

[23] Jackson M R, Mehan R L, Davics A M, et al. Solid state SiC/Ni alloy reaction [J]. Metall Trans, 1983, 14A (2): 355-364.

[24] Jia C C, Li Z C, Xie Z Z. A research on detonation gun coating with Fe-SiC composite powders mechanically cultivated [J]. Mater Sci Eng, 1999, 263A (1): 96-100.

[25] Joshi A, Hu H S, Jesion L, et al. High-temperature interaction of refractory metal matrices with selected ceramic reinforcements [J]. Metall Trans, 1990, 21A (8): 2829-2834.

[26] Kubaschew ski O. Iron-binary phase diagrams [M]. Berlin: Springer-verlag, 1982: 136-139.

[27] Larker R, Nissen A, Pejryd L, et al. Diffusion bonding reactions between a SiC/SiC composite and two superalloys during joining by hot isostatic pressing [J]. Acta Metall Mater, 1992, 40 (10): 3129-3139.

[28] Limc S, Nickel H, Naoumids A, et al. Interface structure and reaction kinetics between SiC and thick cobalt foils [J]. J Mater Sci, 1996, 31: 4244-4247.

[29] Liu H J, Feng J C, Qian Y Y, et al. Interface structure and formation mechanism of diffusion-bonded SiC/TiAl joint [J]. Mater Sci Letts, 1999, 18 (10): 1011-1012.

[30] Loreto M H. The effect of matrix reinforcement reaction on fracture in Ti-6Al-4V based composites [J]. Metall Trans, 1990, 21A (4): 1590-1595.

[31] Loretto N H, Konitzer D G. The effect of matrix-reinforcement reaction on fracture in Ti-6Al-4V base composites [J]. Metall Trans, 1990, 21A (3): 1579-1587.

[32] Martinelli A E, Drew R A L. Microstructural development during diffusion bonding of α-silicon carbide to molybdenum [J]. Mater Sci Eng, 1995, 191A: 239-247.

[33] Martinelli A E, Drew R A L. Microstructural development during diffusion bonding of α-silicon carbide to molybdenum [J]. Mater Sci Eng, 1995, 191A (1): 239-247.

[34] Martinelli A E, Drew R A L. SiC-Mo diffusion couples and the mechanical properties of the interfacial reaction products [J]. Mater Sci Letts, 1996, 15 (2): 307-310.

[35] Mcdermid R, Pugh M D, Draw R A L. The interaction of reaction bonded silicon-carbide and INCONEL600 with a nickel-based brazing alloy [J]. Metall Trans, 1989, 20A (4): 1803-1810.

[36] Mehan R L, Bolon R B. Interaction between silicon carbide and a nickel-based superalloy at elevated temperatures [J]. Mater Sci, 1979, 14 (12): 2472-2481.

[37] Mehan R L, Mckee D W. Interaction of metals and alloys with silicon-based ceramics [J]. Mater Sci, 1976, 11 (2): 1009-1013.

[38] Morozumu S. Bonding mechanism between SiC and thin foils of reactive metals [J]. Mater Sci, 1985, 20 (10): 3976-3982.

[39] Mukherjee S K, Cotterell B, Mai Y W. Sintered iron-ceramic composites [J]. Mater Sci, 1993, 28 (3): 729-734.

[40] Nowotny H. Solid state chemistry Maryland [M]. U. S. A: University Park Press Inc, 1972: 154.

[41] Okamoto T. Interfacial structures of metal-ceramic joins [J]. ISIJ International, 1990, 30 (3): 1033-1040.

[42] Pearson W B. A Handbook of Latice Spacings and Structure of Metals and Alloys [M]. NewYork: Pergamon Press Inc, 1958: 655-658.

[43] Pelleg J, Ruhr M, Ganor M. Control of the reation at the fibre-matrix interface in a Cu/SiC metal matrix composite by modify the matrix with 2. 5wt.% Fe [J]. Mater Sci Eng, 1996, 221A (1): 139-148.

[44] Pelleg J. Reactions in the matrix and interface of the Fe-SiC metall matrix composite system [J]. Mater Sci Eng, 1999, 269A (2): 225-241.

[45] Reeves A J, Dunlop H, Clyne T W. Effect of interfacial reaction layer thickness on fracture of titanium-SiC particulate composites [J]. Metall Trans, 1992, 23A (2): 977-987.

[46] René C J, Schiepers, et al. Solid Reaction between SiC and Iron, Nickel [J]. Am Ceram Soc, 1988, 71 (6): 214-287.

[47] Schiepers R C J, van Loo F J J, de With G. Reactions between α-silicon carbide and nickel and iron [J]. Am Ceram Soc, 1988, 71 (1): 284-287.

[48] Schuster J C. Silicon Carbide and Transition Metals: Acritical evaluation of existing phase diagram data supplemented by new experimential Result [J]. Refractory Metals & Hard Materials, 1994, 12: 173-177.

[49] Slijkerman W F J, Fischer A E M J, van der Veen J F. Formation of the Ni-SiC (001) interface studied by high-resolution ion backscattering [J]. Appl Phs, 1989, 66 (1): 666-673.

[50] Massalski T B, Okamoto H, et al. Binary Alloy Phase Diagrams, Second Edition Plus Updates, CD-ROM, ASM International, 1996.

[51] Terry B S, Chimyamakobvu O S. Assessment of the reaction of Sic powder with iron-based alloys [J]. Mater Sci, 1993, 28 (23): 6779-6784.

[52] Walser R M, et al. First phase nucleation in silicon-metal planar interface [J]. Applied physics letters, 1976, 28 (10): 624-625.

[53] Warrier S G, Naruyama B, Majumda B S, et al. Behavior of several interfaces during fatigue crack growth in SiC/Ti-6Al-4V composites [J]. Mater Sci Eng, 1999, 259A (1): 189-200.

[54] Warrier S G, Rangaswamy P, Bourke M A M, et al. Assessment of the fibre/matrix interface bond strength in SiC/Ti-6Al-4V composites [J]. Mater Sci Eng, 1999, 259A (1): 220-227.

[55] Weast C, Astle M J, Beyer W H. CRC handbook of chemistry and physics [M]. 69th ed, Florida: CRC Press Inc, 1988-1989.

[56] Yamada T, Sekiguchi H, Okamoto H, et al. Diffusion bonding of SiC or $Si_3N_4$ to metal [M]. Germany: Velag-Deutsche, 1986: 441-448.

[57] Yaney D I, Joshi A. Reaction carbide at 1373K [J]. Mater Res, 1990, 5 (7): 2197-2208.

[58] Yang Y Q, Dudek H J, Kumpfert J. TEM investigation of the fibre/matrix interface in SCS-6SiC/Ti-25Al-10Nb-3V-1Mo composites [J]. Composites, 1998, 29A (4): 1235-1241.

[59] 毕刚，王浩伟，吴人洁. 金属基复合材料界面反应的表征与测量 [J]. 机械工程材料，1999，23 (5)：1~3.

[60] 陈铮，周飞，李志章，等. 陶瓷与金属钎焊的研究进展 [J]. 材料科学与工程，1995，13 (3)：61-64.

[61] 崔国文. 缺陷、扩散与烧结 [M]. 北京：清华大学出版社，1990：111.

[62] 崔忠圻. 金属学与热处理 [M]. 北京：机械工业出版社，1989：234，253-259.

[63] 段辉平，李树杰，张永刚. SiC 陶瓷与镍基高温合金的热压反应烧结连接 [J]. 稀有金属，1999，23 (5)：326-329.

[64] 范尚武，徐永东，张立同，等. C/SiC 摩擦材料的制备及摩擦磨损性能 [J]. 无机材料学报，2006，21 (4)：927-933.

[65] 冯吉才，奈贺正明，Schuster J C. SiC セうシッヶとTi 箔の接合にすける固相反应机构 [J]. 日本金属学会志，1995，59 (3)：978-983.

[66] 冯吉才，深井卓，奈贺正明. SiC 陶瓷与 Fe-Ti 钎料的界面反应及结合强度 [C] //王守业，王麟书. 第八次全国焊接会议论文集（第一集）. 北京：机械工业出版社，1997：321-323.

[67] 高彩桥. 金属的摩擦磨损与热处理 [M]. 北京：机械工业出版社，1988：92-115.

[68] 郝润蓉，方锡义. C、Si、Ge分册［M］. 北京：科学出版社，1998：250.
[69] 贾志新，艾冬梅，张勤河，等. 工程陶瓷材料加工技术现状［J］. 机械工程材料，2001，24（1）：2-5.
[70] 江玉和. 非金属材料化学［M］. 北京：科学技术文献出版社，1992：540-541.
[71] 李斗星，平德海，戴吉言，等. 材料界面的特征与表征［J］. 稀有金属，1994，7：293-299.
[72] 李荣久. 陶瓷-金属复合材料［M］. 北京：冶金工业出版社，1995：333-353.
[73] 李小斌，周秋生，刘业翔，等. 亚微米SiC粉体的氧化过程［J］. 中国有色金属学报，2000，10（4）：560-564.
[74] 李永利，乔冠军，金志浩. 可切削加工陶瓷材料的研究进展［J］. 无机材料学报，2001，16（2）：201-207.
[75] 刘会杰，奈贺正明，冯吉才，等. SiC/TiAl扩散连接接头的界面结构与连接强度［J］. 焊接学报，1999，20（3）：170-173.
[76] 刘进平，施廷藻，佟铭铎. SiC/铸铁基复合材料结合界面［J］. 东北工业学院学报，1991，12（6）：587-602.
[77] 罗半文，车云霞，等. 钦分族、钒分族、铬分族，无机化学从书，第八卷［M］. 北京：科学出版社，1998：241-242.
[78] 罗瑞盈. C/C复合飞机制动材料的研究和应用现状［J］. 宇航材料工艺，1997（5）：7-10
[79] 马丽萍. 新型航空摩擦副性能的研究［D］. 沈阳：东北大学，2006.
[80] 茹红强，房明，王瑞琴. 三维网络陶瓷-金属摩擦复合材料的真空-气压铸造方法：中国，CN200510046691. X［P］. 20060201.
[81] 萨母索诺夫Γ B. 难熔化合物手册［M］. 北京：中国轻工出版社，1965：86-317.
[82] 施忠良，刘俊友. 碳化硅颗粒增强的铝基复合材料界面微结构研究［J］. 电子显微学报，2002，21（1）：52-55.
[83] 汤文明，郑治祥，丁厚福，等. SiC/Fe-20Cr界面反应的研究［J］. 无机材料科学报，2001，16（5）：924.
[84] 汤文明，郑治祥，丁厚福，等. SiC/金属界面固相反应与控制的研究进展［J］. 硅酸盐学报，2003，31（3）：286.
[85] 汤文明，郑治祥，丁厚福，等. Fe/SiC界面反应机理及界面优化工艺研究的进展［J］. 兵器材料科学与工程，1999，22（4）：64-67.
[86] 汤文明. SiC/Fe界面固相反应机理及界面优化［D］. 西安：西安交通大学，2002.
[87] 唐永华. SiC颗粒/钢基铸造复合材料耐磨机理的研究［D］. 阜新：辽宁工程技术大学，2000.
[88] 王向东，乔冠军，金志浩. 可加工陶瓷研究新进展［J］. 材料导报，2001，15（4）：33-35.
[89] 王玉林，沈德久，于金库，等. 复合镀层中SiC粒子与Ni之间的高温界面反应［J］. 复合材料学报，1993，10（2）：127-130.
[90] 王玉玮，刘进平，施廷藻. 铁基/SiC颗粒表面耐磨复合材料的研制［J］. 铸造，1990，11（1）：15-19.
[91] 王玉玮，刘越，石雯，等. 铁基/SiC颗粒复合材料界面的稳定性［J］. 东北大学学报，1994，15（4）：395-398.
[92] 温仲元. 金属基复合材料［M］. 北京：清华大学出版社，1982.
[93] 闻立时. 固体材料界面研究的物理基础［M］. 北京：科学出版社，1991.
[94] 吴人洁. 金属基复合材料的现状与展望［J］. 金属学报，1997，33（1）：78-83.
[95] 武金有. 金属基复合材料及其应用［J］. 金属成形工艺，1992，1（10）：6.
[96] 谢素菁，曹小明，等. 三维网络SiC对铝合金干摩擦磨损性能的影响［J］. 材料研究学报，2003，

17（1）：10-14.
[97] 谢素菁，曹小明，等. 三维网络 SiC 增强铜基复合材料的干摩擦磨损性能 [J]. 摩擦学学报，2003，23（2）：86-89.
[98] 刑宏伟，曹小明，等. 三维网络 SiC/Cu 金属基复合材料的凝固显微显微 [J]. 材料研究学报，2004，18（6）：597-605.
[99] 杨尊社，邵养鹏. 飞机碳制动与钢制动的技术经济比较 [J]. 航空科学技术，2001（6）：33-34.
[100] 姚骏恩. 电子显微镜的现状与展望 [J]. 电子显微学报，1998，6：767-776.
[101] 姚萍屏，熊翔，彭剑昕. 粉末冶金航空制动材料的选择 [J]. 中国机械工程，2006，6（12）：1067-1068.
[102] 姚萍屏. 粉末冶金航空制动副性能的研究 [D]. 长沙：中南大学，2000.
[103] 叶大伦. 实用无机物热力学手册 [M]. 北京：冶金工业出版社，1981.
[104] 尹洪峰，任耘，罗发. 复合材料及其应用 [M]. 西安：陕西科学技术出版社，2003：88-103.
[105] 余永宁，房志刚. 金属基复合材料导论 [M]. 北京：冶金工业出版社，1996：187.
[106] 虞觉奇，易文质，等. 二元合金状态图集 [M]. 上海：上海科技出版社，1987.
[107] 张力宁，王俊. 颗粒增强金属基复合材料强化机制的探讨 [J]. 东南大学学报，1995，25（4）：77-82.
[108] 赵龙志，曹小明，等. 骨架表面改性对 SiC/Al 复合材料性能的影响 [J]. 材料研究学报，2005，19（5）：512-518.
[109] 赵龙志，曹小明，等. 挤压铸造 SiC/ZL109 铝合金双连续相复合材料的凝固显微 [J]. 金属学报，2006，42（3）：325-330.
[110] 赵龙志，曹小明，等. 界面过渡层对 SiC/Al 双连续相复合材料性能的影响 [J]. 材料工程，2006（增刊1）：55-58.
[111] 赵龙志，曹小明，等. 新型复式连通 SiC/390Al 复合材料的制备和性能 [J]. 材料研究学报，2005，19（5）：485-491.
[112] 赵龙志，方志刚，等. 骨架结构对 SiC/Al 双连续相复合材料的影响 [J]. 中国有色金属学报，2006，16（6）：945-950.
[113] 周伟，胡文彬，张荻，等. 挤压铸造制备三维连续网络结构增强金属基复合材料 [J]. 上海交通大学学报，1999，33（7）：779.
[114] 周正君，刘家臣，杨正方，等. 可加工陶瓷研究现状 [J]. 材料导报，2001，15（2）：33-35.
[115] 朱正吼，陈其善，等. 铸造 SiC/钢基复合材料中粒子的分解及相界面的结合特点 [J]. 热加工工艺，1995，16（4）：16-17.
[116] 邹祖伟. 复合材料的结构和性能 [M]. 北京：科学出版社，1999：117-129.